蔬菜职业农民
技术指南

金明弟　路凤琴　李惠明　主编

上海科学技术出版社

图书在版编目(CIP)数据

蔬菜职业农民技术指南 / 金明弟,路凤琴,李惠明主编.—上海:上海科学技术出版社,2018.5
ISBN 978 - 7 - 5478 - 3913 - 3

Ⅰ.①蔬…　Ⅱ.①金…②路…③李…　Ⅲ.①蔬菜园艺—指南　Ⅳ.①S63 - 62

中国版本图书馆 CIP 数据核字(2018)第 031257 号

蔬菜职业农民技术指南
金明弟　　路凤琴　　李惠明　　主编

上海世纪出版(集团)有限公司
上海科学技术出版社　出版、发行
(上海钦州南路 71 号　邮政编码 200235　www.sstp.cn)
浙江新华印刷技术有限公司印刷
开本 889×1194　1/32　印张 18　插页 20
字数:500 千字
2018 年 5 月第 1 版　2018 年 5 月第 1 次印刷
ISBN 978 - 7 - 5478 - 3913 - 3/S·166
定价:78.00 元

内 容 提 要

本书分上下两篇。上篇主要蔬菜栽培技术,着重介绍十字花科叶菜类、茄果类、瓜类、豆类、根菜类等 28 种主栽蔬菜;对每种蔬菜均详细介绍最新优良品种和优质、高产栽培技术,以及贮运方法。下篇病虫害绿色防控技术,共介绍了生产上最常见的 210 种病虫害;对每种病害或虫害,均具体介绍简明诊断特征、发生危害特点、防治措施等内容。附录部分介绍了蔬菜种子千粒重与播种量查询方法,蔬菜种子消毒处理技术,蔬菜栽培茬口安排等内容。

本书内容通俗易懂,操作方便,技术性强,适合蔬菜职业农民生产中参考。

编写人员名单

编 委 会 主 任：金明弟

编委会副主任：路凤琴　陆　奕

编 写 策 划：李惠明

编 委 会 委 员：金明弟　路凤琴　陆　奕　吴寒冰　张建华
　　　　　　　陈　杰　张玮强　张彩峰　陈　峰　俞　懿
　　　　　　　李惠明

主　　　　编：金明弟（高级农艺师　上海市闵行区农业技术
　　　　　　　服务中心）
　　　　　　　路凤琴（高级农艺师　上海市闵行区农业技术
　　　　　　　服务中心）
　　　　　　　李惠明（研　究　员　上海市农业技术推广服
　　　　　　　务中心）

副　主　编：陆　奕（高级农艺师　上海市闵行区农业技术
　　　　　　　服务中心）
　　　　　　　吴寒冰（高级农艺师　上海市浦东新区农业技
　　　　　　　术推广中心）
　　　　　　　卢会祥（高级农艺师　上海星辉蔬菜有限公司）
　　　　　　　陈　杰（高级农艺师　上海市浦东新区农业技
　　　　　　　术推广中心）

参 编 者

张建华（高级农艺师　上海市闵行区农业技术服务中心）

张彩峰（高级农艺师　上海市闵行区农业技术服务中心）

杨银娟（高级农艺师　上海市奉贤区蔬菜技术推广站）

俞　懿（农 艺 师　上海市农业技术推广服务中心）

朱慧郅（助理农艺师　上海市闵行区农业技术服务中心）

王　珏（助理农艺师　上海市闵行区农业技术服务中心）

金云皓（助理农艺师　上海市闵行区农业技术服务中心）

张玮强（农 艺 师　上海市闵行区农业技术服务中心）

偶晓杰（农 艺 师　上海市闵行区农业技术服务中心）

陈　峰（农 艺 师　上海市闵行区农业技术服务中心）

陆国岐（农 艺 师　上海市闵行区农业技术服务中心）

吴锦霞（农 艺 师　上海市闵行区农业技术服务中心）

余伟兴（助理农艺师　上海市闵行区农业技术服务中心）

黄世广（农 艺 师　上海市闵行区农业技术服务中心）

宋韵琼（助理农艺师　上海市闵行区农业技术服务中心）

图片主要提供人员

路凤琴　陆　奕　朱慧郅　卢会祥　杨银娟　李惠明等

前　言

　　自 2004 年以来，连续十多年，每年的中央一号文件都聚焦"三农"问题，强调扶持政策。中国作为一个农业大国，"三农"问题关系到国民素质、经济发展，关系到社会稳定、国家富强、民族复兴。农民是"三农"扶持政策的载体，只有提高农民的素质，增加农民的收入，才能带动农村、农业的发展。培育新型职业农民，是推动深化农村改革、增强农村发展活力的举措之一，也是为了发展现代农业、保障重要农产品有效供给的关键环节。

　　一直以来，由于农民缺少专业技能，知识结构老化、技术陈旧，造成不少菜农对土地进行"掠夺性"种植，复种指数超高达到 5 以上；滥用化肥，造成土壤盐渍化严重；对种植物病害识别能力差，缺乏相应的防治知识，盲目用药。当病虫灾害发生时，施药不适时，造成防效差；单一用药，随意加大用药量，增加施药次数和缩短用药间隔时间，多种作用机制相同的农药混用现象非常突出，导致用药过度超量；甚至仍在使用那些国家在菜田禁用的高毒农药，以致造成大量天敌被误杀、菜田生态系统失衡、病虫危害更加猖獗、抗药性快速上升而使蔬菜产品受农药污染、残留超标严重。

　　随着国家农业供给侧改革的不断推进和深入，对蔬菜生产已不再追求数量上的满足供应，而转变成品质上为市民提供健康、绿色食品，原有的生产方式和模式已经不适应当前的市场需求。

为帮助农民更新生产技术技能,了解掌握新品种、新技术,跟上时代前进的步伐,我们组织编写此书,其目的是着眼于职业农民,帮助他们提高认识、掌握新的生产技术。针对农民的实际情况,我们在编写中力求贴近蔬菜生产实际,内容表述尽量做到简明扼要、通俗易懂,并注重科学性、实用性和操作性的统一。本书从职业农民的蔬菜生产实际出发,围绕蔬菜栽培和病虫害绿色防控技术两大方面,具体介绍蔬菜栽培中的实用技术和常见问题的解决措施,以及倡导病虫害绿色防控技术。

　　本书分上、下两篇。上篇为蔬菜栽培技术篇,将常见的蔬菜分为十字花科叶菜类、绿叶菜、茄果类、瓜类、豆类和根菜类六个大类,分别介绍其栽培技术方法和常见问题;下篇为病虫害绿色防控技术篇,将常见的病虫害依据蔬菜种类分为十字花科叶菜类、绿叶菜、根菜类、茄果类、瓜类、豆类病虫害以及地下害虫七个大类,分别介绍病虫害的危害特征、鉴别方法和防治手段。最后附录部分,提供了一些贴近蔬菜生产的资料作为补充,以便查阅。

　　本书作者都是常年从事上海蔬菜生产技术的骨干,负责蔬菜栽培和病虫害防治工作。本书是他们多年工作的总结,编写中参阅了国内外有关资料。书中推荐使用的蔬菜品种、农药品种皆以近两年上海市技术部门重点推荐品种为主,并加以详细的说明,以便农民读者能够快速上手,成为符合时代需求的新型职业农民。

　　由于编写时间仓促,作者水平所限,书中错误之处在所难免,敬请读者指正。

主　编

2018 年 3 月于上海闵行区

目　录

上篇　主要蔬菜栽培技术

下篇　病虫害绿色防控技术

第一部分　蔬菜主要病害及其防治

第二部分　蔬菜主要害虫及其防治

附　　录

图 版 目 录

青菜

小青菜（鸡毛菜）

大白菜

杭白菜

塌菜

甘蓝

图版 1 青菜、大白菜、杭白菜、塌菜、甘蓝

花菜　　　　　　　　　　　　　青花菜

蕹菜（大叶白杆蕹菜）　　　　　　苋菜（红米苋）

芹菜　　　　　　　　　　　　　菠菜

图版 2　花菜、青花菜、蕹菜、苋菜、芹菜、菠菜

茼蒿（板叶茼蒿）　　　　　　　　茼蒿

散叶生菜　　　　　　　　紫叶生菜

莴苣　　　　　　　　莴苣（紫叶莴苣）

图版 3　茼蒿、生菜、莴苣

草头

番茄

番茄（太空红钻石樱桃番茄）

辣椒（航椒长丰辣椒）

茄子（红茄 3 号）

黄瓜（青帅 2 号黄瓜）

图版 4　草头、番茄、辣椒、茄子、黄瓜

冬瓜（黑霸四号冬瓜）

丝瓜

南瓜（东升南瓜）

南瓜

豇豆（夏宝豇豆）

刀豆

图版5　冬瓜、丝瓜、南瓜、豇豆、刀豆

刀豆（超级金龙王刀豆）

毛豆（青酥 2 号毛豆）

扁豆

扁豆（交大紫血糯扁豆）

萝卜

萝卜（特新白玉春萝卜）

胡萝卜

图版 6　刀豆、毛豆、扁豆、萝卜、胡萝卜

二、蔬菜主要病虫害

青菜霜霉病

青菜霜霉病 叶背霉层

甘蓝软腐病

甘蓝软腐病

大白菜病毒病

大白菜病毒病 灰心病株

图版 7 青菜霜霉病、甘蓝软腐病、大白菜病毒病

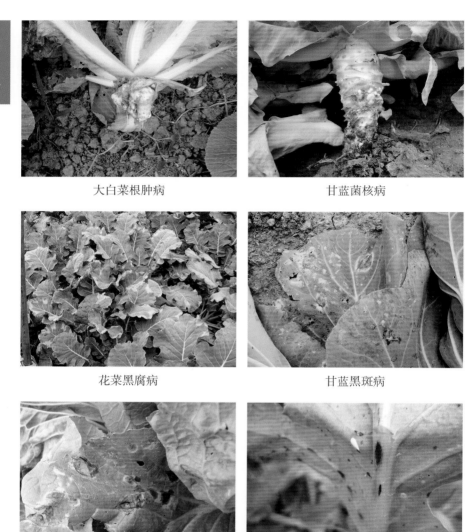

大白菜根肿病　　　　　　　　　　甘蓝菌核病

花菜黑腐病　　　　　　　　　　甘蓝黑斑病

大白菜黑斑病　　　　　　　　　　大白菜炭疽病

图版8　大白菜根肿病、甘蓝菌核病、花菜黑腐病、甘蓝黑斑病、大白菜黑斑病、大白菜炭疽病

蕹菜白锈病

蕹菜白锈病

蕹菜菌核病

蕹菜灰霉病

蕹菜斑点病

苋菜白锈病

图版 9 蕹菜白锈病、蕹菜菌核病、蕹菜灰霉病、蕹菜斑点病、
苋菜白锈病

芹菜叶斑病

芹菜斑枯病

芹菜菌核病

芹菜病毒病

芹菜软腐病

芹菜灰霉病

图版 10　芹菜叶斑病、芹菜斑枯病、芹菜菌核病、芹菜病毒病、芹菜软腐病、芹菜灰霉病

菠菜霜霉病　　　　　　　　　　　菠菜霜霉病　叶背霉层

菠菜病毒病　　　　　　　　　　　茼蒿霜霉病

茼蒿霜霉病　叶背霉层　　　　　　茼蒿菌核病

图版 11　菠菜霜霉病、菠菜病毒病、茼蒿霜霉病、茼蒿菌核病

茼蒿叶枯病

茼蒿灰霉病

生菜霜霉病

生菜灰霉病

生菜菌核病

生菜软腐病

图版 12　茼蒿叶枯病、茼蒿灰霉病、生菜霜霉病、生菜灰霉病、生菜菌核病、生菜软腐病

莴苣霜霉病　　　　　　　　　　　　莴苣霜霉病　叶背霉层

莴苣菌核病　　　　　　　　　　　　莴苣菌核病

番茄灰霉病　叶片危害状　　　　　　番茄灰霉病　果实危害状

图版 13　莴苣霜霉病、莴苣菌核病、番茄灰霉病

番茄叶霉病

番茄叶霉病 叶背霉层

番茄菌核病

番茄病毒病

番茄病毒病 果实危害状

番茄早疫病

图版 14　番茄叶霉病、番茄菌核病、番茄病毒病、番茄早疫病

番茄早疫病

番茄晚疫病

番茄晚疫病

樱桃番茄脐腐病

番茄日灼病

辣椒病毒病

图版 15　番茄早疫病、番茄晚疫病、樱桃番茄脐腐病、番茄日灼病、辣椒病毒病

辣椒疫病

辣椒疫病

甜椒菌核病

甜椒灰霉病

辣椒炭疽病

甜椒白粉病

图版 16　辣椒疫病、甜椒菌核病、甜椒灰霉病、辣椒炭疽病、甜椒白粉病

茄子绵疫病

茄子褐纹病

茄子白粉病

茄子菌核病

茄子灰霉病

茄子枯萎病

图版 17　茄子绵疫病、茄子褐纹病、茄子白粉病、茄子菌核病、茄子灰霉病、茄子枯萎病

茄子黄萎病

黄瓜霜霉病

黄瓜霜霉病 叶背霉层

黄瓜白粉病

黄瓜白粉病

黄瓜菌核病

图版 18 茄子黄萎病、黄瓜霜霉病、黄瓜白粉病、黄瓜菌核病

黄瓜菌核病 茎秆危害状

黄瓜疫病

黄瓜炭疽病

黄瓜灰霉病

黄瓜病毒病

黄瓜细菌性斑点病

图版 19　黄瓜菌核病、黄瓜疫病、黄瓜炭疽病、黄瓜灰霉病、黄瓜病毒病、黄瓜细菌性斑点病

冬瓜绵疫病　　　　　　　　　冬瓜炭疽病

丝瓜病毒病　　　　　　　　　丝瓜白粉病

丝瓜灰霉病　　　　　　　　　南瓜白粉病

**图版 20　冬瓜绵疫病、冬瓜炭疽病、丝瓜病毒病、丝瓜白粉病、
丝瓜灰霉病、南瓜白粉病**

南瓜灰霉病

豇豆病毒病

豇豆根腐病

豇豆白粉病

豇豆煤霉病

豇豆锈病

图版 21　南瓜灰霉病、豇豆病毒病、豇豆根腐病、豇豆白粉病、豇豆煤霉病、豇豆锈病

菜豆锈病

菜豆菌核病

菜豆炭疽病

菜豆灰霉病

毛豆紫斑病　病株

毛豆病毒病

图版 22　菜豆锈病、菜豆菌核病、菜豆炭疽病、菜豆灰霉病、毛豆紫斑病、毛豆病毒病

萝卜霜霉病

萝卜软腐病

萝卜菌核病

萝卜病毒病

萝卜黑腐病

萝卜黑腐病

图版 23　萝卜霜霉病、萝卜软腐病、萝卜菌核病、萝卜病毒病、萝卜黑腐病

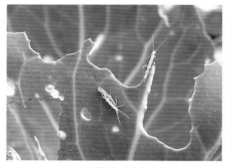

小菜蛾 成虫

小菜蛾 幼虫

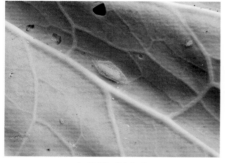

小菜蛾 蛹和卵

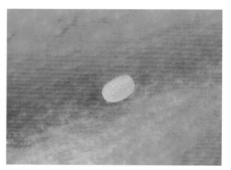

小菜蛾 卵

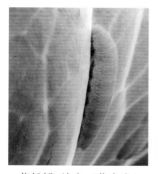

菜粉蝶 幼虫（菜青虫）

菜粉蝶 蛹

菜粉蝶 卵

图版 24　小菜蛾、菜粉蝶

甜菜夜蛾 幼虫

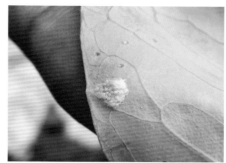

甜菜夜蛾 卵

甜菜夜蛾 蛹

斜纹夜蛾 成虫

斜纹夜蛾 幼虫

斜纹夜蛾 卵

图版 25　甜菜夜蛾、斜纹夜蛾

菜蚜

黄条跳甲 成虫

黄条跳甲 危害青菜

菜螟 成虫

菜螟 幼虫

菜螟 危害卷心菜

图版 26 菜蚜、黄条跳甲、菜螟

烟粉虱与白粉虱的区别

烟粉虱 卵和成虫

银纹夜蛾 幼虫

甘蓝夜蛾 幼虫

猿叶甲 幼虫

猿叶甲 危害青菜

图版 27　烟粉虱、白粉虱、银纹夜蛾、甘蓝夜蛾、猿叶甲

甘薯麦蛾 成虫

甘薯麦蛾 幼虫

甜菜螟 幼虫

芹菜蚜

生菜桃蚜

美洲斑潜蝇 成虫

图版 28　甘薯麦蛾、甜菜螟、芹菜蚜、生菜桃蚜、美洲斑潜蝇

美洲斑潜蝇 幼虫

番茄斑潜蝇 叶背危害状

茶黄螨 危害茄枝叶

茶黄螨 危害茄果

茄二十八星瓢虫 成虫

茄二十八星瓢虫 卵块

图版 29 美洲斑潜蝇、番茄斑潜蝇、茶黄螨、茄二十八星瓢虫

茄黄斑螟 成虫

茄黄斑螟 幼虫

番茄刺皮瘿螨 若螨（左）成螨（右）

番茄刺皮瘿螨 危害茎和果实（古铜色）

瓜绢螟 成虫

瓜绢螟 幼虫

瓜蚜

图版 30 茄黄斑螟、番茄刺皮瘿螨、瓜绢螟、瓜蚜

豆野螟 成虫

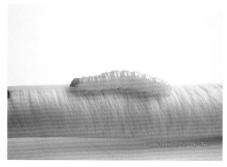

豆野螟 幼虫

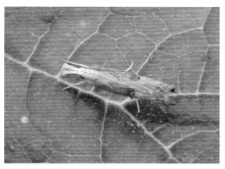

豆荚螟 成虫

大豆毒蛾 幼虫

豆蚜

毛豆红蜘蛛

图版 31 豆野螟、豆荚螟、大豆毒蛾、豆蚜、毛豆红蜘蛛

小地老虎 成虫　　　　　　　　小地老虎 幼虫

蛴螬　　　　　　　　　　　　蜗牛

蝼蛄　　　　野蛞蝓　　　　野蛞蝓 卵块

图版 32　小地老虎、蛴螬、蜗牛、蝼蛄、野蛞蝓

上 篇

主要蔬菜栽培技术

第一章 十字花科叶菜类栽培技术

青 菜

【图版1】

　　青菜为上海及苏浙地区的俗称,其植物学名称为不结球白菜、普通白菜,北方称油菜,是十字花科芸薹属芸薹种白菜亚种普通白菜变种、以绿叶为产品的一年生或二年生草本植物。青菜为上海地区的主要蔬菜,其类型和品种繁多,适应性广、生长期短、产量高、省工易种,可周年生产和供应。从形态特征上看,青菜一般可分直立型和束腰型;从生物学特性来看,青菜有耐热和耐寒两种类型。

　　青菜喜冷凉气候,在平均气温 18～20 ℃条件下生长良好,在 −2～−3 ℃能安全越冬,30 ℃以上的高温及干旱条件下生长衰落、品质下降。青菜对土壤的适应性较强,但以富含有机质、保水和保肥力强的黏土和冲击土最适宜。土壤含水量对产品品质影响很大,水分不足,则生长缓慢、组织硬化粗糙、易患病害;水分过多时,根系窒息而影响养分的吸收,严重的会因沤根而萎蔫死苗。青菜对肥水的需要量与植株的生长量成正比,生长初期植株的生长量少,对肥水的吸收量也少;生长盛期植株的生长量大,对肥水的吸收量也大。由于以叶为产品,且生长期短而迅速,所以氮肥在生长盛期对产量和品质影响最大,其中尿素对生育、产量和品质有较好的影响,其次是硝态氮,再次是氨态氮。

（一）良种简介

选用抗病性强、耐热、商品性好、优质、丰产的品种，种子质量应符合 GB 16715.2 的规定。栽培可选择的品种有华阳、华王、热抗605、新场青1号等。

1. 华阳

（1）选育单位：上海虹桥天龙种业有限公司。

（2）特征特性：7～8月高温季节播种，生育期35天左右。该品种株型直立，生长势强、整齐度高。株高20～25厘米，开展度20～28厘米；叶片卵圆形，较大，浅绿；叶柄较长，呈浅绿色；纤维少，束腰性好，株型美观，品质佳，产量高；耐热性好，高温下不易拔节徒长，也不易发生卷叶和焦叶，抗病性也较强。

2. 华王

（1）选育单位：日本武藏野株式会社。

（2）特征特性：中矮箕类型，株高20～25厘米，开展度16～25厘米，株型直立；叶色鲜绿，叶柄较长、浅绿色；纤维少，株型美观，品质佳，商品性好，单株重100～150克；耐热性好且耐高湿，抗病毒病和霜霉病，生长速度快，产量高；7～8月高温季节，播种后35天左右采收，平均667平方米产1 690千克。

3. 热抗605青菜

（1）选育单位：上海地方品种。

（2）特征特性：植株直立，大头束腰。株高22～25厘米，开展度约35厘米，叶数在13片左右，平均单株重约100克；叶片绿色、全缘、倒卵形，叶面平滑，叶柄绿白色、扁平、基部略肥厚，质地柔嫩纤维少，多汁味甜，口感好；耐热、耐寒，对夏季易发生的蔬菜病害具有很好的抗性，在7～9月仍能良好生长；适宜夏秋季节鸡毛菜栽培，平均667平方米产300～600千克。

4. 新场青1号青菜

（1）选育单位：上海新勤农业科技服务有限公司。

（2）特征特性：株型紧凑、矮箕、束腰、拧心，成熟植株高20～25厘米，开展度24～26厘米；叶片呈深绿色，叶柄淡绿色，脉细，叶面光滑,肉质肥厚,具有较强的耐寒性。该品种炒煮易酥,纤维少,味鲜美,品质佳,商品性好,生长速度快,采收期长。全生育期70天左右,平均667平方米产3 000～3 500千克。

(二)栽培技术

1. 播种、育苗

(1)播种前准备:播种前10天左右,在前茬清理完毕的基础上,每667平方米施入商品有机肥1 000千克,然后机械翻耕。

在播种前5天左右进行第一次机械旋耕并进行机械平整,平整后每667平方米施入蔬菜三元复合肥10～15千克($N：P_2O_5：K_2O$为15：15：15,下同),进行第二次旋耕。

第二次旋耕后开沟,畦宽1.2米,沟宽30厘米,沟深25厘米;每15米开一条腰沟,四周开围沟,沟深30厘米,沟宽30厘米;人工清理沟系,确保排水通畅。

(2)播种及育苗:用六齿耙拉平畦面,土壤颗粒不超过0.3厘米。播前1天苗床浇足水(或雨后2小时泥湿深度10厘米左右)。剔除霉籽、瘪籽、虫籽等,选用优良、饱满的种子。

2月下旬至10月中旬分批播种,每667平方米苗床需种量0.3～0.5千克,定量定畦均匀撒播,播后浅耙畦面,然后踏实,用两层遮阳网覆盖畦面。

2. 苗期管理

(1)揭盖:播种后3～4天,出苗达到60％～70％时揭去遮阳网(夏季育苗),同时拔除苗床杂草,如苗床较干需及时浇水。

(2)水分管理:保持适度墒情(土壤含水量60％左右),不足时应补水,雨时无积水。合理施肥:在三叶期,依据长势,若苗弱、苗小、叶呈淡黄色,每667平方米施尿素2.5～3千克。

(3)壮苗标准:叶片4～5张,苗龄一般25～30天,无病虫害,叶色清秀,根系发达。

3. 定植

(1)大田准备

① 大田选择:必须符合NY 5010产地要求,前两茬未种植十

字花科类作物,土壤肥沃,排灌方便,保水保肥力强的土地。

② 深耕:定植前 10 天左右,在前茬清理完毕的基础上,每 667 平方米施入农家肥料 1 000～1 500 千克,或商品有机肥 1 000 千克,然后机械翻耕。

③ 二次旋耕:在定植前 3 天左右进行第一次机械旋耕;旋耕后立即进行机械平整,平整后每 667 平方米施入蔬菜三元复合肥 15～25 千克,再进行第二次旋耕,深度为 20～25 厘米。

④ 机械开沟:定植前 3 天左右用蔬菜开沟机开沟,畦宽 1.2 米,沟宽 30 厘米,沟深 25 厘米;每 15 米开一条腰沟,四周开围沟,沟深 30 厘米,沟宽 30 厘米;然后人工清理沟系,确保排水通畅。

⑤ 土壤消毒:播种前,每 667 平方米用 5% 辛硫磷颗粒剂 4 千克均匀撒施畦面进行土壤处理,防治跳甲、小地老虎、蛴螬等地下害虫,然后平整畦面。

(2)起苗:起苗前 1 天,浇足水分(泥湿深度 10 厘米)。起苗时用小刀挑起,不伤及主根,按大(4～5 片叶)、小(3～4 片叶)苗分级摆放,剔除劣苗,按级分别定植。

(3)定植:3 月下旬至 10 月下旬分批定植,(也可原棵菜),用定植刀挖穴,把秧苗埋入穴中,深度与根基相平,培实四周土壤,株距×行距为:(12～15 厘米)×(15～18 厘米),定植后浇定根水 1～2 次。

4. 生长期田间管理

(1)水分管理:保持一定墒情(土壤含水量 60%～70%),不足时补水,雨时不积水。

(2)肥水管理:定植成活后浇活棵肥 1 次,每 667 平方米追施尿素 5 千克,以后每 15 天追肥一次,每次每 667 平方米施尿素 3～5 千克,收获前 15 天停止施肥;大棚内有条件可用水肥一体化技术每次每 667 平方米追施偏氮型水溶性复合肥(N∶P_2O_5∶K_2O 为 28∶8∶15)2 千克。

(3)中耕除草:活棵后中耕除草 1 次,以后视情况再中耕除草 1 次。

（三）采收与运输、贮藏

1. 采收与整理

（1）采收：4 月下旬至 11 月下旬分批采收，小青菜单株重达到 120～160 克或符合客户要求的标准，可开始采收。

采收按标准分批进行，用刀在根基部截断，放入塑料蔬菜周转箱内，在 2 小时内应运抵加工厂。装卸、运输时要轻拿轻放。

（2）整理：把小青菜轻放在操作台上，除去多余外叶；然后把小青菜放在清水中洗去泥渍、杂质；剔除黄叶、叶柄折断、抽薹、病虫害、机械伤等明显不合格小青菜。用刀在根基部把根茎切平。

2. 包装与贮藏

（1）包装材料：要求使用国家允许使用的材料，选择整洁、干燥、牢固、美观、无污染、无异味、内壁无尖突物和无虫蛀、腐烂、霉变现象的包装容器，纸箱无受潮离层现象。纸箱规格一般为 50 厘米×40 厘米×18 厘米，成品纸箱耐压强度为 400 千克/米^2 以上，包装条件符合 SB/T 10158 要求。

（2）包装规格：按规格要求，每 3～4 株为一束，用包扎带在距小青菜叶柄基部 5 厘米处包扎，在每束小青菜外叶上贴上商标，按照规格要求分级，把小青菜放入 50 厘米×40 厘米×18 厘米纸箱中，用电子秤称重，每箱小青菜净重量为 5 千克。纸箱外标明品名、产地、生产者、规格、株数、毛重、净重、采收日期等。

（3）运输：运输工具清洁卫生、无污染，装运时应轻装、轻卸，严防机械损伤。在运输途中严防日晒雨淋，严禁与有毒物质混装，防止运输途中受到人为污染。

（4）贮藏：贮藏须在通风、清洁、卫生的条件下进行，严防曝晒、雨淋、冻害及有毒物质的污染；最佳贮藏温度 0～2 ℃，相对湿度为 95％～100％，库内堆码应保持气流均匀流通，堆码时包装箱距地 20 厘米，距墙 30 厘米，最高码层为 10 层。

大白菜

【图版 1】

大白菜为十字花科芸薹属芸薹种白菜亚种大白菜变种,是一二年生草本植物;以秋季栽培为主,也可进行春季和夏季栽培。

大白菜适宜在冷凉气候条件下生长。种子在 5~10 ℃可发芽,最适温度 20~25 ℃。幼苗期的适温,白天 25 ℃左右,夜间 15 ℃以上。包心期的适温,白天 15~22 ℃,夜间 5~12 ℃。此外,在 0~10 ℃的温度条件下,经 10~30 天通过春化。大白菜是长日性植物,经过低温之后,在长日照条件下才能抽薹开花,幼苗期、发棵期(莲座期)以及包心期都要求较强的光照。大白菜叶片宽大且多,蒸腾作用较盛,故需要较多水分,特别是包心期,水分要充足,但水分过多易引起病害。大白菜生长期较长,产量高,所以要及时供给充足的营养,一般以氮肥为主并配合适当的磷、钾肥;要求含有机质多的肥沃疏松土壤,既要求保水性强,又要求排水良好。

(一) 良种简介

选用抗病性强、耐热、商品性好、优质、丰产的品种,种子质量应符合 GB 46715.5 的规定。栽培可选择的品种有早熟 5 号、春大将、CR 秋美等。

1. 早熟 5 号

(1) 选育单位:浙江省农业科学院园艺所。

(2) 特征特性:生长期 50~55 天,叶球重 1~1.5 千克。耐热、耐湿、抗炭疽病,最适于高温、多雨时作小白菜栽培,早秋季作结球白菜栽培。

2. 春大将

(1) 选育单位:日本米可多株式会社。

(2) 特征特性:株高 38~40 厘米,株幅 60~64 厘米。外叶深绿色,中肋白色。球高 27 厘米,球径 20 厘米。结球紧实率 95%以上。早熟品种,生长期 60～65 天;生长势旺盛,整齐一致;抗病毒病能力强,抗软腐病能力一般;单株重 2.5～3.0 千克。

3. CR 秋美

(1)选育单位:山东华良种业有限公司。

(2)特征特性:生育期 80～85 天,叶色浅绿,白帮,净菜率 80% 以上;风味品质好;叶球叠抱,单株重 6～8 千克,667 平方米产叶球 10 000 千克以上,高抗三大病害。

(二)栽培技术

1. 播种

(1)播种时间:秋播早熟品种为 8 月上旬,秋播晚熟品种为 8 月下旬;春播品种在 3 月下旬至 4 月上旬播种;采用地加温线育苗的品种可提前至 3 月初播种。

(2)种子处理:剔除霉籽、瘪籽、虫籽等,选用包衣种子。非包衣种子,用 25 克/升咯菌腈悬浮种衣剂(适乐时 0.4%)在常温下拌种,或用 50～55 ℃温水浸种 15～20 分钟,并不断搅动,捞出后用清水晾干后播种。

2. 育苗

(1)普通育苗:播种前 10 天左右,在前茬清理完毕的基础上,每 667 平方米投入商品有机肥 1 000 千克,然后机械翻耕。在播种前 5 天,每 667 平方米投入蔬菜三元复合肥 10～15 千克(N:P$_2$O$_5$:K$_2$O 为 15:15:15,下同),然后用开沟作畦机械进行两次旋耕、平整、开沟作畦。畦宽 1.2 米,沟宽 30 厘米,沟深 25 厘米;每 15 米开一条腰沟,四周开围沟,沟深 30 厘米,沟宽 30 厘米;清理沟系,确保排水通畅。对平整度较差的地方,局部进行修补后再播种。播种时种子均匀撒播于苗床上,浇透水,夏、秋季在苗床上盖遮阳网,早春盖地膜,以利于保持水分、调控温度。

(2)工厂化育苗:选择 B 型立体大棚,配有温控、补光系统,搁盘架,128 孔或 72 孔 EPS 育苗盘。按草炭土:珍珠岩:商品有机肥为 4:4:2(体积比,下同)的比例配制营养基质,按基质总重量的 0.3%～0.5% 投入三元复合肥充分拌匀。用 1%～2% 高锰酸钾溶液对 EPS 育苗盘进行消毒,用清水清洗后待用。EPS 育苗盘内充填拌匀的基质,基质面与盘口相平。将已充填基质的 EPS 充苗盘搁置于搁盘架上,浇足水分(以盘底滴水孔渗水为宜)。育苗采用人工点播或机械播种,每穴播 1 粒种子,播种深度为 0.2～0.3 厘米。用基质把播种后留下的小孔盖平,补足水分,以盘底滴水孔渗水为宜。夏、秋季在苗床上盖遮阳网,早春盖地膜,以利于保持水分、调控温度。

3. 苗期管理

(1)揭去覆盖物:播种后 3～4 天,出苗达到 60%～70%时,应及时揭去地膜或遮阳网(夏秋季育苗,在傍晚揭网)。

(2)水分管理:根据大棚内水分蒸发情况及时补充水分,一般要求傍晚或清晨进行全面均匀喷雾(以盘底滴水孔渗水为宜)。

(3)苗龄控制:齐苗前棚内温度控制在 25～28 ℃,相对湿度控制在 60%～70%;齐苗后温度应控制在 22～25 ℃,使秧苗在播种后 18～22 天达到二叶一心至三叶一心。

(4)炼苗:定植前 3～5 天通风,以降低棚内湿度、温度,控制水分,进行炼苗。定植前 1 天晚上补足水分,以补充运输途中的蒸发失水。

4. 定植

(1)整地:定植前 10 天左右,在前茬清理完毕的基础上,每 667 平方米投入商品有机肥 1 000 千克,然后机械翻耕,深度为 20～25 厘米。定植前 2～3 天,每 667 平方米投入三元复合肥 40～50 千克,然后进行旋耕,旋耕后平整土地。

(2)作畦:定植前 3 天左右用蔬菜开沟机开沟,畦宽 90 厘米,沟宽 30 厘米,沟深 25 厘米;每 15 米开一条腰沟,四周开围沟,沟深 30 厘米,沟宽 30 厘米;然后清理沟系,确保排水通畅。

(3)起苗:起苗前 2 天,混喷保护性广谱灭菌剂与针对性杀虫剂 1 次,起苗前 1 天补足水(以盘底滴水孔渗水为宜)。出棚运输定植期间,如遇天气干旱、秧苗子叶失水过多时,要及时补充水分。

(4)适时定植:用插刀挖坑,把已从 EPS 育苗盘中脱下的带有营养土的秧苗放入坑中,深度与营养土面相平,培实四周土壤。行株距:秋季栽培的晚熟品种 50 厘米×50 厘米,早中熟品种 40 厘米×40 厘米;春季栽培的 30 厘米×30 厘米;夏季栽培的 30 厘米×30 厘米。定植时不得伤及秧苗子叶,定植后浇定根水 1～2 次。

5. 田间管理

(1) 水分管理:保持一定墒情(土壤含水量 60%～70%),不足时补水,下雨时不积水。

(2) 施肥

① 常规施肥:定植后 7～10 天,在距大白菜根部 7～10 厘米处每 667 平方米穴施尿素 5～7.5 千克;在莲座期每 667 平方米追施三元复合肥 10～12 千克;生长过旺时应控制水分(不补水,深中耕),不施肥。结球初期叶色偏淡,应施结球肥,每 667 平方米施尿素 10～15 千克。

② 水肥一体化施肥:定植后 7～10 天,每 667 平方米用滴灌追施偏氮型水溶性肥料(N：P_2O_5：K_2O 为 28：8：15)5 千克;在莲座期,每 667 平方米滴灌追施高钾型水溶性复合肥(N：P_2O_5：K_2O 为 15：7：30)5～8 千克;生长过旺时应控制水分(不补水,深中耕),不施肥。结球初期叶色偏淡,应施结球肥,每 667 平方米滴灌追施偏氮型水溶性复合肥(N：P_2O_5：K_2O 为 28：8：15)5～8 千克。

(3) 中耕除草:定植后 7～10 天中耕除草 1 次,以后依据杂草生长情况进行中耕除草 1～2 次。最后一次松土要结合培土进行。

6. 直播

(1) 播种:直播主要采取穴播或条播。穴播的在畦面按一定的株行距挖浅穴;条播的在畦面开浅槽。如土壤干燥,可在穴内或槽内浇水,待水渗透后,可穴播种子 3～4 粒;条播的要均匀撒播。播后用细土覆盖,轻轻压实,盖上遮阳网。每 667 平方米播种量 0.1～0.125 千克。

(2) 间苗:播后 3～4 天出苗,揭去遮阳网。当苗有 1～2 片叶时进行第一次间苗,苗距 2 厘米;当苗 5～6 片叶时进行第二次间苗,每穴 2 棵,条播的苗距 12～15 厘米。当苗有 7～8 片叶时定苗,一般早中熟品种苗距 35～40 厘米,晚熟品种苗距 40～50 厘米。

间苗、定苗时结合中耕除草。

（3）肥水管理：每次间苗后，每 667 平方米施尿素 3～5 千克。莲座期与结球初期施肥，与育苗定植的相同。

（三）采收与运输、贮藏

1. 采收与整理

（1）采收：当大白菜叶球紧实时开始采收，采收按标准分批进行，用刀在叶球根基部截断，放入塑料蔬菜周转箱内，在 2 小时内应运抵加工厂。装卸、运输时要轻拿、轻放。

（2）整理

① 去叶：把大白菜放在操作台上，保留 4～5 片外叶，除去多余外叶。

② 分检：剔除腐烂、焦边、胀裂、脱帮、抽薹、烧心、冻害、病虫害、机械伤等明显不合格的大白菜。

③ 切根：用刀在叶球基部把根茎切平。

④ 除渍：用干净抹布抹去大白菜叶球及外叶上的泥渍、杂质、水滴。

⑤ 规格划分：按大白菜的大小等分成不同的规格，放入塑料蔬菜周转箱内，每箱重量为 10 千克。用电子秤称单株重量后进行规格划分，分为 2L、L、M 三种规格（表 1）。

表 1　大白菜的规格及包装要求

规格	每箱净重（千克）	单株重（千克）
2L	10	＞3.5
L	10	2.5～3.5
M	10	＜2.5

2. 包装、运输与贮藏

（1）包装

① 包装材料：应使用国家允许的包装材料，选择整洁、干燥、牢

固、美观、无污染、无异味、内壁无尖突物和无虫蛀、无腐烂、无霉变现象的包装容器；纸箱无受潮离层现象。规格一般为 45.6 厘米×35.5 厘米×25 厘米，成品纸箱耐压强度为 400 千克/平方米以上。

② 包装要求：在每棵大白菜叶球茎基部贴上商标，把大白菜放入纸箱中，用电子秤称重，每箱大白菜净重为 10 千克。纸箱外标明品名、产地、生产者、规格、株数、毛重、净重、采收日期等。

（2）运输：运输工具清洁卫生、无污染，装运时应轻装、轻卸，严防机械损伤。在运输途中严防日晒雨淋，严禁与有毒物质混装，防止运输途中受到人为污染。

（3）贮藏：大白菜长途外运，包装产品应在 2 ℃的冷库中预冷12 小时后，才可装集装箱冷藏外运。

贮藏须在通风、清洁、卫生的条件下进行，严防曝晒、雨淋、冻害及有毒物质的污染。贮藏最佳温度为 2～5 ℃、相对湿度为 70％～80％，库内堆码应保持气流均匀流通，堆码时包装箱距地 20 厘米，距墙 30 厘米，最高堆码为 5 层。

杭白菜

【图版 1】

杭白菜为十字花科芸薹属芸薹种白菜亚种大白菜变种，是一二年生草本植物，是我国的特产蔬菜之一，全国各地普遍栽培。该品种在杭州地区栽培面积较大，所以在上海称杭白菜。该品种既可作结球大白菜栽培，又能作小白菜栽培。

在上海，杭白菜可周年播种，周年生产，周年上市，10 月至翌年2 月播种于管棚等保护地设施内，其他月份露地也可播种。种子在5～10 ℃温度下可发芽，最适宜温度为 20～25 ℃。植株生长适宜温度为 25 ℃左右。对土壤要求不严，但以土质松厚、排水良好、有机质含量丰富的壤土为宜。

（一）良种简介

选用抗病性强、耐热、商品性好、优质、丰产的品种,种子质量应符合 GB 46715.2 的规定。栽培可选择的品种有早熟 5 号、热抗 9 号等。

1. 早熟 5 号

（1）选育单位:浙江省农业科学院。

（2）特征特性:上海地区以苗用栽培为主,植株外叶阔大,呈卵圆形,叶片厚,淡绿色,边缘波状,叶片质地柔软,叶片背部无毛刺,叶柄白色。口感品质佳,耐热、耐寒,抗病性强,生长周期短,播后 30 天左右即可采收上市。一般每 667 平方米产量 1 000～1 500 千克左右。

2. 热抗 9 号

（1）选育单位:上海市农业科学院园艺研究所。

（2）特征特性:耐热性好,生长迅速,抗病性强,适宜苗用栽培。植株直立生长,叶浅绿色,宽卵圆形,叶面光滑、无毛,叶柄宽、绿白色,播后 45 天左右即可采收上市。一般每 667 平方米产量 1 000～1 500 千克。

（二）栽培技术

1. 播种

（1）播种时间:在上海杭白菜可周年播种,周年生产,周年上市,10 月至翌年 2 月播种于管棚等保护地设施内,其他月份则露地也可播种。

（2）种子选择:剔除霉籽、瘪籽、虫籽等,选择优良、饱满的种子。

（3）播种田块选择:必须选择符合产地环境要求、2 年内未种植十字花科类作物、土壤肥沃、排灌方便、保水保肥力强的土地。

（4）整地:播种田每 667 平方米施商品有机肥 250～300 千克,三元复合肥($N:P_2O_5:K_2O$ 为 15:15:15)25 千克,均匀撒施于畦面,然后耕翻,深度 15～20 厘米,耙细。

（5）作畦:机械耕翻平整后,一般作 1.6～1.7 米（连沟宽）的畦,深沟高畦。6 米标准大棚内作 4 畦,8 米标准大棚内作 5 畦,沟宽 30 厘米,沟深 20～25 厘米。

（6）土壤消毒:播种前,每 667 平方米用 5％辛硫磷颗粒剂 4 千克均匀撒施畦面进行土壤处理,防治跳甲、小地老虎、蛴螬等地下害虫,然后平整畦面。

（7）播种:周年播种,周年生产。苗床播种时将种子撒播于平整的畦面上,播后浅耙畦面,然后踏实。冬季播种,为使早出苗,播后在畦面覆盖一层旧的塑料薄膜或地膜,有利提高地温和保持土壤湿度,提高成苗率,夏季高温阶段播种,为防止大风、暴雨、高温影响,可在畦面覆盖 1～2 层遮阳网,降温保湿,促进出苗,80％种子出苗后应及时揭去薄膜、遮阳网覆盖物。一般直播,每 667 平方米播种量 200～220 克。

2. 田间管理

（1）间苗和定植:出苗后在过密的地方间苗 1～2 次,去除过密株、劣株和病株,拔除杂草,株行距 6～7 厘米见方。

（2）肥水管理:一般出苗后 20 天左右定苗,定苗后即可进行追肥。一般每 667 平方米追施尿素 5 千克,将尿素撒施于根际,然后浇水溶肥。大棚内有条件可用水肥一体化技术,每 667 平方米追施偏氮型水溶性复合肥（N：P_2O_5：K_2O 为 28：8：15）3～4 千克。夏季高温久旱,以及保护地内淋不到雨水,土壤发生旱情要及时浇水,保持土壤湿润。

（3）除草:齐苗后就应不断清除田间各类杂草,确保每次收割前田间无杂草。

（三）采收与运输、贮藏

1. 采收与整理

（1）采收:当杭白菜株高达到 30～35 厘米时,不包心即为采收适期;春秋季一般从播种到采收 50 天;夏季气温高生长快,从播种到采收 40～45 天;冬季则长些。

（2）整理

① 去叶:把杭白菜轻放在操作台上,每棵保留 5～6 片成叶,或

按客户要求的标准,除去多余外叶。

② 除渍:把杭白菜放在清水中洗去泥渍、杂质。

③ 分检:剔除黄叶、叶柄折断、抽薹、病虫害、机械伤等明显不合格杭白菜。

④ 切根:用刀在根基部把根茎切平。

⑤ 规格划分:用电子秤称单株重量,并进行规格划分,分为 M、L 两种规格(表 2)。

表 2　杭白菜的规格及包装要求

规格	每束株数	单株重(克)
M	4	120～140
L	3	140～160

2. 包装、运输与贮藏

(1)包装:包装材料应选择整洁、干燥、牢固、美观、无污染、无异味、内壁无尖突物和无蛀虫、无腐烂、无霉变现象的包装容器,纸箱无受潮离层现象。

按规格要求,每 3～4 株为一束,用包扎带在距杭白菜叶柄基部 5 厘米处包扎,在每束杭白菜外叶上贴上商标,按照规格要求分级,把杭白菜放入 50 厘米×40 厘米×18 厘米纸箱中,用电子秤称重,每箱杭白菜净含量为 5 千克。纸箱外标明品名、产地、生产者、规格、株数、毛重、净重、采收日期等。

(2)运输:运输工具清洁卫生、无污染,装运时应轻装、轻卸,严防机械损伤。在运输途中严防日晒雨淋,严禁与有毒物质混装,防止运输途中受到人为污染。

(3)贮藏:贮藏须在通风、清洁、卫生的条件下进行,严防曝晒、雨淋、冻害及有毒物质的污染。最佳贮藏温度 0～2 ℃,相对湿度为 95%～100%,库内堆码应保持气流均匀流通,堆码时包装箱距地 20 厘米,距墙 30 厘米,最高码层为 10 层。

塌　菜

【图版 1】

塌菜，为十字花科芸薹属芸薹种白菜亚科普通白菜变种的一个种类，又称乌塌菜、塌棵菜，是上海及周边地区特有的一种冬季时令蔬菜。上海人称其塌棵菜，主要是叶子呈乌色，可能是因为其形状扁塌，微微有点苦味（沪语"棵"和"苦"同音）而来。

塌菜有较强的耐寒力，主要是塌地生长，低温季节夜间地面散热，温度比较高，有效防止低温冻害。塌菜喜光，对光照要求较高，弱光阴雨天容易引起徒长，影响品质。对土壤要求不严，但以保水保肥力强、有机质含量丰富的黏壤土最为适宜。

（一）良种简介

选用抗病性强、耐热、商品性好、优质、丰产的品种，种子质量应符合 GB 46715.5 的规定。栽培可选择的品种有小八叶、黄心乌等。

1. 小八叶塌菜

（1）选育单位：上海地方品种。

（2）特征特性：植株株型较小，紧贴地面生长，开展度 15～20 厘米，中部叶片排列紧密，中心部隆起呈菊花状，叶墨绿色，近圆形，长 4～5 厘米，叶面皱，全缘。叶柄绿色，扁平。单株重 150 克左右，较早熟，抗寒力强，纤维少，品质好，经霜雪后风味更佳。677 平方米产量 1 000～1 500 千克。

2. 黄心乌

（1）选育单位：安徽省淮南市地方品种。

（2）特征特性：株高 10～15 厘米，叶片圆形，前期有 6～8 张绿色外叶，软叶部分占整个叶片的 1/2，11 月下旬经霜后，中部叶和心叶为金黄色，内外叶面呈皱凸状，叶柄扁平呈白色，株形似菊花状；较抗寒，抗病，单株重 500 克左右。677 平方米产量 2 000～3 000 千克。

（二）栽培技术

1. 播种与育苗

（1）播种前准备：播种前 7～10 天，在前茬清理完毕的基础上，每 667 平方米投入农家肥 1 500 千克，或商品有机肥 500 千克、三元复合肥（N：P_2O_5：K_2O 为 15：15：15，下同）40 千克，然后机械翻耕，深度为 20 厘米；畦宽 2 米，沟宽 30 厘米，沟深 25 厘米；每 25 米开一条腰沟，四周开围沟，确保排水通畅。

（2）播种：9 月上旬播种，露地育苗。育苗时适当密播，一般每 667 平方米苗床播种量 0.75～1 千克。播种时将种子均匀撒播在平整的畦面上。浅耙削平，盖上遮阳网用喷头浇水，保持土壤湿润，有利出苗和幼苗扎根。

（3）苗期管理：出苗前，遮阳网浮面覆盖，降温保湿，遇天旱，连续 2 天傍晚喷水，促齐苗；齐苗后及时揭除遮阳网。当幼苗二片真叶时，进行间苗，去杂去劣，去杂草，确保秧苗健壮。苗期注意防虫，特别是防治黄曲跳甲、小菜蛾、菜青虫。

2. 定植

（1）大田准备

① 大田选择：大田选择必须选择符合塌菜产地环境质量要求，前两茬未种植十字花科类作物，土壤疏松、肥沃，排、灌方便，保水保肥力强的土地。

② 深耕：定植前在清洁田园的基础上，每 667 平方米投入农家肥料 1 000～1 500 千克，或商品有机肥 400～600 千克和三元复合肥 20～25 千克，然后机械耕翻，深度为 20～25 厘米，旋耕后平整土地。

③ 开沟：定植开沟，畦宽连沟 2 米，沟深 25 厘米；每 30 米开一条腰沟，四周开围沟，沟深 30 厘米，沟宽 30 厘米，然后清理沟系，确保排水通畅。

（2）起苗：苗龄 25～30 天、真叶 5～6 片时可以定植。起苗前 1 天，浇足水分（泥湿深度 10 厘米）。起苗时用小刀挑起，不伤及主根，按大（5～6 片叶）、小（4～5 片叶）苗分别摆放，剔除劣苗，按大、小分别定植。

（3）定植方法：定植要求下午拔秧，及时定植，浇上活棵水。定植时应适当浅栽，过深会烂心死苗，用小刀挖坑，把秧苗根埋入坑中，深度与根基相平，培实四周土壤。定植株行距为：20 厘米×25 厘米，一般每 667 平方米约栽 10 000 株，定植后浇定根水 1～2 次。

3．田间管理

做好肥水管理工作。

① 常规施肥：定植缓苗应及时追肥 1 次，用 0.5％尿素水浇，每 667 平方米用尿素 10 千克。定植一个月进行第二次追肥，每 667 平方米用尿素 10～15 千克。生长期保持土壤湿润，干旱时及时浇水。

② 水肥一体化施肥技术：有条件的也可采用水肥一体化技术施肥，每次每 667 平方米追施水溶性肥料（N：P_2O_5：K_2O 为 28：8：15)5～8 千克。

（三）采收与运输、贮藏

1．采收与整理

（1）采收：定植后 45 天左右开始采收，以霜冻后采收上市为最佳。因塌菜经霜冻后，叶片含糖最高，叶厚质嫩，风味佳。塌菜可陆续收获，在大田内拔大留小，随时上市。塌菜应在春节期间上市完毕；春节过后，塌菜开始抽薹，品质下降。

（2）整理：收获时可用采摘刀贴地皮将植株割下来。深浅适度，过深易带土，过浅易掉叶降低产量。采收后去除黄叶，按规格大小进行整理装箱上市。

2．包装、运输与贮藏

（1）包装：包装材料应选择整洁、干燥、牢固、美观、无污染、无异味、内壁无尖突物和无蛀虫、无腐烂、无霉变现象的包装容器，纸箱无受潮离层现象。

（2）运输：运输工具清洁卫生、无污染，装运时应轻装、轻卸，严防机械损伤。在运输途中严防日晒雨淋，严禁与有毒物质混装，防止运输途中受到人为污染。

（3）贮藏：塌菜为绿叶蔬菜，宜短途运输，最适宜贮藏温度为 0～2 ℃，相对湿度 95％以上。长途外运时，产品装容器时应加入冰屑，降温后才可外运。

结球甘蓝

【图版1】

结球甘蓝为十字花科芸薹属中顶芽或腋芽能形成叶球的一个变种，是二年生草本植物；由不结球甘蓝演化而来，全国均有栽培。

结球甘蓝属半耐寒蔬菜，喜凉爽气候，气温 20～25 ℃时适于外叶生长；结球适温为 15～20 ℃；叶球能耐 -8～-6 ℃的短时间低温。它也能耐高温，栽培时可根据不同的季节、气候，选用不同的品种。结球甘蓝对光照强度要求不严，第一年形成叶球，次年在 2～6 ℃的低温条件下完成春化，遇上长日照条件就能抽薹、开花、结籽。它要求在湿润条件下生长，由于叶面积大，对水分的需要量也大，但其耐涝能力较弱，因此，既要求注意干旱时浇水和灌溉，又不可忽视雨涝时的排水。结球甘蓝对养分的要求，以氮肥需求量最大，其次是适量的磷、钾肥。它对土壤的适应性广，但以土层深厚肥沃、排水良好的砂质或黏质壤土最为适宜。pH 5.5～6.8 生长良好，pH 5.5 以下生长不良，且易发生缺钙症（叶缘枯死）。

（一）良种简介

选用抗病性强、耐热、商品性好、优质、丰产的品种，种子质量应符合 GB 46715.5 的规定。栽培可选择的品种有争牛、超级争春、博春等。

1. 争牛

（1）选育单位：上海市农业科学院园艺研究所。

（2）特征特性：冬性强，耐抽薹，可作为春甘蓝栽培，生育期 140 天左右；也可作秋甘蓝栽培，补充秋冬季牛心型甘蓝的供应，生育期 65 天左右。株形直立,开展度 53 厘米左右,叶色深绿,蜡粉较轻。叶球呈牛心形,球高 20 厘米左右,球横径 14 厘米左右,中心柱长 8.5 厘米左右,紧实度中等,球内颜色为浅黄绿色。口感糯嫩,品质好,且抗黑腐病。平均 667 平方米产量 2 700 千克左右。

2. 超级争春

(1)选育单位:上海市农业科学院园艺研究所。

(2)特征特性:早熟,高产,优质,冬性强。开展度 50 厘米,外叶 7~9 片,叶片深绿且厚。叶球胖尖形,球内嫩白,包心紧实,中心柱短,单球重 1~2 千克,比牛心甘蓝、鸡心甘蓝增产 30% 以上。质地脆嫩,纤维少,风味佳。667 平方米产量约 4 000 千克。

3. 博春

(1)选育单位:江苏省农业科学院蔬菜研究所。

(2)特征特性:冬性强,早熟,品质好。植株开展度 65~70 厘米,株高 35 厘米左右,叶片深绿,蜡粉中等,叶缘微翻。叶球桃形,球型指数为 1.1。肉质脆嫩,味甘甜。单球重 1.5 千克左右,一般 667 平方米产量 3 500 千克左右。

(二)栽培技术

1. 播种与育苗

(1)播种时间:上海地区一般在 4 月中下旬在塑料大棚内进行,也可夏季播种。

(2)种子处理:剔除霉籽、瘪籽、虫籽等,非包衣种子 25 克/升咯菌腈悬浮种衣剂(适乐时)在常温下拌种。

(3)育苗

① 常规育苗

i. 播前深耕:播前 10 天左右,每 667 平方米投入农家肥料 1 500~2 000 千克,或商品有机肥 1 200 千克,机械耕翻,深度 20~25 厘米。

ii. 二次旋耕:播前 5 天左右进行第一次机械旋耕;播前 3 天左右,机械平整后,每 667 平方米增施蔬菜三元复合肥 10~20 千克($N：P_2O_5：K_2O$ 为 15：15：15,下同),然后进行第二次机械旋耕。

iii. 机械开沟:播前 3 天左右进行开沟,畦宽 90 厘米,沟宽 30 厘米,沟深 30 厘米;每 15 米开一条腰沟,四周开围沟,沟深 30 厘米,沟宽 30 厘米,要求两次成型;然后人工清理沟系,确保排水通畅,用六齿耙人工精细平整畦面。

iv. 土壤消毒:播种前,每 667 平方米用 5‰辛硫磷颗粒剂 4 千克均匀撒施畦面进行土壤处理,防治跳甲、小地老虎、蛴螬等地下害虫,然后平整畦面。

v. 盖籽泥的准备:播前 2 天左右,按每 667 平方米用盖籽泥 3 立方米进行准备。盖籽泥按园土:糠灰为 6:4 的要求来配制。盖籽泥土粒直径不大于 0.2 厘米,盖上农膜,备用。

vi. 精细播种:进行撒播时,每 667 平方米苗床需种量 250～500 克;营养钵育苗的每钵 1～2 粒种子;营养块育苗的采用条点播。条点播行距 8～10 厘米,穴距 6～8 厘米,每穴 1～2 粒种子,播后覆上盖籽泥,厚度 0.3 厘米。夏季播种的,播种后用两层遮阳网覆盖畦面。

② 工厂化育苗:选用 128 孔或 72 孔育苗盘,用 1‰～2‰高锰酸钾溶液对育苗盘进行消毒,用清水清洗干净后待用。按草炭土:珍珠岩:商品有机肥为 4:4:2(体积比,下同)的比例配制营养基质,充分拌匀,育苗盘内充填拌匀的基质,基质面与盘口相平。将已充填基质的育苗盘搁置于搁盘架上,浇足水分(以盘底滴水孔渗水为宜)。育苗采用人工点播或机械播种,每穴播 1 粒种子,播种深度为 0.2～0.3 厘米。用基质把播种后留下的小孔盖平,补足水分,以盘底滴水孔渗水为宜。夏、秋季在苗床上盖遮阳网,早春盖地膜,以利于保持水分、调控温度。

2. 苗期管理

(1)出苗期管理:播种后 3～4 天,出苗 60％～70％时,应及时揭去畦面上覆盖的遮阳网,同时拔除苗床杂草。发现少量病苗时,应及时防治,可拔除病株、撒干土去湿,防止病害扩展。

(2)炼苗:当秧苗长到一叶一心期,逐步炼苗(晴天 9:30～14:00 覆上遮阳网,其他时间不覆盖,但依据天气预报,在暴雨前应盖上遮阳网;当苗达三叶期时,不再覆盖)。

（3）水分管理

① 常规育苗：保持适度墒情（土壤含水量 60％ 左右），不足时应补水，下雨时无积水。

② 工厂化育苗：出苗后 7～10 天保持苗盘基质湿润，以后控上促下，见苗盘基质干时浇透水。

（4）追肥：在三叶期，依据长势，若苗弱、苗小，叶呈淡黄色，常规苗每 667 平方米施尿素 2.5～3 千克，工厂化育苗每 667 平方米施偏氮型水溶性复合肥（N：P_2O_5：K_2O 为 28：8：15）1～2 千克。

（5）苗龄及壮苗标准：春甘蓝尖头类型苗龄一般 40～45 天、平头类型一般 60 天左右；秋冬甘蓝苗龄一般 35～45 天，叶片肥厚，呈深绿带紫色，茎粗、紫绿色，节间短，根系发达、须根多，未春化；全株无病虫害，无机械损伤。春甘蓝小苗定植，小苗茎干直径在 0.6 厘米以下。

3. 定植

（1）整地：在前茬清理完毕的基础上，每 667 平方米投入农家肥料 2 000～3 000 千克，或商品有机肥 2 000 千克，机械耕翻，深度 25～30 厘米，然后进行第一次机械旋耕。第一次机械旋耕后立即进行机械平整，平整后每 667 平方米增施蔬菜三元复合肥 40～50 千克，然后进行第二次机械旋耕。

（2）作畦：用蔬菜开沟机开沟，畦宽 90 厘米，沟宽 30 厘米，沟深 30 厘米；每 15 米开一条腰沟，四周开围沟，沟深 30 厘米，沟宽 30 厘米，要求两次成型；然后人工清理沟系，确保排水畅通。

（3）起苗：起苗前 1 天，浇足水（泥湿深度 10 厘米）。起苗时，营养钵育苗的，连钵体起苗，定植时脱去塑料营养钵；营养块育苗的，用小插刀把苗和营养块一起挑起，按大（展开度 16～20 厘米）小（展开度 12～15 厘米）分级摆放，剔除劣苗（病苗、弱苗、僵苗、无心苗等），按级分别定植。

（4）适时定植：高温期间定植应选阴天或晴天傍晚进行，定植时挖坑，把营养块埋入坑中，深度与营养块面相平。根据栽培季节和栽培品种确定行距×株距，一般是 60 厘米×（36～45 厘米），定植后浇定根水 1～2 次。

4. 田间管理

(1) 水分管理：保持一定墒情（土壤含水量 60% 左右）。结球甘蓝的需水量较大，尤其夏秋结球甘蓝的整个生长期大部分在高温季节，土壤和叶面的水分蒸发量大，一定要注意水分管理。高温季节浇水应选在早晚阴凉时，切忌漫灌。下雨时及时清理、疏通沟道，保证田间不积水。

(2) 肥水管理：甘蓝总需肥量为每 667 平方米需化学纯氮 10 千克、磷 5 千克、钾 10 千克。施肥总量的 60% 作基肥，40% 作追肥。

活棵后（太阳升起时，结球甘蓝叶尖吐水），在距结球甘蓝根部 7～10 厘米处，每 667 平方米穴施尿素 5～8 千克。以后依据长势，酌情追施三元复合肥 2～3 次，每次每 667 平方米 5～10 千克。大棚内有条件可进行水肥一体化装置追施，每次每 667 平方米追施水溶性复合肥（$N : P_2O_5 : K_2O$ 为 21 : 6 : 18）4～8 千克。如生长过盛，则控制水分（不补水，深中耕）、不施肥。

(3) 中耕除草：活棵后中耕除草 1 次，以后依据杂草生长情况进行中耕除草 1～2 次。

（三）采收与运输、贮藏

1. 采收与整理

(1) 采收：7 月中旬至 8 月下旬采收。当结球甘蓝充分长大、结球紧实时，可根据市场行情分批采收上市。采收可分批进行，采收时用刀从基部截断，放入塑料蔬菜周围转箱内，装运时要轻拿轻放。

(2) 整理

① 去叶：把结球甘蓝轻放在操作台上，保留 3 片外叶，人工除去多余外叶。

② 分检：剔除腐烂、黄叶、焦边、胀裂、膨松、冻害、病虫害、机械伤明显等不合格结球甘蓝。

③ 切根：用刀把根切至与叶球相平。

④ 除渍：用干净抹布抹去甘蓝上的泥渍、杂质、水滴。

⑤ 分级：按甘蓝的大小等分成不同的规格，放入塑料蔬菜周转

箱内，每箱重量为 10 千克。用刻度直尺测量单球直径后进行规格划分，分为 2L、L、M 三种规格（表3）。

表3 结球甘蓝的规格及包装要求

规格	每箱净重（千克）	单球直径（厘米）
2L	10	＞20
L	10	15～20
M	10	＜15

2. 包装、运输与贮藏

（1）包装：选择整洁、干燥、牢固、美观、无污染、无异味、内壁无尖突物和无虫蛀、无腐烂、无霉变现象的包装容器；纸箱无受潮离层现象，规格一般为 50 厘米×40 厘米×15 厘米，成品纸箱耐压强度为 400 千克/米^2 以上。

（2）运输：运输工具清洁卫生、无污染，装运时应轻装、轻卸，严防机械损伤。在运输途中严防日晒雨淋，严禁与有毒物质混装，防止运输途中受到人为污染。

（3）贮藏：结球甘蓝长途外运，包装产品应在 2 ℃的冷库中预冷 12 小时后，才可装集装箱冷藏外运。

贮藏须在通风、清洁、卫生的条件下进行，严防曝晒、雨淋、冻害及有毒物质的污染。贮藏最佳温度为 0～1 ℃，相对湿度为 90％～95％；库内堆码应保持气流均匀流通，堆码时包装箱距地 20 厘米，距墙 30 厘米，最高堆码为 5 层。

花椰菜

【图版2】

花椰菜，上海地区称花菜，为十字花科芸薹属甘蓝种中以花球为产品的一个变种,一二年生草本植物。花椰菜由甘蓝演化而来,19 世纪中叶传入我国南方,以广东、福建、台湾等地栽培最早。

花椰菜性喜温暖,忌炎热,也不耐长期低温。发芽适温在 25 ℃ 左右,生长适温 20～25 ℃;花球生长适温 15～20 ℃,25 ℃以上高温时往往易产生青花、毛花等畸形花球。光照充足条件下,花椰菜生长良好。花球在阳光直接照射下颜色易变黄,降低品质。花椰菜叶面积大,但耐旱和耐涝能力较差,土壤持水量过多会影响根的生长,严重时引起植株凋萎;如土壤过干,则植株生长不良,花球会提前形成,而且花球小、品质差。花椰菜植株高大,是既需肥又耐肥的蔬菜,特别需要氮肥,如适当配合磷、钾肥,则生长更好。花椰菜生长需要土层深厚、富含有机质、排水良好、保水力强的砂壤土。

(一) 良种简介

选用抗病性强、耐热、商品性好、优质、丰产的品种,种子质量应符合 GB 16715.5 的规定。栽培可选择的品种有珊瑚 65 天松花菜、浙松 60 天松花菜、新雪美 65 天松花菜等。

1. 珊瑚 65 天松花菜

(1) 选育单位:温州市吴桥种业有限公司。

(2) 特征特性:早中熟松花菜品种。生长势强,株高 70～80 厘米,开展度 105～120 厘米,叶片浅绿色,有少量蜡粉;花球呈半圆球形、奶白色,花球直径 20～30 厘米,球高 12～15 厘米,平均单球重 2 千克左右。花球松大、蕾枝青绿色,肉质柔软,甜脆,口感品质和商品性佳。667 平方米产 1 500～2 000 千克。

2. 浙松 60 天松花菜

(1) 选育单位:浙江神良种业有限公司。

(2) 特征特性:早熟,秋季定植后 60 天左右采收;生长快速,耐热、耐湿,株型大,易栽培。株高约 60 厘米,开展度 90～95 厘米,叶片浅绿色,蜡粉中等。球形扁平美观,花球面白、松大,花球直径 20～25 厘米,球高 15 厘米左右,平均单球重在 0.8～1.5 千克,蕾枝青梗,口感品质佳。667 平方米产 1 500～2 000 千克。

3. 新雪美 65 天松花菜

（1）选育单位：台湾力禾国际实业有限公司。

（2）特征特性：生长势强，整齐度高。品种试验表现为：7 月 11 日播种，8 月 14 日定植，11 月 2 日始收。该品种株高约 65 厘米，开展度 90～100 厘米，叶片蜡粉中等，球形扁圆形，奶黄色。花球横径约 25 厘米，纵茎 14.6 厘米，平均单球重在 1.4 千克左右，单球大，蕾粒粗细均匀，花茎稍微带浅绿，商品性佳。

（二）栽培技术

1. 播种

（1）种子处理：剔除霉籽、瘪籽、虫籽等，选用包衣种子，非包衣种子用 25 克/升咯菌腈悬浮种衣剂（适乐时）在常温下拌种。

（2）播种

① 播种时间：上海地区的播种时间是：早秋栽培 6 月中下旬；秋季栽培 6 月下旬至 7 月上旬；越冬栽培 6 月下旬至 7 月下旬；春季栽培 11 月中旬至 12 月上旬。

② 常规播种：播种前夜苗床浇足底水，每平方米均匀地撒播 2～3 克种子，然后覆盖 0.5 厘米厚的盖籽泥，同时搭好高约 60 厘米的遮阳棚。

2. 育苗及管理

（1）工厂化育苗：见结球甘蓝栽培技术中工厂化育苗部分。

（2）假植：常规育苗花椰菜一般播种出苗后 20～25 天，秧苗有 3～4 片真叶时可假植（早熟品种可适当小些）。

（3）苗期管理：播种后 3～4 天，出苗达到 60%～70% 时，应及时揭去遮阳网（地膜）。

秋季栽培，要进行遮阳网遮阳育苗，秧苗成活后，遮阳网日盖夜揭。春季栽培，注意防寒保温，齐苗后，白天床温保持在 20～25 ℃，夜间温度不宜过低，以防幼苗生长缓慢。

根据秧苗生长情况及时补充水分，一般要求傍晚或清晨进行全面均匀喷雾（以盘底滴水孔渗水为宜）。

定植前 5～7 天要控制水分、温度，进行炼苗。春季栽培的要通风,以降低棚内温度至 12～15 ℃。定植前 1 天晚上补足水分,以补充运输途中的蒸发失水。

壮苗标准:植株健壮,株高约 12 厘米,6～7 片真叶,叶片肥厚,根系发达,无病虫害。

3. 定植

(1) 大田准备

① 大田选择:必须选择符合产地环境 NY 5010 的要求,前两茬未种植十字花科类作物,土壤肥沃、排灌方便、保水保肥力强的土地。

② 深耕:定植前 10 天左右,在前茬清理完毕的基础上,每 667 平方米投入农家肥 2 000～2 500 千克,或商品有机肥 2 000 千克左右,然后机械翻耕,深度为 20～25 厘米。

在定植前 5 天左右进行第一次机械旋耕,旋耕后立即进行机械平整,平整后每 667 平方米投入三元复合肥 30 千克,然后进行第二次旋耕。

③ 机械开沟:定植前 3 天左右开沟,畦宽 90 厘米,沟宽 30 厘米,沟深 25 厘米;每 15 米开一条腰沟;四周开围沟,沟深 30 厘米,沟宽 30 厘米;然后人工清理沟系,确保排水通畅。

(2) 起苗:起苗前 2 天,混喷保护性广谱灭菌剂与针对性杀虫剂 1 次;起苗出棚前 1 天,补足水分(泥湿深度 10 厘米或以盘底滴水孔渗水为宜)。

(3) 定植方法:用插刀挖穴,把带有营养土的秧苗放入穴中,深度与营养土面相平,培实四周土壤。每 667 平方米定植密度是:早熟品种 2 000～2 200 株,中熟品种 1 800～2 000 株,晚熟品种 1 600～1 800 株;每畦定植 2 行。定植时不得伤及秧苗子叶,定植后浇定根水 1～2 次。

4. 田间管理

(1) 水分管理:保持一定墒情(土壤含水量 70% 左右),不足时补水,下雨时不积水。到结球后期,花球直径 9～10 厘米时应停止补充水分。花椰菜的水分调节主要结合追肥进行,不能脱水。要控制水分,浇水在晴天的傍晚进行。

① 莲座期：定植后每天浇水 1 次,浇水不能过湿,以第二天中午菜叶不萎蔫为宜。由于早熟品种定植时正处于夏季高温干旱季节,所以需早、晚各浇一次水,连浇 3～4 天至秧苗成活;中晚熟品种定植后视气候状况,以晚上浇水为主,如遇干旱,早上增浇一次,连浇 3～4 天至秧苗成活。生长旺盛期浇水要充足。雨后及时除草、松土、壅根。

② 结球期：平时土壤宜保持湿润,逢干旱天气,菜叶因干旱而萎蔫要时刻灌水,畦面湿透后及时放水,7～15 天进行一次,保证花球质量。

（2）肥水管理

① 苗期：应喷施 0.5% 尿素 1～2 次,每次每 667 平方米用量 5 千克。

② 莲座期：施肥 1～2 次,每次每 667 平方米用尿素 5～10 千克。

③ 结球期：花椰菜开始结球时,应每隔 10 天施肥一次,共施 3 次。每次每 667 平方米施三元复合肥 10～15 千克,或尿素 10～15 千克,早熟品种可少些。

在花椰菜的整个生长期间,应减少含氮化肥的施用量,增加磷、钾肥的使用,采收前 15 天停止施肥。

（3）盖花球：当花球直径达 8～10 厘米时,要束叶或折叶盖花,以保持花球洁白柔嫩。盖花球的老叶干枯后要及时调换,盖花球要做到勤检查、勤遮盖。

（4）中耕除草：定植后 7～10 天,结合中耕除草 1 次,以后依据杂草生长情况进行中耕除草 1～2 次。中耕要与培土相结合。

（三）采收与运输、贮藏

1. 采收与整理

（1）采收：当花椰菜已经充分长大、质地紧密、表面平整、花球没有散开时为采收适期,应依据市场行情及时采收。采收分批进行,用刀在花蕾顶部至茎基部 16～17 厘米处截断,放入塑料蔬菜周转箱内,装运时要轻拿、轻放。

（2）整理

① 去叶：把花椰菜放在操作台上，保留 4～5 片外叶，除去多余外叶。

② 分检：剔除花球松散、卷毛花蕾、中空、小叶、冻害、病虫害、机械伤等明显不合格花椰菜。

用刀在花蕾顶部至茎基部 15 厘米处把茎切平，每切 10 棵后刀要放入 500 倍高锰酸钾溶液中消毒。用干净抹布去除花椰菜花球及外叶上的泥渍、杂质、水滴。

2. 包装与贮藏

（1）包装

① 包装材料：要求使用国家允许使用的材料，选择整洁、干燥、牢固、美观、无污染、无异味、内壁无尖突物和无虫蛀、无腐烂、无霉变现象的包装容器；纸箱无受潮离层现象，成品纸箱耐压强度为 400 千克/平方米以上，符合 SB/T 10158 要求。

② 装箱：在每棵花椰菜叶球茎基部贴上商标，把花椰菜放入纸箱中，用电子秤称重，每箱花椰菜净重为 5 千克。纸箱外标明品名、产地、生产者、规格、棵数、毛重、净重、采收日期等。

（2）贮藏：花椰菜长途外运，包装产品应在 2 ℃的冷库中预冷 12 小时后，才可装集装箱冷藏外运。

贮藏须在通风、清洁、卫生的条件下进行，严防曝晒、雨淋、冻害及有毒物质的污染。贮藏最佳温度为 2～4 ℃，相对湿度为 85％～95％；库内堆码应保持气流均匀流通，堆码时包装箱距地 20 厘米，距墙 30 厘米，最高堆码为 12 层。

青花菜

【图版 2】

青花菜又名绿花菜、西兰花，为十字花科芸薹属，是一二年生草本植物。绿绿的西兰花生来一副惹人喜爱的模样，再配上清雅的名字，爱好者不胜枚举。西兰花起源于地中海东部沿岸地区。19 世纪末传入我国后,先在台湾地区种植,以后广东、福建、云南、北京、上海等地也随之栽培。

青花菜喜温和凉爽气候,生育适宜温度 20~22 ℃,花蕾发育适宜温度为 18~20 ℃。低于 5 ℃生长缓慢,低于 -5 ℃花球受冻害。青花菜对光照的要求并不十分严格,但在生长过程中喜欢充足的光照,光照足时植株生长健壮,能形成强大的营养体,有利于光合作用和养分的积累,并使花球紧实致密,颜色鲜绿、品质好;但盛夏阳光过强,也不利于青花菜的生长发育。青花菜适宜在排灌良好、耕层深厚、土质疏松肥沃、保水保肥力强的壤土和砂壤土上种植。

(一) 良种简介

选用抗病性强、商品性好、优质、丰产的品种,种子质量应符合 GB 46715.4 的规定。栽培可选择的品种有炎秀、沪绿 5 号等。

1. 炎秀

(1) 选育单位:日本坂田种苗公司。

(2) 特征特性:早中熟品种,定植后 70 天左右收获。株高 70 厘米左右,开展度 100 厘米左右,花球平均高 10 厘米,直径 15 厘米,绿色,高圆形,蕾粒较细且均匀,单球重 400 克左右。耐抽薹、耐热性较强。一般 667 平方米产花球 1 000 千克左右。

2. 沪绿 5 号

(1) 选育单位:上海市农业科学院园艺研究所。

(2) 特征特性:中晚熟品种。从定植到采收花球为 75~80 天,从播种到收获 105~110 天。株高 60 厘米左右,开展度 70 厘米左右,花球横径可达到 15 厘米左右,平均单球重 450~500 克。出蕾整齐,花球紧实,球形高圆,球色深绿,花蕾细密,大小均匀;抗病毒病、霜霉病和高抗黑腐病;整齐度好,生长势强,耐低温,适于秋冬季栽培。一般 667 平方米产花球 1 200 千克左右。

(二) 栽培技术

1. 播种

(1) 播种时间:上海地区一般秋季或秋冬季栽培于 7 月下旬至

8 月中旬播种;春季栽培于 1 月中下旬至 2 月上旬保温育苗。

（2）种子处理：剔除霉籽、瘪籽、虫咬籽等,然后用清水清洗。用 55 ℃温水浸种 15 分钟,并不断搅拌,捞起用清水清洗,晾干待用。

（3）基质无土育苗：选用 128 孔或 72 孔育苗盘,用 1%～2%高锰酸钾溶液对育苗盘进行消毒,用清水清洗干净后待用。按草炭土：珍珠岩：商品有机肥为 4：4：2(体积比,下同)的比例配制营养基质,充分拌匀,育苗盘内充填拌匀的基质,基质面与盘口相平。将已充填基质的育苗盘搁置于搁盘架上,浇足水分(以盘底滴水孔渗水为宜)。育苗采用人工点播或机械播种,每穴播 1 粒种子,播种深度为 0.2～0.3 厘米。用基质把播种后留下的小孔盖平,补足水分,以盘底滴水孔渗水为宜。夏、秋季在苗床上盖遮阳网,早春盖地膜,以利于保持水分、调控温度。

2. 苗期管理

（1）温光调控：春季育苗时,出苗前白天温度 20～25 ℃,夜间温度 10～15 ℃;出苗后白天 15～20 ℃,夜间 8～10 ℃;定植前 5～7 天对秧苗低温锻炼,使之适应外界条件。秋季育苗当 60%出苗时,及时架起遮阳网。

（2）肥水管理：穴盘基质育苗要经常检查基质料水分状况,不可过干过湿,适当控上促下,视秧苗长势每 667 平方米施偏氮型水溶性复合肥(N：P_2O_5：K_2O 为 28：8：15)1～2 千克。

（3）壮苗标准：秧苗达到三片真叶,茎节粗短,叶色浓绿,根系发达,无病虫危害。

3. 定植

（1）整地

① 深耕：定植前 10 天左右,在前茬清理完毕的基础上,每 667 平方米投入农家肥 2 000～2 500 千克,或商品有机肥 2 000 千克,然后机械翻耕,深度为 20～25 厘米。

② 二次旋耕：第一次深耕平整后,在定植前 5 天左右,每 667 平方米投入三元复合肥 30 千克,然后进行第二次旋耕。

③ 机械开沟：定植前 3 天左右用蔬菜开沟机开沟,畦宽 90 厘米,沟宽 30 厘米,沟深 25 厘米;每 15 米开一条腰沟,四周开围沟,

沟深 30 厘米,沟宽 30 厘米;然后清理沟系,确保排水通畅。

（2）作畦：6 米标准大棚内设置 4 畦,每畦连沟宽 1.5 米。8 米标准大棚内设置 5 畦,每畦连沟宽 1.6 米。

（3）适时定植：当幼苗 5～6 片叶、苗龄 45 天左右即可定植,定植前一天浇透水,按行距 60 厘米、株距 35～45 厘米移栽,每 667 平方米保苗 2 500 株。用插刀挖穴,把带有营养土的秧苗放入穴中,深度与营养土面相平,培实四周土壤。定植时不得伤及秧苗子叶,定植后浇定根水 1～2 次。

4. 田间管理

（1）水分管理：青花菜不耐旱也不耐涝,注意旱时及时灌水,雨季及时排出田间积水。在青花菜收获期,需保证水分供应,使花蕾生长紧实。每次追肥后应及时灌水,莲坐期后适当控制灌水,花球直径 2～3 厘米后及时灌水,保持见干见湿,使土壤相对湿度达 65%～80%。及时去除侧芽,减少养分消耗,促进顶花球膨大,达到商品标准。

（2）肥水管理

① 常规施肥：定植后 7～10 天,在距青花菜根部 7～10 厘米处,每 667 平方米穴施尿素 5～7.5 千克。以后依据长势每 667 平方米追施三元复合肥 8～10 千克;如生长过旺时应控制水分（不补水,深中耕）,不施肥。在花球直径达 1～2 厘米时,每 667 平方米追施三元复合肥 10～15 千克。

② 水肥一体化施肥：用滴灌每 667 平方米追施水溶性肥料（N：P_2O_5：K_2O 为 28：8：15）5 千克,以后依据长势每 667 平方米追施水溶性复合肥 5～8 千克;生长过旺时应控制水分（不补水,深中耕）,不施肥。在花球直径达 1～2 厘米时,每 667 平方米滴灌追施水溶性复合肥 5～8 千克。

（3）束叶遮阳：采摘前 5～7 天束叶遮阳,即将花球外围两边老叶主脉向内折断,在其上搭个遮阳小棚,遮住强光,防止太阳强光照射而使花球变紫开花,质地变粗,纤维增多而降低品质和商品率。

（三）采收与运输、贮藏

1. 采收与整理

（1）采收：青花菜以出口为主，要求花球紧实，颜色深绿，表面完整，无病虫危害，无畸形和机械损伤。采收要求保留4～5片叶，高度16～18厘米（从花顶到茎下端），花球直径11.5～13厘米。采收时避开高温时段，采收装筐后及时送到加工厂。

（2）整理：把青花菜放在操作台上，除去多余外叶。剔除花球松散、枯黄、中空、小叶、冻害、病虫害、机械伤等明显不合格的花球。用刀在茎基部处把茎切平。用干净抹布抹去青花菜花球及外叶上的泥渍、杂质、水滴。

用电子秤称单球重量，用厘米刻度尺量球径进行分级。通常分为小（S）、中（米）、大（L）三种规格（表4）。

表4　青花菜叶球的规格及包装要求

规格	每箱球数	单球重量（克）	球径（厘米）
小（S）	21～27	200～240	10.5～12
中（M）	16～21	240～300	12～13.5
大（L）	12～16	300～450	13.5～15

2. 包装、运输与贮藏

（1）包装：应使用国家允许使用的材料，选择整洁、干燥、牢固、美观、无污染、无异味、内壁无尖突物、无虫蛀、无腐烂、无霉变现象的包装容器；纸箱无受潮离层现象，成品纸箱耐压强度为400千克/平方米以上。把青花菜放入纸箱中，用电子秤称重，每箱青花菜净含量为5千克。纸箱外标明品名、产地、生产者名称、规格、球数、毛重、净重、采收日期等。

（2）运输：装运时做到轻装、轻卸，严防机械损伤；严防烈日曝晒、雨淋，运输工具清洁、卫生、无污染。

青花菜长途外运，包装产品应在2℃冷库中预冷12小时后，才可装集装箱冷藏外运。集装箱外运时,箱内堆码要保持气流均匀流通,适宜温度条件为 0～1 ℃,最高温度不宜高于 4.5 ℃,相对湿度为 90%～95%。

（3）贮藏:贮藏需在通风、清洁、卫生的条件下进行,严防曝晒、雨淋、冻害及有毒物质的污染。最佳贮藏温度为 0～1 ℃,相对湿度为 90%～95%;库内堆码应保持气流均匀流通,堆码时包装箱距地 20 厘米、距墙 30 厘米。

第二章　绿叶菜类栽培技术

蕹 菜

【图版 2】

　　蕹菜,别名空心菜、通心菜、竹叶菜等,为旋花科甘薯属,以嫩茎、叶为产品的草本植物;原产于我国和印度,广泛分布于亚洲热带地区。我国栽培蕹菜的历史悠久,目前在华南、西南地区及沿海地区栽培较多;上海地区多在夏季栽培。

　　蕹菜喜高温潮湿,15 ℃ 以上时种子发芽,生长适温为 25～30 ℃,高温季节能耐 35～40 ℃ 高温,生长停滞于 10 ℃ 以下,如遇霜冻则茎叶枯死。蕹菜为短日性植物,长日照下产量高且品质好,短日照下容易开花,丧失商品价值。栽培时需肥量较大,需多施氮肥。蕹菜对土壤要求不严,既耐肥又耐瘠,在洼地、盐碱地及新垦地都能良好地适应。

（一）良种简介

　　选用抗病性强、耐热、商品性好、优质、丰产的品种,种子质量应符合 GB 46715.5 的规定。可选择的品种有白梗大叶蕹菜、竹叶蕹菜等。

　　1. 白梗大叶蕹菜

　　（1）选育单位:上海华耘种业有限公司。

　　（2）特征特性:植株半直立,茎叶生长茂盛。叶片绿色、心脏形,叶表面光滑,全缘。茎白色管状,中空有节,侧枝再生能力强。喜高温高湿,不耐霜冻,不耐旱。主茎收割后,可继续收获侧枝至初霜来临前。品质较好,病虫害较少。一般 667 平方米产 5 000 千克左右。

2. 竹叶蕹菜

(1)选育单位:上海海蔬种子有限公司。

(2)特征特性:梗淡青绿色,梗位较长,口感爽脆。叶片细长,纤维少,生长旺盛,适应性广。耐热、耐寒,抗病高产,可作反季节蔬菜种植,经济效益好。一般一次性每 667 平方米收获 1 500 千克,多次收获,每 667 平方米产量可达 5 000 千克。

(二)栽培技术

1. 播种

(1)播种时间:上海地区一般在 3～9 月进行。

(2)种子处理:剔除霉籽、瘪籽、虫籽等,然后用清水清洗。气温低时,可用 50～60 ℃温水浸泡 30 分钟,然后在清水中浸种 20～24 小时,捞起洗净后放在 25 ℃左右的温度下催芽,待种子破皮露白后即可播种。

(3)播种:撒播,播种前施足底肥,一般每 667 平方米施腐熟有机肥 1 500～2 000 千克、三元复合肥 20 千克($N：P_2O_5：K_2O$ 为 15：15：15),充分与土壤混匀;做宽 1.3～1.5 米的畦,撒播后用细土覆盖 1 厘米。

2. 田间管理

蕹菜是多次采收的作物,因此除了施足基肥外,必须进行多次追肥才能取得高产。当秧苗长至 5～7 厘米时,及时追肥浇水,促发棵。生长期内每 10 天左右追肥 1 次,以后每采收 1 次,隔 2～3 天即追肥 1 次,以防止软腐病的发生。每次追肥每 667 平方米施尿素 10～15 千克。也可采用水肥一体化技术,每次每 667 平方米追施水溶性肥料($N：P_2O_5：K_2O$ 为 28：8：15)4～6 千克。经常浇水以保持土壤湿润。夏季高温,需及时开棚通风,控制棚内温度和湿度,以利正常生长。

（三）采收与运输、贮藏

1. 采收与整理

（1）采收：一次性收获的，可在株高长到 20～35 厘米时采收。多次收获的，在株高长到 12～15 厘米时间苗采收上市；当株高长到 33 厘米左右高时，第二次采收，并在茎部留 2 个茎节；第三次采收将茎部留下的第二节采下；第四次采收将茎基部留下的第一茎节采下，以达到茎基部重新萌芽的目的。

（2）整理

① 去叶：把蕹菜轻放在操作台上，每棵保留 6 片左右长成叶，除去多余叶。

② 除渍：把蕹菜放在清水（符合 GB 5749 要求）中清洗，去泥渍、杂质等。

③ 分检：剔除黄叶、叶柄折断、病虫害、机械伤等明显不合格蕹菜。

④ 规格划分：用电子秤称单株重量，然后进行规格划分，可分为 M、L 两种规格（表5）。

表5　蕹菜的规格及包装要求

规格	单束重（千克）	株高（厘米）
M	0.25～0.30	25～28
L	0.25～0.30	29～32

2. 包装、运输与贮藏

（1）包装：选择整洁、干燥、牢固、美观、无污染、无异味、内壁无尖突物和无虫蛀、无腐烂、无霉变现象的包装容器；纸箱无受潮离层现象。规格一般为 50 厘米×40 厘米×18 厘米，成品纸箱耐压强度为 400 千克/平方米以上。

每 0.25～0.30 千克作为一束，用包扎带在距蕹菜叶柄基部 5 厘米处包扎；在每束蕹菜上贴上商标，按照表1的要求，把蕹菜放入

50 厘米×40 厘米×18 厘米纸箱中。用电子秤称重,每箱蕹菜净重为 5 千克。纸箱外标明品名、产地、生产者、规格、毛重、净重、采收日期等。

（2）贮藏：须在通风、清洁、卫生的条件下进行,严防曝晒、雨淋、冻害及有毒物质的污染。最佳贮藏温度为 2～5 ℃,相对湿度为 85％～95％;库内堆码应保持气流均匀流通,堆码时包装箱距地 20 厘米,距墙 30 厘米,最高堆码为 10 层。

苋　菜

【图版 2】

苋菜为苋科一年生草本植物,又名米苋、荇菜等,一般以嫩茎、叶供菜用;原产我国、印度及热带美洲地区;目前,在我国特别是江南地区普遍栽培。苋菜成株茎粗大,叶片有绿、红、紫等多种颜色;生长迅速,容易栽培,病虫害较少,是夏季主要绿叶菜之一。

苋菜性喜温暖湿润气候,生长适温 25～32 ℃,耐高温干旱,不耐寒;为短日照植物,在高温短日照下易开花结子,氮肥和水分充足可延迟开花;适宜土壤为排水及保水性良好、肥沃的黏壤土或砂壤土。

（一）良种简介

可选用各类优质、高产、抗病、抗逆性强、商品性好的品种。目前生产上使用的多为地方品种,如圆叶红苋菜、绿苋等品种。

1. 圆叶白苋菜

（1）选育单位：上海地方品种。

（2）特征特性：叶片卵圆形,长 8～9 厘米、宽 7～9 厘米,先端钝圆,全缘,叶面微皱,叶及叶柄黄绿色,叶柄长 6 厘米左右;较晚熟,生长期 50 天左右,耐热力强,侧枝生长势强,品质佳,叶肉较厚,质地柔嫩。

2. 圆叶红苋菜

（1）选育单位：上海地方品种。

（2）特征特性：属彩苋品种类型，株高 23 厘米左右，叶宽 9 厘米左右，富含钙、铁等元素。叶卵圆形，叶面微皱，四周绿色、中央红色。茎较粗，略显红色。对温度适应性广，既耐热又可承受较低温度，常与早春作物套作，属于早熟品种。

（二）栽培技术

1. 播种

（1）播前准备

① 田块选择：必须选择符合产地环境要求，2 年内未种植苋科作物、土壤肥沃、排灌方便、杂草少的田块。

② 深耕：播种前 10 天左右，在前茬清理完毕的基础上，每 667 平方米投入充分腐熟的农家肥 2 500～3 000 千克，或商品有机肥 1 000 千克，然后机械翻耕，深度为 20～25 厘米。

③ 二次旋耕：在播种前 5 天左右进行第一次机械旋耕，旋耕后立即进行机械平整，平整后每 667 平方米投入三元复合肥 25～35 千克（N：P_2O_5：K_2O 为 21：6：18，下同），再进行第二次旋耕。

④ 机械开沟：播种前 5 天左右，用蔬菜开沟机开沟，畦宽 1.2 米，沟宽 30 厘米，沟深 25 厘米；每 15 米开一条腰沟，四周开围沟，沟深 30 厘米，沟宽 30 厘米；清理沟系，确保排水通畅。

⑤ 土壤消毒：播种前 1～2 天，每 667 平方米用 5% 辛硫磷颗粒剂 3.2～4 千克，均匀喷撒畦面进行土壤处理，喷撒后平整畦面。

（2）播种要求

① 播种时间：上海地区从 4 月上旬至 8 月中旬都可露地播种，利用小环棚或管棚可提早到 1 月中旬至 3 月上旬播种。高温期间播种的品质较差，而春播早收的品质佳。

② 播种方式：撒播，每 667 平方米用种量 1～2.5 千克，具体根据播种季节和土壤情况而定，一般播种期越早，用种量越大。播后覆盖细土或草木灰，适当镇压，并覆盖地膜或遮阳网。

2. 田间管理

早春播种的 10 天左右出苗,夏秋播种的只需 3～5 天即出苗。出苗前保持土壤湿润,出苗后揭去地膜或遮阳网,并及时除草。每隔 7～10 天追肥 1 次,以氮肥为主,每 667 平方米施尿素 5～10 千克,共施 3～4 次。也可采用水肥一体化技术,每次每 667 平方米追施水溶性肥料(N：P_2O_5：K_2O 为 28：8：15)4～6 千克。苋菜夏秋栽培应保持充足的肥水,否则会急速开花结实,影响品质和产量。

(三)采收与运输、贮藏

1. 采收与整理

(1)采收

① 采收标准和方法:春播的在苗高 15 厘米左右可采收。采收时割取嫩头,播种密度大的田地可间拔采收。秋季播种,当植株长至 10～15 厘米后连根拔起。

② 采收次数:春播苋菜可割 3～4 次。秋季播种的,一次采收。

(2)整理

① 去叶:把苋菜放在操作台上,每株保留 6～7 片成叶,除去病叶、老叶。

② 除渍:把苋菜放在清水中清洗,去除泥渍、杂质等。

③ 分检:去除黄叶、焦边、折断、冻害、病虫害、机械伤等明显不合格苋菜。

④ 切根:用刀在距根基部 2 厘米处把主根切平,每切 40 株后刀要放入 500 倍高锰酸钾溶液中消毒,用清水清洗干净后再用。

2. 包装与贮藏

(1)包装

① 包装材料:应选择整洁、干燥、牢固、美观、无污染、无异味、无虫蛀的包装容器;纸箱无受潮,规格一般为 45.6 厘米×35.5 厘米×25 厘米,成品纸箱耐压强度为 400 千克/平方米以上。

② 包装规格:每 10 棵作为一束,用包扎带在距苋菜根部 5 厘米处结扎;每束贴上商标,放入 45.6 厘米×35.5 厘米×25 厘米纸

箱中,用电子秤称重,每箱苋菜净重为 4 千克。纸箱外标明品名、产地、生产者、规格、净重、采收日期等。

（2）贮藏

① 预冷：苋菜不宜长途外运,如需外运,应在 2 ℃的冷库中预冷 12 小时后集装箱冷藏外运。

② 贮藏条件：冷藏库适宜温度为 2～5 ℃,相对湿度为 90％～95％；库内堆码应保持气流均匀流通,堆码时包装箱距地 20 厘米,距墙 30 厘米,最高堆码为 7 层。

芹 菜

【图版 2】

芹菜为伞形科芹菜属中形成肥嫩叶柄的二年生草本植物。原产地中海沿岸,2 000 年前古希腊人已栽培。我国的芹菜栽培时间较长,品种与分布于欧洲及世界各地的芹菜不同,称为中国芹菜,也称本芹。近年来,我国引进种植的西洋芹菜,是芹菜的一个变种,又称美芹、西芹,栽培时间不足百年。芹菜栽培方法较简易,产量高,供应期长,在我国南北各地广泛栽培,是主要绿叶菜类之一。

芹菜喜冷凉气候,生长适宜温度为 15～20 ℃。苗期能耐高温,成株可耐－4～－5 ℃的低温。种子在－4 ℃以上开始发芽,发芽适温为 15～20 ℃。种子萌动后在－2～－5 ℃的低温条件下,经过 10～20 天就能通过春化阶段。芹菜在营养生长阶段对日照的要求不严格,但通过春化阶段后必须在长日照条件下才能抽薹开花,温度过高（30 ℃左右）会抑制抽薹。芹菜喜湿润,根系入土不深,在整个栽培期要注意浇灌,保持土壤有较多的水分。芹菜需肥多,故土壤要富含养分,以有机质丰富、保水力强的肥沃壤土或砂壤土为宜。

（一）良种简介

选用抗性强，商品性好，优质，丰产的品种，种子质量应符合 GB 46715.5 的规定。品种主要选用黄心芹、四季西芹、美国西芹、申香芹一号等。

1. **黄心芹**

（1）选育单位：上海地区农家品种。

（2）特征特性：植株叶簇直立，株高 40～50 厘米，开展度 25 厘米左右。叶为二回奇数羽状复叶，每叶有小叶 2～3 对，小叶片近圆形，边缘有缺刻，叶片深绿色，叶心黄。叶柄粗，浅绿色，中空，软化后黄白色。质地脆嫩，纤维少，香味浓，品质好，供炒食或凉拌。耐热，生长速度快，是夏秋栽培的优良品种，早春易春花抽薹。一般 667 平方米产量 1 500～2 000 千克。

2. **四季西芹**

（1）选育单位：天津市蔬菜研究所。

（2）特征特性：直立性强，叶簇紧凑，株高 70 厘米左右，单株重可达 1.5 千克左右。全株有 7～8 片叶，叶色鲜绿，叶柄浅绿色，实心，光泽度好。纤维少，质地脆嫩，味淡，商品性佳。抽薹晚，分枝少，抗病性强。一般 667 平方米产量 5 000 千克。

3. **美国西芹**

（1）选育单位：美国引进。

（2）特征特性：种植紧凑，株高约 80 厘米。叶绿色，叶柄浅绿色，腹沟较浅，有光泽，组织充实，第一节节长 30 厘米左右。质地脆嫩，纤维少，品质佳。冬性强，耐抽薹，抗病性好，定植到收获 90～120 天，单体重 1 千克左右。667 平方米产量 6 000 千克左右。

4. **申香芹一号**

（1）选育单位：上海市农业科学院园艺研究所。

（2）特征特性：植株根系发达，长势旺盛。株形直立，株高 60～80 厘米，开展度 20～22 厘米。叶片锯齿状，叶绿色，叶柄浅绿色，细长纤秀，内腔空心，质地脆嫩，纤维少，清炒口感好，香气浓郁，品质极佳。抗病，耐热、耐寒，极耐抽薹，可多次采收，栽培适应性广,上海及周边地区可周年栽培生产。

（二）栽培技术

1. 播种

（1）播种时间：早秋芹育苗的播种期一般在 6 月下旬至 7 月上旬，可育苗移栽也可直播种植采收，晚秋芹应育苗移栽，播种期为 8 月上中旬至 9 月上旬。春芹育苗在大棚内，播种期一般在 1 月上旬至 3 月上旬。

（2）播种量：每 667 平方米需种量 100～150 克，育苗面积约 70 平方米。

（3）种子处理：芹菜种子的种皮坚厚，在夏秋高温季节播种的，播种前对种子要进行处理，即先用清水浸种 12～24 小时，再用清水冲洗几次，边洗边搓，然后将种子摊开，待种子表面水分稍干时，用湿布包好，置于 15～20 ℃阴凉处（或置于 5 ℃左右的冰箱内）催芽，每天在光处翻动种子 2～3 次，并用清水冲洗一次；催芽期保持种子潮湿，发现种子表面干时补充水分，3～5 天即可发芽，然后及时播种。

（4）苗床准备

① 苗床选择：选择前两茬未种植同类作物，土壤肥沃、通风而疏松、排灌方便、杂草基数少的土地。

② 苗床耕作：前茬出地后，及时翻耕晒白，拾净杂草和蚯蚓、地下害虫。播前 10 天左右，每 667 平方米施腐熟农家肥 3 000 千克，然后再翻耕，翻耕后进行第一次机械旋耕、平整，之后，每 667 平方米施三元复合肥（N：P_2O_5：K_2O 为 15：15：15，下同）40 千克进行第二次机械旋耕。播前 5 天左右，用开沟机开沟、作畦，畦宽 1.5～1.6 米（带沟），沟宽 30 厘米，沟深 20～25 厘米；每 15 米开一条腰沟，四周开围沟，沟深 30 厘米，沟宽 30 厘米，要求二次成型；然后人工清理沟系，确保排水通畅。

（5）播种方式：都行撒播。为了播种均匀，播种时可在种子中掺入少量小白菜种子混播，小白菜种子出苗快，生长迅速，因此兼有遮阳作用，又可使播种均匀。播种后，轻轻镇压，盖上麦秆，或草帘，或覆盖遮阳网,遮阳网覆盖时间一般上午 9 时至下午 4～5 时。

2. 苗期管理

(1)温度管理:播后 10～15 天,出苗达到 60%～70%时,揭去地面覆盖物。早春中棚保护地播种,出苗后搭小环棚(夜盖日揭)保温,2 月底以后可不用小环棚;夏秋高温半保护地育苗,棚顶盖遮阳网遮阳,10 月后不盖遮阳网。

(2)间苗、除草:苗期一般间苗 2～3 次(过密处拔去细嫩秧苗);间苗结合除草,要用刀挑草,不能手拔,拔草会拔松土壤,造成幼苗死亡。对少量病苗,也应及时拔除,并带出苗床销毁。

(3)肥水管理:苗期保持土壤湿润(土壤含水量 60%～70%)。如缺水应及时浇水,结合浇水可施肥 1 次,每次每 667 平方米施尿素 3～5 千克。为了保证每批秧苗都粗壮强健,在每次拔苗后秧地要撒施细土以压浮根,并浇水以促进幼苗生长。

(4)壮苗标准:株高 15～18 厘米,4～5 叶,无病虫害,叶色清秀,根系发达。苗龄 40～45 天。

3. 定植

(1)大田准备

① 大田选择:选择符合要求,前两茬未种植同类作物,土壤肥沃、通风而疏松、排灌方便、保水保肥力强的土地。

② 整地:在前茬清理完毕的基础上,每 667 平方米投入充分腐熟有机肥 3 000 千克,三元复合肥 45 千克,然后机械翻耕,深度为 15～20 厘米。

③ 做畦:用开沟机开沟,6 米大棚作 3 畦,畦宽 160 厘米,沟宽 30 厘米,沟深 25 厘米,早秋芹作露地栽培的 2 米连沟作畦。定植前一天,再用机械浅耕、细耕,然后整地作畦,人工清理沟系。

(2)起苗:起苗前两天,混喷保护性广谱灭菌剂与针对性杀虫剂一次,起苗前一天,浇足水分。起苗时用手拔起,不伤根,按大(4～5 片叶)、小(3～4 片叶)苗分级摆放,剔除劣苗、病苗、无心苗,按级分别定植。

(3)精细定植:当苗高 15～18 厘米,4～5 叶,一般从播种到定植 40～45 天。先横向按 15 厘米左右翻沟,再按 3～4 厘米株距(单株定植)将苗放入沟中,再培土。将大小一致的秧苗分批定植,早秋栽培的定植时间要在阴天或晴天的傍晚进行。

4. 田间管理

(1)水分管理:栽后随即浇搭根水,活棵前每天浇水 1～2 次,直到活棵。以后视苗势、土壤及天气进行浇水,芹菜需水分多,总体以抗旱为主,如缺水应及时浇水。

(2)合理施肥:定植活棵后(10～20 天),浇活棵肥一次,每 667 平方米尿素 5 千克。以后视苗情结合浇水追肥,每次每 667 平方米施尿素 5～7.5 千克,共 3～4 次。收获前 15 天停止施肥。

(三)采收与运输、贮藏

1. 采收与整理

(1)采收:当芹菜植株株高 35～40 厘米、7～8 片叶(春芹)或 38～43 厘米、8～9 片叶(秋芹)时或符合客户要求的标准时,可开始采收。一般从播种到采收 100 天左右(春芹短些,秋芹长些)。采收按标准连根拔起,通过整理后扎把上市。每 667 平方米产量,春芹 2 000～2 300 千克,秋芹 2 500～2 800 千克。

(2)整理

① 去叶:把芹菜轻放在操作台上,按标准除去多余外叶。

② 分检:剔除黄叶、叶柄折断、病虫害、机械伤等明显不合格芹菜。

③ 切根:用刀在根基部把根茎切平,每切 30 棵后刀要放入 500 倍高锰酸钾溶液中消毒,用清水冲洗干净后再用。

④ 除渍:把芹菜放在清水(符合 GB 5749—1985 要求)中清洗,去泥渍、杂质等。

⑤ 扎把:每扎质(重)量规格一般在 400～600 克,也可按需方(客户)需要确定包装规格。用包扎带在距芹菜叶柄基部 10～15 厘米处包扎,每把 15～20 株。按芹菜的大小等分成不同的规格,放入塑料蔬菜周转箱内,每箱重量为 10 千克。

2. 包装、运输与储藏

(1)包装:应使用国家允许使用的包装材料,选择整洁、干燥、牢固、美观、无污染、无异味、内壁无尖突物、无蛀虫、无腐烂、无霉变现象的包装容器。出场前把芹菜装入包装容器,容器外标明品名、产地、生产者、规格、毛重、净重、采收容器等。芹菜卫生标准应符合 NY 5091 - 2002《无公害食品 芹菜》、DB31/T 258.1 - 2000《安全卫生优质蔬菜》要求。

(2)运输:运输工具应清洁、卫生、无污染,运输时做到轻装、轻卸,严防机械操作。运输途中严防日晒、雨淋,严禁与有毒有害物质混装;芹菜长途外运,产品需在 2～5 ℃的冷库中预冷 12 小时,才可装集装箱冷藏外运;集装箱运输时箱内堆码要保持气流均匀流通,适宜温度为 0～1 ℃,相对湿度为 95％以上。

(3)储藏:储藏须在通风、清洁、卫生的条件下进行,严防曝晒、雨淋、冻害及有毒物质的污染;适宜储藏温度为 0～1 ℃,相对湿度为 95％以上;库内堆码应保持气流均匀流通,堆码时包装箱距地 20 厘米,距墙 30 厘米。

菠　菜

【图版 2】

菠菜为藜科菠菜属一二年生草本植物,别名菠斯菜、赤根菜、鹦鹉菜等,原产伊朗,中国普遍栽培,为极常见的蔬菜之一;主根较粗,肉质,呈淡红色,可食,侧根不发达,不仅含有大量的胡萝卜素和铁,也是维生素 B_6、叶酸、铁质和钾质的极佳来源;除鲜菜食用外,还可脱水制干和速冻。

菠菜属耐寒蔬菜,种子在 4 ℃时即可萌发,最适温度为 15～20 ℃;营养生长适宜的温度 15～20 ℃;25 ℃以上生长不良,地上部能耐－6～－8 ℃的低温。菠菜叶面积大,组织柔嫩,对水分要求较高。水分充足生长旺盛时肉厚,产量高,品质好。在高温长日照及干旱的条件下,营养生长受抑制,加速生殖生长,容易未熟抽薹。菠菜对土壤适应能力强,但仍以保水保肥力强的肥沃土壤为好。菠不耐酸,适宜的 pH 为 6.0～7.0。菠菜为叶菜,需要较多的氮肥及适当的磷、钾肥。

(一) 良种简介

选用抗病性强、耐热、耐寒、商品性好、优质、丰产的品种,种子质量应符合 GB 46715.5 的规定。栽培可选择的品种有金申小菠菜、迪娃、鲜绿二号等。

1. 金申小菠菜

(1) 选育单位:上海三友种苗有限公司。

(2) 特征特性:株型矮,株高 15 厘米,单株重 60 克左右。叶片肥厚,亮绿色,稍皱,呈尖圆形且光泽度好,根红;耐热,耐寒,耐抽薹,抗霜霉病。不疯长,采收期长,适合春、秋季栽培,高温下应采用遮阳网覆盖栽培。春季栽培,一般 667 平方米产量 1 000～1 500 千克;秋季栽培,一般 667 平方米产量 1 500～2 000 千克。

2. 迪娃

(1) 选育单位:先正达种子有限公司。

(2) 特征特性:株高 20～25 厘米,单株重 35～45 克。叶卵圆形,叶色深绿,光泽度好,叶面稍皱。抗霜霉病生理小种 1 号、2 号、3 号、5 号,耐热、耐抽薹,可用于鲜食或蔬菜加工。

3. 鲜绿二号

(1) 选育单位:美国引进。

(2) 特征特性:叶片呈鲜亮绿色、半圆形,叶面光滑,叶柄紧实、韧性好,叶片长约 10 厘米、宽约 8 厘米。长势旺盛,生长速度快,一般生长期为 30～35 天。抗病性强,抗霜霉病生理小种 1～7 号。可以春秋播种,冷凉地区夏季耐热性好,冬季不易春化,早春较耐抽薹。一般 667 平方米产量 1 500～2 000 千克。

(二) 栽培技术

1. 播种

(1) 播种时间:上海地区主要作春、秋季栽培,尤其适宜晚春、早秋栽培。春季栽培一般在 3 月中旬播种,秋季栽培在 8 月下旬至

11月上旬播种。

(2)深耕整地:播种前5天,每667平方米投入农家肥2 000~3 000千克,或商品有机肥1 000千克,然后机械翻耕,深度为20~25厘米。播种前2天,每667平方米施三元复合肥(N∶P_2O_5∶K_2O为21∶6∶18)25~30千克,然后进行旋耕;旋耕后进行土地平整,同时开沟,畦宽1.2米,沟宽30厘米,沟深25厘米,并清理沟系,确保排灌水通畅。

(3)土壤消毒:播种前2天,每667平方米用5%辛硫磷3.2~4千克均匀撒施畦面进行土壤处理,撒施后平整畦面,土壤颗粒直径小于0.2厘米。

(4)种子处理:剔除霉籽、瘪籽、虫咬籽等,选用精选种子。由于菠菜种皮较厚,播前宜用棒轻轻敲碎果皮后再播种。

(5)精细播种:在畦面上按行距8~10厘米的标准,开深度为2~3厘米的播种沟,沟内浇足水,然后按株距1.2厘米的标准进行播种(用种量为每667平方米4~5千克),播种后立即覆盖1厘米厚度的盖籽泥。也可采用撒播,播前畦面先浇水,播后覆盖1厘米厚度的盖籽泥,然后将遮阳网平铺在畦面上,并保持土壤湿润,待出苗60%~70%时,揭去遮阳网。

2.田间管理

(1)肥水管理:当植株生长至二三叶期,喷施叶面肥(或0.5%~1%尿素溶液);之后根据长势每667平方米酌情追施尿素3~7千克,间隔15天左右,每667平方米再追施尿素10~20千克。菠菜生长期间,根据气候及土壤湿度状况进行水分管理,水分不足时可采用沟灌(水面低于畦面2厘米)的形式补充水分,收获前3~5天浇足水以保证产品质量。

(2)中耕除草:条播的种植,在播种行间浅中耕(兼除草)一次,以后依据杂草生长情况进行中耕除草1~2次。

(三)采收与运输、贮藏

1.采收与整理

(1)采收:根据市场需求及菠菜生长情况,按标准分批采收。

采收后放入塑料周转箱内,装卸、运输时要轻拿、轻放。

(2)整理:剔除黄叶、焦边、折断、冻害、病虫害、机械伤等明显不合格的菠菜。经整理的菠菜放在清水中洗去泥渍、杂质等,并用刀在距根基下部 2 厘米处把主根切平,按不同规格扎成每把 200～250 克,然后装箱上市。

2. 包装、运输与贮藏

(1)包装:包装材料应选择整洁、干燥、牢固、美观、无污染、无异味、内壁无尖突物和无蛀虫、无腐烂、无霉变现象的包装容器,纸箱无受潮离层现象。

(2)运输:运输工具清洁卫生、无污染,装运时应轻装、轻卸,严防机械损伤。在运输途中严防曝晒、雨淋,严禁与有毒物质混装,防止运输途中受到人为污染。

(3)贮藏:菠菜贮藏须在通风、清洁、卫生的条件下进行,不宜长期贮藏。最佳贮藏温度为 0～2 ℃,相对湿度为 95% 以上;库内堆码应保持气流均匀流通,堆码时包装箱距地 20 厘米、距墙 30 厘米,最高堆码为 7 层。若要长途外运,需在 2 ℃ 的冷库中预冷 12 小时,才可装集装箱冷藏外运。

茼 蒿

【图版 3】

茼蒿又名蓬蒿、蒿菜等,为菊科菊属种,以嫩茎、叶为食用的一年生或两年生草本植物,原产地中海,在我国有较长的栽培历史。

茼蒿性喜冷凉气候,耐寒力强,不耐高温。种子发芽适温 15～20 ℃,生长适温 17～20 ℃,12 ℃ 以下生长缓慢,29 ℃ 以上生长不良。为长日性植物,对光照要求不严,一般以较弱光照为好。在长日照条件下,易引起先期抽薹;适宜生长肥沃、保水力强的砂壤土或黏壤土。

（一）良种简介

1. 板叶茼蒿

（1）选育单位：上海地方品种。

（2）特征特性：叶簇半直立，叶片肥大，呈汤匙形，叶面光滑、全缘、浅绿色。株高 6～8 厘米，开展度 12～16 厘米。耐寒性较强，可春、秋两季生产。分枝性较弱，叶肉肥厚、细嫩，具有特殊香味，品质佳。春栽一般 667 平方米产 1 000 千克左右，秋栽 1 500 千克左右。

2. 光杆茼蒿

（1）选育单位：上海市农业科学院。

（2）特征特性：植株直立，光杆，实心，无分权。茎杆白绿色，株高 30～40 厘米；叶小而薄，顶上部绿色，下部淡绿色，生长速度快，茎杆细长，底部无杂叶；耐热、耐寒、耐湿，适应性广，抗逆性强，品质极佳，播后 40 天左右即可采收。

（二）栽培技术

1. 播种

（1）播种前准备

① 品种选择：选用抗病、抗逆，商品性好，适应栽培季节的（圆叶、尖叶）品种。目前生产上使用的大多为地方品种，如大叶茼蒿等。

② 播种田块选择：必须选择符合产地环境要求，前两年未种植菊科作物、土壤肥沃、排灌方便、保水保肥力强的地块。

③ 整地：播种前 10 天左右，在前茬清理完毕的基础上，每 667 平方米投入充分腐熟的农家肥 2 000～3 000 千克或商品有机肥 1 000 千克和蔬菜专用复合肥（N：P_2O_5：K_2O 为 21：6：18，下同）25～35 千克，然后机械翻耕，深度为 20～25 厘米。在播种前 3～5 天进行机械旋耕，深度为 8～12 厘米，耕后平整土地。

④ 作畦：旋耕后进行开沟，畦宽 1.5～1.6 米（带沟），沟宽 30 厘米，沟深 25 厘米；每 25～30 米开一条腰沟，四周开围沟，沟深 30

厘米,然后清理沟系,确保排水通畅。清理沟系后及时整平畦面,畦面标准达到中间略高、两边略低,表层土块要细,土壤颗粒直径不超过 3 厘米。

(2) 播种方法

① 种子处理:播种前 1～2 天,把种子摊在晒具上晒 3～4 小时,然后用筛具清理出杂质和瘪籽。秋季播种时常遇高温、干旱,播种前应进行浸种催芽,将种子浸入清水中 10～12 小时,然后捞出洗净摊放在阴凉处,每隔 3～4 小时喷凉水 1 次,3 天后种子萌芽后即可播种。春季播种的不需要催芽,可直接撒播。

② 播种期:露地栽培,秋播 8 月上旬至 9 月上旬,春播 3 月中旬至 4 月中旬进行。保护地栽培,秋冬播 10 月下旬至 11 月下旬,春播 1 月中旬至 2 月中旬进行。播种量,每 667 平方米播种子 1.5～3 千克。

③ 精细播种:手工将茼蒿种子均匀地撒播在畦面上,然后浅耙畦面,深度不超过 3 厘米,耙地应周到不漏、深浅一致。

i. 露地栽培:秋季播种,在播种前 1 天地块浇水,第二天播种后用遮阳网浮面覆盖,降温保湿。若天晴无雨,3～5 天内每天早晚各浇水 1 次,待出苗达 60% 左右,傍晚揭除遮阳网。春季播种可用塑料薄膜或无纺布浮面覆盖。若用塑料薄膜覆盖,土地应先浇水再覆盖,畦面四周用泥土将膜压牢,保温保湿;若用无纺布覆盖,则覆盖后 3～5 天内喷水 2～3 次,待出苗 60% 左右可揭除塑料薄膜或无纺布。

ii. 保护地栽培:秋播后用遮阳网或无纺布浮面覆盖,3～5 天内喷水 2～3 次,待出苗 60% 左右揭除覆盖物。春播可应用露地栽培中春季栽培方法。

2. 田间管理

(1) 除草:齐苗后就应不断清除田间各类杂草,确保每次采收前田间无杂草危害。

(2) 肥水管理:根据土壤肥力及茼蒿生长趋势,齐苗 1 周后可用 1% 尿素水溶液追肥 1 次,每 667 平方米用量 2.5～3 千克。根据茼蒿长势,在每次收割后的第二天追施叶面肥,可采用赐保康有机液肥 500 倍液或天缘有机叶面肥 300 倍液喷施,每次每 667 平方米用量为 0.1～0.3 千克。有条件的可采用水肥一体化技术,每次每 667 平方米喷施水溶性肥料(N：P_2O_5：K_2O 为 28：8：15)1～2 千克。秋季八九月高温干旱天气,可采用傍晚或夜间沟灌和喷灌。

（三）采收与运输、贮藏

1. 采收与整理

（1）采收时间:光杆茼蒿是一次播种一次采收,板叶茼蒿是一次播种多次采收的作物,秋播种后 30～40 天、进行采收,春播后 50 天左右采收。

（2）采收方法(板叶茼蒿)

① 秋季栽培:秋播茼蒿生长期长,播种量少,第一次采收时密度稀的地方用割刀割正枝,基部留 3～4 叶,有利于侧枝生长;密度高的地方,以间苗方式挑大苗连根拔起,然后削去子叶和根部。第二次采收割除大的侧枝,小的保留,可连续采收到翌年春季。8～9 月份高温季节,应在上午 10 时前、下午 4 时后采收。

② 春季栽培:春播茼蒿生长期短,播种量大,密度高,第一次采收以间苗方式进行,将较大的苗连根拔起,削除子叶及根部;第二次采收剔除现蕾的,收割结束。

③ 秋冬设施栽培:秋冬播设施栽培,生长期较长,密度较高,第一次采收以间苗方式挑选大苗连根拔起,削除子叶及根部;第二次采收以割正枝为主;第三次采收割除大的侧枝,保留小的侧枝,可连续收割至翌年春季。

（3）商品要求:商品茼蒿长 6～8 厘米,叶片肥大,叶肉厚,叶色深绿,无病虫危害及人为机械损伤,无黄叶,无污泥。

2. 包装与贮藏

（1）包装:包装材料应选择整洁、牢固、美观、无污染、无异味的包装容器,包装时商品不能压。

（2）贮藏:茼蒿出售前采收后应及时摊开在室内阴凉处,堆放高度不超过 20 厘米,并洒些水。早上收割,下午或傍晚出售;下午收割,傍晚或翌日早晨出售。

（3）运输：茼蒿为绿叶蔬菜,宜短途运输。长途外运时,产品应贮存在 5 ℃的冷藏库中预冷 1～2 小时后装入 2 ℃冷藏车运输。

散叶生菜

【图版 3】

散叶生菜又名散叶莴苣,为菊科莴苣属,二年生草本植物,常作一年生栽培;以柔嫩、肥大的叶供食用;原产于欧洲地中海沿岸,是全球普遍栽培的蔬菜;我国约于公元 5 世纪传入,现在南北各地均有栽培;近年来栽培面积迅速扩大,已成为主要绿叶蔬菜之一。

散叶生菜一般根系浅,须根发达,茎短缩,短缩茎上着生基本叶;喜冷凉气候,种子于 4 ℃时开始发芽,适温 15 ℃左右,超过 25 ℃发芽不良;生长适温 15～20 ℃。部分品种具有光敏感性,在长日照下,易引起抽薹。适于生长有机质丰富、疏松、保水力强的肥沃壤土或砂壤土,对水分要求高,需肥多。

（一）良种简介

可选用抗病、优质、丰产、抗逆性强、商品性好的品种。要根据种植季节和市场需求选择适宜的种植品种,如罗莎红、意大利耐热生菜、西班牙绿生菜、紫莎等品种。

1. 意大利生菜

（1）选育单位：从意大利引进。

（2）特征特性：适应性广,可四季栽培。该品种株型紧凑直立,株高 25 厘米,开展度 20 厘米,叶片皱缩,青绿色,倒卵圆形,单株重 300 克左右。耐寒、耐热、耐抽薹性好,生长期 50～70 天,一般 667 平方米产量 1 800～2 000 千克。

2. 西班牙绿生菜

（1）选育单位：从西班牙引进。

（2）特征特性：该品种生长势中等,整齐度高,耐抽薹,高温下焦叶率低;生育期 60 天;株高 20.7 厘米左右,开展度 29.2 厘米;叶片浅绿色,粗锯状,叶面微皱,叶柄绿白色,共 33 片左右;单株重 250〜270 克。该品种口味微甜,品质脆嫩,商品性佳。

3. 紫莎

(1)选育单位:从美国 ATLAS 公司引进。

(2)特征特性:紫色散叶品种,株型漂亮,叶簇半直立,株高 25 厘米,开展度 20〜30 厘米,叶片皱,叶缘呈紫红色,色泽美观,叶片长椭圆形,叶缘皱状,茎极短,不易抽薹,口感好。单株重 250 克左右,生长期 65 天左右,适合冷凉气候栽培。

(二)栽培技术

1. 播种

(1)播前准备

① 苗床选择:必须选择符合产地环境要求,2 年内未种植菊科类作物、土壤肥沃、排灌方便、杂草基础少的地块。

② 播前深耕:播种前 10 天左右,在前茬清理完毕的基础上,每 667 平方米投入充分腐熟的农家肥 1 000〜2 000 千克,或商品有机肥 1 000 千克左右,然后机械翻耕,深度为 20〜25 厘米。

③ 二次旋耕:在播种前 10 天左右进行第一次机械旋耕,旋耕后立即进行机械平整,平整后每 667 平方米投入三元复合肥 10〜20 千克($N:P_2O_5:K_2O$ 为 21:6:18,下同),再进行第二次旋耕。用蔬菜开沟机开沟,畦宽 90 厘米,沟宽 30 厘米,沟深 20 厘米;每 15 米开一条腰沟,四周开围沟,沟深 30 厘米,沟宽 30 厘米;清理沟系,确保排水通畅。

④ 土壤消毒:播种前 2 天,每 667 平方米用 5% 辛硫磷颗粒剂 4 千克均匀撒施畦面进行土壤处理,平整畦面。

⑤ 盖籽泥的准备:播种前 7 天左右,按每 667 平方米用盖籽泥 3 立方米准备。盖籽泥按园土:糠灰为 6:4 的比例配制,盖籽土粒直径不大于 0.2 厘米,拌匀,盖上农膜,备用。

(2)播种方法

① 精整畦面:拉平畦面,土壤颗粒直径不超过 0.3 厘米。播前

1天浇足水。

② 种子催芽：剔除霉籽、瘪籽、虫籽等，选用精选种子；一般采用育苗移栽，每 100 平方米苗床用种量为 250～300 克。种子宜催芽处理，先用 20 ℃清水浸泡 3～4 小时，然后用湿纱布包好，注意通风，在 15～20 ℃恒温箱中催芽，2～3 天后约有 30％种子露芽时即可播种。

③ 精细播种：均匀撒播后覆上盖籽泥，盖没种子即可，然后均匀喷水。早春栽培的在大棚内播种；春夏栽培的，要采用大棚盖顶膜结合盖遮阳网遮阳育苗。

（3）苗期管理

① 炼苗：夏秋季待生菜苗生长健壮后（二叶一心）揭去遮阳网。

② 水分管理：保持适度墒情（土壤含水量 60％左右），不足时应补水，夏季早、晚浇水，冬季中午浇水。如水分过多时，苗床上可撒适量干细土。

③ 施肥：在三叶期后，依据长势施肥，若苗弱、苗小，叶呈淡黄色，每 667 平方米施尿素 2.5～3 千克。

（4）壮苗标准：叶片 4～5 张，展开度 5～6 厘米，苗龄春、夏、秋季不超过 25 天，冬季不超过 40～45 天，无病虫害，叶色清秀。

2．定植

（1）大田选择：必须选择符合产地环境要求、前两茬未种植菊科类作物、土壤肥沃、排灌方便、呈弱酸性至中性、保水保肥力强的地块。

（2）深耕：在前茬清理完毕的基础上，每 667 平方米投入农家肥料 2 000～3 000 千克，或商品有机肥 800～1 000 千克，然后机械翻耕，深度为 20～25 千克。

（3）二次旋耕：第一次机械旋耕后立即进行机械平整，平整后每 667 平方米投入三元复合肥 10 千克，进行第二次旋耕。

（4）机械开沟：用蔬菜开沟机开沟，带沟畦宽 1.2 米，畦宽 90厘米，沟宽 30 厘米，沟深 25 厘米；每 15 米开一条腰沟，四周开围沟，沟深 30 厘米，沟宽 30 厘米，要求两次成型；然后人工清理沟系，确保排水通畅。

（5）起苗：起苗前2天，喷一次防治灰霉病和菌核病的药剂，如有虫害可喷针对性杀虫剂一次，起苗前1天补足水分。

（6）定植：生菜可于周年分批定植，选健壮、无病秧苗带土定植，淘汰无心苗、劣质苗。夏季高温宜傍晚定植。挖穴种植，并培实四周土壤，行距20厘米、株距20厘米，定植时不得伤及秧苗子叶，定植后浇定根水1～2次。

3. 田间管理

（1）水分管理：定植后以中耕保湿缓苗为主。缓苗后根据天气和生长情况掌握浇水的次数，保持一定墒情（土壤含水量60%～70%），不足时补水，下雨后不积水；中后期田间封垄时，浇水应注意既要保证植株养分需要，又不要过量。大棚栽培应控制好田间湿度和空气相对湿度，控制浇水。注意雨天清沟排水，忌积水。

（2）施肥：定植后在施足底肥的基础上要追施速效肥。定植活棵后，每667平方米穴施尿素5～7.5千克；中期如长势弱，后期如缺肥，每667平方米可追施尿素5～10千克或复合肥10～15千克。有条件的可采用水肥一体化技术，每次每667平方米喷施水溶性肥料（N：P_2O_5：K_2O 为28：8：15）3～5千克。

（3）中耕除草：活棵后中耕除草1次，中期视情况中耕除草1次。

（4）遮阳防雨：夏季栽培要注意遮阳、防雨、降温，尤其在夏季育苗时。一般用遮阳网或无纺布遮阳，可利用大棚也可用小拱棚或平棚覆盖遮阳网，大棚盖顶部和西晒面，小拱棚和平棚晴天昼盖夜揭、阴天撤遮盖。

（三）采收与运输、贮藏

1. 采收与整理

（1）采收：周年分批采收，当生菜30%长到单株0.15～0.35千克，可开始采收。采收按标准分批进行，用刀从根基部截断，放入塑料蔬菜箱内，在2小时内应运抵加工厂，装卸、运输时要轻拿、轻放。

（2）整理

① 去叶：把生菜轻放在操作台上，除去外叶。

② 分检：剔除腐烂、黄叶、焦边、异味、冻害、病虫害、机械伤抽薹等明显不合格散叶生菜。

③ 切根：用刀把根基部切平。

④ 除渍：用干净抹布抹去生菜外叶上的泥渍、杂质、水滴。

⑤ 规格划分：用电子秤称单株重量后进行规格划分，分为 2L、L、M 三种规格（表 6）。

表 6　生菜的规格及包装要求

规格	每箱净重（千克）	单株重（克）
2L	10	＞200
L	10	200～100
M	10	＜100

2. 包装与贮藏

（1）包装

① 包装材料：应选择整洁、干燥、牢固、美观、无污染、无异味、内壁无尖突物和无虫蛀、无腐烂、无霉变现象的包装容器；纸箱无受潮离层现象，规格一般为 45.6 厘米×35.5 厘米×25 厘米，成品纸箱耐压强度为 400 千克/平方米以上。

② 包装规格：在每棵生菜基部贴上商标，按照表 6 的要求，把生菜放入规定纸箱中，用电子秤称重，每箱生菜净重为 10 千克。纸箱外标明品名、产地、生产者、规格、毛重、净重、采收日期等。

（2）贮藏：贮藏须在通风、清洁、卫生的条件下进行，严防曝晒、雨淋、冻害及有毒物质的污染。最佳贮藏温度为 0 ℃，相对湿度 95％以上，库内堆码应保持气流均匀流通，堆码时包装箱距地 20 厘米，距墙 30 厘米，最高堆码为 7 层。

莴 苣

【图版 3】

莴苣为菊科莴苣属莴苣种,能形成肉质茎的一二年生草本植物,原产于地中海沿岸,约于公元 5 世纪传入我国,在我国的地理和气候条件下,由叶用莴苣演变成特有的茎用莴苣(又称莴笋)。现在南北各地均有栽培,是早春和秋冬季节的主要蔬菜之一。

莴苣是半耐寒性蔬菜,喜冷凉气候,种子于 4 ℃时开始发芽,适温 15 ℃左右,30 ℃的高温会抑制发芽。幼苗能耐 -6 ℃的低温,茎、叶的生长适温 11~18 ℃,22 ℃以上会引起提早抽薹。莴苣为长日性作物,不需要经过低温,在长日照下即可开花,晚熟品种对日照长度反应较迟钝。莴苣适于生长有机质丰富、疏松、保水力强的肥沃壤土或砂壤土,对水分要求高,需氮肥多。

(一) 良种简介

可选用抗病、优质、丰产、抗逆性强、商品性好的品种,根据种植季节和市场需求选择适宜的种植品种,如科兴一号、春秋二青皮、春秋二白皮、种都青等。

1. 科兴一号

(1) 选育单位:四川省绵阳科兴种业有限公司。

(2) 特征特性:属越冬专用品种,耐寒力特强,低温下肉质茎膨大速度快。该品种株型紧凑直立,叶倒卵圆形,色鲜绿,厚而薄。单株重 1.3~1.6 千克,肉质茎粗大,皮薄,嫩白色,茎肉青绿色,嫩脆,品质佳。一般 667 平方米产量 5 000 千克以上。

2. 春秋二青皮

(1) 选育单位:四川省成都市。

(2) 特征特性:株高 35~40 厘米,开展度 45~50 厘米;茎长 35 厘米左右、粗 6 厘米左右,叶直立,呈卵形,叶色淡绿,茎节密,单株重 200~300 克。该品种肉质脆嫩,淡绿色,口味清香,商品性佳。

早秋栽培，全生育期 55～60 天，一般 667 平方米产量 800～1 000 千克；晚秋栽培，全生育期 70～80 天，一般 667 平方米产量 1 500 千克；春季栽培，全生育期 190 天，一般 667 平方米产量 2 000 千克。

3. 春秋二白皮

（1）选育单位：四川省成都市。

（2）特征特性：株高 40 厘米左右，开展度 45～50 厘米；茎长 30 厘米左右、粗 5 厘米左右，叶长椭圆形，叶色深，茎皮乳白色，肉浅绿色，单株重 150～300 克，耐热耐寒性强。早秋栽培，全生育期 50 天，一般 667 平方米产量 700～1 000 千克；晚秋栽培，全生育期 60～70 天，一般 667 平方米产量 1 000～1 500 千克；春季栽培，全生育期 180 天，一般 667 平方米产量 1 500～2 000 千克。

4. 种都青

（1）选育单位：上海种都种业有限公司。

（2）特征特性：株高 45 厘米左右，开展度 52 厘米。叶椭圆形，叶色深绿，茎皮深绿色，肉深绿色，单株重可达 1 千克；特耐寒，适合晚秋和春季栽培作早秋栽培，一般 667 平方米产量 4 000 千克左右。

（二）栽培技术

1. 播种

（1）播前准备

① 播种时间：春季栽培于 10 月上旬至 12 月上旬，秋季栽培于 7 月下旬至 8 月中旬，延秋栽培于 9 月上旬。

② 苗床选择：必须选择符合产地环境要求、2 年内未种植菊科类作物、土壤肥沃、排灌方便、杂草基础少的地块。

③ 整地：播种前 10 天左右，在前茬清理完毕的基础上，每 667 平方米投入充分腐熟有机肥 1 000 千克左右，然后机械翻耕，深度为 20～25 厘米。在播种前 10 天左右进行第一次机械旋耕，旋耕后立即进行机械平整，平整后每 667 平方米投入三元复合肥 10～20 千克（N：P_2O_5：K_2O 为 15：15：15，下同），再进行第二次旋耕。

④ 作畦：用蔬菜开沟机开沟，畦宽 1.5～1.6 米（带沟），沟宽 30 厘米，沟深 20 厘米；每 15 米开一条腰沟，四周开围沟，沟深 30 厘

米,沟宽 30 厘米;清理沟系,确保排水通畅。

⑤ 盖籽泥的准备:播种前 7 天左右,按每 667 平方米用盖籽泥 3 立方米准备。盖籽泥按园土:糠灰为 6:4 的比例配制,盖籽土粒直径不大于 0.2 厘米,拌匀,盖上农膜,备用。

(2)播种方法

① 品种选择:可选用抗病、优质、丰产、抗逆性强、商品性好的品种。根据种植季节和市场需求选择适宜的种植品种,剔除霉籽、瘪籽、虫籽等,选用精选种子,一般每 66.7 平方米苗床用种量为 150 克,可供大田 2 000 平方米移栽。

② 种子催芽:一般春季栽培和延秋栽培的种子无需催芽,可直接播种于苗床。早秋播种种子宜催芽处理,先用 20 ℃清水浸泡 3~4 小时,然后用湿纱布包好,在 5 ℃左右的温度中催芽 2~3 天后即可播种。

③ 精细播种:均匀撒播后覆上盖籽泥,盖没种子即可,然后均匀喷水。育苗一般采用大棚盖顶膜结合盖遮阳网遮阳育苗,或根据外界温度情况直接用遮阳网覆盖育苗。

2. 苗期管理

(1)揭膜除草:在正常天气条件下,播种后 7 天左右出苗,出苗后,揭去遮阳网(夏秋季早揭夜盖遮阳网,待苗生长健壮后完全揭去遮阳网),同时拔除苗床杂草。

(2)肥水管理:保持适度墒情(土壤含水量 60％左右),不足时应补水,夏季早、晚浇水,冬季中午浇水。在三叶期后,依据长势,若苗弱、苗小,叶呈淡黄色,每 667 平方米施尿素 2.5~3 千克。

(3)壮苗标准:叶片五叶一心,展开度 5~6 厘米,苗龄 30~35 厘米,叶色清秀无病虫。

3. 定植

(1)大田选择:必须选择符合产地环境要求,前两茬未种植菊科类作物、土壤肥沃、排灌方便、呈弱酸性至中性、保水保肥力强的地块。

(2)整地:在前茬清理完毕的基础上,每 667 平方米投入腐熟的有机肥料 2 000 千克,然后机械翻耕,深度为 20 厘米左右。第一次机械旋耕后立即进行机械平整,平整后每 667 平方米投入三元复合肥 25 千克,进行第二次旋耕。

（3）作畦：用蔬菜开沟机开沟，畦宽 1.5～1.6 米（带沟），沟宽 30 厘米，沟深 25 厘米；每 15 米开一条腰沟，四周开围沟，沟深 30 厘米，沟宽 30 厘米；然后人工清理沟系，平整畦面，确保畦面平整、排水通畅。6 米棚作 4 畦，8 米棚作 5 畦。

（4）起苗：起苗前 2 天，喷一次防治灰霉病和菌核病的药剂，如有虫害可喷针对性杀虫剂一次，起苗前 1 天补足水分。

（5）精细定植：选健壮、无病秧苗带土定植，淘汰无心苗、劣质苗。挖穴种植，并培实四周土壤。早熟品种移栽行距 22 厘米、株距 15 厘米；中熟品种移栽行距 24 厘米、株距 15 厘米；晚熟品种移栽行距 30 厘米、株距 24 厘米。定植时不得伤及秧苗子叶，定植后浇定根水 1～2 次。

4. 田间管理

（1）肥水管理：定植后以中耕保湿缓苗为主，定植活棵后，每 667 平方米穴施尿素 5～7.5 千克；以后根据天气和生长情况掌握浇水的次数，保持一定墒情（土壤含水量 60%～70%），不足时补水，下雨后不积水；封行前结合浇水每 667 平方米施尿素 15～20 千克；封行后视田间生长情况，长势弱时每 667 平方米施三元复合肥 10 千克。有条件的可采用水肥一体化技术，每次每 667 平方米施高氮型水溶性肥料（$N : P_2O_5 : K_2O$ 为 28:8:15）5～7 千克。

（2）中耕除草：活棵后中耕除草 1 次，中期视情况再中耕除草 1 次。

（3）覆膜：越冬栽培，进入 11 月上中旬后应及时覆膜，覆膜后前期注意通风降湿，棚内温度白天不超过 24 ℃，夜间不低于 10 ℃。后期注意防冻，气温在 0 ℃以下棚内加盖一层薄膜保温（晚上）。

（三）采收与运输、贮藏

1. 采收与整理

（1）采收：当莴笋 30% 长到该品种特性的单株重时，可开始采收。采收按标准分批进行，用刀从根基部截断，放入塑料蔬菜箱内，在 2 小时内应运抵加工厂，装卸、运输时要轻拿、轻放。

（2）整理

① 去叶：把莴笋轻放在操作台上，保留上部三分之一心叶，除

去多余外叶。

② 分检：剔除腐烂、异味、黄叶、空心、焦边、冻害、病虫害、机械伤、抽薹等明显不合格莴笋。

③ 切根：用刀把根基部切平，每切 10 棵后刀要放入 500 倍高锰酸钾溶液中消毒，清水中洗净后再用。

④ 除渍：用干净抹布抹去莴笋外叶上的泥渍、杂质、水滴。

⑤ 规格划分：根据品种特性和企业销售需要进行等级划分。

2. 包装与贮藏

（1）包装

① 包装材料：应选择整洁、干燥、牢固、美观、无污染、无异味、内壁无尖突物和无虫蛀、无腐烂、无霉变现象的包装容器；纸箱无受潮离层现象，规格一般为 45.6 厘米×35.5 厘米×25 厘米，成品纸箱耐压强度为 400 千克/平方米以上。

② 包装规格：按照要求，把莴笋放入规定纸箱中，用电子秤称重，每箱莴笋净重为 15 千克。纸箱外标明品名、产地、生产者、规格、毛重、净重、采收日期等。

（2）贮藏：贮藏须在通风、清洁、卫生的条件下进行，严防曝晒、雨淋、冻害及有毒物质的污染。最佳贮藏温度为 2～5 ℃，相对湿度 70%～80%，库内堆码应保持气流均匀流通，堆码时包装箱距地 20 厘米，距墙 30 厘米，最高堆码为 7 层。

3. 运输

莴笋长途外运时，包装产品应在 2 ℃的冷库中预冷 12 小时后，才可装箱冷藏外运。

草　头

【图版 4】

草头为豆科草本植物，以嫩叶、茎食用，原产于印度，在我国长江流域栽培较多；除了专门作为蔬菜食用以外，也可与绿肥兼用。

草头喜冷凉气候,有较强的耐寒性。生长适温 12～17 ℃;在10 ℃以下或 17 ℃以上时,生长缓慢;在－5 ℃的低温下,叶片受冻,生长停滞,但气温回升后植株又能萌芽生长。草头对光照要求不高,低温、短日照下易开花;耐寒能力较强,不耐涝,在其生长期内应保持土壤湿润,避免积水,在雨季要注意排涝。出苗前后需水较多,太干则出苗迟、出苗率低;在 pH 5.5～8.5 土壤中均可生长,适应性广,但以保水保肥力强、富含有机质的黏土或冲击土最好。

(一)良种简介

选用抗病性强,耐热、商品性好、优质、丰产的品种,种子质量应符合 GB 46715.5 的规定。可选择的品种有大叶草头等。

大叶草头

(1)选育单位:上海地方品种。

(2)特征特性:叶片大,叶色浓绿,叶柄长 5 厘米左右,复叶有3 小叶;小叶呈倒披针形或倒卵形,长约 2 厘米,宽约 3 厘米,顶端偏圆,中间向内凹陷,中肋凸出。上半部叶叶缘有锯齿,基部狭楔形,托叶狭披针形,全缘。一般在春季或晚秋季节播种,一般 667 平方米产量 500～800 千克;早秋播种 667 平方米产量 2 500 千克左右。

(二)栽培技术

1. 播种

(1)播种时间:上海地区一般作春秋季栽培。春栽于 3 月上旬至 6 月上旬播种;秋栽于 7 月中旬至 9 月下旬播种。

(2)种子处理

① 晒种:播种前两天,把种子摊在晒场上晒 3～4 小时,然后用筛具清理杂质。

② 药剂液浸种:播种前用 10%磷酸三钠 500 倍液浸种 10～30分钟,后捞起用清水洗净,晾干后播种。浸种后遇上雨天不能播种的,可将种子摊放在阴凉处 1～2 天,摊放厚度不超过 10 厘米,每天

洒适量水,保持种子湿润,天晴后及时播种。

（3）播种方法

① 整地：每 667 平方米施农家肥 2 000 千克,或商品有机肥 1 000 千克、三元复合肥(N：P_2O_5：K_2O 为 15：15：15)50 千克,然后深翻晒白。

② 作畦：机械耕翻平整后,6 米标准大棚内作 4 畦,8 米标准大棚内作 5 畦,沟宽 30 厘米,沟深 20～25 厘米。

③ 精细播种：一般采用撒播或条播,春播播种量为每 667 平方米 50～60 千克(带壳种子),秋播播种量为 80～90 千克(带壳种子)。将金花菜(草头)籽均匀地散播在平整的畦面上。用铁锴浅耙,使畦面种子漏入表土中,深度 5～6 厘米,然后削平,若表面露籽较多,可用沟里碎泥或营养土(熟泥加腐熟厩肥)盖籽,尽量少露籽。盖籽后用脚踏实,使种子与土充分接触。保持土壤湿度,有利出苗和幼苗扎根。

秋季栽培用遮阳网浮面覆盖,降温处理。若天晴无雨,3～5 天内每天早晚浇水各一次,待出苗达 60% 左右,傍晚揭除遮阳网。

春季栽培用无纺布浮面覆盖,增温保湿。若天晴无雨,3～5 天内浇两次水,待齐苗后可揭除无纺布。

2. 田间管理

（1）除草：齐苗后就应不断清除田间各类杂草,确保每次收割前田间无杂草。

（2）肥水管理

① 根据草头生长势,齐苗一周后可用1%尿素水溶液或1%三元肥水溶液追肥一次。也可采用水肥一体化技术追施水溶性肥料每 667 平方米(N：P_2O_5：K_2O 为 28：8：15)4～5 千克。

② 根据草头长势,在每次收割后的第二天用叶面肥追肥。

③ 秋季 8～9 月高温干旱天气,可采用傍晚或夜间沟灌和喷灌,以利草头正常生长。露地栽培,霜冻来临前晚上采用无纺布浮面覆盖。大棚生产,11 月上旬盖膜,加强通风换气,12 月上旬棚内晚上再用无纺布浮面覆盖。

（三）采收与运输、贮藏

1. 采收

草头是一次播种多次采收的作物，每当草头叶片长大就应及时采收（用割刀割叶片），9～10月气温适宜时，一星期收割一次，高温季节应在上午10时前、下午4时后进行。一般金花菜（草头）叶柄不能过长（超过3厘米），或按客户需要采摘。

2. 包装与贮藏

（1）包装：包装材料应选择整洁、牢固、美观、无污染、无异味的包装容器。包装上应标明品名、产地、生产者、毛重、净重、采收日期等。

（2）贮藏：草头割下后应及时摊开在室内阴凉处，堆放高度不超过20厘米，并洒些水。金花菜（草头）为绿叶蔬菜，宜鲜销，不宜长期贮藏。短期贮藏最适温度0℃，相对湿度95％以上。

第三章　茄果类栽培技术

番　茄

【图版 4】

番茄为茄科草本植物,别名西红柿、洋柿子,古名六月柿、喜报三元;18 世纪中叶开始作食用栽培,果实营养丰富,具特殊风味,既可作为蔬菜,又可以当成水果,可以生食、煮食、加工制成番茄酱、汁或整果罐藏。番茄是全世界栽培最为普遍的果菜之一。

番茄性喜温暖,适宜生长的温度为 20～25 ℃,低于 15 ℃不能开花;低于 10 ℃停止生长,－1 ℃以下会受冻死亡;但长期处于 35 ℃以上高温停滞生长或者早衰死亡。番茄是喜光作物,适宜光照强度为 3 万～3.5 万勒,光饱和点为 7 万勒。番茄植株枝叶茂盛,生长需要较多的水分,特别在盛果期,缺水会造成减产,土壤湿度一般掌握在 60％～80％、空气湿度在 45％～50％。番茄是喜肥作物,在生育过程中,需要吸收大量肥料,在充分施好基肥的同时,加强座果期钾肥的追施。番茄对土壤要求不严,但以土质松厚,排水良好,有机质含量丰富的壤土为宜。

（一）良种简介

选用抗病性强、耐热、商品性好、优质、丰产的品种,种子质量应符合 GB 46715.5 的规定。春季栽培可选择的品种有浙粉 202、金棚 1 号、秦皇 718、千禧樱桃番茄等。

1. 浙粉 202

（1）选育单位：浙江省农业科学院蔬菜研究所。

（2）特征特性：无限生长类型，早熟。长势偏中，叶量中等，叶片较小；果实偏高圆形，果皮厚而坚韧，果肉厚，裂果和畸形果少，成熟果粉红色，着色一致，无果肩，色泽艳丽，平均单果重 300 克。结果性好，高抗叶霉病，一般 667 平方米产 5 000 千克左右。

2. 金棚 1 号

（1）选育单位：西安皇冠蔬菜研究所。

（2）特征特性：无限生长类型，早熟性好，较低温度下座果率高，果实膨大快，春季大棚栽培，从开花至采收需 40～50 天；综合抗性强，高抗番茄花叶病毒病、中抗黄瓜花叶病毒病，高抗叶霉病和枯萎病，灰霉病和晚疫病发病率低，无筋腐病，抗热性好；平均单果重 200～250 克，大的可以达到 350～500 克，一般 667 平方米产 5 000 千克以上；果实粉红，高圆球形，多心室，果肉厚 8～10 毫米，品味好，商品性佳，耐储藏和运输。

3. 秦皇 718

（1）选育单位：西安秦皇种苗有限公司。

（2）特征特性：无限生长、中早熟品种，粉红果类型，植株生长势强，叶量中等，自然座果率高，果型周正，花脐特小，商品性极佳。春季大棚从开花至采收需 40～50 天，前期产量高。果实高圆形，无绿肩，表面亮度高，大小均匀，单果重 300 克左右，一般 667 平方米产 5 000 千克左右。高抗番茄花叶病毒、叶霉病和枯萎病。

4. 千禧樱桃番茄

（1）选育单位：台湾农友种苗有限公司。

（2）特征特性：无限生长类型，早熟，生长势强，耐枯萎病；果实桃红色、椭圆形，形状齐整且着色均匀，没有绿肩；果高 4.5 厘米左右，果径 3.2 厘米，平均单果重约 15 克；可溶性固形物含量高达 9.6%，风味极佳，不易裂果。每穗可结 14～31 个果，667 平方米产量 3 500 千克左右。

（二）栽培技术

1. 播种

（1）播种时间：上海地区一般在 11 月中下旬在塑料大棚内进行。

（2）种子处理：剔除霉籽、瘪籽、虫籽等，然后用清水清洗。用 55 ℃温水浸种 15 分钟，并不断搅拌，然后放在清水中浸种 3～8 小时，捞起用纱布包好放在 25～30 ℃的环境中催芽，种子有 50％露白后即可播种。

（3）苗盘选择和基质配制

① 育苗盘：选用 25 厘米×60 厘米×5 厘米的塑料育苗盘。

② 基质配制：可选用草炭：珍珠岩：腐熟的有机肥为 4：4：2，每立方米营养土加三元复合肥 500 克，混匀。夏季育苗肥料可酌情减少。

（4）精细播种：播种应在塑料大棚内进行，用种量为每 667 平方米大田用种 30～40 克。为保证较高的成株率，采用无土育苗法，播在育苗盘中，要求稀播，并覆盖营养土 0.5 厘米厚，每盘育苗盘中播 5 克。育苗盘下铺电加温线，电加温线间距 10 厘米。育苗盘上用小拱棚覆一层薄膜。

2. 苗期管理

（1）温光调控：出苗前应保持较高温度；出苗后为防徒长，应注意通风，并应经常保持光照。整个苗期以防寒保暖为主，力求夜间温度不低于 15 ℃、白天温度在 20 ℃以上。

（2）肥水管理：移苗活棵后应以控水为主，根据天气、秧苗情况适当进行肥水调控，肥水要轻。根据天气、秧苗情况适当进行追肥，追肥以喷施叶面肥为宜，如天缘叶肥 300 倍液喷施。

（3）移苗：苗期移苗分 2 次进行，第一次在出苗后（子叶开展 4～5 天)应立即进行搭秧（移苗），搭秧应搭在塑料营养钵中，塑料营养钵直径不小于 8 厘米，营养土由 7 份两年内未种过茄果类作物的菜园土，加 3 份腐熟细碎的有机肥，充分混合配制而成。第二次移苗在番茄四叶一心、叶与叶相互遮掩时，再移钵一次，扩大营养钵距离,以利于通风透光,防止徒长。

（4）炼苗：当番茄真叶长有 6～7 叶,移栽前 5～7 天逐步炼苗,以保证移栽后能较快缓苗。

（5）壮苗标准：苗高 18～20 厘米,无病虫害,第一花序开始分化的茎粗标准为 2 毫米,第二花序开始分化的茎粗标准为 4～5 毫米,第三花序分化则要求茎粗达到 7～8 毫米。节间短,具有 7～9 片叶,叶片肥厚、舒展,叶色深绿。根系发达,须根多,颜色白,无病症和虫害。50% 以上的苗现蕾,苗龄 65～75 天。

3. 定植

（1）整地：选择地势高爽、排水良好、前两年未种过茄果类作物的大棚。整地前每 667 平方米施商品有机肥 3 000～3 500 千克和三元复合肥 50 千克,然后深翻晒白。

（2）作畦：6 米标准大棚内设置 4 畦,每畦连沟宽 1.5 米,沟深 20 厘米。8 米标准大棚内设置 5 畦,每畦连沟宽 1.6 米,沟深 20 厘米。

（3）铺滴管带、盖地膜、扣棚：定植前 7 天用 0.015 毫米厚地膜连沟覆盖畦面,可在覆膜前每畦上铺设两行滴管带,滴管带上滴孔的间距与移栽株距相等,便于浇水、施肥。大棚应在定植前 15 天扣好膜,以利增高棚内地温,大棚膜选用无滴多功能膜。

（4）适时定植：当苗龄适宜,棚内小环境温度稳定在 10 ℃以上时即可定植。定植一般在 1 月下旬至 2 月上旬进行。选晴好无风的天气定植,每畦种植 2 行,株距 30～35 厘米,每 667 平方米移栽 2 400 株左右；樱桃番茄株距 40～45 厘米,每 667 平方米移栽 1 800 株左右,移栽时每一个滴孔旁移栽一株。

（5）定植方法：畦面按株距先用制钵机打孔,然后定植。定植深度以营养钵土与定植田畦面相平为宜；定植后浇足定植水,定植孔用土密封严实,以免地表热气溢出损伤秧苗叶片；同时搭好小拱棚,上覆无纺布和薄膜。

4. 田间管理

（1）温光调控：定植后,缓苗期封棚 2～4 天,缓苗后根据天气情况逐渐通风换气,降低棚内温度、湿度。一般要求白天棚内温度维持在 25～28 ℃,夜间不低于 10 ℃;座果后为促使果实生长,白天棚温维持在 25～26 ℃,夜温 15～16 ℃。通风方法:先开大棚再适度揭小棚膜;夜间温度低时,小棚膜再加覆盖物防霜冻;后期为防高温,应加强通风。

(2)肥水管理

① 常规施肥:肥水管理视苗而定,一般掌握前期轻后期重的原则。定植后 10 天左右追施一次提苗肥,每 667 平方米应施尿素 4 千克;当第一花序座果后,进行第二次追肥,每 667 平方米施尿素 7.5 千克、硫酸钾 1～2 千克;当第二第三花序座果后,分别进行第三第四次追肥,追肥量同第二次;以后每增加一层花序座果后,追肥一次,追肥量同第二次。并及时灌水,做到既保证土壤内有足够的水分供应,促使果实膨大,又要防止棚内湿度过高而诱发病害。

② 水肥一体化施肥技术:有条件的也可采用水肥一体化技术施肥。定植后 10 天左右追施一次提苗肥,每 667 平方米滴施偏氮型水溶性复合肥($N：P_2O_5：K_2O$ 为 28：8：15)4 千克。当第一花序座果后,进行第二次追肥,每 667 平方米滴施平衡型水溶性复合肥($N：P_2O_5：K_2O$ 为 20：20：20)5～7 千克;当第二、第三花序座果后,分别进行第三和第四次追肥,追肥量同第二次;以后每增加一层花序座果后,追肥一次,追肥量同第二次。采收期加强肥水管理,及时滴灌水分,做到既保证土壤内有足够的水分供应,促使果实膨大,又要防止棚内湿度过高而诱发病害。

(3)及时搭架绑蔓:当番茄植株生长至株高约 30 厘米时要及时搭架绑蔓,使各株生长点基本保持高度一致。结合绑蔓要整枝打杈,单干整枝,及时摘除所有侧枝,每株按需留穗(一般留 4～5 穗果打顶),顶部最后一穗果上面要留 2 片功能叶,以保证果实发育对养分的需要。每穗果留 3～4 个,其余的及时疏去。结果后期摘除植株下部老叶、病叶,以利通风透光。

(4)座果

① 使用番茄植物生长调节剂:当花序有 2～3 朵花盛开时,用激素喷花或点花,防止因低温引起的落花落果,促进果实膨大,抑制植株徒长,是确保番茄早熟丰产的重要措施之一。常用激素主要为

番茄灵,用于浸花,也可用于喷花,浓度掌握在$(30\sim40)\times10^{-6}$($=30\sim40$ ppm)或按照产品说明书介绍方法使用。使用番茄灵的必须在植株发棵良好、营养充足的条件下进行,而且使用时应在晴天早上或傍晚,不可在中午使用(中午使用容易形成畸形果),因此,定植后,不宜过早使用。

② 辅助授粉:当田间第一穗花有 10％开花后需放熊蜂进行辅助授粉,授粉大棚的通风口应用防虫网全部密闭,防止熊蜂逃脱,每 333 平方米放一箱熊蜂(每箱 35 只),蜂箱尺寸为 25 厘米×35 厘米,上方完全遮阳,避免阳光直射到蜂箱,放蜂棚室如需打药,应在打药之前让蜂回巢移至没有农药污染的环境,施药后拉大通风口,连续通风 2~3 天,待农药味散去,将熊蜂搬回原位置。

(三)采收与运输、贮藏

1. 采收与整理

(1)采收:番茄果实到了成熟期,果实已有 3/4 的面积变成红色(或黄色)时,营养价值最高,是作为鲜食用的采收适期。通常第一、第二花序的果实开花后 45~50 天采收,后期(第三、第四花序)番茄开花后 40 天左右采收。采收时应轻摘、轻放。

(2)整理:按番茄的大小、果形、色泽、新鲜等成分不同的规格,放入塑料蔬菜周转箱内,每箱重量为 10 千克。用直尺测量单果直径,并进行规格划分,分为 M、L、2L 三种规格(表 7)。

表 7　番茄的规格及包装要求

规格	每箱净重(千克)	单果直径(厘米)
2L	10	＞7
L	10	5~7
M	10	＜5

2. 包装、运输与贮藏

(1)包装:包装材料应选择整洁、干燥、牢固、美观、无污染、无异味、内壁无尖突物和无蛀虫、无腐烂、无霉变现象的包装容器,纸箱无受潮离层现象。

（2）运输：运输工具清洁卫生、无污染,装运时应轻装、轻卸,严防机械损伤。在运输途中严防日晒雨淋,严禁与有毒物质混装,防止运输途中受到人为污染。

（3）贮藏：番茄不耐 0 ℃以下的低温,不同的成熟度对温度要求不一样。用于长期贮藏的番茄一般选用绿熟果,适宜的贮藏温度为 10～13 ℃,如温度过低,易发生冷害,不仅影响质量,而且会缩短贮藏期限;用于鲜销或短期贮存的红熟果,其适宜的贮存温度为 0～2 ℃,相对湿度为 85％～95％。

辣　椒

【图版 4】

辣椒,又叫牛角椒、番椒、番姜、海椒等,是一种茄科辣椒属植物。辣椒为一年或多年生草本植物;果实通常呈圆锥形或长圆形,未成熟时呈绿色,成熟后变成鲜红色、黄色或紫色,以红色最为常见。辣椒的果实因果皮含有辣椒素而有辣味,能增进食欲。辣椒中维生素 C 的含量在蔬菜中居第一位。

辣椒生长适宜温度 15～34 ℃。种子发芽适宜温度 25～30 ℃,低于 15 ℃或高于 35 ℃时种子不发芽。苗期要求温度较高,白天 25～30 ℃,夜晚 15～18 ℃最好,幼苗不耐低温,要注意防寒。辣椒在 35 ℃时会造成落花落果。辣椒对水分要求严格。它既不耐旱也不耐涝,喜欢比较干爽的空气条件。辣椒根系对氧要求严格,要求土质疏松、通透性好的土壤,切忌低洼地栽培。辣椒需肥量大,但耐肥力又较差,因此在温室栽培中,一次性施肥量不宜过多,否则易发生各种生理障碍。

（一）良种简介

选用抗病、优质、丰产、耐贮运、商品性好、适应市场需求的品种。种子质量应符合 GB 46715.5 的规定。春季栽培可选择的品种有苏椒 5 号、薄脆王、福斯特 899、浙椒 1 号、津福 8 号甜椒、申椒 1 号彩椒、凯肯 4 号彩椒等。

1. 苏椒 5 号

（1）选育单位：江苏省农业科学院蔬菜研究所。

（2）特征特性：极早熟，耐低温，耐弱光，节间短，分枝性强，早起结果多且连续座果能力强。株高 50～60 厘米，开展度 50～55 厘米。果实长灯笼形，果长 10 厘米左右，果径 4.5～5 厘米，果皮皱、浅绿色、光泽度好，单果重 40 克左右，大果达 60 克以上；皮薄肉嫩，微辣，口感好；宜春季保护地栽培。667 平方米产量 2 500 千克左右。

2. 薄脆王

（1）选育单位：从上海种都种业科技有限公司引进。

（2）特征特性：极早熟，株高 95 厘米左右，开展度 110 厘米左右，第一花序节位在第八节。果实绿色，呈牛角形，果长 10～12 厘米，果径 4.5 厘米，单果重 45 克左右，果肉厚 0.2 厘米左右，3 心室，果面有光泽，稍有棱沟，稍皱；皮薄，微辣，果实膨大速度快；适宜保护早熟地栽培，一般 667 平方米产量 2 500 千克左右。

3. 福斯特 899

（1）选育单位：安徽福斯特种苗（国际）有限公司。

（2）特征特性：早熟，长势旺盛，耐低温、弱光，抗病能力强，特抗病毒病。植株直立紧凑，不易早衰，株高 75～90 厘米，开展度 65～80 厘米。果色绿色，大牛角形，表面光滑无皱，果身直，果长 13 厘米左右。微辣，植株上下部果形一致，丰产性好，品质佳，耐储运。适宜早春保护地栽培，一般 667 平方米产量 3 500 千克左右。

4. 浙椒 1 号

（1）选育单位：浙江省农业科学院蔬菜研究所。

（2）特征特性：早熟，长势旺盛，株高 64 厘米左右，开展度 60～65 厘米，分枝性强，连续结果性强。果实为短羊角形，青熟果绿色，老熟果红色，果长 12～14 厘米，果径 1.0～1.2 厘米，平均单果重 10 克。果面光滑，果形直，微辣；较抗病毒病和疫病，高产稳产；适宜早春保护地栽培，一般 667 平方米产量 3 000 千克左右。

5. 津福 8 号甜椒

（1）选育单位：天津朝研种苗科技有限公司。

（2）特征特性：中熟，生长势强，整齐度高，株高 70 厘米左右，开展度 80 厘米左右，第一花序节位在第七节。果实深绿色，方灯笼形，果长 12 厘米，果径 9 厘米，平均单果重 200 克。果面有光泽，稍有棱沟，果肉厚 0.7 厘米，4 心室，味甜，商品性好。抗根腐病和病毒病，耐疫病。适宜早春保护地栽培，一般 667 平方米产量 3 500 千克左右。

6. 申椒 1 号彩椒

（1）选育单位：上海市农业科学院。

（2）特征特性：无限生长类型，中晚熟。始花节位 9.2 节，株高 95 厘米左右，开展度 63 厘米。果实灯笼形，3～4 心室，嫩果绿色，成熟果红色、亮丽，果长 10.5 厘米，果肩宽 7.5 厘米，单果重 200 克左右，肉厚、味甜质脆。抗烟草花叶病毒（TMV）、耐低温弱光。适宜保护地栽培，一般 667 平方米产量 3 000 千克左右。

7. 凯肯 4 号彩椒

（1）选育单位：日本引进。

（2）特征特性：无限生长类型，早熟。果实灯笼形，4～5 心室，果实有浅棱沟，嫩果亮绿色，成熟果黄色，光泽度好，果长 7.4 厘米左右，果肩宽 6.9 厘米左右，果肉厚 0.5 厘米左右，平均单果重 120 克左右。耐裂果，较硬，味甜质脆，口味佳，耐储藏。适合露地和大棚保护地栽培，一般 667 平方米产量 2 500 千克左右。

（二）栽培技术

1. 播种

（1）播种时间：上海地区，大棚栽培 10 月下旬至 11 月中旬播种；小环棚栽培 11 月上旬至 11 月下旬播种；露地栽培 11 月中旬至 12 月上旬播种。

（2）种子处理：将种子浸入 55 ℃温水中搅拌，水温降至 35 ℃后浸泡 2 小时，出水沥干。将浸泡后的种子用湿布包住，置钵内催芽。催芽温度，前 2 天保持 30 ℃，以后保持 25 ℃，4 天后出芽达

65％以上时播种。

（3）苗盘选择和基质配制

① 育苗盘：选用 25 厘米×60 厘米×5 厘米的塑料育苗盘。

② 基质配制：可选用草炭：珍珠岩：腐熟的有机肥为 4：4：2，每立方米营养土加三元复合肥 500 克，混匀。夏季育苗肥料可酌情减少。

（4）精细播种：播种应在塑料大棚内进行，每 667 平方米用种量为 30～50 克。为保证较高的成株率，采用无土育苗法，播在育苗盘中，要求稀播，并覆盖营养土 0.5 厘米厚，每盘育苗盘中播 5 克。育苗盘下铺电加温线，电加温线间距 10 厘米。育苗盘上用小拱棚覆一层薄膜。

2. 苗期管理

（1）温光调控：出苗前应保持较高温度；出苗后为防徒长，应注意通风，并应经常保持光照。整个苗期以防寒保暖为主，力求夜间温度不低于 15 ℃，白天温度在 20 ℃以上。

（2）肥水管理：移苗活棵后应以控水为主，根据天气、秧苗情况适当进行肥水调控，肥水要轻。

另外，要根据天气、秧苗情况适当进行追肥，追肥以喷施叶面肥为宜。如天缘叶肥 300 倍液喷施。

（3）移苗：苗期移苗分 2 次进行，第一次在出苗后（子叶开展 4～5 天）应立即进行搭秧（移苗），搭秧应搭在塑料营养钵中，塑料营养钵直径不小于 8 厘米，营养土由 7 份两年内未种过茄果类作物的菜园土，加 3 份腐熟细碎的有机肥，充分混合配制而成。第二次移苗在叶与叶相互遮掩时，再移钵一次，扩大营养钵距离，以利于通风透光，防止徒长。

（4）炼苗：定植前 5～7 天，白天加大通风量和延长通风时间，夜间温度可降至 10 ℃，以保证移栽后能较快缓苗。

（5）壮苗标准：苗龄 100 天左右，株高 16～18 厘米，茎粗在 0.4 厘米以上，具有 10 片以上真叶，并现小花蕾，根系完好，无病虫害。

3. 定植

（1）整地：选择地势高爽、排水良好、前两年未种过茄果类作物的大棚。整地前每 667 平方米施商品有机肥 2 500～3 000 千克、三元复合肥 30～50 千克,然后深翻晒白。

（2）作畦:6 米标准大棚内设置 4 畦,每畦连沟宽 1.5 米,沟深 20 厘米。8 米标准大棚内设置 5 畦,每畦连沟宽 1.6 米,沟深 20 厘米。

（3）铺滴管带、盖地膜、扣棚:定植前 7 天用 0.015 毫米厚地膜连沟覆盖畦面,可在覆膜前每畦上铺设两行滴管带,滴管带上滴孔的间距与移栽株距相等,便于浇水、施肥。大棚应在定植前 15 天扣好膜,以利增高棚内地温,大棚膜选用无滴多功能膜。

（4）适时定植:上海地区温室大棚栽培定植一般在 2 月底 3 月初,小环棚栽培在 3 月下旬,露地栽培的在 4 月中下旬定植。选晴好、无风的天气定植,定植密度根据品种不同而不同,杂交种株距 33～40 厘米,甜椒 30 厘米,羊角椒 33 厘米,每畦种植 2 行,每 667 平方米移栽 2 400 株左右,移栽时每一个滴孔旁移栽一株。

（5）定植方法:畦面按株距先用制钵机打孔,然后定植,定植深度以营养钵土与定植田畦面相平为宜;定植后浇足定植水,定植孔用土密封严实,以免地表热气溢出。同时搭好小拱棚,上覆无纺布和薄膜。

4. 田间管理

（1）温光调控:定植后,缓苗期封棚 2～4 天,缓苗后根据天气情况逐渐通风换气,降低棚内温、湿度。一般要求白天棚内温度维持在 25～30 ℃,夜间不低于 15 ℃。通风方法:先开大棚再适度揭小棚膜;夜间温度低时,小棚膜再加覆盖物防霜冻;后期为防高温,应加强通风,或在大棚上覆盖遮阳网。

（2）肥水管理

① 常规施肥:肥水管理视苗而定,一般掌握前期轻后期重的原则。门椒座果后开始追肥浇水,每 667 平方米随水追施尿素 5 千克,以后随果实的不断采收、增多,视作物长势逐渐增加追肥量,做到既保证土壤内有足够的水分供应,促使果实膨大,又要防止棚内湿度过高而诱发病害。

② 水肥一体化施肥技术:有条件的也可采用水肥一体化技术

施肥。定植后10天左右追施一次提苗肥,每667平方米滴施偏氮型水溶性复合肥(N：P$_2$O$_5$：K$_2$O 为28：8：15)2～4千克,之后每667平方米滴施高钾型水溶性复合肥(N：P$_2$O$_5$：K$_2$O 为 15：7：30)3～5千克,两者交替使用(追肥量随产量增加并视作物长势而不断增加)。及时滴灌水分,做到既保证土壤内有足够的水分供应,促使果实膨大,又要防止棚内湿度过高而诱发病害。

(3)及时搭架绑蔓:搭架可用竹子或吊绳,并及时绑蔓固定植株,及时摘除下部侧枝及老叶、病叶,以利通风透光。

（三）采收与运输、贮藏

1. 采收与整理

(1)采收:辣椒多数是以青的嫩果食用,青椒以果皮浓绿、较硬、有光泽时采收为最适宜,前期果适当早收,以免影响植株生长,中、后期果按果实不再膨大,果肉增厚,质脆色绿有光泽标准采收,以提高品质与产量。采收时应轻摘、轻放,避免机械伤害,采收的青椒果柄要完整。

(2)整理:按辣椒的大小、果形、色泽、新鲜等分成不同的规格,放入辣椒保鲜袋,每袋重量为10千克。用刻度直尺测量单果直径,并进行规格划分,分为 M、L、2L 三种规格(表8)。

表8 辣椒的规格及包装要求

规格	每箱净重 （千克）	单果长度 （羊角、牛角、圆锥形）（厘米）	横径 （灯笼形）（厘米）
2L	10	＞15	＞7
L	10	10～15	5～7
M	10	＜10	＜5

2. 包装、运输与贮藏

(1)包装:包装材料应选择整洁、干燥、牢固、美观、无污染、无异味、内壁无尖突物和无蛀虫、无腐烂、无霉变现象的包装容器,纸箱无受潮离层现象。

（2）运输：运输工具清洁卫生、无污染，装运时应轻装、轻卸，严防机械损伤。在运输途中严防日晒雨淋，严禁与有毒物质混装，防止运输途中受到人为污染。

（3）贮藏：贮藏温度 10 ℃左右，相对湿度 90％～95％。待辣椒全部入库预冷后，方可装入保鲜袋。辣椒袋的规格为 65 厘米×65 厘米、厚度为 0.03 毫米厚的 PVC 塑料袋，可装 5 千克辣椒，切记不要超量装入。塑料袋可放在板条箱、带孔塑料箱内或菜架上。

茄　子

【图版 4】

茄子，别名落苏，是茄科茄属以浆果为产品的一年生植物，在热带为多年生。茄子起源于亚洲东南热带地区。我国栽培茄子历史悠久，类型、品种繁多，颜色多为紫色或紫黑色，也有淡绿色或白色等，性状有条形、长棒形、圆形等。茄子产量高、适应性强、供应器长，为夏季供应市场的主要蔬菜。

茄子属喜温蔬菜，对温度要求高。种子发芽最适温度为 30 ℃，以日温 25 ℃左右、夜温 15～20 ℃的小温差育苗最好，结果期最适温度为 20～30 ℃，低于 15 ℃容易落花，低于 13 ℃停止生长，低于 10 ℃易引起新陈代谢失调，低于 5 ℃易受冻害。茄子对日照长短要求不严，但对光照强度要求较高。光照弱，不仅光合作用强度减弱，易引起落花，而且影响紫色素（紫色茄）的形成，使商品品质下降。茄子对水分的需求属中等水平，但在高温季节遇干旱而不能及时供水时，往往会引起红蜘蛛、茶黄螨蔓延，造成植株提前衰亡。茄子属喜肥作物，耐肥，施用氮肥效果明显，不易疯长，但需磷、钾肥配合施用，茄子对钾的吸收量最多。对土壤的适应性广，有灌排条件的高地和平地都可种植，但以含有机质多的肥沃黏质土壤为最理想。

（一）良种简介

选用抗病性强、耐热、商品性好、优质、丰产的品种，种子质量应符合 GB 16715.3 的规定。栽培可选择的品种有沪茄 2 号茄子、春晓茄子、迎春一号茄子等。

1. **沪茄 2 号茄子**

（1）选育单位：上海市农业科学院园艺研究所。

（2）特征特性：早熟，植株生长势强，株高在 100 厘米左右，8～10 片叶出现门茄花。果长 40 厘米，果径 5 厘米左右，单果重 150 克左右，果形较直，果皮黑紫色。抗病，耐热，耐湿，在春季弱光下容易着色，光泽度好，连续座果力强，高温期仍不易褪色，弯曲少，优质商品率高，品质优良。一般 667 平方米产量在 3 500 千克左右。

2. **春晓茄子**

（1）选育单位：武汉汉龙种苗有限公司。

（2）特征特性：该品种一般 11 月上旬播种，翌年 3 月上旬定植，5 月中旬始收，9 月底终收，全生育期 320 天左右。该品种生长势强，第一花序节位在第九、第十节；果实呈圆条形，黑紫色且光泽度较好；商品果横径约 4 厘米，纵径 30 厘米，紫萼，果肉浅绿色，硬度中等；单果重 133 克左右，口味糯，品质佳。

3. **迎春一号茄子**

（1）选育单位：武汉汉龙种苗有限公司。

（2）特征特性：极早熟，耐低温，抗病性强。植株直立，平均株高 70 厘米，开展度 55～60 厘米，花浅紫色，多数簇生。果实长条形，果皮紫黑色，果面光滑油亮，果长 30～35 厘米，果径 3～3.5 厘米，单果重 110～150 千克。果皮薄，果肉松软，口味糯。适合保护地特早熟栽培，一般 667 平方米产 3 500 千克左右。

（二）栽培技术

1. **播种**

（1）播种时间：上海地区一般在 10 月下旬至 11 月中上旬在塑料大棚内进行。

（2）种子处理：剔除霉籽、瘪籽、虫籽等，选用 55 ℃ 温水浸种，不断搅拌并保持水温 15 分钟，然后转入 30 ℃ 的常温水中继续浸泡 8～10 小时。捞起用纱布包好，放在 25～32 ℃ 的环境中催芽。茄子宜采取变温催芽，白天选高限，夜间选低限。催芽过程中，除严格控制温度外，还要注意调节温度和进行换气。一般每隔 6 小时把种子翻动一次，同时补充水分；3～4 天后，可见 70%～80% 的种子破嘴时可停止催芽，进行播种。

（3）苗盘选择和基质配制

① 育苗盘：选用 25 厘米×60 厘米×5 厘米的塑料育苗盘。

② 基质配制：可选用草炭：珍珠岩：腐熟的有机肥为 4∶4∶2，每立方米营养土加三元复合肥 500 克，混匀。夏季育苗肥料可酌情减少。

（4）精细播种：播种应在塑料大棚内进行，用种量为每 667 平方米大田用种 25～40 克。为保证较高的成株率，可采用无土育苗法，播在育苗盘中，要求稀播，并覆盖营养土 0.5 厘米厚，每个育苗盘中播种 5 克。育苗盘下铺电加温线，电加温线间距 10 厘米。育苗盘上用小拱棚覆一层薄膜。

2. 苗期管理

（1）温湿度管理：春季育苗，苗期各阶段温度管理见表 9；夏秋育苗，注意遮阳降温。棚内相对湿度控制在 60%～70%。

表 9　茄子苗期温度管理

时　　期	适宜昼温（℃）	适宜夜温（℃）
播种至齐苗	28～32	20～22
齐苗至分苗	25～28	16～18
分苗至缓苗	25～30	18～20
缓苗至定植前 7 天	25～28	16～18
定植前 7 天至定植	18～20	12～14

（2）肥水管理：移苗活棵后应以控水为主，根据天气、秧苗情况

适当进行肥水调控,肥水要轻。根据天气、秧苗情况适当进行追肥,追肥以喷施叶面肥为宜。如天缘叶肥 300 倍液喷施。

(3) 移苗:当茄子有 2 片子叶展开时,将育苗盘的秧苗移入营养钵内,移苗应选择晴天进行,边移苗,边浇搭根水。

(4) 炼苗:定植前 3～5 天予以通风,降低棚内温度,控制水分;定植前 1 天晚上补足水分,以补充秧苗运输途中蒸发的水分。

(5) 壮苗标准:苗龄 90 天左右,具有 6～8 片真叶,株高 18～20 厘米,叶大而厚,颜色深绿,根系发达,花蕾含苞待放或开始开放。

3. 定植

(1) 整地:选择地势高爽、排水良好、前两年未种过茄果类作物的大棚。整地前每 667 平方米施商品有机肥 2 000～3 000 千克和三元复合肥 25～35 千克,然后机械翻耕。

(2) 作畦:6 米标准大棚内设置 4 畦,每畦连沟宽 1.5 米,沟深 20 厘米。8 米标准大棚内设置 5 畦,每畦连沟宽 1.6 米,沟深 20 厘米。

(3) 铺滴管带、盖地膜、扣棚:定植前 7 天用 0.015 毫米厚地膜连沟覆盖畦面,可在覆膜前每畦上铺设两行滴管带,滴管带上滴孔的间距与移栽株距相等,便于浇水、施肥。大棚应在定植前 15 天扣好膜,以利增高棚内地温,大棚膜选用无滴多功能膜。

(4) 精细定植:用插刀挖坑,把带苗的营养块埋入坑中,深度与营养块面相平,每畦栽 2 行,行距×株距为 60 厘米×(30～40)厘米,浇定根水 1～2 次,移栽时每一个滴孔旁移栽一株。

4. 田间管理

(1) 春季大棚栽培

① 水分管理:定植时浇足"搭根水",缓苗时需保持土壤湿润。到第一朵花开放时要严格控制浇水,而在果实开始发育、露出萼片,俗称"瞪眼"时,要及时浇一次"稳果水",以保证幼果生长;果实生长最快时是需水最多的时期,应重浇一次"壮果水",以促进果实迅速膨大;至采收前 2～3 天,还要轻浇一次"冲皮水",促使果实在充分长大的同时,保证果皮鲜嫩,具有光泽。但每次的浇水量必须根据当时的植株长势及天气状况灵活掌握,有条件

可采用滴管浇水。总的来说,浇水量随着植株的生长发育进程而逐渐增加;而每一层果实发育的前、中、后期,又必须掌握少、多、少的浇水原则。

② 温度管理:定植后 3～4 天内密闭大棚,以保温为主。定植活棵后注意保温,逐渐通风。晴天白天只要温度允许,尽可能通风。具体是:

特早熟栽培,定植后通常采用 5 层覆盖法,即地膜—小拱棚—无纺布—小拱棚上层膜—大棚天膜,根据天气和苗情等情况,适时揭盖;

大棚栽培,定植后 3～4 天内力求提高棚温,以后开始通风,白天保持 25～30 ℃、夜间 15～18 ℃;小拱棚栽培,要尽可能延长塑料薄膜的覆盖时间。

③ 施肥:门茄幼果长到萼片之外(瞪眼)后应及时追肥 3～6 次,肥施在距茄子根部 7～10 厘米处,每次每 667 平方米穴施尿素和钾肥各 5～10 千克;追肥后加强通风,以防气害。也可采用水肥一体化装置滴施高钾型水溶性复合肥(N：P_2O_5：K_2O 为 15：7：30),每次每 667 平方米 4～8 千克。

每次追肥的时期应抢在前批果已经采收、下批果正在迅速膨大的时候,抓住这个追肥临界期,能显著提高施肥效果。

此外,因茄子叶片大,必要时可进行叶面追肥,追肥可选用磷酸二氢钾和尿素的混合液,前者浓度 0.2%,后者浓度 0.1%,增产效果显著。

④ 整枝打叶:每层分枝保留对叉的斜向生长或水平生长两个对称枝条,其余枝条尤其是垂直向上的枝条一律摘除;将“门茄”以下所发生的腋芽全部打去;在“对茄”和“四母茄”坐稳后又将其下部的腋芽全部摘除。“四母茄”以后除了及时摘除腋芽,在整枝的同时,还可摘除一部分下部叶片。适度摘叶可以减少落花,减少果实腐烂,促进果实着色。当“对茄”直径长到 3～4 厘米时,摘除“门茄”下部的老叶;当“四母茄”直径长到 3～4 厘米时,又摘除“对茄”下部老叶,以后一般不再摘叶。

⑤ 保花保果:春季栽培,早期由于气温低,易落花落果,可于晴

天用浓度为 30×10^{-6}（30 ppm）座果灵（1 粒片剂加 3 千克水）喷花，防落果、促进早熟，每花只喷 1 次。

（2）秋季栽培：最好在畦面铺稻草，降低地温，减少水分蒸发。其他管理与春季大棚栽培管理相同。

（三）采收与运输、贮藏

1. 采收与整理

（1）采收标准：及时分批采收，以确保商品果实品质，促进后期果实膨大。茄子果实采收的标准是看萼片与果实相连接部位的白色（淡绿色）环状带（俗称茄眼）。环状带宽，表示果实仍在快速生长；环状带不明显，表示果实生长转慢，要及时采收。低温时期果实生长相对比较缓慢，植株小，采收相应提早，以利茄子的座果和幼果的生长，从而提高早期产量。

（2）采摘方法：采收按标准分批进行，用剪刀在茄子果实的基部 2 厘米处剪断，放入塑料箱内。采后在 2 小时内应运抵加工厂或蔬菜批发交易市场，装卸、运输时要轻拿、轻放。

（3）整理

① 分检：按长度、重量进行归类、分装。

② 规格划分：用电子秤称单果重量后进行规格划分，分为 M、L、2L 三种规格（表 10）。

表 10 茄子的规格及包装要求

规 格	每箱净重（千克）	单果重（克）
2L	10	131 以上
L	10	100~130
M	10	90~100

2. 包装与贮藏

（1）包装

① 包装条件：应符合 SB/T 10158 要求。

② 包装规格：在每包茄子上贴上商标，按规格要求放入塑料周转箱中，用电子秤称重，每箱茄子净重为 10 千克。塑料周转箱上挂牌，标明品名、产地、生产者、规格、毛重、净重、采收日期等。

（2）贮藏与运输

① 贮藏：贮藏须在通风、清洁、卫生的条件下进行，严防曝晒、雨淋、冻害及有毒物质的污染。最佳贮藏温度为 8 ℃，相对湿度 90%～95%；库内堆码应保持气流均匀流通，堆码时包装箱距地 20 厘米，距墙 30 厘米，最高堆码为 7 层。

② 运输：茄子长途外运，包装产品应在 8 ℃的冷库中预冷 12 小时后，才可装集装箱外运，长途外运时温度保持 7～10 ℃。

第四章 瓜类栽培技术

黄 瓜

【图版 4】

黄瓜为葫芦科黄瓜属植物,别名胡瓜、青瓜;一年生蔓生或攀援草本,茎、枝伸长,有棱沟;果实颜色呈油绿或翠绿,表面有柔软的小刺;原产印度,中国各地普遍栽培,广泛种植于热带和温带地区,为主要的温室产品之一;通过各种栽培设施和方法可以进行周年生产,均衡供应。

黄瓜性喜温暖,不耐寒冷,适宜生长的温度为 18～32 ℃;10～13 ℃时植株生长缓慢,5 ℃时植株生理功能失调,低温 0 ℃以下会冻死。黄瓜是日照中性植物,光饱和点为 5.5 万勒,光补偿点为 1 500 勒,多数品种在 8～11 小时的短日照条件下生长良好,产量高,需水量大,适宜土壤湿度为 60%～90%,空气湿度在 70%～90%。黄瓜喜湿而不耐涝、喜肥而不耐肥,宜选择富含有机质的肥沃土壤,但以 pH 6.5 最好。

(一) 良种简介

选用抗病性强、耐热、商品性好、优质、丰产的品种,种子质量应符合 GB 46715.5 的规定。栽培可选择的品种有申青一号、宝科 1 号、申绿 03 等。

1. 申青一号

(1) 选育单位:上海富农种业有限公司。

（2）特征特性：中早熟，强雌性。植株生长势强，有侧蔓，主蔓结瓜为主。瓜长 22～25 厘米，单瓜重 220 克左右，无瓜把，瓜条直，果肉厚，无空腔，瓜色碧绿，有光泽，刺瘤黑色且较少，口味清香脆嫩；适宜春、秋季大棚栽培和温室吊绳无限生长栽培，一般 667 平方米产量 5 000 千克左右，最高可达 8 000 千克。

2. 宝科 1 号

（1）选育单位：上海市宝山区蔬菜科学技术推广站。

（2）特征特性：早熟性极佳，纯雌型，结瓜能力强。早期产量高出同类品种 30%～50%。瓜条无瓜把，长约 27 厘米，单瓜重约 220 克，刺瘤较少，瓜色深绿，心室小，肉色青绿，味甜，有清香味。较抗病毒病、霜霉病、白粉病。春季栽培，667 平方米产量 3 000～5 000 千克，秋季产量略低。

3. 申绿 03

（1）选育单位：上海交通大学农业与生物学院。

（2）特征特性：植株全雌性，每节有瓜，无限生长，适合长周期栽培。瓜长约 14 厘米，单瓜重 120 克左右，果肉厚，腔小，果色深绿，无刺瘤，瓜把不明显，瓜条粗细均匀一致，肉质脆嫩，品味清香。抗霜霉病、白粉病。在冬季弱光条件下也能获得较高产量。一般 667 平方米产量 6 000～8 000 千克。

（二）栽培技术

1. 播种

（1）播种时间：上海地区春季育苗一般在 1 月上中旬、夏秋季于 7 月下旬在塑料大棚内进行。

（2）种子处理：剔除霉籽、瘪籽、虫籽等，然后用清水清洗。用 50～55 ℃温水浸种 20 分钟，并不断搅拌，等水温降至 30 ℃后停止搅拌，浸泡 4 小时，捞出，用纱布包好，甩去过多水分，放入 28～30 ℃恒温箱中催芽 12～15 小时。也可干籽直接播种。

（3）育苗

① 育苗钵：选用 8 厘米口径的育苗钵。

② 营养土的配制与制钵：营养土配制，营养土用细筛过的园土

和腐熟细筛的猪粪及砻糠灰,按比例6:3:1,加入适量的广谱性杀菌剂充分搅拌均匀,装入8厘米口径的育苗钵,到4/5满即可。夏季苗期短,可用50孔或72孔育苗盘育苗。

(4)精细播种:春季播种在塑料大棚内进行,每667平方米用种量为150克。播前1小时在育苗钵内浇透水,把种子平放在钵子中央,每钵一粒。由于出苗率及死苗等原因,可增加10%～20%的用种量。播完后在种子上撒一层1.5厘米厚的细土,不再浇水。育苗钵上盖一层黑地膜,四周压实。另外,苗床上还要搭小环棚,盖2层薄膜保温。育苗钵下铺电加温线,电加温线间距6～8厘米,电加温线控制在28℃。

2. 苗期管理

(1)温光调控:出苗前应保持较高温度,出苗后为防徒长,应注意通风,并应经常保持光照。50%以上种子破土就可以揭去黑地膜见光绿化;整个苗期以防寒保暖为主,力求夜间温度在16～20℃、白天温度在25～28℃。

(2)肥水管理:根据天气、秧苗生长情况适当进行肥水调控,肥水要轻,追肥以喷施叶面肥为宜,如天缘叶肥300倍液喷施。

(3)炼苗:定植前2天开始炼苗,夜间温度10～15℃,白天温度20～25℃,以适应温度较低的大棚环境。

(4)壮苗标准:苗高15厘米左右,3～4叶一心,子叶完好,节间短粗,下胚轴长度不超过6厘米,茎粗0.5～0.6厘米,叶片浓绿肥厚,能见雌瓜纽,根系发达、较密、白色,健壮无病,苗龄30～40天。

3. 定植

(1)整地:选择土壤肥沃,排、灌方便,三年以上未种植瓜类作物的大棚。定植前每667平方米施农家肥3 000～3 500千克,或商品有机肥1 000～1 200千克、三元复合肥(N：P_2O_5：K_2O为15：15：15)50千克,然后深翻晒白。

(2)作畦:6米标准大棚内作4畦,8米标准大棚内作5畦,沟宽30厘米,沟深20～25厘米。

(3)铺滴管带、盖地膜、扣棚:定植前7天用0.015毫米厚地膜连沟覆盖畦面,可在覆膜前每畦上铺设两行滴管带,便于浇水、施肥。大棚应在定植前 10～15 天扣好膜,以利增高棚内地温,大棚膜选用无滴多功能膜。

(4) 适时定植:当苗龄适宜,棚内小环境温度稳定在 10 ℃ 以上时即可定植。春季定植一般在 2 月上中旬,幼苗二叶一心时进行。选晴好无风的天气定植,每畦种植 2 行,株距 40 厘米,每 667 平方米栽 2 000 株。夏秋季在幼苗子叶张开后即可定植,每 667 平方米栽 2 200 株。

(5) 定植方法:畦面按株距先用制钵机打孔,然后定植。定植深度以营养钵土与定植田畦面相平为宜;定植后浇足定植水,定植孔用土密封严实,以免地表热气溢出损伤秧苗叶片,同时搭好小拱棚,上覆无纺布和薄膜。

4. 田间管理

(1) 温光调控:定植后,缓苗期封棚 2～4 天,缓苗后根据天气情况逐渐通风换气,降低棚内温、湿度。一般要求白天棚内温度维持在 25～30 ℃,夜间不低于 15 ℃,如低于 8 ℃,就加盖小拱棚;通风方法:先开大棚再适度揭小棚膜;夜间温度低时,小棚膜再加覆盖物防霜冻;后期为防高温,应加强通风。

(2) 肥水管理

① 肥料管理:定植后根据植株生长情况追肥 1～2 次,第一次可在定植后 7～10 天施提苗肥,每 667 平方米施尿素 2.5 千克左右;第二次在抽蔓至开花,每 667 平方米施尿素 5～10 千克,促进开花结果。进入采收期后,肥水应掌握轻浇、勤浇的原则,施肥量先轻后重,视植株生长情况和采收情况,由每次每 667 平方米追施三元复合肥 5 千克逐步增加到 15 千克。有条件可采用水肥一体化设施滴管施肥,以平衡型水溶肥(N∶P$_2$O$_5$∶K$_2$O 为 20∶20∶20)为主,10～15 天施肥一次,每次每 667 平方米 5～7 千克。

② 水分管理:黄瓜需水量大,但不耐涝。幼苗期需水量小,此时土壤湿度过大,容易引起烂根;进入开花结果期后,需水量大,此

时如不及时供水或供水不足,会严重影响果实生长和削弱结果能力。因此,在田间管理上需保持土壤湿润,干旱时及时灌水,可采用浇灌、滴灌、沟灌等方式,避免急灌、大灌和漫灌,沟灌后要及时排除沟内水分,以免引起烂根。

(3)搭架、吊蔓:在黄瓜抽蔓后及时搭架,可搭"人"字架或平行架,也可用绳牵引。第一次绑蔓在植株高30~35厘米时进行,以后每3~4节绑一次蔓;当黄瓜长到4~5片真叶时开始牵蔓。采用麻绳吊蔓,扎在子叶与第一叶间,随着瓜蔓的伸长,每节在麻绳上缠绕半圈,生长旺季每周进行2~3次。吊蔓宜在下午进行,因上午植株蒸腾量小,水分含量高,容易折断。

(4)整枝、摘心:采用单干坐秧整枝方式,因此及早抹去侧枝、摘掉所有卷须,摘除5节以下的雌花,以保证植株结果前有足够的营养体。当植株长到生长架时及早放蔓,放蔓的量根据生长架的高度而定,一般为0.5~1.0米,尽量使幼瓜不接触地面。放蔓时,可将瓜蔓顺着同一方向躺在畦上,也可将瓜蔓盘在畦上。同时将底部老叶全部摘除,改善通风,预防病害发生。及时摘除侧枝,10节以下侧枝全部摘除,其他可留2叶摘心。

(5)除草:在搭架前清除田间杂草1次,以后视杂草生长情况除草1~2次,确保田间无杂草危害。

(6)摘除病叶、病瓜:进入采收期后及时摘除病瓜、畸形瓜,生长后期还应及时摘除下面病叶,增加通风透光。

(三)采收与运输、贮藏

1. 采收与整理

(1)采收:黄瓜结果初期每隔3~4天采收1次,盛果期1~2天采收1次;采收时应轻摘、轻放,采收的黄瓜应放在阴凉通风处。

(2)整理:按黄瓜的大小、果形、色泽、新鲜等分成不同的规格,放入塑料蔬菜周转箱内,每箱重量为10千克。用直尺测量单果长度后进行规格划分,分为2L、L、M三种规格(表11)。

表 11　黄瓜的规格及包装要求

规格	每箱净重（千克）	单果长（厘米）
2L	10	≥28
L	10	28～16
M	10	16～11

2. 包装、运输与贮藏

（1）包装：包装材料应选择整洁、干燥、牢固、美观、无污染、无异味、内壁无尖突物和无蛀虫、无腐烂、无霉变现象的包装容器,纸箱无受潮离层现象。

（2）运输：运输工具清洁卫生、无污染,装运时应轻装、轻卸,严防机械损伤。在运输途中严防日晒雨淋,严禁与有毒物质混装,防止运输途中受到人为污染。

（3）贮藏：黄瓜贮藏适温为 12～13 ℃,10 ℃以下往往遭受冷害,出现水渍状凹陷斑,很快病腐。冷库贮藏,可将散热过的黄瓜装入透气薄膜袋中,每袋 2.5～3 千克,扎袋后轻轻摆到贮库的菜架上,也可装筐箱,堆码起来。黄瓜喜湿润环境,要求相对湿度 90％～95％,若库温在 12～15 ℃,靠黄瓜自身呼吸可以维持较适宜的内部气体环境,可贮藏 1 个月。

冬　瓜

【图版 5】

冬瓜为葫芦科冬瓜属中的栽培种,是一年生攀缘性草本植物,起源于我国和印度,栽培历史悠久,品种丰富。

冬瓜喜温,耐热。生育的最适温度为 25～30 ℃,发芽适宜温度为 28～30 ℃,根系生长最低温度为 12～16 ℃,均比其他瓜类蔬菜要高。授粉座果适宜气温为 25 ℃左右,20 ℃以下不利于果实发育。为短日性作物,短日照低温有利于花芽分化,但整个生育期中还是要求长日照和充足的光照。结果期若遇长期阴雨低温天气,则会发生落花、化瓜和烂瓜现象。冬瓜需要较多的水分,生长发育适宜的空气相对湿度为80%左右,湿度过大或者过小都不利于授粉、结瓜和果实发育。冬瓜生长期长、产量高,因此要求较多的肥料,施肥以氮肥为主,适当配施磷、钾肥。对土壤要求不严格,砂壤土或黏壤土均可栽培,但不宜连作。

(一)良种简介

选用抗病性强、耐热、商品性好、优质、丰产的品种,种子质量应符合GB 46715.5的规定。栽培可选择的品种有黑皮、小青、黑霸等。

1. 黑皮

(1)选育单位:广东省地方品种。

(2)特征特性:为晚熟品种。主蔓长4米左右,节间长14厘米,侧蔓较多。叶片长18厘米、宽24厘米,青绿色;叶柄长12厘米,绿色,主蔓第13~16节着生第一雌花。侧根发达,多达14~16根。果实呈长筒形,上端较细,下端较粗,长约58厘米,直径约18厘米,浓绿色,肉厚5厘米,单瓜重7~8千克。皮硬而薄,瓜肉组织致密,耐储藏。耐热,抗病性强。对土壤适应性广。一般667平方米产4 000千克左右。

2. 小青冬瓜

(1)选育单位:上海市农业科学院蔬菜研究所。

(2)特征特性:植株生长势强,叶深绿色,主蔓12节左右着生第一雌花。以后每隔3节左右着生1朵雌花。瓜呈椭圆形,单瓜重约10千克,瓜皮青绿色,上有浅绿色斑点,有白色茸毛,肉质细致,品质好,早熟。较抗病,耐贮藏,不耐日灼病。667平方米产4 000千克左右。

3. 黑霸

(1)选育单位:江苏省南通中江种业有限公司。

(2)特征特性:早熟,结瓜率高,主、侧蔓均可结瓜。果实为炮弹形,长 70~80 厘米、直径约 20 厘米,肉厚心室小,单瓜重 15~30 千克,瓜皮黑色,品质佳,特耐储运。高产田块 667 平方米产量可达 5 000 千克以上。

(二)栽 培 技 术

1. 播种

(1)播种时间:一般在 1 月下旬至 2 月下旬播种。

(2)种子处理:把种子放入 55 ℃温水中浸 15~20 分钟,并不断搅动,捞起后再用清水浸 3~5 小时,然后捞起晾干后播种。

(3)育苗准备:苗床准备,选择地势高燥、前三年未种植瓜类作物的田块作苗床,平整后铺设电加温线(80 瓦/平方米)。将晒干、捣碎、过筛的农家肥料与前茬非瓜类的晒干、捣碎的熟土、砻糠以体积比 3∶6∶1 的比例充分混合拌匀,装入营养钵中至九分满,然后整齐地排放在铺设电加温线的苗床上,待播。

(4)播种方法:播种前 1 天,营养钵浇足底水。播种时,每钵播 2 粒种子,播后撒上 0.5 厘米厚的盖籽泥,盖上地膜,再盖好小环棚薄膜。

2. 苗期管理

(1)揭去覆盖物:播种后 3~4 天,出苗达到 60%~70%时,应及时揭去地膜或遮阳网(夏秋季育苗,在傍晚揭网)。

(2)苗龄控制:齐苗前,棚内温度白天控制在 28~32 ℃,晚上不低于 15 ℃;齐苗后,温度白天控制在 20~25 ℃,夜间 10~25 ℃。

(3)炼苗:定植前 7 天通风,以降低棚内湿度、温度,控制水分,进行炼苗。定植前 1 天晚上补足水分,以补充运输途中的蒸发失水。

3. 定植

(1)整地:前茬出地后,及时翻耕,耕深 20 厘米以上,并晒白。定植前 5~7 天,每 667 平方米投入商品有机肥 1 000~1 200 千克、三元复合肥(N∶P$_2$O$_5$∶K$_2$O 为 15∶15∶15)40~50 千克,肥料可撒施或沟施。然后进行旋耕,旋耕后平整土地。

(2)作畦:定植前 3 天左右用蔬菜开沟机开沟作畦,畦宽 100

厘米,高 20 厘米,畦面覆盖地膜;畦间开深浅排水沟各一条,深沟深 35 厘米、宽 40 厘米,浅沟深 20 厘米、宽 40 厘米;然后清理沟系,确保排水通畅。

(3)起苗:起苗前 2 天,混喷保护性广谱灭菌剂与针对性杀虫剂 1 次,起苗前 1 天补足水(以钵底滴水孔渗水为宜)。出棚运输定植期间,如遇天气干旱,秧苗子叶失水过多时,要及时补充水分。

(4)适时定植:选择壮苗按穴距 60 厘米、每穴 2 株的规格适时定植于大田,每 667 平方米大田定植 450 株左右,并做到带土、带药、带肥定植。边定植边浇搭根水。一般大棚栽培在 3 月中下旬定植;小环棚栽培在 4 月上旬定植;露地栽培在 4 月下旬定植。

4. 田间管理

(1)温光调控:早熟栽培的冬瓜定植后以保温为主,促使秧苗发根,加速成活。尽量使秧苗多见光并注意预防高温烧苗。

(2)施肥:定植活棵后加强肥水管理,以水带肥促早发。在幼苗期至抽蔓期,施肥 1~2 次,每次每 667 平方米施尿素 2~3 千克;结瓜初期和中期适当施壮果肥,每 667 平方米埋施三元复合肥 20~30 千克;结瓜盛期每 667 平方米施三元复合肥 20 千克或尿素 20 千克。

(3)水分管理:冬瓜需要充足的水分,但又有一定的抗旱能力。干旱时要及时供应水分,早期采用浇灌的方法,后期应采用沟灌,使水分慢慢渗透到耕作层,但沟内存水时间不能太长。应及时清理沟系,以防积水,影响生长。

(4)整蔓:植株调整,促进冬瓜结果和果实发育,可采用以下方式。

① 结果前留一两个侧蔓,利用主、侧蔓结果;结果后侧蔓任意生长,适用于爬地冬瓜。

② 结果前摘除全部侧蔓,结果后侧蔓任意生长,适用于爬地冬瓜和搭棚冬瓜。

③ 结果前摘除全部侧蔓,结果后留三四条侧蔓,摘除其余侧蔓;主蔓打顶或不打顶,适用于大棚冬瓜或搭架冬瓜。

④ 结果前后均摘除侧蔓,结果后主蔓不打顶,多用于搭架冬瓜。

⑤ 结果前后均摘除全部侧蔓,结果后主蔓保持若干叶数后打顶,多用于搭架冬瓜。

（三）采收与运输、贮藏

1. 采收与整理

（1）采收：在花凋谢之后 35～40 天采收。采收标准为成熟的冬瓜表皮绒毛稀少,色深,瓜形生长正常,上端较细,下端较粗。装卸、运输时要轻拿、轻放。

（2）整理

① 分检：剔除病虫害、机械伤等明显不合格的冬瓜。

② 除渍：用干净抹布抹去冬瓜表皮上的泥渍、杂质、水滴。

2. 包装、运输与贮藏

（1）包装：包装材料应选择整洁、干燥、牢固、美观、无污染、无异味、内壁无尖突物和无蛀虫、无腐烂、无霉变现象的包装容器,纸箱无受潮离层现象。

（2）运输：运输工具清洁卫生、无污染,装运时应轻装、轻卸,严防机械损伤。在运输途中严防日晒雨淋,注意通风散热,严禁与有毒物质混装,防止运输途中受到人为污染。

（3）贮藏

① 临时贮藏：必须在阴凉、通风、干净的遮阳棚下进行,严防烈日曝晒、雨淋、冻害以及有害物质侵害,堆码整齐,防止挤压损伤。

② 长期贮藏：应在冷藏库内贮藏。贮藏适宜温度为 7～10 ℃,相对湿度为 70％～75％,库内堆码应保持气流均匀流通。

丝 瓜

【图版 5】

丝瓜为葫芦科丝瓜属一年生攀援草本植物;起源于亚洲热带地区,目前以长江流域各地区栽培较多,是夏季主要蔬菜之一。

丝瓜喜高温,生长适温 25～30 ℃,15 ℃以下生长不良。为短日照植物,在短日照下,雄花发生早、着节位较低;在长日照下,茎叶生长旺盛,但雌花发生迟缓、着生节位也高。生长期间需要充足的光照,喜湿,耐涝,但忌干旱。丝瓜生长期长,对养分的要求较高,特别是开花结果以后需肥量大,增施磷、钾肥对丝瓜有明显的增产效果。以土层深厚、肥沃、保水力强、pH 5.8～6.8 的土壤为宜。

(一) 良种简介

选用抗病性强、耐热、商品性好、优质、丰产的品种。栽培可选择的品种有上海香丝瓜、三比 2 号等。

1. 上海香丝瓜

(1) 选育单位:上海地方品种。

(2) 特征特性:高温下生长健壮,根系发达,耐旱,耐涝。主蔓 6 米左右,第九、第十节着生第一雄花,雌雄同株异花。果实呈棒形,果皮青绿色,无棱,长约 30 厘米,单果重约 180 克。生长前期以主蔓结瓜为主,后期以侧蔓结瓜为主。667 平方米产量 1 500～2 000 千克。

2. 三比 2 号

(1) 选育单位:湖南常德鼎牌种苗有限公司。

(2) 特征特性:超早熟,主蔓第三节开始着生第一雌花,座果率高,主蔓和侧蔓节节有瓜,有的还出现 1 节 2 瓜。瓜长约 22 厘米,直径约 4.6 厘米,单果重约 200 克,呈短圆筒形,果皮青绿色稍有蜡粉,瓜条匀称,肉质较厚,硬度适中,抗病性较强。667 平方米产量 2 000 千克。

(二) 栽培技术

1. 播种

(1) 播种前准备

① 品种选择:选择优质、高产、抗病虫、抗逆性强、适应性强、商品性好的品种。

② 苗床选择:选择符合产地环境要求,三年以上未种植葫芦科

蔬菜,土壤肥沃、疏松,排灌方便的土地。苗床用 98％恶霉灵可湿性粉剂 3 000 倍液进行床面喷雾。

③ 营养土配制:丝瓜苗床培养土的原料主要有两类,一是土壤,二是肥料。原料的选择,应力求就地取材,成本低,效果好。按体积计,取菜园土 6 份、腐熟筛细的干塘肥 3 份、砻糠 1 份,捣细后均匀拌合于营养钵中,营养钵均匀排于苗床上。

(2)播种

① 播种期:上海地区大棚栽培一般在 2 月下旬到 3 月上旬播种,如提前育苗或气温低时需使用电加温线育苗;露地栽培于 4 月上中旬在大棚或小环棚内播种育苗。

② 种子处理:播前把丝瓜种子放在 55 ℃温水中浸烫 30 分钟,搓掉黏稠物,捞起后再用清水浸 6~8 小时,然后晾干待用。

③ 播种方式:使用电加温线的播种前 2 天应开始加温,营养钵温度稳定在 15 ℃以上可进行播种。播种前浇足底水,每钵播 1~2 粒种子,覆盖营养土 1 厘米厚,然后覆盖一层地膜以利于保温保湿,并加盖小环棚。

2. 苗期管理

播后 3~4 天内棚温白天保持 30~32 ℃,夜间 18~20 ℃。出苗后及时去掉地膜,齐苗后适当降低温度,白天保持 25 ℃左右,夜间 15~18 ℃。30 天左右、秧苗有 2~3 片真叶时就可以定植,定植前应加强炼苗。

3. 定植

(1)整地施肥:前茬收获后应翻耕晒白。定植前每 667 平方米施入农家肥 2 000~3 000 千克,或者商品有机肥 1 000~2 000 千克、三元复合肥(N∶P_2O_5∶K_2O 为 21∶13∶18,下同)25~35 千克,深翻使肥土均匀,然后平整做畦,覆盖地膜。

(2)定植时间:丝瓜苗龄在 30 天左右、有 2~3 片真叶时即可定植。上海地区大棚栽培约在 4 月上旬定植,露地栽培一般在 5 月中下旬定植。

(3)定植方法:大棚栽培,每标准 8 米棚做成 2 畦后铺地膜,定植时在盖有地膜的畦上用打洞器或移栽刀打洞或挖穴后定植,株距为 30 厘米,每畦定植 2 行,每 667 平方米栽 1 200 株左右。定植后浇活棵水,并用细土封实定植孔。

露地栽培,畦宽(连沟)2 米,每畦种植 2 行,株距 36 厘米,每 667 平方米栽 2 000 株左右。或定植在大棚两边,沿大棚架爬藤,每 667 平方米栽 600 株左右。

4. 田间管理

(1)温度管理:大棚栽培的,定植后要保持较高的温度,棚膜要扣严,小环棚要密闭几天,促使早缓苗、早活根、早发根。缓苗后,当白天棚温超过 35 ℃。开棚通风。在开花结果前,要适当降低温度,以防徒长而落花落果。开花结果后,以提高棚内温度为主。

(2)搭架整枝:丝瓜茎蔓长至 50 厘米左右时要搭架,大棚栽培一般搭平棚架,露地栽培的常搭高平棚架。搭架后及时人工引蔓、绑蔓,每 4～5 片叶绑蔓 1 次。

丝瓜上棚架结瓜前的侧枝一般要全部摘除,结瓜后留 2～3 条早生雌花的壮侧蔓,及时摘去弱侧蔓、枯蔓、老叶、黄叶、病叶和雄花蕾,剪去多余的雄花和卷须。幼瓜要垂挂在枝头上,才能长直,如发现有畸形瓜要及时摘除。

(3)肥水管理:定植成活后,可追肥 1 次,每 667 平方米施尿素 2.5～5 千克,以后随着秧苗的生长,视生长情况适当追肥 2～3 次,每次每 667 平方米施尿素 5 千克左右。当开花结瓜后,一般 7～8 天浇 1 次水,同时每次每 667 平方米追施尿素 5 千克左右。进入盛果期后每采收 1～2 次要追肥 1 次,每次每 667 平方米可穴施三元复合肥 7.5～10 千克,一共 3～5 次,整个生长期要经常保持土壤湿润。

(4)人工授粉:大棚栽培的要提高座果率,可进行人工辅助授粉,采当天开放的雄花和雌花相对摩擦即可。

(三)采收与运输、贮藏

1. 采收与整理

(1)采收:适时分批采收。丝瓜从雌花开花到采收为 10～12 天,当瓜柄光滑稍变色,茸毛减少,及果皮手触之有柔软感、无光滑感时为采收适期。丝瓜每隔 1～2 天可采收一次,采收宜在早晨进行,要用剪刀在齐果柄处剪断。由于丝瓜果皮幼嫩,采收时须轻放忌压,以保证产品质量。

(2)整理:按丝瓜的大小、色泽等分成不同的规格,放入塑料蔬菜周转箱内,每箱重量为 10 千克。用刻度直尺测量单果直径后进行规格划分,分为 2L、L、M 三种规格(表12)。

表12 丝瓜的规格及包装要求

规格	每箱净重(千克)	单果长(厘米)
2L	10	30～35
L	10	25～30
M	10	20～25

2. 包装与贮藏

(1)包装:包装材料应使用国家允许使用的材料,可选择整洁、干燥、牢固、美观、无污染、无异味、内壁无尖突物、无虫蛀、无腐烂、无霉变现象的包装容器,如塑料周转箱。小包装推荐使用透明薄膜或玻璃纸。

(2)贮藏

① 贮藏须在通风、清洁、卫生的条件下进行,严防曝晒、雨淋、冻害及有毒物质的污染。

② 丝瓜短期冷藏一般在 7 天以内,贮藏温度为 4～14 ℃,相对湿度 90％～95％。

南　瓜

【图版5】

南瓜,为葫芦科南瓜属一年生蔓生草本植物,茎常节部生根,叶柄粗壮,叶片宽卵形或卵圆形,质稍柔软,叶脉隆起,卷须稍粗壮,雌雄同株,果梗粗壮,有棱和槽,因品种而异,外面常有数条纵沟或无,种子多数,长卵形或长圆形。

南瓜喜温暖干燥,适宜发芽温度 25 ℃,适宜生长温度 17～20 ℃,果实发育适宜温度 25～27 ℃。南瓜是短日照植物,耐旱性强,对土壤要求不严格,但以肥沃、中性或微酸性砂壤土为好。

(一) 良种简介

选用抗病性强、耐热、商品性好、优质、丰产的品种。种子质量应符合 GB 46715.5 的规定。栽培可选择的品种有黄狼南瓜、东升、锦绣等。

1. 黄狼南瓜

(1) 选育单位:上海市地方品种。

(2) 特征特性:又叫小闸南瓜。植株生长势强,茎蔓粗,分杈多,节间长。第一雌花着生于主蔓第 15～16 节,以后每隔 1～3 节出现雌花。果实长棒槌形,纵径约 45 厘米,横径 15 厘米左右。果皮橙红色,完全成熟后被蜡粉。果肉厚,肉质细腻味甜,较耐贮运。全生育期 110～120 天,单果重 1.5 千克左右。

2. 东升

(1) 选育单位:台湾农友种苗公司。

(2) 特征特性:由台湾省农友种苗股份有限公司育成的早熟杂交种。叶片颜色深绿,分枝中等,第一雌花着生于主蔓第七至第八节。嫩果圆形皮色黄,完全成熟后变为橙红色扁圆果,有浅黄色条纹。果肉金黄色,纤维少,肉质细密甜糯。单果重 1.2 千克左右。

3. 锦绣

(1) 选育单位:上海市农业科学院园艺研究所。

(2) 特征特性:早熟品种,耐低温、耐弱光,综合抗逆性较强,春秋两季均可栽培。果实厚扁球形,果皮金红色,覆乳黄棱沟,色泽鲜艳。果肉橙红色,肉厚达 3.5 厘米左右,肉质粉、香、甜、糯,品质极佳。单果重 1.3 千克,单株座果 3～5 个,667 平方米产量 1 500～2 500 千克。

（二）栽培技术

1. 播种

（1）播种时间：早春栽培，1月中下旬至2月中下旬；春季栽培，3月中下旬；延秋栽培，8月初；越冬栽培，10月下旬至11月初。

（2）种子处理：剔除霉籽、瘪籽、虫籽等，然后用清水清洗。用55℃温水浸种15分钟，并不断搅拌，然后放在清水中浸种3～8小时，捞起用纱布包好，放在25～30℃的环境中催芽，种子有50%露白后即可播种。

（3）育苗移栽：采用营养钵大棚或小环棚育苗，将催好芽的南瓜籽放入预先装好营养土的营养钵中，每钵1粒，然后盖1.5厘米厚的消毒营养土，再用地膜盖上，以保持一定温、湿度。苗龄30～35天，两叶一心时定植。

（4）大田直播：直播比育苗移栽稍晚些播种，为避开后期高温，晚霜后尽早播种，播种前做好深沟高畦，畦宽2.5米，株距0.5米。播后及时覆盖地膜。出苗后，及时破膜，防止烧苗。

2. 苗期管理

（1）温光调控：出苗前应保持较高温度；出苗后为防徒长，应注意通风，并应经常保持光照。整个苗期以防寒保暖为主，力求夜间温度不低于15℃、白天温度在20℃以上。

（2）肥水管理：根据天气、秧苗情况适当进行追肥，追肥以喷施叶面肥为宜，如天缘叶肥300倍液喷施。

（3）炼苗：当真叶长有5叶，移栽前逐步炼苗，以保证移栽后能较快缓苗。

3. 定植

（1）整地：选择地势高爽、排水良好、前两年未种过葫芦科作物的土地。整地前每667平方米施商品有机肥3 000～3 500千克、三元复合肥（N：P_2O_5：K_2O为15：15：15）50千克，然后深翻晒白。

（2）作畦：大棚内设置2畦，沟深20厘米。露地做成2.5米宽的深沟高畦。

（3）铺滴管带、盖地膜、扣棚：定植前用0.015毫米厚地膜连沟覆盖畦面,可在覆膜前每畦上铺设一根滴管带,便于浇水、施肥。大棚应在定植前扣好膜,以利增高棚内地温,大棚膜选用无滴多功能膜。

(4) 适时定植:当苗龄适宜,大棚内小环境温度稳定在 8 ℃以上时即可定植。选晴好无风的天气定植,每畦种植 1 行,株距 50 厘米。

(5) 定植方法:畦面按株距先用制钵机打孔,然后定植,定植深度以营养钵土与定植田畦面相平为宜;定植后浇足定植水,定植孔用土密封严实,以免地表热气溢出损伤秧苗叶片。大棚栽培同时搭好小拱棚。

4. 田间管理

(1) 肥水管理

① 常规施肥:南瓜生长期长,产量高,消耗养分多,除施足基肥外,还应分期追肥。其追肥原则是:生长前期勤施薄施;结果期重施,氮、磷、钾肥配合使用;苗期以氮肥为主,但不可过多,防止徒长,影响座果;结果后重施一次肥料,以促进果实肥大。

南瓜根系强大,抗旱力极强,生产上一般不浇水,但在气候干旱时,浇水有显著的增产效果。多雨季节应及时排水。

② 水肥一体化施肥:活棵后追施一次提苗肥,每 667 平方米滴施偏氮型水溶性复合肥($N : P_2O_5 : K_2O$ 为 28:8:15)4 千克。瓜蔓长至 1 米左右和所结瓜直径有 10 厘米大时,进行追肥,每 667 平方米滴施高钾型水溶性复合肥($N : P_2O_5 : K_2O$ 为 15:7:30)5~7 千克;后期视植株长势追肥,施用量同第二次。

(2) 整枝压蔓:南瓜的整枝方式采用双蔓整枝。一般于主蔓 5~7 片叶时摘心,从基部选留 2 条侧蔓,其余侧蔓及侧蔓发生的子蔓均从基部除去。幼瓜座稳后打顶,以后可不再整枝。压蔓对生长势强、容易徒长的南瓜是一项不可缺少的田间管理工作,否则就可能结不住果。压蔓从第七节至第九节开始,每隔 5 节左右压 1 次,共压 3~4 次。

(3) 人工授粉:南瓜为虫媒的异花授粉植物,多雨季节进行人工授粉是提高座果率和增加产量的一种方法。人工授粉要在上午

10 点以前进行,花粉要从当天开放的雄花采取。

(4)疏花疏果:为提高南瓜商品性,每蔓留 1 果,选择留 10 节以后的雌花座果,每株留 2 果,其余雌花和幼果及时摘除。

(5)果实保护:果实膨大后,如果生长在低洼处,将瓜移至高处,或用废瓦片等物将其垫起,以防过湿而烂瓜。生长后期光照强,会引起日灼,需要用草或瓜叶遮光。

(三)采收与运输、贮藏

1. 采收与整理

(1)采收:南瓜在授粉后约 40 天,果皮变硬并发生白粉,绿色消失,呈现粉红色,果柄硬而变黄即可适时采收。开花后,约 20 天可采收嫩瓜。果柄留 2～3 厘米。为便于贮藏,最好在晴天时采摘,不得用水洗。

(2)整理:按南瓜的大小、果形等不同的规格,放入塑料蔬菜周转箱内,每箱重量为 10 千克。用电子秤称单果重量后进行规格划分,分为 2L、L、M 三种规格(表 13)。

表 13　南瓜的规格及包装要求

规格	每箱净重(千克)	单果重(千克)
2L	10	1.3～1.5
L	10	1.1～1.3
M	10	0.8～1.1

2. 包装、运输与贮藏

(1)包装:包装材料应选择整洁、干燥、牢固、美观、无污染、无异味、内壁无尖突物和无蛀虫、无腐烂、无霉变现象的包装容器,纸箱无受潮离层现象。

(2)运输:运输工具清洁卫生、无污染,装运时应轻装、轻卸,严防机械损伤。在运输途中严防日晒雨淋,严禁与有毒物质混装,防止运输途中受到人为污染。

（3）贮藏：贮藏前要注意选好南瓜，适期采收，不能遭受霜打，防止机械损伤。贮藏中要注意勤检查，发现有病斑的瓜立即剔出以免感染好瓜。

① 地面堆码贮藏：选用没有直射光、空气流通，土质或红砖地面的空屋作贮藏室。地面垫 5 厘米厚稻草或麦秸，将老熟、无损伤南瓜堆上。堆放时，保持南瓜挨着地面的方向向下，瓜蒂朝里瓜顶向外码成圆锥形。每堆 15～20 个，大型瓜不要堆得太多，防止挤压，并有利于通风。初期夜间开窗通风换气，白天关闭遮阳，保持室内空气新鲜、干燥和凉爽；冬季关闭门窗防寒。

② 架式分层贮藏：贮藏室内用竹木或角铁搭成分层贮藏架，每层高度比南瓜高 8～10 厘米。每层贮藏架上铺 5 厘米厚稻草或麦秸。南瓜摆放状态与堆藏相同，架式分层贮藏效果优于地面贮藏。

③ 地窖低温贮藏：地上铺垫 5 厘米厚的细砂或麦秸、稻草，堆放 2～3 层瓜；也可搭架子将南瓜放在架子上。窖内温度控制在 10 ℃左右，相对湿度保持在 70％～80％。

第五章 豆类栽培技术

豇 豆

【图版 5】

豇豆,又称长豇豆,属于豆科一年生草本植物。豇豆的营养价值丰富,鲜豆荚每千克中含蛋白质 23 克,其钙、磷、铁等矿物质和各种维生素含量也很丰富。豆荚香糯可口,风味鲜美,食用简便,深受广大百姓喜爱。

豇豆茎有矮性、半蔓性和蔓性 3 种。上海地区栽培多以蔓性为主。豇豆耐高温,不耐低温,种子发芽适温为 30～35 ℃,藤蔓生长以 20～25 ℃为宜,开花结荚以 25～30 ℃较为有利,15 ℃左右生长缓慢,5 ℃以下受寒害。豇豆属于短日性作物,喜强光,光照弱时易落花落荚。耐旱力较强,但不耐涝。对土壤适应性广,但以富含有机质、疏松透气的壤土为宜,黏重土壤透气性差,不利于根瘤发育。因多次采收,所以比其他豆类作物需要的肥量多。

(一)良种简介

选用抗病性强、耐热、商品性好、优质、丰产的品种,种子质量应符合 GB 16715.5 的规定。栽培可选择的品种有三友油绿 168、上豇一号等。

1. 三友绿油 168

(1)选育单位:上海三友种苗有限公司。

（2）特征特性：中熟，生长势强，耐热，耐寒，抗病。株高 250～300 厘米，叶片绿色，主蔓第三至第五节着生第一花序。荚长 70～80 厘米，鲜豆荚油绿色，横切面为圆形。荚粗，肉厚，纤维少，无鼓籽，无鼠尾，保鲜期长，商品佳。每 667 平方米产量 1 500～2 000 千克。

2. 上豇一号

（1）选育单位：上海佳丰蔬菜种子有限公司。

（2）特征特性：早熟，适宜春、夏、秋栽培。植株蔓生，株高 250～300 厘米，株形紧凑，生长势强。叶色绿，主蔓第三至第五节着生第一花序，花呈淡紫色。荚长 50～55 厘米，商品荚淡绿色，横切面为圆形，荚粗肉厚，纤维少，单荚重 20 克左右，荚内含种子 20 粒左右。每 667 平方米产量 1 500～2 000 千克。

（二）栽培技术

1. 播种方法

（1）播种前准备：种子处理，剔除霉籽、瘪籽、虫籽、病籽等，用 10％磷酸三钠溶液浸种 20～30 分钟，然后用清水将种子冲洗干净、晾干，待播；或用 2.5％适乐时种衣剂 10 毫升加水 50～100 毫升，拌种子 5～10 千克，常温下拌种。

（2）播种期：保护地栽培的在 2 月下旬至 3 月上旬播种，露地栽培育苗为 3 月下旬至 4 月上旬，秋季栽培 6 月上旬至 8 月初播种。

（3）育苗

① 苗床育苗：苗床精细整田，再浇透水，然后按 7～8 厘米见方播 3～4 粒种子，上盖 0.5～1 厘米的盖籽泥，再铺上地膜，同时搭好小环棚（春季栽培）。苗出土后及时揭去地膜，但小环棚仍要昼揭夜盖，第一复叶开展时即可定植。

② 营养钵育苗

i. 营养土配制：选用无病虫源的田园土、有机肥等，晒干、轧碎、过筛，按土：有机肥为 7：3 的体积比配制营养土，营养土装入营养钵内待用。播种前 1 天浇足底水。

ii. 播种：每个营养钵内播 3 粒种子，盖 1.5 厘米厚的盖籽泥，覆地膜，搭小环棚保温，温度控制在 30～32 ℃，出苗后温度控制在 20～25 ℃，待 60％～70％ 出苗后及时揭去地膜。待苗长到二叶一心、苗龄 28～32 天时即可定植。

2. 定植

（1）大田选择：大田选择必须符合豇豆产地环境要求、前两茬未种同科作物的田块，土壤肥沃，排灌方便，无空气污染，保水保肥力强。

（2）整田：在定植前 3～5 天，每 667 平方米施充分腐熟的农家肥 2 000～3 000 千克或商品有机肥 1 000～2 000 千克、三元复合肥（N：P_2O_5：K_2O 为 15：15：15，下同）30 千克，然后用机械翻耕。

（3）作畦：定植前 1 天，用机械浅耕，然后整地作畦，并开好所有深沟（三沟配套）。一般每畦连沟宽为 1.5 米。

（4）精细定植：营养钵育苗的苗，应打洞移栽，边定植边浇定根水；营养土育苗的苗，用定植刀挖穴定植。定植后浇活棵水，并填实细土和封严定植孔。每畦种 2 行，行距 80～100 厘米，穴距 22～25 厘米，每 667 平方米栽 3 000 穴左右。在早春种植的，移栽后要用小环棚进行覆盖保温，以利于作物生长。

3. 田间管理

（1）前期管理（定植至出蔓前）：如早春种植的，前期以保水保温为主，及早做好大田的移栽苗补缺工作。秋季直播的，出苗后以遮阳降温为主。豇豆前期不宜多施肥，以防徒长，影响开花结实。

（2）中期管理（出蔓至结荚）

① 搭架引蔓：豇豆抽蔓后应及时搭架，架高 2～2.5 米，搭架后要及时引蔓，引蔓应在露水未干或雨天进行。当蔓爬至架顶时，要打顶摘心。这阶段主要看苗补充肥水，要保持田间排灌畅通，防止田间积水。

② 肥水管理：当植株开花结荚以后，追肥 2～3 次，每次每 667 平方米追施尿素 5～15 千克。保持田间排灌畅通，防止田间积水。

也可采用水肥一体化技术,每次每667平方米滴管追施水溶性肥料($N:P_2O_5:K_2O$ 为28:8:15,下同)3～5千克。

③ 中耕除草:根据杂草的生长情况,在搭架前进行一次中耕除草,以后再每次追肥前结合中耕除草。

(3)后期管理(结荚盛期以后)

① 肥水管理:此时更要增加肥水,视采收、生长情况追肥2～3次,每次每667平方米追肥三元复合肥7～10千克;也可采用水肥一体化技术,每次每667平方米滴管追施水溶性肥料3～5千克。

② 中耕除草:根据杂草的生长情况,在每次追肥前进行中耕除草。

(三) 采收与运输、贮藏

1. 采收与整理

(1)采收:当嫩荚已饱满,而种子痕迹尚未显露时为采收适期。豇豆要求每天采收,以上午进行为宜。方法是用剪刀采摘,放入塑料蔬菜周转箱内,装卸、运输时要轻拿、轻放。

(2)整理:把采收到的豆荚按荚的长短分规格,定量扎把(一般每把500克),再放入塑料箱内。

2. 包装、运输与贮藏

(1)包装

① 包装条件:应符合 SB/T 10158 要求。

② 包装规格:把豇豆放入包装箱中,用电子秤称重,每箱豇豆净含量为10千克。纸箱外标明品名、产地、生产者名称、规格、毛重、净重、采收日期等。

(2)贮藏、运输:贮藏需在通风、清洁、卫生的条件下进行。库内堆码应保持气流畅通,相对湿度80%～85%。堆码时包装箱距地20厘米,距墙30厘米,最高堆码为7层。

豇豆长途外运时,产品需在2℃的冷库中预冷8小时后,才可装集装箱冷藏外运。

刀　豆

【图版 5、6】

　　刀豆,又称菜豆、四季豆、芸豆、豆角等,为豆科菜豆属一年生蔬菜。原产中南美洲,后引至欧洲栽培,约在 16 世纪末再由欧洲传入我国。由于其嫩荚风味极佳、营养丰富,故为大众所喜爱,因此,全国各地栽培较为普遍。菜豆除鲜食外,还是制罐工业的重要原料。

　　刀豆喜温暖,不耐寒霜,生长适温 20～25 ℃,寒冷地区栽培种子难以成熟。刀豆适应性比较广,对土壤要求不严,但以排水良好而疏松的砂壤土栽培为好。

（一）良种简介

　　选用抗性强、商品性好、优质、丰产的品种,种子质量应符合 GB 4404.3 的规定。品种主要选用超级金龙王、无筋地豆王、绿玉 803、红筋刀豆等。

　　1. 超级金龙王

　　(1) 选育单位:河北金束鹿种业有限公司。

　　(2) 特征特性:早熟品种。抗病,耐寒,植株蔓生,分枝能力强。荚扁形,绿色,荚长 30 厘米左右、宽 2.5～3 厘米,无粗纤维,口感脆、鲜嫩。一般 667 平方米产量 2 500～3 000 千克。

　　2. 无筋地豆王

　　(1) 选育单位:山西省太谷县绿宝种业有限公司。

　　(2) 特征特性:矮生,植株整齐、直立,株高 45～50 厘米,叶色深绿。因商品嫩豆荚柔嫩、无筋、无革质膜而得名。荚近圆棍形,荚长 18～20 厘米,肉厚,口感鲜嫩。一般 667 平方米产量 2 000～3 000 千克。

　　3. 绿玉 803

　　(1) 选育单位:上海佳丰种苗有限公司。

　　(2) 特征特性:中早熟品种。抗病性强,植株矮生,株高约 50

厘米。荚形圆直,荚长约 15 厘米,嫩荚翠绿色。生育期短,上市早,色泽鲜绿,营养价值高,口感好。

4. 红筋刀豆

(1) 选育单位:上海地方品种。

(2) 特征特性:植株蔓生,节节生花序,株高 3 米以上,生长势较强,开展度 25～30 厘米,叶片深绿,叶片长 10.5～11 厘米,宽 10 厘米左右。主蔓第一花序着生于 1～2 节,花浅红色,茎呈红色,鲜豆荚嫩绿,荚长 13～13.2 厘米,宽 8～8.5 毫米,单荚重 7.25～7.5 克,每荚含豆粒 7～8 粒。植株抗病性较强,生长速度较快,产量高。

(二) 栽培技术

1. 播种

(1) 播种时间:上海地区春播小环棚地膜种植,育苗时间一般在 3 月上旬(苗床育苗),露地地膜种植育苗时间一般在 3 月 20 日左右,秧龄期均在 20 天左右;秋播一般在 7 月下旬至 9 月中旬播种(直播)。

(2) 苗床要求:3 年内未种植过豆科作物,土壤肥沃,排灌方便、杂草基数低的温室大棚。

(3) 育苗方法

① 苗床育苗:苗床与大田比为 1 :(15～18),营养钵育苗的营养土配制比例为菜园土:有机肥:草木灰为 6 : 3 : 1。每钵播 3～4 粒种子,然后盖 1 厘米左右盖籽泥,铺上地膜。每 667 平方米需种子 3～5 千克。

② 直播:种子直播(穴播)于未盖薄膜的管棚内,每穴播 3～4 粒种子,每畦栽 2 行,穴距 20～22 厘米,地膜覆盖。播前土地应先浇足水分再整地作畦,有利于及时出苗。

2. 苗期管理

无论是育苗还是直播,等苗一出齐就揭去地膜并及时管理。育苗的小环棚薄膜日揭夜盖,秧苗长到 2～3 叶时可移栽;直播的管理同"田间管理"。

3. 定植

(1)整地：选择前两茬未种同科作物田块，土壤肥沃，排灌方便，无空气污染，保水保肥力强。667 平方米施腐熟有机肥 2 500 千克，三元复合肥（N：P_2O_5：K_2O 为 15：15：15，下同）30 千克，然后用机械翻耕。

(2)作畦：6 米标准大棚内设置 4 畦，每畦连沟宽 1.5 米，沟深 20 厘米；8 米标准大棚内设置 5 畦，每畦连沟宽 1.6 米，沟深 20厘米。

(3)定植方法：春播育苗移栽的 3 月下旬至 4 月上旬定植，每畦种 2 行，株距 25 厘米，定植时营养钵与畦面持平，要随种随浇搭根水。早春种植的要及时搭好小环棚。

4. 田间管理

(1)前期管理（出蔓前）：前期管理以促生长为主。春播前期以保温为主，注意防止大风吹掉环棚膜；秋播前期以遮阳降温为主。刀豆不耐湿，故田间不能积水，以防死苗。

(2)中期管理（出蔓至初花）：中后期管理要保花保荚为主。当苗开始抽蔓时要及时搭好支架；注意看苗补充肥水，要保持田间沟系排灌畅通，干湿适中。

(3)后期管理（初花至采收）：肥水管理原则是花前少施，花后多施，结荚期重施，开花至采收追 2 次肥水，每次每 667 平方米施复合肥 10 千克。当豆荚采摘到中期，结合浇水应追肥一次，每 667 平方米施复合肥 15 千克。有条件的也可采用水肥一体化技术追肥水，每次每 667 平方米可施偏氮型水溶性复合肥（N：P_2O_5：K_2O 为 28：8：15）4 千克或高钾型水溶性复合肥（N：P_2O_5：K_2O 为 15：7：30）5～7 千克交替使用。秋播的 10 月中旬起覆盖好管棚顶膜及两边裙膜保温，并做好棚内通风换气。

（三）采收与运输、贮藏

1. 采收与整理

(1)采收：春播 5 月中下旬始收；秋播 9 月下旬至 11 月上中旬始收，一直收到 12 月上中旬冰冻来临，667 平方米产量 1 000 千克左右。刀豆要求每天采收以上午为宜,采收时豆荚大小要分开,老嫩分开。在采摘时豆荚要避免太阳直射,以免发生萎蔫。

(2)整理:采收的豆荚放入塑料蔬菜周转箱内,每箱10千克。用刻度直尺测量单荚长度后进行规格划分,分为2L、L、M 三种规格(表14)。

表14　刀豆的规格及包装要求

规格	每箱净重(千克)	单荚长度(厘米)
2L	10	＞20
L	10	15～20
M	10	＜15

2. 包装、运输与贮藏

(1)包装:包装材料应选择整洁、干燥、牢固、美观、无污染、无异味、内壁无尖突物和无蛀虫、无腐烂、无霉变现象的包装容器,纸箱无受潮离层现象。

(2)运输:运输工具清洁卫生、无污染,装运时应轻装、轻卸,严防机械损伤。在运输途中严防日晒雨淋,严禁与有毒物质混装,防止运输途中受到人为污染。

(3)贮藏:堆码要保持气流均匀流通,适宜温度条件为2～5℃,相对湿度为85％～90％。

毛 豆

【图版6】

毛豆,为豆科大豆属,也称菜用大豆、鲜食大豆,是指在大豆鼓粒后期、荚色尚未转黄时采青荚、鲜粒作为蔬菜食用的大豆;起源于我国。大豆在我国东北地区栽培普遍,而毛豆(菜用大豆)则在长江中下游地区栽培普遍。

毛豆在 10 ℃ 左右开始发芽,适宜发芽温度 25 ℃,适宜生长温度 20～25 ℃,生长旺期低于 14 ℃ 不能开花。毛豆一般为短日照植物,较耐旱性,对土壤要求不严格,但以土层深厚、排水良好的土壤为好。毛豆因有根瘤菌固氮,故不需多施氮肥,过多施氮肥后会引起徒长。

(一) 良种简介

选用抗病性强、耐热、商品性好、优质、丰产的品种,种子质量应符合 GB 46715.5 的规定。栽培可选择的品种有青酥二号、交大133、绿宝石等。

1. 青酥二号

(1) 选育单位:上海市农业科学院园艺研究所。

(2) 特征特性:菜用大豆露地春播至采收约 75 天,有限结荚,株高 30 厘米左右;分枝 2～3 个。白花,荚多而密,单株结荚 25～50 个。荚色鲜绿,荚壳薄,荚毛灰白稀疏,2～3 粒荚比例高,籽粒大,鲜籽百粒重 70～75 克,易烧煮,吃口酥糯、微甜,品质佳。耐低温,抗病毒病。一般 667 平方米产鲜荚 600 千克左右。

2. 交大 133

(1) 选育单位:上海交通大学农业与生物学院。

(2) 特征特性:鲜食大豆品种,常规春播露地栽培全生育期约 90 天。株型收敛,有限结荚习性。株高 36.1 厘米,主茎 10.3 节,有效分枝 1.9 个,单株有效荚数 16.1 个,多粒荚率 71.7%,单株鲜荚重 40.8 克。每 500 克标准荚数 176 个,荚长×荚宽为 5.3 厘米×1.3 厘米,标准荚率 68.5%,百粒鲜重 73.7 克。圆叶,白花,灰毛。籽粒圆形,种皮绿色,有光,种脐淡褐色。667 平方米产鲜荚最高达 900 千克左右。

3. 绿宝石

(1) 选育单位:原产日本,从我国台湾地区引进。

(2) 特征特性:品种种皮绿色,子叶黄色,开白花,鲜荚翠绿色,灰白色绒毛,成熟荚为深灰褐色。株高 70 厘米,鲜荚长 8 厘米以上,荚宽 1.6 厘米。主茎 15～17 节。干种子百粒重 40 克以上。绿宝石毛豆属亚有限结荚习性,叶片肥大、产量高、品质好。一般每 667 平方米产鲜荚 500 千克左右。

（二）栽培技术

1. 播种

（1）播种时间：春季保护地育苗栽培,2 月中旬至 3 月下旬;春季露地直播栽培,3 月下旬至 4 月上旬。

（2）种子处理：剔除霉籽、瘪籽、虫籽等,播种前种子要晒 1～2 天。经过晒种的种子可用适乐时常温下拌种后播种。

（3）育苗移栽：采用营养钵大棚或小环棚育苗,于 2 月中旬至 3 月下旬育苗,放入预先装好营养土的营养钵中,每钵 3～4 粒,然后盖 1.5 厘米厚的盖籽泥,再用地膜盖上或小环棚,以保持一定温、湿度,等苗出齐后揭去地膜,但小环棚仍旧要昼揭夜盖,苗龄控制在 15～20 天,两叶一心时定植。

（4）露地直播：播种前大田浇足水分,准备好的畦面上按株行距 24 厘米播种,每穴播 3～47 粒,播后盖 1.5 厘米厚的盖籽泥,并及时覆盖地膜。出苗后,及时破膜,防止烧苗。

2. 定植

（1）大田准备：选择土壤肥沃、排水方便,前茬一定不能是豆科作物,或者轮茬间隔 1～2 年以上,否则影响生长。

（2）整地：选择地势高爽,排水良好的地块。整地前,每 667 平方米施商品有机肥 3 000～3 500 千克、三元复合肥 30 千克,然后机械翻耕。

（3）作畦：定植前 1 天,用机械浅耕,然后整地作畦,并开好所有深沟（三沟配套）。一般每畦连沟宽为 1.5 米。

（4）盖地膜、扣棚：定植前用 0.015 毫米厚地膜连沟覆盖畦面。大棚应在定植前一周扣好膜,以利增高棚内地温。

（5）适时定植：当苗龄适宜,选晴好无风的天气定植,每畦种植 5～6 行,株距 25～28 厘米。畦面按株距先用制钵机打孔,然后定植,定植深度以营养钵土与定植田畦面相平为宜;定植后浇足定水,隔7天覆水一次。定植孔用土密封严实,以免地表热气溢出损伤秧苗叶片。

3. 田间管理

(1)间苗补苗:直播毛豆苗出齐后要立即间苗,不使挤轧。间苗同时要及时补苗,保证全苗。

(2)追肥浇水:在开花前和盛花期均要喷施0.2%~0.3%磷酸二氢钾,以提高豆荚的饱满率,增加产量。在一般情况下不必浇灌,如遇夏季持续高温、干旱,可利用排水沟灌溉1~2次。

(3)打顶摘心:毛豆生长后期开的花往往不能及时成熟,适时摘心打顶可以控制茎叶过茂徒长倒伏,减少落花、瘪荚,使豆荚成熟一致,早熟,增产5%~10%,并有改进品质的效果,在雨水较多的季节和地区,对生长繁茂的晚熟品种,进行摘心效果更为显著,摘心时期以开花盛期至后期为宜,将主茎顶部摘心1~2厘米促使茎粗分枝结荚增加。

(4)中耕除草:毛豆整个生长期要松土、除草2~3次,苗高30厘米左右松土时要结合培土,促使根系生长。

(三)采收与运输、贮藏

1. 采收与整理

(1)采收:进入鼓粒期后,就可陆续采收,但不宜过早,否则豆粒瘪小,商品性差,产量低,反而降低了经济效益。采收时也可分2~3次采收,这样可以提高产量,增加效益。采收后应放在阴凉处,以保证毛豆鲜荚产量和质量;为便于贮藏,最好在晴天时采摘。

(2)整理:剔除有虫蛀、有机械伤的豆荚,放入塑料蔬菜周转箱内,每箱重量为10千克。

2. 包装、运输与贮藏

(1)包装:放入包装箱中,用电子秤称重,每箱净含量为10千克。纸箱外标明品名、产地、生产者名称、规格、毛重、净重、采收日期等。

(2)运输:运输工具清洁卫生、无污染,装运时应轻装、轻卸,严防机械损伤。在运输途中严防日晒雨淋,严禁与有毒物质混装,防止运输途中受到人为污染。长途外运时,产品需在 2 ℃的冷库中预冷 8 小时后,才可装集装箱冷藏外运。

(3) 贮藏:贮藏需在通风、清洁、卫生的条件下进行。库内堆码应保持气流畅通,相对湿度 80％～85％。堆码时包装箱距地 20 厘米,距墙 30 厘米,最高堆码为 7 层。

扁 豆

【图版 6】

扁豆,为豆科扁豆属,又称眉豆、鹊豆,是一年生蔓性藤本植物;起源于亚洲西南部,约在汉代传入我国。扁豆是上海地区高温淡季供应的花色蔬菜之一。

扁豆喜温湿气候,适宜发芽温度 22～23 ℃,耐热,植株能耐35 ℃左右高温;为短日照作物,根系发达,较耐旱性,对土壤要求不严格,但以土层深厚、排水良好的土壤为好。

(一) 良种简介

选用抗病性强、耐热、商品性好、优质、丰产的品种,种子质量应符合 GB 46715.5 的规定。栽培可选择的品种有崇明白扁豆、艳红扁、彭镇青扁豆等。

1. 崇明白扁豆

(1) 选育单位:上海市崇明县地方品种。

(2) 特征特性:株高 220～315 厘米,主根发达,茎蔓生,蔓、叶均呈绿色,叶为三出复叶,小叶心形。花白色,授粉后渐变黄。嫩荚绿色、扁平、光滑,每荚含种子 3～4 粒,籽粒淡绿色,老熟后籽粒呈白色,荚壳黄褐色。肉质细嫩易酥,质糯清香美味。一般 667 平方米产鲜荚 1 000～1 200 千克。

2. 艳红扁

(1) 选育单位:上海交通大学农业与生物学院。

（2）特征特性：早熟品种。株高 150 厘米以上，二级分枝 3～5 个，红花，花序长 25～35 厘米。结荚初期，鲜荚绿色、两边呈红色，鼓粒前期外观呈朱红色，色泽艳丽。在高温煮熟后外观呈深绿色。荚长 7～10 厘米，荚宽 3～5 厘米。口感香甜柔糯，中抗斑点病。667 平方米产鲜荚最高达 3 500 千克左右。

3. 彭镇青扁豆

（1）选育单位：上海市浦东新区彭镇地方品种。

（2）特征特性：植株蔓生，生长势强，抗寒、耐热能力强。茎蔓紫红色，叶片绿色、阔卵形。荚长 7 厘米、宽 2.4 厘米，每荚含种子 4～5 粒，嫩荚品质好。一般每 667 平方米产鲜荚 4 000 千克左右。

（二）栽培技术

1. 播种

（1）种子处理：剔除霉籽、瘪籽、虫籽、病籽等。用 10％磷酸三钠溶液浸种 20～30 分钟，然后用清水将种子冲洗干净、晾干，待播；或用 2.5％适乐时种衣剂 10 毫升加水 50～100 毫升拌种子 5～10 千克，常温下拌种。

（2）播种期：春季大棚栽培 10 月下旬至 11 月播种，小环棚栽培 2 月上旬播种，地膜栽培 3 月上旬播种，露地栽培育苗为 3 月下旬至 4 月上旬，秋季栽培 6 月上旬至 8 月初播种。

（3）育苗

① 苗床育苗：苗床精细整田，再浇透水，然后按 7～8 厘米见方播 3～4 粒种子，上盖 0.5～1 厘米的盖籽泥，再铺上地膜，同时搭好小环棚（春季栽培）。苗出土后及时揭去地膜，但小环棚仍要昼揭夜盖。第一复叶开展时即可定植。

② 营养钵育苗：春季栽培可采用营养钵育苗，方法如下。

i. 营养土配制：选用无病虫源的田园土、有机肥等，晒干、轧碎、过筛，按土：有机肥为 7：3 的体积比配制营养土，营养土装入营养钵内待用。播种前 1 天浇足底水。

ii. 播种方法：每个营养钵内播 2 粒种子，盖 1.5 厘米厚的盖籽泥，覆地膜，搭小环棚保温，温度控制在 30～32 ℃，出苗后温度控制

在 20～25 ℃,待 60%～70% 出苗后及时揭去地膜。待苗长到二叶
一心、苗龄 28～32 天时即可定植。

2. 定植

(1) 大田选择:必须符合扁豆产地环境要求,前两茬未种同科
作物的田块,土壤肥沃,排灌方便,无空气污染,保水保肥力强。

(2) 施足基肥、精细整田:在定植前 3～5 天,每 667 平方米施
充分腐熟的农家肥 2 000～3 000 千克或商品有机肥 1 000～2 000
千克、蔬菜三元复合肥($N：P_2O_5：K_2O$ 为 15：15：15,下同)40 千
克,然后用机械翻耕。

(3) 整地作畦:定植前 1 天,用机械浅耕,然后整地作畦,并开
好所有深沟(三沟配套)。一般每畦连沟宽为 1.5 米。定植前 7 天
用 0.015 毫米厚地膜连沟覆盖畦面,可在覆膜前每畦上铺设两行滴
管带,滴管带上滴孔的间距与移栽株距相等,便于浇水、施肥。大棚
栽培应在定植前 15 天扣好膜,以利增高棚内地温,大棚膜选用无滴
多功能膜。

(4) 定植方法:营养钵育苗的,应打洞移栽,边定植边浇定根
水;营养土育苗的,用定植刀挖穴定植。定植后浇活棵水,并填实细
土和封严定植孔。每畦种 2 行,行距 80～100 厘米,穴距 22～25 厘
米,每 667 平方米栽 3 000 穴左右。在早春种植的,移栽后要用小环
棚进行覆盖保温,以利于作物生长。

3. 田间管理

(1) 前期管理:如早春种植的,前期以保水保温为主,及早做好
大田的移栽苗补缺工作。秋季直播的,出苗后以遮阳降温为主。前
期不宜多施肥,以防徒长,影响开花结实。

(2) 搭架引蔓:抽蔓后应及时搭架,架高 1.2～1.3 米,搭架后
要及时引蔓,引蔓应在露水未干或雨天进行。当蔓爬至架顶时,要
打顶摘心。这阶段主要看苗补充肥水,要保持田间排灌畅通,防止
田间积水。

(3) 肥水管理:当植株开花结荚以后,追肥 2～3 次,每次每
667 平方米追施尿素 5～15 千克;保持田间排灌畅通,防止田间积
水。也可采用水肥一体化技术,每次每 667 平方米滴灌追施水溶性

肥料（N：P_2O_5：K_2O 为 28：8：15，下同）3～5 千克。后期更要增加肥水，视采收、生长情况追肥 2～3 次，每次每 667 平方米追肥三元复合肥 7～10 千克。也可采用水肥一体化技术，每次每 667 平方米滴灌追施水溶性肥料 3～5 千克。

（4）中耕除草：根据杂草的生长情况，在搭架前进行一次中耕除草，以后在每次追肥前结合中耕再进行除草。

（三）采收与运输、贮藏

1. 采收与整理

（1）采收：当嫩荚已饱满，而种子痕迹尚未显露时为采收适期。要求每天采收，以上午进行为宜。方法是用剪刀采摘，放入塑料蔬菜周转箱内，装卸、运输时要轻拿、轻放。

（2）整理：剔除有虫蛀、有机械伤的豆荚，放入塑料蔬菜周转箱内，每箱重量为 10 千克。

2. 包装、运输与贮藏

（1）包装：放入包装箱中，用电子秤称重，每箱净含量为 10 千克。纸箱外标明品名、产地、生产者名称、规格、毛重、净重、采收日期等。

（2）运输：运输工具清洁卫生、无污染，装运时应轻装、轻卸，严防机械损伤。在运输途中严防日晒雨淋，严禁与有毒物质混装，防止运输途中受到人为污染。长途外运时，产品需在 2 ℃的冷库中预冷 8 小时后，才可装集装箱冷藏外运。

（3）贮藏：贮藏需在通风、清洁、卫生的条件下进行。库内堆码应保持气流畅通，相对湿度 80%～85%。堆码时包装箱距地 20 厘米，距墙 30 厘米，最高堆码为 7 层。

第六章　根菜类栽培技术

萝　卜

【图版 6】

萝卜为十字花科萝卜属,一二年生草本植物,别名莱菔;原产我国,品种极多;世界各地都有种植,欧美国家以小型萝卜为主,亚洲国家以大型萝卜为主;在气候条件适宜地区四季均可种植,多数地区以秋季栽培为主。

萝卜种子在 2~3 ℃时开始发芽,适温为 20~25 ℃。幼苗期,在 25 ℃左右温度下能正常生长,也能耐—2~—3 ℃的低温;叶生长期最适温度为 15~20 ℃,上限温度为 25 ℃;肉质根生长期适温为 13~18 ℃,温度低于—1~—2 ℃时易受冻害。不同类型和品种对温度的适应范围不同,四季萝卜和夏萝卜类在较高的温度下也能生长,并形成肥大的肉质根。充足的光照能使植株健壮,提高萝卜的产量和品质。萝卜叶大根群浅,故不耐旱,土壤水分也是影响萝卜产量和品质的重要因素。萝卜对营养元素氮、磷、钾三要素的吸收比例为 2.1∶1∶2.5。

(一) 良种简介

选用抗病性强、耐热、商品性好、优质、丰产的品种,种子质量应符合 GB 46715.5 的规定。栽培可选择的品种有特新白玉春、白雪、寒春大根等。

1. 特新白玉春

(1) 选育单位：韩国 Bio 株式会社。

(2) 特征特性：植株长势中等,株高 42 厘米,开展度 70 厘米。花叶,叶色浓绿,叶长 47 厘米。肉质根无筋,直筒形,长 36 厘米,横径 7～8 厘米,外表光滑细腻,白皮白肉,肉质致密、较甜,口感鲜美。单根重 1.2～1.5 千克。适宜生长温度 12～32 ℃,夏季能耐短时 36 ℃高温,但高温下容易发生根腐病和病毒病。一般 667 平方米产量约 5 000 千克。

2. 白雪

(1) 选育单位：韩国引进。

(2) 特征特性：早熟品种,播种后 60 天左右采收。株高 45 厘米,开展度 55 厘米。琵琶叶,叶数少。肉质根长 35 厘米,横径 7～8 厘米,表皮光滑,全白,绿肩和须根均较少,不裂根,单根重 1.4～1.8 千克。抗病性强,耐寒,耐抽薹,667 平方米产量 4 500 千克左右。

3. 寒春大根

(1) 选育单位：从韩国引进。

(2) 特征特性：叶片半直立,深绿色,叶面有小刺。根部纯白,根长 49 厘米左右,横径 6～7 厘米,单根重 1.0 千克左右。肉质根长椭圆形,整齐,须根极少,光滑亮丽,肉质细嫩,口感品质佳。一般生长期 65 天左右,收获期长,不糠心,不裂根,667 平方米产量 3 800 千克左右。

（二）栽培技术

1. 播种

(1) 播种时间：上海地区大棚春季栽培于 2 月中旬至 3 月下旬播种;夏季栽培于 5～6 月播种;秋季栽培于 8～9 月播种为宜。

(2) 种子处理：剔除霉籽、瘪籽、虫籽等,将种子在 50～55 ℃温水中浸 15～20 分钟,并不断搅拌,捞起后清水冲洗,晾干后播种。

(3) 播种方法：每 667 平方米施腐熟有机肥 2 000～2 500 千克、三元复合肥 40～50 千克作基肥,施肥后充分翻耕,然后做畦,畦宽 1.5 米、高 20 厘米,沟宽 30 厘米。大个型品种,每 667 平方米用种量 0.5 千克;中个型品种,每 667 平方米用种量 0.75~1 千克;小个型品种,每 667 平方米用种量 1.5~2 千克。

大个型品种,多采用穴播方式,行距 40~50 厘米,株距 30~40 厘米;中个型品种,通常采用条播方式,也可采用穴播方式,行距 30~40 厘米,株距 20 厘米;小个型品种,一般采用撒播方式,也可采用条播,行距 10 厘米,株距 5~7 厘米。播种前浇足底水,播种时盖土厚度为 0.5~1 厘米,播种结束后畦面喷水保持湿润。春季播种可采用多层覆盖进行保温,夏秋季播种可采用稻草或遮阳网覆盖进行降温保温。

2. 田间管理

(1) 苗期管理

① 水分管理:保持土壤湿润。水分不足时可采用浇水或沟灌形式补充水分,沟灌后应及时放掉沟内的水,确保出苗又不使土壤过湿。

② 补播揭盖:播种后 3~5 天即可出苗,如有缺株,应及时补播。60%~70% 出苗后应揭除覆盖物。

③ 间苗、定苗:早间苗,晚定苗。第一次间苗于子叶充分展开时进行,当萝卜具有 2~3 片真叶时进行第二次间苗;当萝卜具有 5~6 片真叶时,按规定行株距进行定苗。

(2) 温度管理:萝卜前期生长适温为 15~20 ℃。春季栽培可采用大棚＋小环棚＋地膜多层覆盖保温,夏秋季栽培就覆盖遮阳网进行降温。

萝卜肉质根适宜生长温度为 15~20 ℃。春季栽培应以保温为主,注意棚内通风换气,视天气情况逐步揭除小环棚和大棚裙膜。夏季栽培应防止高温危害,可采用覆盖遮阳网进行降温。秋季栽培应注意生长中后期的冻害。

(3) 肥水管理:在第一次间苗后追一次肥,每 667 平方米施三元复合肥 5~10 千克。肉质根膨大期管理追肥宜早,分别在肉质根膨大前、中期各 1 次,一般每次每 667 平方米施三元复合肥 10~20 千克。萝卜膨大中后期应均衡供应水分,特别是在高温期,忽干忽湿极易发生裂根,土壤过湿还容易发生根腐病或植株早衰。冬季栽培,早春 2～3 月应及时除去地膜下的杂草。

（三）采收与运输、贮藏

1. 采收与整理

（1）采收：根据萝卜品种特性、市场需求或客户要求分时分批采收。采用人工拔起或用铁锹掘起,然后放入塑料蔬菜周转箱内,及时运抵蔬菜清选场所,装卸、运输要轻拿轻放。

（2）整理

① 整修：把萝卜轻放在操作台上,剔除须根、黄叶,保留叶柄 3～6 厘米,切除多余叶片。

② 除渍：将萝卜用清水清洗,去掉泥渍、杂质等。

③ 分检：剔除裂根、叉根、糠心、冻伤、机械损伤等明显不合格萝卜,选择皮色光滑、无病斑、不软瘪、个体均匀的萝卜,经分检后包装。

2. 包装、运输与贮藏

（1）包装：包装材料应选择整洁、干燥、牢固、美观、无污染、无异味、内壁无尖突物和无蛀虫、无腐烂、无霉变现象的包装容器,纸箱无受潮离层现象。

（2）运输：运输工具清洁卫生、无污染,装运时应轻装、轻卸,严防机械损伤。在运输途中严防日晒雨淋,严禁与有毒物质混装,防止运输途中受到人为污染。外运之前应在冷库预冷。

（3）贮藏：贮藏须在通风、清洁、卫生的条件下进行,严防曝晒、雨淋、冻害及有毒物质的污染。贮藏温度为 2～4 ℃,相对湿度为 85％～90％。

胡萝卜

【图版6】

胡萝卜为伞形花科草本植物,原产亚洲西部,因其适应性强、耐旱、易于栽培而传播到世界各地;在我国南北各地都有栽培。胡萝卜的使用部位为肉质根,富含胡萝卜素,是维生素 A 的来源;既可作蔬菜,又是保健食品的原料。胡萝卜对气候要求不严格,除了炎热的夏季外,其余季节皆可栽培。

胡萝卜喜冷凉气候,种子发芽适温为 20～25 ℃,茎叶生长适温为 23～25 ℃,肉质根生长适温为 13～18 ℃。以排水良好、富含有机质的砂壤土或壤土最佳。对土壤酸碱度适应性广,能适应 pH 5～8 的土壤。一定大小的植株,在 1～3 ℃时,一般经 60～80 天通过春化阶段,在长日照条件下抽薹开花。

(一) 良种简介

选用抗病性强、耐热、商品性好、优质、丰产的品种,种子质量应符合 GB 46715.5 的规定。春播宜选用不易抽薹、冬性强的品种,如三红五寸参;秋播宜选用晚熟耐寒的品种,如新黑田五寸参;也有除高温季节均可播种的鲜食水果型胡萝卜贝卡。

1. 三红五寸参

(1) 选育单位:江苏正大种子有限公司。

(2) 特征特性:肉质根圆柱形,根长 16 厘米左右,横径 5～6 厘米,表皮、肉质、心柱均为橙红色,心柱细。春播不易抽薹,较耐高温,味浓,水分足,品质佳,生长期 90 天左右。

2. 新黑田五寸参

(1) 选育单位:从日本引进。

(2) 特征特性:肉质根长圆锥形,根长 18～22 厘米,横径 4～6 厘米,表皮、肉质、心柱均为橙红色,单根重 300 克左右。生长旺盛,根形整齐、美观,表皮光滑,质脆嫩,味甜多汁,品质优良。抗病性强,耐抽薹,少劣根,耐储运。一般 667 平方米产量 3 000～4 000 千克。

3. 贝卡

(1) 选育单位:上海惠和种业有限公司。

(2) 特征特性:鲜食水果型胡萝卜,早熟,叶片短小,适应性广。根光滑、修长,又叫"手指形胡萝卜"。肉质根呈深橘黄色,根长 16～20 厘米,横径 1.5～2 厘米,口感爽脆,甜味足,营养价值高,特别是胡萝卜素含量远高于普通品种。一般 667 平方米产量 1 800～2 000 千克。

（二）栽培技术

1. 播种

（1）播种时间：春播于 3 月上旬播种，秋播于 7 月中下旬至 8 月上旬播种。

（2）种子处理：剔除霉籽、瘪籽、虫籽等。种子播种前搓去刺毛，便于播匀，并易吸水，使出苗整齐。春播时因温度低、发芽慢，可浸种催芽后再播种。

（3）精细播种：7 月中下旬至 8 月上旬播种，每 667 平方米用种量 400～500 克，3 月上旬播种，每 667 平方米用种量 300～400 克。每 667 平方米施腐熟有机肥 3 000～4 000 千克、三元复合肥 40～50 千克作基肥，施肥后充分翻耕，然后做畦，畦宽 1.5～2 米、高 20 厘米，沟宽 35～40 厘米。一般采用条播，沿畦纵向划浅沟，沟深约 3 厘米，行距 17 厘米左右。播种前浇足底水，播种要均匀，不宜过密，也不宜过稀。播种后用遮阳网覆盖。夏秋播种每 667 平方米加入青菜种子 100 克，与胡萝卜种子同播，利用青菜出苗快的特点进行遮阳，利于胡萝卜出苗，又可获得青菜秧苗。

2. 田间管理

（1）苗期管理：及时间苗，在幼苗长出 2 片真叶时第一次间苗，苗距 4 厘米左右。当苗长出 5～6 片真叶时定苗，按株距 12 厘米左右留苗，应选留大小均匀的健壮苗。

（2）肥水管理：胡萝卜生长期长，施肥应以基肥为主，施肥以结合浇水冲施为宜。第一次施肥在肉质根开始膨大时进行，每 667 平方米施三元复合肥 15～20 千克；第二次施肥在封垄前进行，施肥量与第一次相同。在胡萝卜的肉质根膨大前要防止植株徒长，控制灌水。肉质根膨大的中后期，要均匀供应水分，经常保持田间湿润，防止裂根。生长后期应停止供水。

（3）中耕除草：每次间苗和浇水施肥后进行除草。每次中耕时，特别是后期，应注意培土。最后一次中耕在封行前进行，并将细土培至根头部,防止根部膨大后露出地面,导致皮色变绿,影响品质。

(三)采收与运输、贮藏

1. 采收与整理

(1)采收:一般春播于 6 月中下旬收获,秋播于 11 月下旬开始采收;根据上市需求可以分批采收,也可在田间越冬至翌年 1～2 月完成采收;但不宜过迟采收,影响品质。收获前一天灌水,易于收获,且使胡萝卜色泽好;但不要太多,以第二天不黏脚为宜。

(2)整理:按胡萝卜的大小、果形、色泽、新鲜等分成不同的规格,放入塑料蔬菜周转箱内,每箱重量为 10 千克。用电子秤称单果质量后进行规格划分,分为 2L、L、M、S 四种规格(表 15)。

表 15　胡萝卜的规格及包装要求

规格	每箱净重(千克)	单果重
2L	10	300 克以上
L	10	200～300 克
M	10	150～200 克
S	10	150 克以下

2. 包装、运输与贮藏

(1)包装:包装材料应选择整洁、干燥、牢固、美观、无污染、无异味、内壁无尖突物和无蛀虫、无腐烂、无霉变现象的包装容器,纸箱无受潮离层现象。

(2)运输:运输工具清洁卫生、无污染,装运时应轻装、轻卸,严防机械损伤。在运输途中严防日晒雨淋,严禁与有毒物质混装,防止运输途中受到人为污染。

(3)贮藏:临时贮藏应于阴凉、通风、清洁的环境下。防止日晒雨淋、冻害、病虫害危害及机械损伤。选择无病虫害、无腐烂、无机械损伤的胡萝卜贮存。适宜的贮藏温度为 0～3 ℃,空气相对湿度为 90%～95%。

下 篇

病虫害绿色防控技术

第一部分　蔬菜主要病害及其防治

　❋

第一章　十字花科叶菜类病害

十字花科叶菜类霜霉病

【图版 7】

　　十字花科叶菜类霜霉病（*Peronospora parasitica*）由鞭毛菌亚门真菌寄生霜霉侵染所致，俗称龙头病，全国各地均有发生；主要危害大白菜、青菜、甘蓝、花椰花、萝卜、芥菜等十字花科蔬菜，是十字花科叶菜类生产中常发生的三大主要病害之一。

　　【简明诊断特征】　十字花科叶菜类霜霉病菌主要危害叶片，也能危害茎、花梗直至种荚。在十字花科叶菜类各生育期均可发病。

　　叶片染病，从莲座期开始，一般先由外部叶片发生。发病初始叶片正面出现淡绿色或黄绿色水渍状斑点，后扩大成淡黄或灰褐色，边缘不明显；病斑扩展时常受叶脉限制而成多角形。在病情盛发期，数个病斑会相互连接，形成不规则的枯黄叶斑；潮湿时与病斑对应的叶背面长有灰白色霉层,即病菌的孢囊梗和孢子囊。当发病环境条件适宜时,病菌在短期内可进行多次再侵染循环,加速病情发展,数天至15天内即可使植株叶片自外向内逐渐变黄、干枯,最后剩下菜心或叶球部分。

幼苗期受害,叶片、幼茎变黄枯死。

采种株茎、花梗染病,呈肥肿扭曲,被害花器肥大畸形,花瓣变为绿色、不易凋落。果荚发病可使病部产生变形、可长出白色霜霉状物,导致结实不良,种子减产和携带病菌。

【侵染循环】 病菌以卵孢子随病株残余组织遗留在田间越冬或越夏,也能以菌丝体在田间病株或留种株种子内越冬。根据对作物致病性差异可分为甘蓝、白菜、芥菜三个致病型或生理小种。条件适宜时,卵孢子萌发形成芽管侵染春菜或秋菜幼苗,引起初侵染,并形成孢子囊借风雨传播再次侵染。播种带菌种子,开春后直接危害幼苗,使幼苗发病。病菌在病株花梗和种荚内,能形成大量卵孢子,并可依附在种子表面作长距离传播,成为下一个生长季节幼苗发病的重要初次侵染源。

【发生规律】 上海及邻近地区大白菜霜霉病主要发病盛期在4~5月、9~11月(图1)。年度间发病盛期时段为气温在15~24℃区间反复波动,早晚温差大、多雾重露、晴雨相间、相对湿度较高的年度发病重;秋季台风、雨水偏多、晚秋多雾、重露、气温偏高的年份发生重;田块间连作地、地势低洼积水、沟系少、湿度大、排水不良的

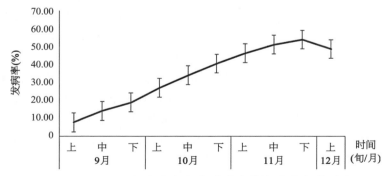

图1 1987~2010年秋季大白菜霜霉病株发病率旬均消长图

田块发病较早较重。栽培上播种期过早、种植过密、通风透光差、肥水不足或氮肥施用过多的田块发病重。品种间抗病性的差异较大。

【病菌生态】 病菌喜温暖潮湿的环境,适宜发病的温度范围为7～28℃,最适发病环境为日平均温度14～20℃,相对湿度90%以上;最适感病生育期莲座期至采收期,发病潜育期3～10天。菌丝体发育最适温度为20～24℃,而孢子囊形成和萌发的最适温度为7～16℃,侵入适温16℃。在黑暗条件下产孢数量多且快,光照对孢子囊的萌发有促进作用。孢子囊和卵孢子的萌发均需高湿条件。

【灾变要素】 经汇总1987～2010年秋季大白菜霜霉病的病情发生动态系统调查,与环境要素用多元互作项逐步回归法的数理统计学通过相关性检测,满足利于秋季大白菜霜霉病重发生的主要灾变要素是8～9月上旬的旬均株累计发病率高于20%;8～9月上旬平均气温20～23℃;8～9月上旬累计雨量多于180毫米;8～9月上旬累计日照时数少于200小时;其灾变的复相关系数为$R^2 = 0.7731$。

【防治措施】

(1)留种与种子消毒:从无病留种株上采收种子,选用无病种子。引进商品种子在播前要用2.5%咯菌腈悬浮种衣剂(适乐时)拌种后播种,使用剂量为干种子重量的3‰～4‰;或用50℃温汤浸种20分钟后,立即移入冷水中冷却,晾干后催芽播种。

(2)茬口轮作:重发病田块,提倡与非十字花科蔬菜2年以上轮作,以减少田间病菌来源。

(3)清洁田园:收获后及时清除病残体,带出田外深埋或烧毁,深翻土壤,加速病残体的腐烂分解。

(4)加强田间栽培管理:施足基肥,适时播种,雨后及时排水,适当增施磷钾肥,以降低地下水位,促使植株健壮,提高植株抗病能力。

(5)化学防治:莲座期起是感病生育期,在病害始见3～5天内是防治适期,多晴少雨天气时,防治间隔期7～10天,连续防治3～4次;多阴雨、多重雾天气时,防治间隔期5～7天,连续防治4～6次。防治时应注意多种不同类型农药的合理交替使用。

① 高效、低毒、低残留防治用药:可选最新的霜霉威、霜脲氰类

复配剂和烯酰吗啉等农药种类喷雾防治。

② 常规防治用药：可选代森锰锌类等药剂喷雾防治。

具体用药量及倍数，须按照作物病害危害程度及各农药品种使用说明予以确定。

十字花科叶菜类软腐病

【图版 7】

十字花科叶菜类软腐病（*Erwinia aroideae*）由细菌软腐欧氏杆菌侵染所致，俗称烂菜、坏菜，全国各地均有发生；除危害所有十字花科蔬菜外，还能危害生菜、莴苣、番茄、马铃薯、辣椒、洋葱、胡萝卜、黄瓜等 20 多种蔬菜瓜果。

【简明诊断特征】　植株苗期较抗病，一般从莲座中后期有个别植株开始发病，发病盛期常在植株生长中期至采收前后。

最常见的症状是在菜株外围叶片上。叶柄基部与根茎交界处先发病，初呈水渍状，后逐渐变灰褐色腐烂，并伴有臭味。初发病的叶片在中午前后的阳光下有萎蔫现象，但在早晚或阴雨天尚可恢复，过后 2～3 天则不能恢复而贴地腐烂，或使叶球暴露。严重发病的病株，病菌还侵向茎髓部蔓延，造成整株腐烂。另一种常见的症状是病菌先从菜心基部侵入引起发病，而植株外部则发育正常，从菜心开始逐渐向外腐烂发病，最后再使外部叶片叶柄腐烂。

十字花科叶菜类软腐病的最大特点是病部有灰黄色黏液溢出，腐烂后发出恶臭。

【侵染循环】　病原细菌在自然界中广泛存在，主要随病株残余组织在土壤、堆肥中越冬，也能在传播此病的昆虫体内越冬。病菌的寄主范围很广，可以从春到秋在田间各种蔬菜上危害，由于十字花科叶菜类多数品种柔嫩多肉汁，是易感病的作物，只要环境条件适宜，病菌就可大量繁殖，借雨水、灌溉水传播。通常病菌在植株生长初期即侵入幼根，并进入导管潜伏繁殖，当环境条件不适宜十字花科叶菜类生长或抗病性下降时潜伏的病菌引发寄主表现病态。此外,病菌还能通过根系生长的自然裂口、机械伤口、病痕和虫伤口(如跳甲、小菜蛾、甜菜夜蛾、斜纹夜蛾等)侵入危害。

【发生规律】 上海及长江中下游地区十字花科蔬菜软腐病的主要发病盛期在4~11月(图2)。年度间春、夏温度偏高、多雨或梅雨期间多雨的年份发病重;秋季多雨、多雾的年份发病重。田块间连作地、地势低洼、排水不良的田块发病较重;栽培上种植过密、通风透光差、氮肥施用过多的田块发病重。采收后的发病轻重还与贮藏条件有密切相关,贮藏窖内缺氧、温度高、湿度过大,易引起烂窖。

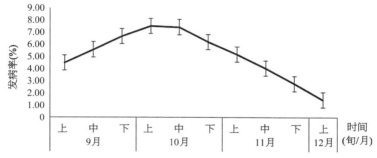

图 2 1987~2010 年大白菜软腐病株发病率旬均消长图

【病菌生态】 病菌喜温暖高湿的环境,适宜发病的温度范围10~38 ℃;最适发病环境,温度为 25~35 ℃,相对湿度 90% 以上;最适感病生育期为成株期至采收期,发病潜育期5~20 天。

【灾变要素】 经汇总 1987 年至 2010 年大白菜软腐病的病情发生动态系统调查,与环境要素用多元互作项逐步回归法的数理统计学通过相关性检测,满足利于大白菜软腐病重发生的主要灾变要素是 9 月的旬均株累计发病率高于 8%;8 月下旬至 9 月的旬平均气温高于 25 ℃;8 月下旬至 9 月累计雨量多于 180 毫米;8~9 月上旬累计日照时数少于 240 小时;其灾变的复相关系数为 $R^2 = 0.993\ 6$。

【防治措施】

(1)选用适合当地种植的丰产优质、商品性好的耐病品种,提倡推广使用杂交良种。

（2）提倡轮作,尽可能回避与十字花科蔬菜连作。茬口安排要使土地有一定的休闲期,以改善土壤理化性质,并促使病残体分解和病菌死亡。

（3）采取深沟高畦短畦栽培,防止雨后积水和降低地下水位,做到小水勤浇。减少病菌随水传播的机会。

（4）适时播种,加强栽培管理,及时防治传病害虫黄条跳甲、小菜蛾、菜青虫等危害,减少害虫危害所造成的伤口。田间操作也要小心,防止人为的机械损伤给病菌的入侵创造机会。

（5）药剂防治:应从莲座期开始勤查田头,初发病期每 $7\sim10$ 天喷药 1 次,发病盛期每隔 $5\sim7$ 天喷药 1 次,连续 $2\sim3$ 次。发现初发病株即要用药液及时处理浇灌病株及其周围健株,每株灌的药液视植株大小、土壤的干湿和药液的浓度而定,一般以 $0.25\sim0.5$ 千克为宜。

高效、低毒、低残留防治用药:可选噻菌铜、喹啉铜、氯溴异氰尿酸等浇根。

常规防治用药:可选新植霉素、农用链霉素等浇根。

具体用药量及倍数,须按照作物病害危害程度及各农药品种使用说明予以确定。

十字花科叶菜类病毒病

【图版 7】

十字花科叶菜类病毒病由芜菁花叶病毒（Turnip mosaic virus,简称 TuMV）、黄瓜花叶病毒（Cucumber mosaic virus,简称 CMV）、烟草花叶病毒（Tobacco mosaic virus,简称 TMV）等三种病毒侵染所致,可单独侵染危害,也可两种或两种以上复合侵染,俗称毒素病;在全国各地均有发生。病毒危害大白菜、青菜、甘蓝、花椰菜、萝卜、芜菁、荠菜、菠菜、榨菜、雪菜等蔬菜,是十字花科蔬菜上三大重要的病害之一。

【简明诊断特征】 十字花科叶菜类病毒病从苗期至成株、包心期均能发病。

苗期染病,发病初始先在心叶上表现明脉或沿脉失绿,进而产生淡绿与浓绿相间的花叶或斑驳症状,最后在叶脉上表现出褐色坏死斑点或条斑,重病株还会出现心叶扭曲、皱缩畸形,停止生长。这种病株常在包心前就病死或不能正常包心。

成株期染病,轻病株或后期感病的植株一般能结球,但表现出不同程度的皱缩、矮化或半边皱缩、叶球外叶黄化、内部叶片的叶脉和叶柄上有小褐色斑点。这种病株商品性差,叶质坚硬,不易煮烂,不耐贮藏。误把病株作留种株,病株发育迟缓,常不能生长到抽薹便死亡,有的即使能抽薹,花梗短小,弯曲畸形,常有纵裂口,结荚少,籽粒不饱满,发芽率低,即使采到种子也无多大种植价值。

【侵染循环】 十字花科叶菜类病毒病在上海地区可周年发生。病毒病的田间传播主要是桃蚜、棉蚜、萝卜蚜、甘蓝蚜等媒介,还可病健株接触磨擦、农事操作等途径进行传播。

【发生规律】 上海及长江中下游地区十字花科叶菜类病毒病的主要发病盛期在4～6月、9～12月。年内下半年发生重于上半年;年度间早春温度偏高,雨量偏少的年份发病重;秋季干旱少雨、晚秋温度偏高、伴有阶段性阵雨的年份发病重;田块间连作地、地势低洼、排水不良的田块发病较重;栽培上移栽菜比原地菜发病重;秋季播期过早、耕作管理粗放、缺有机基肥、缺水、氮肥施用过多的田块发病重。

【病菌生态】 病害发生与寄主生育期、品种、气候、栽培制度、播种期等因素密切相关。十字花科叶菜苗期易感病,一般六七叶期前的幼苗最易感病。植株在此前感染,特别是苗期遇高温干旱,有利于蚜虫、粉虱的繁殖和迁飞、传毒频繁,同时高温干旱不利于十字花科叶菜秧苗生长发育,植株抗病力下降,温度高,病害的潜育期也短,有利于病害的早发、重发。

【防治措施】

(1) 严格选用非十字花科蔬菜连作地育苗和种植,最好选前茬种植葱、蒜、豆类、水稻、玉米、瓜类等作物的地育苗和种植。

（2）选用抗病、耐病品种：病毒病的发生轻重还与选用品种有很大的关系，同一品种不同植株间也存在抗病性差异，在发病盛期内通过不断选择抗病性强的单株留种，是最经济有效的防病措施。

（3）种子消毒：先用清水浸泡种子 3～4 小时，再放入 10％磷酸三钠溶液中浸 20～30 分钟，捞出洗净后催芽。或将干种子放入 70 ℃的恒温箱中，干热处理 72 小时，经检查发芽率正常后备用。

（4）适时播种：一般早秋高温干旱天气以适当晚播 3～5 天为好，出苗后要及时加强苗期管理，争取培育健壮秧苗。多种原地菜，少种移栽菜。

（5）防治传病害虫：在蚜虫、粉虱发生初期，及时用药防治，同时使用黄板诱捕（25～30 张/亩，1 亩≈667 平方米）减少虫口基数，防止传播病毒。推广应用银灰膜避蚜防病，效果明显。

（6）加强肥水栽培管理：秋季遇高温干旱天气应及时浇水，保持土壤湿润，增施有机肥作基肥，以促进十字花科根系生长和提高抗病力。定植大田时做好带药移栽，施用根系生长促进剂，定植活棵后施用植物动力 2003 或天缘叶肥，促进根系生长。

（7）化学防治：在秧苗期或大田生长期始见病害开始用药，每隔 7～10 天喷 1 次，连续喷 2～3 次，有较明显的抑制病害扩展的效果。

高效、低毒、低残留防治用药：可选宁南霉素、盐酸吗啉胍等喷雾。

常规防治用药：可选病毒灵等喷雾。

具体用药量及倍数，须按照作物病害危害程度及各农药品种使用说明予以确定。

十字花科叶菜类根肿病

【图版 8】

十字花科叶菜类根肿病（*Plasmodiophora brassicae*）由鞭毛菌

亚门真菌芸薹根肿菌侵染所致,俗称根癌病;长江流域以南的大部分省市菜区均有发生,主要危害大白菜、甘蓝、花椰菜、小白菜、萝卜、荠菜、雪里蕻、芥菜、油菜等十字花科植物。

【简明诊断特征】 十字花科叶菜类根肿病仅危害根部。

初发病时,肿瘤表皮光滑,圆球形或近球形;后表面粗糙,出现龟裂,易被其他腐生菌侵染而发出恶臭。病原物主要在根的皮层中蔓延,使被直接侵染的细胞增大,并刺激周围的组织细胞不正常分裂,而使根部肿大,形成形状和大小不同的肿瘤;主根肿瘤大而量少,而侧根发病时肿瘤小而量多。

根部受害后可影响地上部分的生长,使叶色变淡,生长迟缓,矮化,发病严重时出现萎蔫症状,以晴天中午明显,起初夜间可恢复,后来则使整株死亡。

【侵染循环】 此病芸薹根肿菌是细胞内的专性寄生物。病菌以休眠孢子囊随病株根部残余组织遗留在田间或散落在土壤中越冬。散落到土中的休眠孢子,对环境的抵抗能力强,可以在土壤中存活 7～8 年。在次年春季环境条件适宜时,休眠孢子囊产生游动孢子,借雨水、灌溉水、地下害虫及农事操作传播,从植株根部表皮侵入,引起初次浸染。病菌侵入寄主 9～10 天后,根部开始形成肿瘤,产生的游动孢子扩大危害。

【发生规律】 上海及长江中下游地区十字花科叶菜类根肿病的主要发病盛期在 5～11 月。年度间夏秋多雨或梅雨期间多雨的年份发病重;田块间连作地、地势低洼、排水不良、土质黏重、偏酸性的田块发病较重;栽培上地下害虫发生重的田块发病重。

【病菌生态】 病菌喜温暖潮湿的环境,适宜发病的温度范围 9～30 ℃;最适发病环境,温度为 19～25 ℃,相对湿度 70%～98%,土壤 pH 5.4～6.4;最适感病生育期为苗期至成株期,发病潜育期 10～25 天。

【防治措施】

(1) 培育抗病品种:对十字花科叶菜类根肿病发病较为普遍的菜区来说,最为有效和省成本的方法是培育抗病品种。

(2) 种子消毒:十字花科叶菜类根肿病虽种子内部不带菌,但随附在种子表面的泥土可带菌传病,采种子时不在病区留种,不从病区调运种苗。引进商品种子在播种前。干种子用2.5%咯菌腈悬浮种衣剂(适乐时)包衣,包衣使用剂量为千分之3～4,包衣后晾干播种。

(3)选用无病田育苗和进行苗床消毒:病区应尽量选择无病田育苗或对苗床用庄伯伯每平方米150～200克进行土壤处理(消毒)再播种。育苗地还应选择地势高、排灌方便的田块作苗床。

(4)实施科学轮作和避病茬口栽培:根据病菌的残留存活期对病田实施水旱轮作和非十字花科蔬菜轮作4～5年以上,或在十字花科叶菜类根肿病的盛发期改种非十字花科作物。

(5)深沟高畦栽培,推广应用滴灌浇水抗旱:深沟高畦栽培、雨后及时清理沟系,降低地下水位,抗旱小水勤浇有利于减轻病害的发生,大水漫灌有利于病害的传播。

(6)移栽菜秧苗防病处理:将移栽的秧苗用2.5%咯菌腈悬浮种衣剂(适乐时)500倍液;687.5克/升氟吡菌胺·霜霉威盐酸盐悬浮剂(银法利)500倍液;75%丙森锌·霜脲氰水分散粒剂(驱双)500倍液;53%甲霜灵·锰锌可湿性粉剂(金雷多米尔)600倍液浸根5～20分钟,方法是开始时药液浓度高,浸根时间5～6分钟,以后每换浸一次秧苗延长2～3分钟浸根,最后的残液作浇根防病用。

(7)清洁田园:发现病株及时拔除,带出田外深埋或烧毁,并在病穴四周撒消石灰,防止病菌蔓延。在5～11月对病田换茬,及时清除十字花科叶菜类根肿病病残体,带出田外烧毁或深埋,并耕翻土壤,加速病残体的腐烂分解,减少田间菌源。

(8)施用碱性物、调节土壤酸碱度:对重病田适当施用草木灰、氯化钾等碱性肥料,或每667平方米用粉石灰30～35千克调节土壤酸碱度,减轻病害(施用粉石灰有利有弊,不可多用,主要是增施粉石灰会破坏土壤团粒结构,对控制病害有利,但对蔬菜生长无好处)。

(9)化学农药土壤消毒:在夏秋季对重病田块用50%氰氨化钙进行土壤处理(消毒),适宜剂量为每平方米150克左右,每667

平方米用量在 100 千克（播种行施药消毒每平方米 100 克），移栽、播种前用 50％氰氨化钙拌土后均匀撒于田内，翻耕后用水充分浇足，然后用塑料盖好，待 5～7 天揭膜、再翻耕 5～7 天即可移栽。

十字花科叶菜类菌核病

【图版 8】

十字花科叶菜类菌核病（*Sclerotinia sclerotiorum*）由子囊菌亚门真菌核盘菌侵染所致，全国各地均有发生；主要危害大白菜、甘蓝、花椰菜、萝卜、青菜等十字花科蔬菜，还能危害黄瓜、番茄、辣椒、莴苣、菠菜、菜豆和油菜等百多种植物。

【简明诊断特征】 十字花科叶菜类菌核病主要危害植株的茎基部，也可危害叶片、叶球、叶柄、茎及种荚，苗期和成株期均可染病。

苗期染病，在茎基部出现水渍状的病斑，而后腐烂或猝倒。

茎染病，主要发生在茎基部或分枝的叉口处，以留种株症状尤为明显，产生水浸状不规则形病斑，扩大后环绕茎一周，淡褐色，边缘不明显，使植株枯死。终花期湿度高时，茎病部长出一层白色棉絮状菌丝体，茎病部组织腐烂而中空，剥开可见白色菌丝体和黑色菌核。菌核鼠粪状，圆形或不规则形，早期白色，以后外部变为黑色，内部白色。

种荚染病，荚表产生一层白色棉絮状菌丝体，荚内产生白色菌丝体和黑色菌核，使留种株结荚降低，种荚籽粒不饱满，从而影响种子的产量和品质。

叶片、叶球或叶柄染病，发病初始产生水浸状，扩大后病斑呈不规则形，淡褐色，边缘不明显，呈湿腐状。田间湿度高时，病部产生一层白色棉絮状菌丝体及黑色鼠粪状菌核。

【侵染循环】 病菌以菌核在土壤中、病残株组织内及混杂在种子中越冬或越夏。在环境条件适宜时，菌核萌发产生子囊盘，子囊盘散放出的子囊孢子借气流传播蔓延,侵染衰老叶片或未脱落的花瓣,穿过角质层直接侵入,引起初次侵染。侵入后病菌破坏寄主的细胞和组织,扩散和破坏邻近未被病原物侵染的组织,并通过病健株间的接触,进行重复侵染。病叶与健叶或茎秆接触、带病花瓣落在健叶或分枝的杈口上,病菌就可以通过残花的腐生后扩展而使健全的茎叶发病。

【发生规律】 上海及长江中下游地区十字花科叶菜类菌核病的主要发病盛期在 2～6 月;年度间早春低温、连续阴雨或多雨,梅雨期间多雨的年份发病重;田块间连作地、地势低洼、排水不良的田块发病较早较重;栽培上种植过密、通风透光差、因寒流作物受冻、氮肥施用过多的田块发病重。

【病菌生态】 病菌喜温暖潮湿的环境;适宜发病温度范围 0～30 ℃;最适发病环境,温度为 20～25 ℃,相对湿度高于 90％以上;最适感病的生育期为生长中后期。子囊孢子萌发最适温度 5～10 ℃,相对湿度低于 70％病害扩展明显受阻,发病潜育期 5～15 天。

【防治措施】

(1)清洁田园:收获后及时清除病残体,带出田外深埋或烧毁,深翻土壤,加速病残体的腐烂分解。

(2)加强田间栽培管理:高畦种植,合理密植,有利于通风透光,同时开好排水沟,降低田间湿度,增强植株生长势,合理使用氮肥,增施磷钾肥,提高抗病力。

(3)留种与种子处理:从无病留种株上采收种子,选用无病种子。引进的商品种子在播前要做好种子处理。清除混杂在种子内的菌核。

(4)化学防治:在发病初期开始喷药,防治间隔期 7～10 天,连续喷雾 2～3 次。

高效、低毒、低残留防治用药:可选嘧霉胺悬、啶酰菌胺、春雷霉素等喷雾。

常规防治用药:可选乙烯菌核利、腐霉利、托布津等喷雾。

具体用药量及倍数,须按照作物病害危害程度及各农药品种使

用说明予以确定。

（5）病部涂药防治：当发现田间始发病的病株、病枝（病枝最好剪去病部），可用高浓度的50％腐霉利调成50～100倍的糊状涂液，用毛笔等涂在病部（剪去病部的病枝，涂在留下的枝杆上），涂的面积比病部大1～2倍，病重的5～7天再涂1次，可挽救80％的病株与病枝。此法虽费工，但省药省成本，效果好。

十字花科叶菜类黑腐病

【图版 8】

十字花科叶菜类黑腐病（*Xanthomonas campestris*）由细菌油菜黄单胞杆菌油菜致病变种侵染所致；全国各地均有发生；除危害大白菜、甘蓝、花椰菜、萝卜外，还能危害白菜、芥菜和芜菁等多种蔬菜。

【简明诊断特征】 十字花科叶菜类黑腐病主要危害叶片、叶球或球茎。苗期和成株期均可染病。

幼苗染病，子叶初始产生水渍状斑，逐渐变褐枯萎或蔓延至真叶，使叶片的叶脉成长短不等的小条斑。

叶片染病，叶缘出现黄色病变，呈"V"字形病斑；发展后叶脉变黑，叶缘出现黑色腐烂，边缘产生黄色晕圈；后向茎部和根部扩展，造成根、茎部维管束中空，变黑干腐，使内叶包心不紧。

【侵染循环】 病菌以种子和随病株残余组织遗留在田间越冬。播种带菌种子，带菌种皮依附在子叶上，从子叶边缘的水孔侵入，传导至维管束。出苗后，病菌在苗床中侵染使幼苗染病造成危害。成株期染病，借昆虫及雨水反溅，病菌从叶片水孔或伤口侵入，并在薄壁细胞内繁殖，随后进入叶维管束组织内扩展，使叶片染病；再由叶维管束传导至茎维管束组织，扩展形成系统侵染。留种株病原菌还通过果柄维管束进入种脐到达种荚，附着在种子上，使种子表皮带菌。这是病原细菌向新菜区远距离扩散传播的重要途径。

【发生规律】 上海及长江中下游地区十字花科叶菜类黑腐病的主要发病盛期在9～11月。年度间入秋晚、温度偏高、闷热多雨的年份发病重;田块间连作地、地势低洼、排水不良的田块发病较重;栽培上种植过密、管理粗放,植株徒长,虫害发生严重田块发病重;品种间耐热品种较抗病。

【病菌生态】 病原细菌适宜温暖潮湿的环境。适宜发病温度范围为5～39 ℃;最适发病环境,温度为20～30 ℃、相对湿度90%以上(叶缘有吐水);最适感病的生育期为甘蓝莲座期到包心期,花椰菜花球初现期,萝卜近成熟期;发病潜育期3～5天;病菌致死温度51 ℃,经10分钟就可达到消毒。

【防治措施】

(1)留种与种子消毒:选无病株留种或对种子进行消毒。从无病留种株上采收种子,选用无病种子。引进的商品种子在播前要做好种子消毒,可用浓度为$200×10^{-6}$(200 ppm)链霉素浸种20分钟,然后冲洗干净,晾干播种,以压低种子带菌量,减少初侵染。

(2)茬口轮作:重发病田块,提倡与非十字花科作物实行2～3年轮作,以减少田间病菌来源。

(3)防治传病害虫:在小菜蛾、菜青虫、甜菜夜蛾、斜纹夜蛾、蚜虫、猿叶甲、黄曲条跳甲等害虫盛发前及时防治,防止虫伤及害虫传播病害。

(4)加强田间栽培管理:高畦栽培,雨后及时开沟排水,防止田间积水,合理施肥,促使植株生长健壮,提高植株抗病能力。

(5)清洁田园:收获后清除病残体,并带出田外深埋或烧毁,深翻土壤,加速病残体的腐烂分解,减少再侵染菌源。

(6)化学防治:在发病初期开始喷药,间隔7～10天喷1次,连续防治2～3次。

高效、低毒、低残留防治用药:可选噻菌铜、春雷霉素等喷雾。

常规防治用药:可选霜霉威、新植霉素、农用链霉素等喷雾。

具体用药量及倍数,须按照作物病害危害程度及各农药品种使用说明予以确定。

十字花科叶菜类黑斑病

【图版 8】

十字花科叶菜类黑斑病(*Alternaria brassicae*)由半知菌亚门真菌芸薹链格孢菌侵染所致,又称黑霉病;全国各地均有发生;危害大白菜、甘蓝、花椰菜、青菜、芥菜、榨菜等十字花科蔬菜,是十字花科蔬菜中常见的病害之一。

【简明诊断特征】 十字花科叶菜类黑斑病主要危害叶片,茎、叶柄、花梗和种荚也能受害。

叶片染病,受害多从外叶开始,初为水渍状小点;后渐扩大发展为褐色至黑色小点,在潮湿气候条件下,病斑较大。一般白菜上病斑较小,直径 2～6 毫米;甘蓝和花椰菜上病斑较大,直径 5～30 毫米。叶片上病斑圆形,有明显同心轮纹,病斑周围出现黄色晕圈。后期病斑上长出黑色霉状物,即病菌的分生孢子梗和分生孢子。病害严重时,病斑密布全叶,使叶片枯黄致死。

茎和叶柄染病,病斑长梭形,呈暗褐色条状凹陷,具轮纹。

花梗和种荚感病,出现纵行的长梭形黑色病斑,潮湿时,病部也长黑霉;种荚发育不全,种子弱小干秕且发芽率低。

【侵染循环】 病菌以菌丝体及分生孢子随病株残余组织遗留在田间越冬,也能附着在种子上越冬。环境条件适宜时,产生的分生孢子借气流的传播进行初侵染。病部产生的新生代分生孢子借风雨传播,进行再侵染。

【发生规律】 上海及长江中下游地区十字花科叶菜类黑斑病可周年发生。年度间温度偏高、多阴雨的年份发病重(昼夜温差大、高湿条件下,发生早晚与降雨的迟早、雨量的多少成正相关);田块间连作地、地势低洼、排水不良的田块发病较早较重;栽培上种植过密、通风透光差、基肥不足或氮肥偏少、长势弱的发病重。

【病菌生态】 病菌喜温暖潮湿的环境。适宜发病的温度范围 0～30 ℃;最适发病环境,温度为 17～20 ℃、相对湿度大于 80%、

pH 6.6;最适感病生育期在成株期至采收期,发病潜育期 5～10 天。

【防治措施】

（1）种子消毒：用干种子 2.5％咯菌腈悬浮种衣剂（适乐时）包衣,包衣使用剂量为千分之 4～5,包衣后晾干播种。

（2）实行轮作：发病地块注意与十字花科以外的蔬菜轮作,以减少田间病原菌。

（3）清洁田园：及时摘除病、老叶,收获后清除病残体,并带出田外深埋或烧毁,深翻土壤,加速病残体的腐烂分解,减少田间病原菌。

（4）加强田间栽培管理：增施基肥,清理沟系,雨后减少田间积水,生产叶菜类要适时收获,避免损失。

（5）化学防治：在发病初期开始喷药,用药间隔期 7～10 天,连续防治 2～3 次。

高效、低毒、低残留防治用药：可选用苯醚甲环唑、戊唑醇等喷雾。

常规防治用药：可选氟硅唑、代森锰锌、异菌脲等喷雾。

具体用药量及倍数,须按照作物病害危害程度及各农药品种使用说明予以确定。

十字花科叶菜类炭疽病

【图版 8】

十字花科炭疽病（*Colletotrichum higginsianum*）由半知菌亚门真菌刺盘炭疽孢菌侵染所致;全国各地均有发生;主要危害大白菜、青菜、萝卜、芥菜等十字花科蔬菜,是十字花科蔬菜上的常见病害。

【简明诊断特征】 十字花科叶菜类炭疽病主要危害叶片和叶柄,也能危害花梗和种荚。

叶片染病,通常从植株基部外围叶片开始发生,发病初始产生灰白色水渍状小点,后扩大为灰褐色的病斑;病斑中部呈微凹陷,边缘深褐色,稍突起,直径一般为1～2毫米,少数有大至2～4毫米的大型病斑。发病中后期,病斑中央呈灰白色极薄、半透明状。白菜炭疽病的病斑极易穿孔,发病严重时一张叶片上病斑可达数十甚至上百个,并可相互愈合,形成大而不规则形的斑块,叶片则因病而变黄早枯。

病斑在叶脉上的发生常在叶背面,褐色、纺锤形条状,凹陷较深。叶柄与花梗上的病斑长圆形至纺锤形或梭形,凹陷较深,中间灰白色,边缘深褐色。

在潮湿情况下,病斑上能产生淡红色黏质物,即为病菌的分生孢子盘和分生孢子。

【侵染循环】 病菌以菌丝体随病残体遗留在田间越冬或越夏;也能以菌丝体潜伏在种皮内或以分生孢子附着在种子表面越冬、越夏。在环境条件适宜时,菌丝体产生分生孢子,通过雨水反溅至寄主植物上,在阴湿的条件下孢子萌发产生芽管,从寄主表皮直接侵入。经潜育后出现病斑,并在受害的部位产生新生代分生孢子,进行多次再侵染,加重危害。

【发生规律】 上海及长江中下游地区,白菜炭疽病的主要发病盛期在8月中下旬至11月。年度间夏秋闷热、温度偏高、多雨、多雾的年份发病重。田块间连作地、地势低洼、排水不良的田块发病较早较重。栽培上秋季早播、种植密度过高、通风透光差的、氮肥施用过多的田块发病重。品种间引用青邦品种较白邦品种抗病。

【病菌生态】 病菌喜高温潮湿的环境。适宜发病的温度范围15～38 ℃;最适发病环境,温度为25～30 ℃,相对湿度90％以上;最适感病生育期为成株期至采收期。发病潜育期3～10天。

【防治措施】

(1)茬口轮作:提倡与非十字花科蔬菜隔年轮作,以减少田间病菌来源。

(2)留种与种子消毒:从无病留种株上采收种子,选用无病种子。引进的商品种子在播前要做好种子消毒,干种子用2.5％咯菌腈悬浮种衣剂(适乐时)包衣,包衣使用剂量为千分之3～4,包衣后晾干播种。

（3）适期播种、选用抗病品种：重病区适期晚播，避开高温多雨季节，上海菜区以 8 月底 9 月初播种为宜。近年上海地区推广华王青菜，耐热抗病，高产优质。

（4）加强田间管理：合理密植，科学施肥，开好排水沟系，防止雨后积水引发病害。

（5）清洁田园：收获后及时清除病残体，深翻土壤，加速病残体的腐烂分解。

（6）化学防治：在发病初期开始喷药，每隔 7～10 天喷 1 次，连续喷 2～3 次；重病田视病情发展情况增加喷药次数。

高效、低毒、低残留防治用药：可选用嘧菌酯、苯醚甲环唑等喷雾。

常规防治用药：可选氟硅唑、咪鲜胺、霜霉威、代森锰锌等喷雾。

具体用药量及倍数，须按照作物病害危害程度及各农药品种使用说明予以确定。

第二章　绿叶菜类主要病害

蕹菜白锈病

【图版 9】

蕹菜白锈病（*Albugo ipomoeae-aquaticae*）由鞭毛菌亚门真菌蕹菜白锈菌侵染所致；南方各地均有发生；为专性寄生菌，仅危害蕹菜，是常见病害之一。

【简明诊断特征】　蕹菜白锈病主要危害叶片，也能危害叶柄和茎。

叶片染病，发病初始在叶面产生淡黄绿色斑，后病斑扩大，边缘不明显，病斑叶背部产生白蜡状疱斑，稍隆起，近圆形或不规则形；后期疱斑表皮破裂后，散发出白色粉末状物，即病菌的孢子囊和孢囊梗。发病严重时，大小病斑连结成片，造成叶片畸形，众多疱斑使叶片凹凸不平，易变黄脱落。

叶柄染病，初始产生淡黄绿色斑，后产生白色疱斑，稍隆起，近圆形或不规则形，疱斑表皮破裂后，散发出白色粉末状物。

茎染病，发病初始症状不明显，茎病部肿胀畸形，可成倍增粗。

【侵染循环】　病菌以卵孢子随病株残余组织遗留在田间越冬。在环境条件适宜时，卵孢子借雨水反溅至寄主上，产生的芽管从寄主表皮直接侵入，引起初次侵染。植株发病后在病部产生孢子囊，孢子囊脱落后借气流传播，进行多次再侵染。

【发生规律】　上海及长江中下游地区蕹菜白锈病的主要发病盛期在 5～10 月。年度间春季多雨或梅雨期间多雨的年份发病重；

秋季持续高温闷热多雨发病重;田块间连作地、地势低洼、排水不良的田块发病较重;栽培上种植过密、通风透光差、肥水施用过多的田块发病重。

【病菌生态】 病菌喜高温高湿环境。适宜发病的温度范围18～35 ℃;最适发病环境,温度为22～30 ℃,相对湿度95％以上;最适感病生育期为成株期,发病潜育期5～10天。孢子囊萌发最适温度25～30 ℃。

【灾变要素】 经汇总2007～2014年蕹菜白锈病的病情发生动态系统调查,与环境要素用多元互作项逐步回归法的数理统计学通过相关性检测,满足利于蕹菜白锈病重发生的主要灾变要素是6月旬均株累计发病率高于15％;6月旬平均气温高于24.2 ℃;6月旬均雨量多于90毫米;6月旬均日照时数少于25小时;6月累计雨日多于17天,其灾变的复相关系数为 $R^2=0.787$。

【防治措施】

(1)选种与种子消毒:从无病留种株上采收种子,引进商品种子在播前干种子用2.5％咯菌腈悬浮种衣剂(适乐时)包衣,包衣使用剂量为千分之4～5,包衣后晾干播种;或用种子重量0.3％的25％甲霜灵拌种。

(2)茬口轮作:发病地块提倡与其他蔬菜1～2年轮作,以减少田间病原菌。

(3)加强田间栽培管理:清理沟系,减少雨后田间积水,合理密植,增施基肥及磷钾肥,促进植株健壮。

(4)清洁田园:收获后及时清除病残体,并带出田外深埋或烧毁,深翻土壤,加速病残体的腐烂分解,减少田间病原菌。

(5)化学防治:在发病初期开始喷药,用药间隔期7～10天,用药喷雾防治1～2次。

高效、低毒、低残留防治用药:可选嘧菌酯、戊唑醇、苯醚甲环唑等喷雾。

常规防治用药:可选霜霉威盐酸盐、霜脲·锰锌、氢氧化铜、代森锰锌等喷雾。

具体用药量及倍数,须按照作物病害危害程度及各农药品种使

用说明予以确定。

蕹菜菌核病

【图版 9】

蕹菜菌核病(*Sclerotinia sclerotiorum*)由子囊菌亚门真菌核盘菌侵染所致;全国各地均有发生;是保护地蕹菜上的常见病害;还可危害莴苣、甘蓝、番茄、萝卜、菜豆、茄子、辣椒、马铃薯、黄瓜、胡萝卜等蔬菜。

【简明诊断特征】 蕹菜菌核病主要危害茎基部。

叶片染病,发病初始产生水浸状,扩大后病斑呈不规则形,淡褐色,边缘不明显,呈湿腐状。田间湿度高时,病部产生一层白色棉絮状菌丝体。

茎基部染病,发病初始产生水浸状斑,扩大后呈褐色,使茎基部腐烂,植株枯萎死亡。田间湿度高时,病部表面密生一层白色棉絮状菌丝体,并产生初呈白色后变黑色的鼠粪状菌核。

【侵染循环】 病菌以菌核随病株残余组织遗留在田间越冬。在环境条件适宜时,菌核萌发产生子囊盘,子囊盘散放出的子囊孢子成熟后借气流传播蔓延,侵染局部衰老或坏死的组织,穿过角质层直接侵入,引起初次侵染。侵入后病菌破坏寄主健部的细胞和组织,扩散和破坏邻近未被病原物侵染的组织,并通过病健株间的接触传毒,进行重复侵染。

【发生规律】 上海及长江中下游地区蕹菜菌核病的主要发病盛期在 3～6 月和 9～11 月。年度间早春多雨或梅雨期间多雨的年份发病重;秋季多雨、多雾的年份发病重;田块间多年连作地、地势低洼、排水不良的田块发病较重;栽培上种植过密、通风透光差、肥水施用过多的田块发病重;保护地栽培关棚时间长、通风换气不良、种植密度过高,偏施氮肥极易引发病害。

【病菌生态】 病菌适宜温暖潮湿的环境条件。适合菌丝生长的温度范围为 0～30 ℃,适温 20 ℃;子囊孢子萌发的温度范围 0～35 ℃、适宜温度 5～10 ℃;最适发病环境,温度为 20 ℃左右,相对湿度 85％以上;最适感病生育期为成株期,主要发生在茎基部。

【防治措施】

(1)茬口轮作:重发病地块,提倡与水生蔬菜、禾本科作物实行隔年轮作。

(2)加强栽培管理:清理沟系,防止雨后积水引发病害;不偏施氮肥,增施磷钾肥,提高植株抗病能力。

(3)清洁田园:发现病株及时拔除,收获后清除病株残体,并携出田外深埋或烧毁,可减轻发病,深翻土壤,加速病残体的腐烂分解。

(4)化学防治:在发病初期开始喷药,间隔期 7～10 天喷 1 次,连续喷 2～3 次。

高效、低毒、低残留防治用药:可选嘧霉胺、戊唑醇等喷雾。

常规防治用药:可选多氧霉素、乙烯菌核利、腐霉利、异菌脲等喷雾。

具体用药量及倍数,须按照作物病害危害程度及各农药品种使用说明予以确定。

蕹菜灰霉病

【图版 9】

蕹菜灰霉病(*Botrytis cinerea*)由半知菌亚门真菌灰葡萄孢菌侵染所致;全国各地均有发生,是生菜上的主要病害;除危害蕹菜外,还危害莴苣、番茄、茄子、辣椒、黄瓜、芦笋、十字花科等蔬菜。

【简明诊断特征】 蕹菜灰霉病主要危害叶片和茎,苗期至成株期均可染病。

苗期染病,叶和幼茎呈水浸状腐烂,病部着生灰色霉层。

叶片染病,从近地面成熟叶片起开始,发病初始产生水浸状小斑,扩大后呈灰褐色不规则形;遇连续阴雨,田间湿度大时,病部迅速扩大,蔓延至内部叶片,湿度大时产生一层厚密的灰色霉层,即病菌的分生孢子梗和分生孢子。

茎染病,初始茎基部产生水浸状小斑,扩大后病斑环绕茎一周;田间湿度高时产生一层厚密的灰色霉层,使地上部分茎叶凋萎,病株逐渐干枯死亡。

【侵染循环】 病菌以菌核或分生孢子随病株残余组织遗留在田间越冬。在环境条件适宜时,菌核萌发出菌丝体并产生分生孢子梗及分生孢子,借气流传播至寄主作物上,从寄主伤口、衰弱及坏死组织部位侵入,引起初次侵染。病菌侵入后迅速蔓延扩展,并在病部产生新生代分生孢子,借气流传播进行多次再侵染;后期形成菌核后越冬。

【发生规律】 上海及长江中下游地区薹菜灰霉病的主要发病盛期在 3～7 月和 9～11 月。年度间早春多雨或梅雨期间多雨的年份发病重;秋季多雨、多雾的年份发病重。田块间连作地、地势低洼、排水不良的田块发病较重。栽培上种植过密、通风透光差、肥水施用过多的田块发病重。保护地栽培关棚时间长、通风换气不良、种植密度过高,极易引发病害。

【病菌生态】 病菌喜温暖高湿的环境。适宜发病的温度范围为 4～30 ℃;最适发病环境,温度为 20～25 ℃,相对湿度 94% 左右;最适感病生育期为成株期。发病潜育期 5～7 天。分生孢子萌发温度范围 13～29 ℃。

【防治措施】

(1) 茬口轮作:前茬不宜是绿叶菜类,提倡与禾本科作物实行 2～3 年轮作。

(2) 精细整地:应用充分腐熟的有机肥,施足基肥,深沟高畦栽培,经常清理沟系,防止雨后积水引发病害。

(3) 加强栽培管理:适期播种、定植,合理密植,大棚栽培注意通风换气,并注意调节棚内小气候,以生态防病为主,使植株生长健壮,提高抗病能力。

(4) 清洁田园:收获后及时清除病株残体,并携出田外深埋或烧毁,可减轻发病,深翻土壤,加速病残体的腐烂分解。

（5）化学防治：在发病初期开始喷药,每隔 7～10 天喷 1 次,连续喷 2～3 次。

高效、低毒、低残留防治用药：可选啶酰菌胺、嘧霉胺等喷雾。

常规防治用药：可选乙烯菌核利、腐霉利等喷雾。

具体用药量及倍数,须按照作物病害危害程度及各农药品种使用说明予以确定。

蕹菜斑点病

【图版 9】

蕹菜斑点病（*Cylindros porium*）由半知菌亚门真菌柱盘孢菌侵染所致,别名蕹菜轮斑病、蕹菜褐斑病、蕹菜叶斑病；全国各地均有发生；是蕹菜生产上的常见病害。

【简明诊断特征】 蕹菜斑点病主要危害叶片,有时也危害叶柄和茎。

叶片染病,发病初始叶面出现黄色至黄褐色斑,扩大后病斑受叶面限制呈圆形或不规则形,有轮纹；后期病斑颜色渐深,四周具黄色晕圈,表面易破裂。潮湿时,病斑表面见浅灰色霉层或小黑点,是病菌的分生孢子或分生孢子器。发病严重时,病斑布满全叶或致全叶枯死。

叶柄和茎染病,发病初始叶柄和茎有黄色至黄褐色病斑,呈长圆形或不规则形状,微有凹陷,潮湿时,病斑表面见浅灰色霉层或小黑点。

【侵染循环】 病菌以菌丝体或分生孢子随病株残余组织遗留在田间越冬。在环境条件适宜时,分生孢子通过气流传播或雨水反溅至寄主植物上,从寄主表皮直接侵入,引起初次侵染。

【发生规律】 上海及长江中下游地区蕹菜斑点病的主要发病盛期在 6～10 月间。年度间夏秋温度偏高、多阴雨,梅雨期早、雨量多的年份发病重;田块间连作地、低洼田、排水不良的田块发病重;栽培上种植过密、通风透光差、偏施氮肥、采收不及时的发病重。

【病菌生态】 病菌喜温暖高湿的环境。适宜发病的温度范围为 18～35 ℃;最适发病环境,温度为 22～30 ℃,相对湿度 90% 以上;最适感病生育期为成株至采收期。发病潜育期 3～7 天。

【防治措施】

(1)茬口轮作:发病严重田块与禾本科、豆类等作物实行 4 年以上的防病轮作。

(2)田间管理:开好排水沟系,防止土壤过湿和雨后积水引发病害,合理密植,科学施肥,控制浇水。

(3)清洁田园:收获后及时清洁田园,扫除枯枝残叶,以减少菌源积累。

(4)化学防治:在发病初期开始喷药,每隔 7～10 天喷 1 次,连续喷 2～3 次。

高效、低毒、低残留防治用药:可选苯醚甲环唑、戊唑醇等喷雾。

常规防治用药:可选代森锰锌、甲基托布津、异菌脲等喷雾。

具体用药量及倍数,须按照作物病害危害程度及各农药品种使用说明予以确定。

苋菜白锈病

【图版 9】

苋菜白锈病(*Albugo bliti*)由鞭毛菌亚门真菌苋白锈菌侵染所致,是苋菜常见病害之一。

【简明诊断特征】 苋菜白锈病主要危害叶片。

叶片染病,发病初始叶片正面产生褪绿色小斑,扩大后病斑黄绿色,近圆形或不规则形小斑,边缘不明显;病斑叶背部产生近圆形或不规则形、稍隆起的白色小疱斑,即病菌的孢子堆;后期叶背小疱斑表皮破裂后,散发出白色粉末状物,即病菌的孢子囊;发生严重时,叶片上病斑众多,多个病斑连接成片,成大疱斑,众多疱斑使叶片凹凸不平,叶片枯黄。

【侵染循环】 病菌以卵孢子随病株残余组织遗留在田间越冬。在环境条件适宜时,卵孢子萌发产生孢子囊,借雨水反溅传播至寄主作物叶片上,产生的芽管从寄主表皮直接侵入,引起初次侵染。发病后在病部产生孢子囊,孢子囊脱落后借气流传播,进行多次再侵染。

【发生规律】 上海及长江中下游地区苋菜白锈病的主要发病盛期在5~10月。年度间春、夏、秋季多雨、多雾、闷热的年份发病重;田块间连作地、地势低洼、排水不良的田块发病较早较重;栽培上种植过密、通风透光差、氮肥施用过多的田块发病重。

【病菌生态】 病菌喜偏低温度、潮湿的环境。适宜发病温度范围0~25℃;最适发病环境,温度为10~30℃,相对湿度90%以上;最适感病生育期为生长中后期,发病潜育期7~10天。

【防治措施】

(1)留种与种子消毒:从无病留种株上采收种子,选用无病种子。引进商品种子在播前干种子用2.5%咯菌腈悬浮种衣剂(适乐时)包衣,包衣使用剂量为千分之4~5,包衣后晾干播种;或用种子重量0.3%的25%雷多米尔-锰锌可湿性粉剂或64%杀毒矾可湿性粉剂拌种。

(2)茬口轮作:重发病田块,提倡与瓜类、茄果类及豆科蔬菜隔年轮作。

(3)清洁田园:收获后及时清除病残体,带出田外深埋或烧毁,深翻土壤,加速病残体的腐烂分解,以减少田间病菌来源。

(4)加强田间栽培管理:施足基肥,适时播种,合理密植,清理沟系,雨后及时排水,降低地下水位,适当增施磷钾肥,促使植株健壮,提高植株抗病能力。

(5)化学防治:在发病初期开始喷药,每隔7~10天喷1次,连续喷2~3次。

高效、低毒、低残留防治用药:可选嘧菌酯、戊唑醇、苯醚甲环唑等喷雾。

常规防治用药：可选甲霜灵·锰锌、霜霉威盐酸盐、恶霜·锰锌等喷雾。

具体用药量及倍数，须按照作物病害危害程度及各农药品种使用说明予以确定。

苋菜病毒病

苋菜病毒病由千日红病毒（Gomphrena virus，简称 GV）、黄瓜花叶病毒（Cucumber mosaic virus，简称 CMV）两种病毒单独或复合侵染所致；全国各地均有发生，是苋菜的主要病害。

【简明诊断特征】 苋菜病毒病为系统性侵染病害，叶片上表现症状最明显。

发病始期，病株比键株明显矮缩。发病轻度的症状表现为植株轻度花叶，叶色浓淡不均斑驳状；发病重度的症状表现为病株叶面不能展平，皱缩或卷曲，或有的出现坏死斑点。

【侵染循环】 致病的毒源有较多的越冬寄主，利于春后传毒虫媒扩散传毒。田间传播主要是通过蚜虫传播，还可病健株接触磨擦、农事操作等途径进行传播。

【发生规律】 上海及长江中下游地区苋菜病毒病的主要发病盛期在 4～10 月间。年度间春季温度偏高、少雨，传毒虫媒发生多的年份发生重；田块间连作地、周边毒源作物丰富的田块发病较早较重；栽培管理上防治媒介害虫不及时、肥水不足、田间管理粗放的田块发病重。

【病菌生态】 病毒喜温暖偏旱的环境。适宜发病的温度范围为 15～25 ℃；最适宜的发病环境，温度为 20～30 ℃，相对湿度 60%；病症显现期为成株期。发病潜育期 8～15 天。

【防治措施】

（1）加强田间管理：适时播种，合理肥水，培育壮苗。农事操作中，接触过病株的手和农具，应用肥皂水冲洗，防止接触传染。施足有机肥,增施磷、钾肥,增强寄主抗病力。

(2)清洁田园:发现病株随即拔除,及时清理田边杂草,减少病毒来源。

(3)及时防治传毒媒介:在蚜虫、白粉虱、蓟马发生初期,及时用药防治,防止传播病毒。

(4)化学防治:田间始见发病后定期用药,每隔 7～10 天用药一次,连续喷雾防治 2～3 次,能减少感染,增强植株抗性。

高效、低毒、低残留防治用药:可选宁南霉素喷雾。

常规防治用药:可选盐酸吗啉胍喷雾。

具体用药量及倍数,须按照作物病害危害程度及各农药品种使用说明予以确定。

苋菜褐斑病

苋菜褐斑病(*Phyllosticta amaranthi*)由半知菌亚门真菌苋叶点霉菌侵染所致;全国各地均有发生;是苋菜的主要病害。

【简明诊断特征】 苋菜褐斑病主要危害叶片。

叶片染病,产生圆形或不规则形黄褐色病斑,大小 2～4 毫米;后期病斑中部褪为灰褐色至灰白色,病健分界明晰,叶面和叶背病部密生小黑点,即病菌的分生孢子。

【侵染循环】 病菌以菌丝体和分生孢子器随病株残余组织遗留在田间越冬。在环境条件适宜时,产生的分生孢子通过气流传播或雨水反溅至寄主植物上,从寄主表皮直接侵入,引起初次侵染,并在受害的部位产生新生代分生孢子,飞散传播,进行多次再侵染,加重危害。

【发生规律】 上海及长江中下游地区苋菜褐斑病的主要发病盛期在 5～9 月。年度间夏秋闷热、温度偏高、多雨的年份发病重;田块间连作地、地势低洼、排水不良的田块发病较早较重;栽培上种植密度过高、通风透光差的、偏施氮肥的田块发病重。

【病菌生态】 病菌喜高温潮湿的环境。适宜发病的温度范围

15～35 ℃；最适发病环境，温度为 25～32 ℃，相对湿度 90% 以上；适宜发病的生育期为成株至采收期。发病潜育期 3～5 天。多雨、重露天气有利于该病发生和流行。

【防治措施】

（1）适期播种：重病区适期晚播，避开高温多雨季节。

（2）加强田间管理：合理密植，科学施肥，开好排水沟系，防止雨后积水引发病害。

（3）清洁田园：适时采收、收获后及时清除病残体，深翻土壤，加速病残体的腐烂分解。

（4）化学防治：在发病初期开始喷药，用药间隔期 7～10 天，连续防治 2～3 次。

高效、低毒、低残留防治用药：可选苯醚甲环唑、戊唑醇悬浮剂等喷雾。

常规防治用药：可选代森锰锌喷雾。

具体用药量及倍数，须按照作物病害危害程度及各农药品种使用说明予以确定。

苋菜炭疽病

苋菜炭疽病（*Colletotrichum erumpens*）由半知菌亚门真菌溃突刺盘孢菌侵染所致，是苋菜的常见病害。

【简明诊断特征】　苋菜炭疽病主要危害叶片和茎。

叶片染病，发病初期叶片出现水浸状暗绿色小斑，扩大后成灰褐色病斑，病斑圆形，边缘褐色，略微隆起，在病情盛发期 1 片病叶上的病斑数目少则 10 多个，多的可达 20～30 个，使数个病斑融合，引起叶片早枯；后期病斑上生有黑色小粒点，湿度大时病部溢出黏状物。

茎染病，茎部病斑为褐色，长椭圆形，略凹陷。

【侵染循环】　病菌以菌丝体或分生孢子随病株残余组织遗留在田间越冬。在环境条件适宜时，菌丝体产生分生孢子，通过雨水反溅至寄主植物上,从寄主表皮直接侵入。经潜育后出现病斑,并在受害的部位产生新生代分生孢子,进行多次再侵染,加重危害。

【发生规律】 上海及长江中下游地区苋菜炭疽病的主要发病盛期在7~9月。年度间夏秋闷热、温度偏高、多雷阵雨的年份发病重;田块间连作地、地势低洼、排水不良的田块发病较早较重;栽培上种植密度过高、通风透光差的、氮肥施用过多的田块发病重。

【病菌生态】 病菌喜高温潮湿的环境。适宜发病的温度范围20~35 ℃;最适发病环境,温度为 25~32 ℃,相对湿度 90% 以上;适宜发病生育期为成株至采收期。发病潜育期 3~10 天。

【防治措施】

(1)茬口轮作:提倡与非十字花科蔬菜隔年轮作,以减少田间病菌来源。

(2)适期播种:重病区适期早播或晚播,避开高温多雨季节。

(3)加强田间管理:合理密植,科学施肥,开好排水沟系,防止雨后积水引发病害。

(4)清洁田园:适期采收,收获后及时清除病残体,深翻土壤,加速病残体的腐烂分解。

(5)化学防治:在发病初期开始喷药,用药间隔期 7~10 天,连续防治 2~3 次;重病田视病情发展,必要时还要增加喷药次数。

高效、低毒、低残留防治用药:可选苯醚甲环唑、吡萘·嘧菌酯等喷雾。

常规防治用药:可选咪鲜胺、代森锰锌等喷雾。

具体用药量及倍数,须按照作物病害危害程度及各农药品种使用说明予以确定。

芹菜叶斑病

【图版 10】

芹菜叶斑病(*Cercospora apii*)由半知菌亚门真菌芹菜尾孢菌

侵染所致,又称斑点病;全国各地均有发生;是芹菜生产上的常见病害。

【简明诊断特征】 芹菜叶斑病主要危害叶片,也能危害叶柄和茎。

叶片染病,初始产生水渍状斑,扩大后为圆形或不规则形,中央灰褐色,内部组织坏死后病部变薄呈半透明状,周缘深褐色,稍隆起,外围具黄色晕圈。发病严重时,病斑连接成片,形成大斑,后覆盖整张叶片,使叶片干枯死亡。

叶柄和茎染病,初始产生水渍状小斑,扩大后成暗褐色稍凹陷条斑,发生严重时,使植株倒伏。田间湿度高时,叶片、叶柄和茎病部常长出灰白色霉层,即病菌的分生孢子梗及分生孢子。

【侵染循环】 病菌以菌丝体随病株残余组织遗留在田间越冬,也能潜伏在种子上越冬。在环境条件适宜时,菌丝体产生分生孢子,通过气流传播至寄主植物上,在水滴存在的条件下从寄主表皮直接侵入,引起初次侵染。播种带病种子,出苗后即可染病,并在受害的部位产生新生代分生孢子,借气流、风雨传播,进行多次再侵染,加重危害。

【发生规律】 上海及长江中下游地区芹菜叶斑病的主要发病盛期在5~11月。年度间春夏季多雨或梅雨期间多雨的年份发病重;秋季多雨、多雾的年份发病重;田块间连作地、地势低洼、排水不良的田块发病较早较重;栽培上种植过密、通风透光差、氮肥施用过多引发叶片生长过嫩、过薄、封行过早、郁蔽的田块发病重。

【病菌生态】 病菌喜高温潮湿的环境。适宜发病的温度范围为15~32 ℃;最适发病环境,温度为25~30 ℃,相对湿度85%~95%;最适感病期为成株期。发病潜育期3~7天。分生孢子发芽最适温度范围为15~20 ℃,对湿度要求较低,潮湿条件更利于发病。

【防治措施】

(1)种子消毒:种子播种前干种子用2.5%咯菌腈悬浮种衣剂(适乐时)包衣,包衣使用剂量为千分之4~5,包衣后晾干播种。或用49 ℃的温汤浸种30分钟,立即移入冷水中冷却,然后取出晾干后播种。

（2）茬口轮作：重发病田块，提倡与其他蔬菜隔年轮作。

（3）加强田间栽培管理：适当密植，合理灌溉，开好排水沟系，降低田间湿度和地下水位，施足有机基肥，适时追肥，提高植株抗病能力。

（4）清洁田园：收获后及时清洁田园，清除病残体，带出田外深埋或烧毁，并深翻土壤，加速病残体的腐烂分解。

（5）保护地栽培：要注意降温排湿，注意合理控制浇水和施肥量，浇水时间改在上午，以降低棚内湿度，切忌大水漫灌。发病初期标准中管棚内可选用25％一熏灵烟熏剂每标准棚100克，开棚排湿20分钟后进行闷棚熏蒸。

（6）化学防治：在发病初期开始喷药，每隔7～10天喷1次，连续喷2～3次。

高效、低毒、低残留防治用药：可选苯醚甲环唑、戊唑醇等喷雾。

常规防治用药：可选恶霜·锰锌、代森锰锌等喷雾。

具体用药量及倍数，须按照作物病害危害程度及各农药品种使用说明予以确定。

芹菜叶枯病

【图版10】

芹菜叶枯病（*Septoria apiicola*）由半知菌亚门真菌芹菜壳针孢属侵染所致。大斑型斑枯病菌为芹菜小壳针孢，小斑型斑枯病菌为芹菜大壳针孢病菌，统称为斑枯病。全国各地均有发生；主要危害芹菜；是冬春保护地芹菜的重要病害。

【简明诊断特征】　芹菜叶枯病主要危害叶片、叶柄和茎。

叶片染病，一般从植株下部老叶开始，逐渐向上发展，病斑初为淡黄色不规则叶斑，后变为淡褐色油渍状小斑点，边缘明显；发病中期的病斑由浅黄色变为灰白色中心坏死斑;发病后期病斑边缘为深褐色,中央散生小黑点,即病菌的分生袍子器。叶斑根据大小常分为大斑型和小斑型。

叶柄和茎受害,病斑初为水渍状小点,发展后为淡褐色长圆形凹陷病斑,中间散生黑色小点。严重时叶枯,茎杆腐烂。

【侵染循环】 病菌主要以菌丝潜伏在种皮内越冬,也可以在采种母株或病残体上越冬,种子上的病菌可存活 1 年多。

播种带菌的种子,出苗后即染病,产生分生孢子,在育苗床内传播蔓延。病残体上越冬菌源在雨水较多、温度适宜时,产生分生孢子器和分生孢子。分生孢子随雨水飞溅或随风吹散传播。在有水滴存在时,分生孢子萌发经气孔或直接穿透表皮侵入植株;在芹菜封垅和壅土后,通过土壤与病健株间接触也可传播病害。

【发生规律】 上海及长江中下游地区芹菜叶枯病的主要发病盛期在 3～5 月、10～12 月。年度间早春多雨、日夜温差大的年份发病重;秋季多雨、多雾的年份发病重;田块间连作地、地势低洼、排水不良的田块发病较早较重;栽培上种植过密、通风透光差、肥水施用过多的田块发病重。

【病菌生态】 病菌喜温暖高湿的环境。适宜发病的温度范围为 8～28 ℃;最适发病环境,温度为 15～25 ℃,相对湿度 95％以上;最适感病生育期为成株期至采收期。发病潜育期 5～10 天。分生孢子萌发、发育适宜温度 9～28 ℃,日平均气温在 12～15 ℃的早夜温差大期间最易引发病害。

【防治措施】

(1)种子消毒:种子播种前干种子用 2.5％咯菌腈悬浮种衣剂(适乐时)包衣,包衣使用剂量为千分之 3～4,包衣后晾干播种;或用 49 ℃的温汤浸种 30 分钟,立即移入冷水中冷却,然后取出晾干后播种。

(2)茬口轮作:重发病田块,提倡与其他蔬菜隔年轮作。

(3)加强栽培管理:适当密植,合理灌溉,开好排水沟系,降低田间湿度和地下水位,施足有机基肥,适时追肥,提高植株抗病能力。

（4）清洁田园：收获后及时清洁田园，清除病残体，带出田外深埋或烧毁，并深翻土壤，加速病残体的腐烂分解。

（5）保护地栽培：要注意降温排湿，注意合理控制浇水和施肥量，浇水时间改在上午，以降低棚内湿度，切忌大水漫灌。发病初期标准中管棚内可选用25％一熏灵烟熏剂每标准棚100克，开棚排湿20分钟后进行闷棚熏蒸。

（6）化学防治：在发病初期开始喷药，每隔7～10天喷1次，连续喷2～3次。

高效、低毒、低残留防治用药：可选苯醚甲环唑、戊唑醇等喷雾。

常规防治用药：可选恶霜·锰锌、代森锰锌等喷雾。

具体用药量及倍数，须按照作物病害危害程度及各农药品种使用说明予以确定。

芹菜菌核病

【图版 10】

芹菜菌核病（*Sclerotinia sclerotiorum*）由子囊菌亚门真菌核盘菌侵染所致；全国各地均有发生，是芹菜的主要病害之一。

【简明诊断特征】 芹菜菌核病主要危害植株的茎、叶片。

茎染病，初始产生水浸状不规则形病斑，淡褐色，边缘不明显，扩大后病部表面产生白色菌丝，田间湿度大时，密生白色棉絮状菌丝体，病茎组织软腐，后形成圆形或不规则形黑色鼠粪状菌核。菌核早期白色，以后外部变为黑色，内部白色。

叶片染病，发病初始产生水浸状斑，扩大后病斑呈不规则形，淡褐色，边缘不明显。田间持续高湿时，病部呈湿腐状，并产生一层厚密的白色棉絮状菌丝体，后形成黑色鼠粪状菌核。

【侵染循环】 病菌以菌核在土壤中或随病株残余组织遗留在田间及混杂在种子中越冬。在环境条件适宜时，土壤中的菌核萌发出土,产生初为淡黄褐色后呈褐色的盘状子囊盘,子囊盘散放出的子囊孢子借气流传播蔓延,侵染衰老叶片或留种田中未脱落的花瓣,穿过角质层直接侵入,引起初次侵染。侵入后病菌破坏寄主的细胞和组织,扩散和破坏同株未被病原物侵染的组织,也可通过病健株间的茎叶接触蔓延发病,引起多次侵染,加重危害。

【发生规律】 上海及长江中下游地区芹菜菌核病的主要发病盛期在 2～6 月、10～12 月。年内春季发病重于秋季,年度间早春低温、连续阴雨或多雨,梅雨期间多雨的年份发病重;晚秋季低温、寒流早、多雨、多雾的年份发病重;田块间连作地、地势低洼、排水不良的发病较早较重;栽培上种植过密、通风透光差、因寒流作物受冻、氮肥施用过多的田块发病重。

【病菌生态】 病菌喜温暖潮湿的环境。适宜发病温度范围0～30 ℃;最适发病环境,温度为 15～25 ℃、相对湿度高于 90%;最适感病的生育期为植株生长中、后期。子囊孢子萌发最适温度为5～10 ℃,菌丝生长的最适温度 20 ℃左右,菌核 50 ℃经 5 分钟致死,发病潜育期 5～15 天。病菌对湿度要求较高;田间相对湿度低于 70%,病害扩展明显受阻。

【防治措施】

(1) 选种与种子消毒:选用无病种子,从无病留种株上采收种子。引进商品种子,在播前用 2.5% 适乐时,按种子重量千分之三的浓度比例进行种子包衣处理。可以预防所有由种子传播、土壤传播的真菌性病害;或播前用 10% 盐水选种,清除菌核后用清水冲洗,晾干播种。

(2) 棚舍消毒:利用保护地的夏季休闲期,中耕后可在保护地内分数次灌水浸泡后覆盖地膜,闭棚升温几日,利用高温杀死表层菌核。

(3) 实行轮作:发病地块与水生蔬菜、禾本科作物及葱蒜类蔬菜隔年轮作。

(4) 田间栽培管理:高畦种植,合理密植,开好排水沟,保护地栽培推广应用无滴膜、控制棚内温湿度,及时放风排湿;尤其要防止夜间棚内湿度迅速升高,这是防治本病的关键措施。注意合理控制浇水和施肥量,增施磷钾肥,提高植株抗病能力,浇水时间放在上午,并及时开棚,以降低棚内湿度。采用覆盖地膜,阻挡病菌子囊盘出土。

(5)清洁田园:发现病株及时拔除,带出地外集中烧毁或深埋。收获后及时清除病残体,深翻土壤,使菌核埋于3厘米的土壤下,加速病残体的腐烂分解,防止菌核萌发出土。

(6)化学防治:在发病初期开始喷药,用药防治间隔期7~10天喷1次,连续喷2~3次,注意用药与采收的安全间隔。

高效、低毒、低残留防治用药:可选用嘧霉胺、啶酰菌胺等喷雾。

常规防治用药:可选用多氧霉素、乙烯菌核利、腐霉利、异菌脲等喷雾防治。

具体用药量及倍数,须按照作物病害危害程度及各农药品种使用说明予以确定。

春季遇连续阴雨,中管棚保护地栽培黄瓜棚内可选用一熏灵烟熏剂,每标准棚100克,先开棚排湿,20分钟后进行闷棚熏蒸。

芹菜软腐病

【图版10】

芹菜软腐病(*Erwinia carotovora*)由细菌胡萝卜软腐欧氏杆菌侵染所致;全国各地均有发生;除危害芹菜外,还能危害胡萝卜、莴苣、番茄、马铃薯、辣椒、洋葱、黄瓜及十字花科蔬菜萝卜、大白菜、青菜、甘蓝等20多种蔬菜。

【简明诊断特征】 芹菜软腐病主要危害叶柄基部。

叶柄染病,多在叶柄基部产生水浸状斑,扩大后病斑褐色,成纺锤形或不规则形凹陷。干旱时病害停止扩展;田间湿度高时,病情发展迅速,病部呈湿腐状,内部组织软腐糜烂,仅残留表皮,挥发出恶臭气味。

【侵染循环】 致病细菌主要随病株残余组织遗留在田间或堆肥中越冬。在环境条件适宜时,病菌借雨水、灌溉水及传病昆虫如黄条跳甲、小菜蛾、菜青虫等传播,从植株根部自然裂口、机械伤口、虫伤口侵入,并进入导管潜伏繁殖,引起初、再次侵染。

【发生规律】 上海及长江中下游地区芹菜软腐病的主要发病盛期在 5～11 月。年度间春、夏、秋季温度偏高、多雨的年份发病重;田块间与易发软腐病的作物连作(土壤中病原细菌积累多)、地势低洼、排水不良的发病较重;栽培上有机基肥不足、夏秋季播种过早、种植过密、通风透光差、氮肥施用过多则发病重。

【病菌生态】 病菌喜高温潮湿的环境。适宜发病的温度范围为 2～40 ℃;最适发病环境,温度为 25～32 ℃、相对湿度 90％以上;最适感病生育期为成株期至采收期。发病潜育期 3～10 天。高温高湿有利于病菌繁殖与传播。

【防治措施】

(1)休闲轮作:尽可能回避芹菜与易发软腐病的蔬菜作物连作,重发病地块提倡与其他蔬菜轮作 2～3 年。茬口安排要使土地有一定的休闲期,以改善土壤理化性质,并促使病残体分解和病菌死亡。

(2)加强栽培管理:采取深沟高畦短畦栽培,雨后及时排水,降低地下水位,肥水做到小水勤浇,减少病菌随水传播的机会,施足底肥,增施充分腐熟的有机肥。田间操作防止人为的机械损伤给病菌的入侵创造机会。

(3)清洁田园:田间出现病株后立即拔除,并用药液及时处理,浇灌病株及其周围健株,可减轻发病。收获后及时清除病株残体,并携出田外深埋或烧毁,深翻土壤,加速病残体的腐烂分解。

(4)化学防治:在发病初期开始喷药,每隔 7～10 天喷 1 次,连续喷 2～3 次。

高效、低毒、低残留防治用药:可选噻菌铜、春雷霉素等喷雾。

常规防治用药:可选氢氧化铜、农用硫酸链霉素等喷雾。

具体用药量及倍数,须按照作物病害危害程度及各农药品种使用说明予以确定。

芹菜病毒病

【图版 10】

芹菜病毒病由黄瓜花叶病毒（Cucumber mosaic virus，简称 CMV）和芹菜花叶病毒（Celery mosaic virus，简称 CeMV）两种病毒侵染所致；可单独侵染危害，也可复合侵染；全国各地均有发生，主要危害菊科、藜科、茄科植物，是芹菜的主要病害之一。

【简明诊断特征】 芹菜病毒病是系统性病害，病症主要表现在植株上部叶片。

花叶型病症，发病初始表现为在叶片上出现黄绿相间、叶色深浅相间的花叶症状。

斑驳矮缩型病症，病株的叶片出现浓、淡绿色不均的斑驳花叶，或叶内全部褪绿，叶面皱曲，新生叶片偏小。发病严重时，心叶节间缩短，叶片皱缩，并使植株黄化、矮缩。

【侵染循环】 致病的病毒在田间的病株上越冬，田间传播主要通过蚜虫传播，也可通过汁液接触传播至寄主植物上或田间农事操作接触磨擦传播病毒，从寄主伤口侵入等途径进行传播。

【发生规律】 上海及长江中下游地区芹菜病毒病的主要发病盛期在 5～7 月及 10～11 月。上海地区 5 月中、下旬至 6 月上、中旬有翅蚜迁飞高峰期，往往也是芹菜病毒传播扩散高峰期。年度间下半年比上半年发病重；早春温度偏高、少雨、蚜虫发生量大的年份发病重，秋季夜温和地温偏高、少雨、蚜虫多发的年份发病重；栽培上耕作管理粗放、连作、地势低洼、田间农事操作不注意防止传毒、缺有机基肥、缺水、氮肥施用过多的田块发病重。

【病菌生态】 病毒喜高温干旱的环境。适宜发病的温度范围为 15～38 ℃；最适发病环境，温度为 20～35 ℃、相对湿度 80% 以下；最适显症的生育期为成株期。发病潜育期 10～15 天。一般持续高温干旱天气，有利于病害发生与流行。

【防治措施】

（1）治蚜防病：做好对蚜虫的预测预报，在蚜虫发生初期，及时用药防治，防止蚜虫传播病毒。

（2）加强田间栽培管理：适时播种，合理密植，施足有机基肥，加强肥水管理，促进植株健壮，提高抗病能力。农事操作中，接触过病株的手和农具，应用肥皂水冲洗，防止接触传染。

（3）保护地栽培管理：具管棚设施的保护地，使用防虫网，把昆虫挡在棚外，此外，还可用银灰色遮阳网育苗、避蚜防病。

（4）化学防治：在田间发病始见时开始，每隔 7～10 天喷 1 次药，连续喷雾防治 2～3 次，能减少感染，起到预防作用。

高效、低毒、低残留防治用药：可选宁南霉素喷雾。

常规防治用药：可选盐酸吗啉胍喷雾。

具体用药量及倍数，须按照作物病害危害程度及各农药品种使用说明予以确定。

芹菜灰霉病

【图版 10】

芹菜灰霉病（*Botrytis cinerea*）由半知菌亚门真菌灰葡萄孢菌侵染所致；全国各地均有发生；是芹菜上的主要病害，还危害莴苣、番茄、茄子、辣椒、黄瓜、芦笋及十字花科蔬菜。

【简明诊断特征】 芹菜灰霉病主要危害叶片和茎，苗期至成株期均可染病。

苗期染病，叶和幼茎呈水浸状腐烂，病部着生灰色霉层。

叶片染病，从近地面成熟叶片起开始，发病初始产生水浸状小斑，扩大后呈灰褐色不规则形，遇连续阴雨、田间湿度大时，病部迅速扩大，蔓延至内部叶片，湿度大时产生一层厚密的灰色霉层，即病菌的分生孢子梗和分生孢子。

茎染病，初始茎基部产生水浸状小斑，扩大后病斑环绕茎一周，田间湿度高时产生一层厚密的灰色霉层,使地上部分茎叶凋萎,病株逐渐干枯死亡。

【侵染循环】 病菌以菌核或分生孢子随病株残余组织遗留在田间越冬。在环境条件适宜时,菌核萌发出菌丝体并产生分生孢子梗及分生孢子,借气流传播至寄主作物上,从寄主伤口、衰弱及坏死组织部位侵入,引起初次侵染。病菌侵入后迅速蔓延扩展,并在病部产生新生代分生孢子,借气流传播进行多次再侵染。后期形成菌核后越冬。

【发生规律】 上海及长江中下游地区芹菜灰霉病的主要发病盛期在 3～7 月及 9～11 月。年度间早春多雨或梅雨期间多雨的年份发病重;秋季多雨、多雾的年份发病重;田块间连作地、地势低洼、排水不良的田块发病较重;栽培上种植过密、通风透光差、肥水施用过多的田块发病重。保护地栽培关棚时间长、通风换气不良、种植密度过高,极易引发病害。

【病菌生态】 病菌喜温暖高湿的环境。适宜发病的温度范围为 4～30 ℃;最适发病环境,温度为 20～25 ℃,相对湿度 94％左右;最适感病生育期为成株期。发病潜育期 5～7 天。分生孢子萌发温度范围 13～29 ℃。

【防治措施】

(1)茬口轮作:前茬不宜是绿叶菜类,提倡与禾本科作物实行 2～3 年轮作。

(2)精细整地:应用充分腐熟的有机肥,施足基肥,深沟高畦栽培,经常清理沟系,防止雨后积水引发病害。

(3)加强栽培管理:适期播种、定植,合理密植,大棚栽培注意通风换气,并注意调节棚内小气候,以生态防病为主,使植株生长健壮,提高抗病能力。

(4)清洁田园:收获后及时清除病株残体,并携出田外深埋或烧毁,可减轻发病,深翻土壤,加速病残体的腐烂分解。

(5)化学防治:在发病初期开始喷药,每隔 7～10 天喷 1 次,连续喷 2～3 次。

高效、低毒、低残留防治用药:可选嘧霉胺、啶酰菌胺等喷雾。

常规防治用药：可选乙烯菌核利、腐霉利等喷雾。

具体用药量及倍数，须按照作物病害危害程度及各农药品种使用说明予以确定。

芹菜根结线虫病

芹菜根结线虫病（*Meloidogyne incognita*）由植物寄生线虫南方根结线虫等侵染所致；全国各地均有发生；主要危害芹菜、番茄、黄瓜、西瓜、甜瓜、茄子、白菜和豆类等茄科、葫芦科、十字花科和豆科等多种蔬菜。

【简明诊断特征】 芹菜根结线虫病主要危害根部的须根和侧根。

根部染病，发病初始在侧根或须根上产生大小、形状不一的肥肿畸形瘤状根结肿瘤。用显微镜观察解剖根部肿瘤，可见有细长蠕虫状雄虫和梨形雌成虫。在植物组织内寄生的雌虫，分泌的唾液能刺激根部组织形成巨型细胞，使细胞过度分裂造成念珠状畸形肥肿的瘤状根结。

初发生时地上部分病株症状不明显，后发病重时表现植株矮小，生长发育不良，叶片变黄或呈其他颜色；后期病株地上部分出现萎蔫或提早枯死。

【侵染循环】 根结线虫幼虫共 4 龄。线虫以卵囊和根组织中的卵或二龄幼虫遗留在田间越冬。在翌年环境条件适宜时，越冬卵在肿瘤组织中孵化为幼虫，继续在组织内发育，也可迁离根瘤组织，侵入新根，借病土、病苗及灌溉水等主要传播途径，从根尖侵入，引起初次侵染。侵入寄主的幼虫在根部组织内生长发育繁殖，产生的新生代根结线虫幼虫，二龄后离开卵壳，借灌溉水和雨水的传播，进入土中侵入根系进行再侵染，加重危害。根结线虫完成一代约 17 天。

【发生规律】 上海及长江中下游地区芹菜根结线虫病的主要

发病盛期在 6～10 月。年度间夏、秋阶段性多雨的年份发病重;田块间连作地、地势高燥,土壤含水量低,土质疏松,盐分低的条件适宜线虫活动,发病较重;栽培上大水漫灌的田块发病重。

【病菌生态】 致病线虫喜在温暖干燥的环境。最适病原线虫生长发育的环境,土温为 25～30 ℃,土壤含水量 40％左右;最适感病生育期为苗期至成株期,发病潜育期 15～45 天。根结线虫在土温 10 ℃以下时,幼虫停止活动;温度在 55 ℃时,经 10 分钟即可死亡。卵囊和卵能较强抵御不利环境条件。

【防治措施】

(1) 实行轮作:发病田块与葱、蒜、韭菜、禾本科作物或与水生蔬菜轮作 1～2 年,减少引发病害的根结线虫密度。

(2) 土壤处理:重发病田块,可在高温季节进行深翻,并灌水 10～15 天,用塑料布覆盖提高土温,无害化灭杀根结线虫,可大大减轻下茬危害。

(3) 培育壮苗:选用无病土育苗,引用抗性强的品种种植,移栽无病的健壮秧苗。

(4) 清洁田园:收获后及时清除病残体,带出田外深埋或烧毁;深翻土壤,减少以土表 3～9 厘米为主寄生土层的危害。

(5) 加强田间管理:合理施肥和灌溉,不大水漫灌,增强作物的抵抗能力。

(6) 化学防治:在移栽定植前将药剂施入土壤中,达到熏蒸杀线虫的目的。药剂可选甲氨基阿维菌素苯甲酸盐稀释 1 000 倍灌根或用辛硫磷颗粒剂、噻唑磷颗粒剂根施。

菠菜霜霉病

【图版 11】

菠菜霜霉病(*Peronospora spinaciae*)由鞭毛菌亚门真菌菠菜霜霉菌侵染所致;全国各地均有发生;主要危害菠菜等藜科蔬菜,是菠菜主要病害之一。

【简明诊断特征】 菠菜霜霉病主要危害叶片。

叶片染病,通常从贴地面的下部叶片开始发生,并逐渐向上发展。发病初始,产生淡黄色小点,扩大后病斑呈不规则形,边缘不明显,病叶背面病部产生一层霜霉层,即病菌的孢子囊和孢子囊梗,霉层初为灰白色后成灰紫色。病斑发展到中、后期变为黄褐色枯斑,干旱时病叶枯黄,潮湿时变褐、腐烂。发病严重时,病斑相互连接成片,色泽呈枯黄色至褐色,使病株大部分叶片变黄枯死。

由种子带菌引起的初侵染,病株表现为萎缩状,新叶变小,变脆,潮湿时其上密生霉层,可归为冬前原生性系统侵染所致。

【侵染循环】 病菌以菌丝体随病株残余组织遗留在田间越冬或越夏,也能以菌丝体潜伏在种子内越冬或越夏。翌年春,在环境条件适宜时,菌丝体产生分生孢子,通过风和雨水反溅传播,或中管棚和连栋大棚保护地棚内浇水反溅至菠菜叶片上,从寄主叶片气孔或表皮直接侵入,引起初次侵染。在适宜条件下,从侵入到发病仅需几天时间,并在受害部位产生成熟的孢子囊,随风传播,引起再侵染,病原物在生长季节中繁殖很快,反复引起再次侵染。

【发生规律】 上海及长江中下游地区菠菜霜霉病的主要发病盛期在3~5月及9~12月,春季一般发生较轻,秋季9~12月发生偏重。年度间秋季多雨、多露的年份发生重,特别是连日阴雨和低温环境条件下有利于病害的发生;田块间连作田、田间排水不良的发病早而重;栽培上早播田、种植密度过高的田块往往发病早而重。

【病菌生态】 病菌适宜在低温高湿的环境。适宜发病的温度范围为3~30 ℃;最适发病环境,日均温度为7~15 ℃,相对湿度85%以上;最适发病生育期五叶以上至采收前,发病潜育期5~15天。在发病盛期,旬降雨量50毫米以上,有连续阴雨2~3天的天气条件易引发病害。

【防治措施】

(1)种子消毒:干种子用2.5%咯菌腈悬浮种衣剂(适乐时)包衣,包衣使用剂量为千分之3~4,包衣后晾干播种。

(2)轮作栽培:提倡与其他蔬菜实行2~3年轮作,清除杂草,以减少田间病原菌。

（3）及时清除病苗：在菠菜田内发现受系统侵染的萎缩植株，应及时拔除，携出田外深埋或烧毁。

（4）加强栽培管理：提倡深沟高畦栽培，适当密植，合理灌水，降低田间湿度，可减轻发病。中管棚和连栋大棚保护地栽培，合理控制浇水量，加强适时放风降湿；晴天可通过高温闷棚的灭菌方法，创造不利于病菌发生的生态条件。

（5）化学防治：在发病初期开始喷药，每隔7～10天喷1次，连续喷2～3次，喷药液时须均匀周到，特别注意叶背和雨前喷药，药剂要交替使用。

高效、低毒、低残留防治用药：可选丙森·霜脲氰、氟菌·霜霉威、烯酰吗啉、噁酮·霜脲氰等喷雾。

常规防治用药：可选恶霜·锰锌、甲霜灵·锰锌、霜脲·锰锌等喷雾。

具体用药量及倍数，须按照作物病害危害程度及各农药品种使用说明予以确定。

菠菜病毒病

【图版 11】

菠菜病毒病由芜菁花叶病毒（Turnip mosaic virus，简称 TuMV）、黄瓜花叶病毒（Cucumber mosaic virus，简称 CMV）、甜菜花叶病毒（Beet mosaic virus，简称 BMV）侵染所致，俗称萎缩毒素病；三种病毒可单独侵染危害，也可两种或两种以上复合侵染；全国各地均有发生，是菠菜上常见的病害之一。

【简明诊断特征】 菠菜病毒病从苗期至成株期均能发病。

苗期染病，发病初始先在心叶上表现明脉或叶片有黄绿相间斑纹，进而产生淡绿与浓绿相间的花叶或斑驳症状，重病株还会出现心叶扭曲、畸形、皱缩、萎缩，病苗明显瘦弱、矮小。

成株期染病,发病初病株叶片呈花叶、明脉,而后病株叶片出现黄绿斑驳、卷缩、泡泡状等,发病后期病株老叶提早枯死脱落,仅留黄绿斑驳的菜心。

引起发病的三种病毒在症状表现上主要区别为:

由黄瓜花叶病毒(CMV)侵染发病的,表现为叶形细小、畸形或缩节丛生。

由芜菁花叶病毒(TuMV)侵染发病的,表现为叶片形成浓淡相间斑驳,叶缘上卷。

由甜菜花叶病毒(BMV)侵染发病的,表现明脉和新叶变黄,或产生斑驳,叶缘向下卷曲。

在田间三种病毒可单独或复合侵染引起植株发病,可产生多种混合病症。

【侵染循环】 致病的病毒在越冬菠菜或菜田杂草上越冬。三种病毒主要由桃蚜、萝卜蚜、豆蚜、棉蚜等虫媒进行传病或汁液接触传病;第二年春天当气温适宜虫媒发生时,通过有翅蚜迁飞进行传播扩散、蔓延,还可通过病健株接触磨擦、农事操作等途径进行传播。

【发生规律】 上海及长江中下游地区菠菜病毒病的主要发病盛期在3~5月及9~12月。一般下半年发生重于上半年;在秋季干旱少雨、晚秋或早春温度偏高以及雨量偏少的年份发病重;田块间与黄瓜、十字花科蔬菜相邻的田块发病较重;栽培上秋季播期过早、耕作管理粗放、缺有机基肥、缺水、氮肥施用过多的田块发病重。

【病菌生态】 菠菜病毒病喜温暖较干爽的气候。适宜发病的温度5~30℃;最适发病环境,温度为12~25℃,相对湿度70%以下;病症表现盛期是成株期至采收期。发病潜育期15~25天。病害与寄主生育期、品种、气候、栽培制度、播种期等因素密切相关;特别是秋季早播、苗期遇高温干旱,有利于蚜虫的繁殖和迁飞、传毒频繁,同时高温干旱不利于菠菜的秧苗生长发育,植株抗病力下降;温度高,病害的潜育期也短,有利于病害的早发、重发。

【防治措施】

(1)田块选择:选择远离(毒源)种植十字花科菜田、黄瓜田的地块种植。

（2）适时播种：秋季避免过早播种,上海地区一般秋季适宜的播种期为 10～12 月,播种迟病害轻。

（3）栽培管理：施足有机肥,增施磷、钾肥,增强寄主抗病力。铲除田边杂草,拔除病株。遇有秋旱或春旱要适时浇水,控制发病。

（4）注意查蚜、治蚜：幼苗出土后为减少蚜虫传播病毒病,勤查蚜虫发生动态,发现蚜虫,要每 7～10 天喷药防治蚜虫 1 次。此外还可用银灰色遮阳网育苗避蚜防病。

（5）化学防治：出苗后施用植物动力 2003 或天缘叶肥,促进根系生长。田间始见发病初期,每隔 7～10 天用药预防,连续 2～3 次。

高效、低毒、低残留防治用药：可选宁南霉素喷雾。

常规防治用药：可选盐酸吗啉胍喷雾。

具体用药量及倍数,须按照作物病害危害程度及各农药品种使用说明予以确定。

菠菜灰霉病

菠菜灰霉病（*Botrytis cinerea*）由半知菌亚门真菌灰葡萄孢菌侵染所致；全国各地均有发生,是瓜类上的重要病害；还危害番茄、茄子、菜豆、辣椒、韭菜、洋葱、菜豆和莴苣等作物。

【简明诊断特征】 菠菜灰霉病主要危害叶片。

叶片染病,发病初始出现浅褐色不规则形点状斑,后扩大成润湿的大斑,淡褐色,叶片背面产生灰色霉层,即病菌的分生孢子梗和分生孢子。发病严重时病叶黑褐色腐烂,密生灰色霉层。

【侵染循环】 病菌以分生孢子、菌丝体或菌核随病株残余组织遗留在田间越冬。在环境条件适宜时,分生孢子借气流、雨水反溅、农事操作及病健部间的接触等,传播蔓延至寄主植物上,从伤口、薄壁组织侵入,残花是最适合的侵入部位,引起初次侵染,并在受害的部位产生新生代分生孢子,进行多次再侵染,加重危害。

【发生规律】 上海及长江中下游地区菠菜灰霉病的主要发病盛期在 1～5 月及 10～12 月。年度间早春多雨、光照不足、低温高湿的年份发病重;秋季多雨、多雾的年份发病重;田块间连作地、地势低洼、排水不良的田块发病较重;栽培上种植过密、通风透光差、肥水施用过多、棚室通风换气不足、长势衰落的田块发病重。

【病菌生态】 病菌喜温暖潮湿的环境。适宜发病的温度范围 2～31 ℃;最适发病环境,温度为 18～25 ℃,相对湿度持续 90% 以上。

【防治措施】

(1)茬口轮作:发病重的地块,提倡与水生蔬菜作物轮作 2～3 年,以减少田间病菌来源。

(2)田间管理:合理浇水和施肥,雨后及时排水,避免低温高湿条件出现,提温降湿。

(3)清洁田园收获后及时清除遗留地面的病残体,集中深埋处理,深翻土壤,减少越冬病原。

(4)化学防治:在发病初期开始喷药,用药间隔期 7～10 天,连续喷雾防治 2～3 次,重病田视病情发展,必要时还要增加喷药次数。

高效、低毒、低残留防治用药:可选用嘧霉胺、啶酰菌胺等喷雾。

常规防治用药:可选用乙烯菌核利、多氧霉素、腐霉利等喷雾防治。

具体用药量及倍数,须按照作物病害危害程度及各农药品种使用说明予以确定。

菠菜炭疽病

菠菜炭疽病(*Colletotrichum spinaciae*)由半知菌亚门真菌菠

菜刺盘孢菌侵染所致;全国各地均有发生;主要危害藜科菠菜,是菠菜主要病害之一。

【简明诊断特征】 菠菜炭疽病主要危害叶片和茎。

叶片染病,初生淡黄色小斑,扩大后病斑呈椭圆形或不规则形,黄褐色,并具有轮纹,边缘水渍状,中央有黑色小点。天气干燥时,病斑干枯穿孔;发生严重时,病斑连接成块,使叶片枯黄。

采种株染病,主要发生于茎部,病斑为纺锤形或梭形,病部组织逐渐干腐,造成上部茎叶折倒,在病斑上密生黑色轮纹状排列的小粒点,即病菌的分生孢子盘。

【侵染循环】 病菌主要以菌丝体随病株残余组织遗留在田间越冬,也能以菌丝体粘附在种子上越冬。在环境条件适宜时,产生分生孢子,通过气流传播或雨水反溅至寄主植物上,从寄主表皮或从伤口直接侵入,引起初次侵染;经潜育后出现病斑,并在受害部位上产生新生代分生孢子盘和分生孢子,借风雨传播进行多次再侵染。种子带菌也是菠菜重要的初侵染源,播种带菌的种子,在幼苗期即可发病。

【发生规律】 上海及长江中下游地区菠菜炭疽病的主要发病盛期在 8 月中下旬至 11 月。年度间秋季高温多雨的年份发病重;田块间地势低洼、地面潮湿的田块发病早且重;栽培上反季节栽培、播种早、种植密度过大、通风不良、植株生长发育不健壮的发病重。

【病菌生态】 病菌适宜高温潮湿的环境。适宜发病的温度范围为 5~34 ℃;最适发病环境,日均温度为 20~25 ℃,相对湿度 95％以上;最适感病期为成株期,发病潜育期 5~10 天。在病害盛发期,旬降雨量超过 80 毫米以上,有连续阴雨 2~5 天,病害即可发生。

【防治措施】

(1)选种与种子消毒:从无病留种株上采收种子。引进商品种子在播前,干种子用 2.5％咯菌腈悬浮种衣剂(适乐时)包衣,包衣使用剂量为千分之 3~4,包衣后晾干播种。

(2)轮作栽培:发病地块提倡与其他蔬菜实行 2~3 年轮作,以减少田间病原菌。

（3）加强栽培管理：深沟高畦栽培，适当密植，施足有机肥，合理灌水，降低田间湿度，提高植株抗病力。

（4）清洁田园：收获后及时清除病株残体，并携出田外深埋或烧毁，可减轻发病，深翻土壤，加速病残体的腐烂分解。

（5）化学防治：发病初期，及时用药防治，用药间隔期 7～10 天，连续防治 2～3 次。

高效、低毒、低残留防治用药：可选苯醚甲环唑、戊唑醇、吡萘·嘧菌酯等喷雾。

常规防治用药：可选咪鲜胺、代森锰锌等喷雾。

具体用药量及倍数，须按照作物病害危害程度及各农药品种使用说明予以确定。

茼蒿霜霉病

【图版 11】

茼蒿霜霉病（*Peronospora chrysanthemi-coronarii*）由鞭毛菌亚门真菌冠菊霜霉菌侵染所致；主要危害茼蒿，是茼蒿的主要病害之一。

【简明诊断特征】　茼蒿霜霉病主要危害叶片。

叶片染病，病害通常从植株下部叶片开始发生，并逐渐向上部叶片发展。叶片发病初始，多从叶顶端开始，产生褪绿色淡黄色小斑，扩大后病斑呈不规则形，边缘不明显，潮湿时叶背产生一层白色霜霉层，即病菌孢子囊和孢子囊梗。

干旱时病叶枯黄；发病严重时，多个病斑相互连接成片，色泽呈枯黄色至褐色，使整株病株叶片变黄枯死。

【侵染循环】　致病的病菌以菌丝体随病株残余组织遗留在田间越冬。翌年春，在环境条件适宜时，菌丝体产生的孢子囊，通过气流和雨水反溅传播至茼蒿叶片上，在寄主叶片上产生游动孢子或芽管，从气孔或表皮直接侵入，引起初次侵染；并在受害部位产生新生代孢子囊，随风雨传播，引起多次再侵染。

【发生规律】 上海及长江中下游地区茼蒿霜霉病的主要发病盛期在3～5月及9～12月。年度间早春多雨的年份发病重；秋季多雨、多雾的年份发病重；田块间连作地、地势低洼、排水不良的田块发病较重；栽培上秋季早播田、出苗过密、采收不及时的田块发病重。

【病菌生态】 病菌喜温暖潮湿的环境。适宜发病的温度范围5～25 ℃；最适发病环境，温度为10～22 ℃，相对湿度90％以上；最适感病生育期在成株期至采收期。发病潜育期3～10天，日平均气温在12～14 ℃、早夜温差期间最易引发病害。

【防治措施】

(1) 茬口轮作：发病地块提倡与其他蔬菜实行2～3年轮作。

(2) 加强田间管理：提倡深沟高畦栽培，适当密植，合理肥水，雨后及时排水，降低田间湿度，可减轻发病。

(3) 清洁田园：收获后及时清除病残体，深翻土壤，加速病残体的腐烂分解。

(4) 化学防治：在发病初期开始喷药，喷药间隔期7～10天，连续喷2～3次。

高效、低毒、低残留防治用药：可选丙森·霜脲氰、氟菌·霜霉威、噁酮·霜脲氰、烯酰吗啉等喷雾。

常规防治用药：可选恶霜·锰锌、霜脲·锰锌、代森锰锌等喷雾。

具体用药量及倍数，须按照作物病害危害程度及各农药品种使用说明予以确定。

茼蒿菌核病

【图版11】

茼蒿菌核病(*Sclerotinia sclerotiorum*)由子囊菌亚门核盘菌属

侵染所致;全国各地均有发生;主要危害瓜类、番茄、辣椒、茄子、甘蓝、大白菜、青菜、花椰菜、莴苣、菠菜、刀豆等五十多种蔬菜,是蔬菜的重要病害类群之一。

【简明诊断特征】 茼蒿菌核病自苗期和成株期均可发病,主要发生在茼蒿茎基部。

染病初期病部呈水浸状斑点,逐步演变为灰褐色腐烂,致植株倒伏或枯死;湿度大时,病部表面长出白色菌丝体,后期形成鼠粪状黑色菌核。

【侵染循环】 病菌以菌核遗留在土中越冬或越夏。当遇有适宜温湿度条件即萌发产出子囊盘,散放出子囊孢子,随雨水和风吹落到植株上,萌发后从伤口侵入寄主引起初侵染,病部长出的菌丝又扩展到邻近植株或通过病健株直接接触进行再侵染,引起发病,并以这种方式进行重复侵染,直到植株死亡或生长条件恶化,又形成菌核落入土中越冬或越夏。

【病菌生态】 病菌喜温暖潮湿的环境。适宜发病温度范围为 $0\sim30$ ℃;最适发病环境,温度为 $20\sim25$ ℃,相对湿度高于 90% 以上;最适感病的生育期为生长中后期。子囊孢子萌发最适温度 $5\sim10$ ℃;相对湿度低于 70%,病害扩展明显受阻;发病潜育期 $5\sim15$ 天。

【发生规律】 上海及长江中下游地区茼蒿菌核病的主要发病盛期在 $2\sim4$ 月及 $10\sim12$ 月。年内春季发病重于秋季,年度间早春低温、连续阴雨或多雨、晚秋季低温、寒流早、多雨、多雾的年份发病重;田块间保护地栽培最易发病,地势低洼、排水不良、连年种植芹菜、葫芦科、茄科及十字花科蔬菜发生菌核病重的田块发病较早较重;栽培上种植过密、通风透光差、因寒流作物受冻、霜害、氮肥施用过多的田块发病重。

【防治措施】

(1)清洁田园:收获后及时清除病残体,带出田外深埋或烧毁,深翻土壤,加速病残体的腐烂分解。

(2)加强田间栽培管理:高畦种植,合理密植,有利于通风透光,同时开好排水沟,降低田间湿度,增强植株生长势,合理施用氮肥,增施磷钾肥,提高抗病力。

（3）病区处理：当田间始现青枯萎蔫的菌核病病株时,要及时拔除,并将发病株周围植株匀稀;当发病中心多时要采用拔稀植株密度,改善病区通风透光条件,抑制病区扩展。

（4）化学防治：针对茼蒿菌核病大田普遍防治较为困难、即使喷药也很难到达作物根基部特点,防治中采用在发病中心大剂量区点防治,用药间隔期 7～10 天,连续喷雾 2～3 次。

高效、低毒、低残留防治用药：可选用嘧霉胺、啶酰菌胺等喷雾。

常规防治用药：可选用多氧霉素、乙烯菌核利、腐霉利、异菌脲等喷雾防治。

茼蒿叶枯病

【图版 12】

茼蒿叶枯病（*Cercospora chrysantheml*）由半知菌亚门真菌菊尾孢菌侵染所致;全国各地均有发生;主要危害茼蒿,是茼蒿的常见病害之一。

【简明诊断特征】 茼蒿叶枯病仅危害叶片。

叶片染病,发病初始产生暗褐色小斑,扩大后为圆形或不规则形,灰褐色,病部明显凹陷,病斑边缘褐色,中央淡灰色;田间潮湿时,病部表面生有黑色霉状物,即病菌的分生孢子梗及分生孢子;发病严重时,多个病斑相互连接成片,形成大型病斑,使叶片枯死。

【侵染循环】 病菌以菌丝块或子座随病株的病叶残余组织遗留在田间越冬。在次春环境条件适宜时,产生的分生孢子通过气流传播或雨水反溅至寄主植物上,引起初次侵染;经潜育发病后,并在受害的部位产生新生代分生孢子,进行多次再侵染,加重危害。

【发生规律】 上海及长江中下游地区茼蒿叶枯病的主要发病盛期在 3～6 月及 9～12 月。年度间早春多雨的年份发病重;秋季多雨、多雾重露的年份发病重;田块间连作地、地势低洼、排水不良的田块发病较重;栽培上秋季早播、种植过密、通风透光差、肥水过量的田块发病重。

【病菌生态】 病菌喜温暖高湿的环境。适宜发病的温度范围为 10～25 ℃;最适发病环境,温度为 15～22 ℃,相对湿度 90% 以上;最适感病生育期为成株期。发病潜育期 5～15 天。

【防治措施】

(1)茬口轮作:发病地块提倡与其他蔬菜实行轮作。

(2)加强田间管理:深沟高畦栽培,适时播种,适当密植,合理施肥,雨后及时清理沟系。

(3)清洁田园:收获后及时清除病残体,深翻土壤,加速病残体的腐烂分解。

(4)化学防治:在发病初期开始喷药,用药间隔期 7～10 天,防治 1～2 次。

高效、低毒、低残留防治用药:可选戊唑醇、苯醚甲环唑等喷雾。

常规防治用药:可选恶霜·锰锌、代森锰锌等喷雾。

茼蒿灰霉病

【图版 12】

茼蒿灰霉病(*Botrytis cinerea*)由半知菌亚门真菌灰葡萄孢菌侵染所致;全国各地均有发生;是保护地茼蒿上的常见病害,除危害茼蒿外,还危害莴苣、番茄、茄子、辣椒、黄瓜、芦笋及十字花科蔬菜等。

【简明诊断特征】 茼蒿灰霉病主要危害叶片和茎,苗期至成株期均可染病。

苗期染病,叶和幼茎呈水浸状腐烂,病部着生灰色霉层。

叶片染病,从成龄叶片的叶缘起开始,发病初始产生水浸状小斑,扩大后呈灰褐色不规则形,遇连续阴雨田间湿度大时,病部迅速扩大,蔓延至内部叶片,湿度大时产生一层厚密的灰色霉层,即病菌的分生孢子梗和分生孢子。

【侵染循环】 病菌以菌核或分生孢子随病株残余组织遗留在田间越冬。在环境条件适宜时,菌核萌发出菌丝体并产生分生孢子梗及分生孢子,借气流传播至寄主作物上,从寄主伤口、衰弱及坏死组织部位侵入,引起初次侵染。病菌侵入后迅速蔓延扩展,并在病部产生新生代分生孢子,借气流传播进行多次再侵染。后期形成菌核后越冬。

【发生规律】 上海及长江中下游地区茼蒿灰霉病的主要发病盛期在3~7月及9~11月。年度间早春多雨或梅雨期间多雨的年份发病重;秋季多雨、多雾的年份发病重;田块间连作地、地势低洼、排水不良的田块发病较重;栽培上种植过密、通风透光差、肥水施用过多的田块发病重;保护地栽培关棚时间长、通风换气不良、种植密度过高,极易引发病害。

【病菌生态】 病菌喜温暖高湿的环境。适宜发病的温度范围为4~30 ℃;最适发病环境,温度为20~25 ℃,相对湿度94%左右;最适感病生育期为成株期。发病潜育期5~7天。分生孢子萌发温度范围13~29 ℃。

【防治措施】

(1)茬口轮作:前茬不宜是绿叶菜类,提倡与禾本科作物实行2~3年轮作。

(2)精细整地:应用充分腐熟的有机肥,施足基肥,深沟高畦栽培,经常清理沟系,防止雨后积水引发病害。

(3)加强栽培管理:适期播种、定植,合理密植,大棚栽培注意通风换气,并注意调节棚内小气候,以生态防病为主,使植株生长健壮,提高抗病能力。

(4)清洁田园:收获后及时清除病株残体,并携出田外深埋或烧毁,可减轻发病,深翻土壤,加速病残体的腐烂分解。

(5)化学防治:在发病初期开始喷药,每隔7~10天喷1次,连续喷2~3次。

高效、低毒、低残留防治用药：可选嘧霉胺、啶酰菌胺等喷雾。

常规防治用药：可选乙烯菌核利、腐霉利等喷雾。

具体用药量及倍数,须按照作物病害危害程度及各农药品种使用说明予以确定。

茼蒿病毒病

茼蒿病毒病由黄瓜花叶病毒(Cucumber mosaic virus,简称CMV)和菊花B病毒(Chrysanthemum virus,简称CVB)两种病毒侵染所致,可单独侵染危害,也可复合侵染;全国各地均有发生,是茼蒿的主要病害之一。

【简明诊断特征】 由病毒侵染引起的系统性病害,病症主要表现在植株上部叶片。

花叶型病症,发病初始表现为在叶片上出现黄绿相间、叶色深浅相间的花叶症状。

斑驳矮缩型病症,病株的叶片出现浓、淡绿色不均的斑驳花叶,或叶内全部褪绿,叶面皱曲,新生叶片偏小。发病严重时,心叶节间缩短,叶片皱缩,并使植株黄化、矮缩。

【侵染循环】 致病的病毒在田间的病株或杂草上越冬(种子和土壤不能传毒),田间传播主要通过蚜虫传播[菊花B病毒(CVB)主要通过桃蚜和马铃薯蚜作非持久性传播;黄瓜花叶病毒(CMV)主要通过蚜虫及汁液接触传播至寄主植物上],也可通过汁液接触传播至寄主植物上或田间农事操作接触磨擦传播病毒,从寄主伤口侵入等途径进行传播。

【发生规律】 上海及长江中下游地区茼蒿病毒病的主要发病盛期在5～6月及10～11月。上海地区5月中下旬至6月上中旬有翅蚜迁飞高峰期,往往也是茼蒿病毒传播扩散高峰期。年度间早春温度偏高、少雨、蚜虫发生量大的年份发病重,秋季夜温和地温偏高、少雨、蚜虫多发的年份发病重;栽培上耕作管理粗放、连作、地势低洼、田间农事操作不注意防止传毒、缺有机基肥、缺水、氮肥施用过多的田块发病重。

【病菌生态】 病毒喜高温干旱的环境。适宜发病的温度范围为 15～38 ℃；最适发病环境，温度为 20～35 ℃、相对湿度 80％以下；最适显症的生育期为成株期。发病潜育期 10～15 天。一般持续高温干旱天气，有利于病害发生与流行。

【防治措施】

（1）加强田间栽培管理：适时播种，合理密植，施足有机基肥，加强肥水管理，促进植株健壮，提高抗病能力。农事操作中，接触过病株的手和农具，应用肥皂水冲洗，防止接触传染。

（2）治蚜防病：做好对蚜虫的预测预报，在蚜虫发生初期，及时用药防治，防止蚜虫传播病毒。

（3）化学防治：在田间发病始见开始，每隔 7～10 天喷药 1 次，连续喷雾防治 2～3 次，能减少感染，起到预防作用。

高效、低毒、低残留防治用药：可选宁南霉素喷雾。

常规防治用药：可选 20％盐酸吗啉胍喷雾。

具体用药量及倍数，须按照作物病害危害程度及各农药品种使用说明予以确定。

生菜霜霉病

【图版 12】

生菜霜霉病（*Bremia lactucae*）由鞭毛菌亚门真菌莴苣盘梗霉菌侵染所致；主要危害生菜、莴苣等菊科作物，是生菜的常见主要病害。

【简明诊断特征】 生菜霜霉病主要危害叶片。

叶片染病，从植株下部近地面叶片起发生，发病初始产生褪绿色斑，扩大后病斑淡黄色，受叶脉限制呈近圆形或不规则形；田间湿度高时叶片病部背面产生白色霉层，即病菌的孢囊梗和孢子囊；发病盛期,多个病斑连结成片,形成大型病斑,严重时整张叶片被病斑覆盖,使叶片枯黄而死。

【侵染循环】 病菌以菌丝体及卵孢子随病株残余组织遗留在田间或潜伏在种子上越冬。在环境条件适宜时,病菌产生的孢子囊,通过雨水反溅和气流传播至寄主植物上,从寄主叶片气孔侵入,引起初次侵染。病菌侵染后出现病斑,在受害部位产生新生代孢子囊,借气流传播进行多次再侵染,加重危害。

【发生规律】 上海及长江中下游地区生菜霜霉病的主要发病盛期在3~5月及9~11月。年度间早春多雨或梅雨期间多雨的年份发病重;秋季多雨、多雾的年份发病重;田块间连作地、地势低洼、排水不良的田块发病较重;栽培上种植过密、通风透光差、氮肥施用过多的田块发病重。

【病菌生态】 病菌喜低温高湿的环境,适宜发病的温度范围为1~25 ℃;最适发病环境,温度为15~20 ℃,相对湿度95%左右;最适感病生育期为成株期。发病潜育期3~7天。

【防治措施】

(1) 种子处理:播种前用2.5%氟咯菌腈(适乐时)悬浮种衣剂千分之三包衣后将种子放入冰箱,在3~5 ℃条件下冷冻48小时左右后播种,可防病和提高发芽率。

(2) 茬口轮作:前茬不宜是绿叶菜类,提倡与禾本科作物实行2~3年轮作。

(3) 精细整地:选择土质肥沃,地势高燥,排灌两便,保水、保肥力强的田块种植。应用充分腐熟的有机肥,施足基肥。尽量少追肥或不追肥,追肥宜施用化肥,溶入水中结合浇水进行追肥。深沟高畦,经常清理沟系,防止雨后积水引发病害。

(4) 合理密植:结球生菜的株行距25厘米×25厘米为宜,散叶生菜株行距以30厘米×30厘米为宜,光照充足有利于植株生长,过密容易引发病害。

(5) 保护地栽培管理:要防止发生寒害、冻害及高温危害,秋冬季也要定期通风换气降湿,遇连续阴雨天或雨夹雪天,在中午气温相对较高时开棚降湿。适当控制浇水量,浇水应选择晴朗天气进行,浇水后适当放风,避免低温高湿引发病害。

（6）清洁田园：收获后及时清除病株残体,并携出田外深埋或烧毁,可减轻发病,深翻土壤,加速病残体的腐烂分解。

（7）化学防治：在发病初期开始喷药,每隔 7～10 天喷 1 次,连续喷 2～3 次。

高效、低毒、低残留防治用药：可选嘧菌酯、丙森·霜脲氰、氟菌·霜霉威、噁酮·霜脲氰等喷雾。

常规防治用药：可选霜脲·锰锌、甲霜灵·锰锌、氢氧化铜等喷雾。

具体用药量及倍数,须按照作物病害危害程度及各农药品种使用说明予以确定。

生菜灰霉病

【图版 12】

生菜灰霉病（*Botrytis cinerea*）由半知菌亚门真菌灰葡萄孢菌侵染所致;全国各地均有发生;是生菜上的主要病害;除危害生菜外,还危害莴苣、番茄、茄子、辣椒、黄瓜、芦笋及十字花科蔬菜等。

【简明诊断特征】　生菜灰霉病主要危害叶片和茎,苗期至成株期均可染病。

苗期染病,叶和幼茎呈水浸状腐烂,病部着生灰色霉层。

叶片染病,从近地面成熟叶片起开始;发病初始产生水浸状小斑,扩大后呈灰褐色不规则形;遇连续阴雨田间湿度大时,病部迅速扩大,蔓延至内部叶片,湿度大时产生一层厚密的灰色霉层,即病菌的分生孢子梗和分生孢子。

茎染病,初始茎基部产生水浸状小斑,扩大后病斑环绕茎一周,田间湿度高时产生一层厚密的灰色霉层,使地上部分茎叶凋萎,病株逐渐干枯死亡。

【侵染循环】　病菌以菌核或分生孢子随病株残余组织遗留在

田间越冬。在环境条件适宜时,菌核萌发出菌丝体并产生分生孢子梗及分生孢子,借气流传播至寄主作物上,从寄主伤口、衰弱及坏死组织部位侵入,引起初次侵染。病菌侵入后迅速蔓延扩展,并在病部产生新生代分生孢子,借气流传播进行多次再侵染。后期形成菌核后越冬。

【发生规律】 上海及长江中下游地区生菜灰霉病的主要发病盛期在 3～7 月及 9～11 月。年度间早春多雨或梅雨期间多雨的年份发病重;秋季多雨、多雾的年份发病重;田块间连作地、地势低洼、排水不良的田块发病较重;栽培上种植过密、通风透光差、肥水施用过多的田块发病重;保护地栽培关棚时间长、通风换气不良、种植密度过高,极易引发病害。

【病菌生态】 病菌喜温暖高湿的环境。适宜发病的温度范围为 4～30 ℃;最适发病环境,温度为 20～25 ℃,相对湿度 94% 左右;最适感病生育期为成株期。发病潜育期 5～7 天。分生孢子萌发温度范围 13～29 ℃。

【防治措施】

（1）茬口轮作:前茬不宜是绿叶菜类,提倡与禾本科作物实行 2～3 年轮作。

（2）精细整地:应用充分腐熟的有机肥,施足基肥,深沟高畦栽培,经常清理沟系,防止雨后积水引发病害。

（3）加强栽培管理:适期播种、定植,合理密植,大棚栽培注意通风换气,并注意调节棚内小气候,以生态防病为主,使植株生长健壮,提高抗病能力。

（4）清洁田园:收获后及时清除病株残体,并携出田外深埋或烧毁,可减轻发病,深翻土壤,加速病残体的腐烂分解。

（5）化学防治:在发病初期开始喷药,每隔 7～10 天喷 1 次,连续喷 2～3 次。

高效、低毒、低残留防治用药:可选啶酰菌胺、嘧霉胺等喷雾。

常规防治用药:可选乙烯菌核利、腐霉利等喷雾。

具体用药量及倍数,须按照作物病害危害程度及各农药品种使用说明予以确定。

生菜菌核病

【图版 12】

生菜菌核病（*Sclerotinia sclerotiorum*）由子囊菌亚门真菌核盘菌侵染所致；全国各地均有发生；是生菜上的主要病害，还可危害莴苣、甘蓝、番茄、萝卜、菜豆、茄子、辣椒、马铃薯、黄瓜、胡萝卜等蔬菜。

【简明诊断特征】 生菜菌核病主要危害茎基部。

茎基部染病，发病初始产生水浸状斑，扩大后呈褐色，使茎基部腐烂，植株枯萎死亡；田间湿度高时，病部表面密生一层白色棉絮状菌丝体，并产生初呈白色、后变黑色的鼠粪状菌核。

【侵染循环】 病菌以菌核随病株残余组织遗留在田间越冬。在环境条件适宜时，菌核萌发产生子囊盘，子囊盘散放出的子囊孢子成熟后借气流传播蔓延，侵染局部衰老或坏死的组织，穿过角质层直接侵入，引起初次侵染；侵入后病菌破坏寄主健部的细胞和组织，扩散和破坏邻近未被病原物侵染的组织，并通过病健株间的接触传毒，进行重复侵染。

【发生规律】 上海及长江中下游地区生菜菌核病的主要发病盛期在 3～6 月及 9～11 月。年度间早春多雨或梅雨期间多雨的年份发病重；秋季多雨、多雾的年份发病重；田块间多年连作地、地势低洼、排水不良的田块发病较重；栽培上种植过密、通风透光差、肥水施用过多的田块发病重；保护地栽培关棚时间长、通风换气不良、种植密度过高，偏施氮肥极易引发病害。

【病菌生态】 病菌适宜温暖潮湿的环境条件。适合菌丝生长的温度范围为 0～30 ℃，适温 20 ℃；子囊孢子萌发的温度范围 0～35 ℃，适宜温度 5～10 ℃；最适发病环境，温度为 20 ℃左右、相对湿度 85% 以上；最适感病生育期为成株期，主要发生在茎基部。

【防治措施】

（1）茬口轮作：重发病地块，提倡与水生蔬菜、禾本科作物实行隔年轮作。

（2）加强栽培管理：清理沟系，防止雨后积水引发病害；不偏施氮肥，增施磷钾肥，提高植株抗病能力。

（3）清洁田园：发现病株及时拔除，收获后清除病株残体，并携出田外深埋或烧毁，可减轻发病，深翻土壤，加速病残体的腐烂分解。

（4）化学防治：在发病初期开始喷药，间隔期 7～10 天喷 1 次，连续喷 2～3 次。

高效、低毒、低残留防治用药：可选嘧霉胺、戊唑醇等喷雾。

常规防治用药：可选多氧霉素、乙烯菌核利、腐霉利、异菌脲等喷雾。

具体用药量及倍数，须按照作物病害危害程度及各农药品种使用说明予以确定。

生菜软腐病

【图版 12】

生菜软腐病（*Erwinia carotovora*）由细菌胡萝卜软腐欧氏杆菌侵染所致；全国各地均有发生；是生菜生产上重要病害。

【简明诊断特征】 生菜软腐病主要危害肉质茎、叶球和根茎部。

肉质茎染病，发病初始产生水浸状斑，扩大后病斑不规则形，深绿色，发展成病斑褐色，快速软化腐烂。

叶球染病，发病初始在叶球顶部叶片产生水浸状斑，扩大后病部软化腐烂，由深绿色逐步变为深褐色腐烂，并可扩散腐烂至整个叶球。

根茎部染病，发病初始根茎基部浅褐色，扩大后病部软化腐烂，可深入内部叶片或结球内。

【侵染循环】 病菌随病株残余组织遗留在田间越冬。在环境条件适宜时,病菌借雨水反溅、灌溉水及昆虫传播,从寄主机械伤口、虫伤口或自然裂口侵入,进行侵染。

【发生规律】 上海及长江中下游地区生菜软腐病的主要发病盛期在4～11月(南方地区夏季不适宜种生菜,只适宜在高山栽培)。年度间春、夏温度偏高、闷热、多雨或梅雨期间多雨的年份发病重;秋季多雨、多雾的年份发病重;田块间连作地、地势低洼、排水不良的田块发病较重;栽培上种植过密、通风透光差、害虫发生危害重、氮肥施用过多、采收不及时的田块发病重。

【病菌生态】 病菌喜温暖高湿的环境。适宜发病温度范围为4～39 ℃;最适发病环境,温度为25～32 ℃,相对湿度95%左右;最适感病生育期为成株期至结球中后期,特别是采收不及时的植株最易发病。发病潜育期3～7天。

【防治措施】

(1)茬口轮作:前茬不宜是绿叶菜类,提倡与禾本科作物实行2～3年轮作。

(2)精细整地:应用充分腐熟的有机肥,施足基肥。采取深沟高畦、短畦栽培,降低地下水位,经常清理沟系,防止雨后积水引发病害。

(3)保护地栽培管理:注意通风换气降湿,适当控制浇水量,浇水应选择晴朗天气进行;浇水后适当放风,避免高湿引发病害。田间操作防止人为的机械损伤给病菌的入侵创造机会。

(4)及时除虫:及时防治传染病害的甜菜夜蛾、斜纹夜蛾等害虫,减少害虫危害所造成的伤口。

(5)清洁田园:收获后及时清除病株残体,并携出田外深埋或烧毁,可减轻发病,深翻土壤,加速病残体的腐烂分解。

(6)化学防治:在发病初期开始喷药或浇根,每隔7～10天喷1次,连续喷2～3次。

高效、低毒、低残留防治用药:可选噻菌铜、春雷霉素等喷雾。

常规防治用药:可选氢氧化铜、农用硫酸链霉素、霜霉威盐酸盐等喷雾。

具体用药量及倍数,须按照作物病害危害程度及各农药品种使用说明予以确定。

生菜病毒病

生菜病毒病由莴苣花叶病毒(Lettuce mosaic virus,简称 LMV)、蒲公英黄花叶病毒(Dandelion yellow mosaic virus,简称 DYMV)和黄瓜花叶病毒(Cucumber mosaic virus,简称 CMV)三种病毒侵染所致;三种病毒可单独侵染危害,也可两种或两种以上复合侵染;全国各地均有发生,是生菜上的主要病害;还危害莴苣、菠菜、豌豆、蒲公英等植物。

【简明诊断特征】 生菜病毒病从苗期至成株期均能发病。

苗期染病,约出苗后两周表现出病症,发病初始先在心叶上表现明脉或沿脉失绿,进而产生黄绿相间或叶色深浅相间的花叶或斑驳症状,最后表现出褐色坏死斑点,重病株还会出现心叶扭曲、皱缩畸形,停止生长。

成株期染病,产生黄绿相间或叶色深浅相间的花叶或斑驳症状,出现褐色坏死斑点,叶片表现出不同程度的皱缩,向下卷成筒状,并使植株矮缩。采种株染病后还能使病株生长衰弱,花序减少,导致采种株结实率下降。

【侵染循环】 三种致病的病毒病在越冬上稍有区别。莴苣花叶病毒(LMV)随病株残余组织遗留在田间越冬,也能吸附在种子上越冬并成为初侵染源;蒲公英黄花叶病毒(DYMV)吸附在种子上越冬,并成为初侵染源;黄瓜花叶病毒(CMV)在多年生宿根杂草上越冬。病毒在田间的传播主要都通过蚜虫、蓟马、粉虱等传毒,也可通过汁液接触传播至寄主植物上,或通过田间农事操作接触磨擦传播病毒,从寄主伤口侵入等途径进行传播。

【发生规律】 上海及长江中下游地区生菜病毒病的主要发病

盛期在 4～5 月及 10～11 月。上海地区 4 月中下旬至 5 月上中旬有翅蚜迁飞高峰期,往往也是病毒传播扩散高峰期。年度间早春温度偏高、少雨、蚜虫发生量大的年份发病重,秋季夜温和地温偏高、少雨、蚜虫多发的年份发病重。栽培上耕作管理粗放、连作田块、地势低洼、田间农事操作不注意防止传毒、缺有机基肥、缺水、氮肥施用过多的田块发病重。

【病菌生态】 病毒喜高温干旱的环境。适宜发病的温度范围为 15～30 ℃;最适发病环境,温度为 20～25 ℃,相对湿度 80％以下;最适感病生育期为成株期。一般持续高温干旱天气,有利于病害发生与流行。

【防治措施】

(1) 选留种与种子消毒:从无病留种株上采收种子,选用无病种子,选抗病、耐病品种的种子。播种前或先用清水浸泡种子 3～4 小时,再放入 10％磷酸三钠溶液中浸 20～30 分钟,捞出洗净后催芽。

(2) 加强田间栽培管理:适时播种,合理密植,施足有机基肥,加强肥水管理,促进植株健壮,提高抗病能力。农事操作中,接触过病株的手和农具,应用肥皂水冲洗,防止接触传染。

(3) 保护地栽培管理:具管棚设施的保护地,使用防虫网,把昆虫挡在棚外,此外,还可用银灰色遮阳网育苗避蚜防病。

(4) 清洁田园:苗期及时拔除病株,清理田边杂草,减少病毒来源。收获后及时清除病残体,深翻土壤,加速病残体的腐烂分解。

(5) 防治传病媒介:大田和留种田块,在蚜虫、蓟马、粉虱发生初期,及时用药防治,防止传播病毒。

(6) 化学防治:在发病始见期,每隔 7～10 天喷 1 次药,连续喷雾防治 2～3 次,能减少感染,起到预防作用。

高效、低毒、低残留防治用药:可选宁南霉素等喷雾。

常规防治用药:可选盐酸吗啉胍等喷雾。

具体用药量及倍数,须按照作物病害危害程度及各农药品种使用说明予以确定。

莴苣霜霉病

【图版 13】

莴苣霜霉病（*Bremia lactucae*）由鞭毛菌亚门真菌莴苣盘梗霉菌侵染所致；全国各地均有发生；是危害莴苣的主要病害。

【简明诊断特征】　莴苣霜霉病主要危害叶片，苗期及成株期均可染病。

叶片染病，从植株下部老叶或成熟叶片起发生，并逐步向上部叶片扩展。发病初始产生褪绿色斑，边缘不明显，扩大后受叶脉限制呈近圆形或不规则形，淡黄色病斑；潮湿时叶片病部背面产生白色霉层，有时叶面也会产生白色霉层，即病菌的孢囊梗和孢子囊。发生严重时，受叶脉限制的多个病斑连结成片，使叶片干枯死亡。

【侵染循环】　病菌以菌丝体及卵孢子随病株残余组织遗留在田间或潜伏在种子上越冬。在环境条件适宜时，产生的孢子囊，通过雨水反溅、气流及昆虫传播至寄主植物上，从寄主叶片表皮直接侵入，引起初次侵染。病菌侵染后出现病斑，在受害的部位产生孢子囊，借气流传播进行多次再侵染，加重危害。

【发生规律】　上海及长江中下游地区莴苣霜霉病的主要发病盛期在 3～5 月及 10～12 月（图 3）。年度间早春低温多雨、日夜温

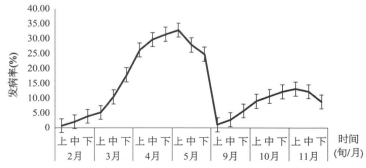

图 3　2005～2013 年莴苣霜霉病株发病率旬均消长图

差大的年份发病重;晚秋季多雨、多雾的年份发病重;田块间连作地、地势低洼、排水不良的田块发病较重;栽培上种植过密、通风透光差、肥水施用过多的田块发病重。

【病菌生态】 病菌喜低温高湿的环境。适宜发病温度范围 1~25 ℃;最适发病环境,温度为 15~19 ℃,相对湿度为 90% 以上;最适感病生育期为成株期;发病潜育期 3~5 天。

【灾变要素】 经汇总 2005 年至 2013 年莴苣霜霉病的病情发生动态系统调查,与环境要素用多元互作项逐步回归法的数理统计学通过相关性检测,满足利于春莴苣霜霉病重发生的主要灾变要素是 2~3 月上旬的旬均株累计发病率高于 8%;2~3 月上旬的旬平均气温 6.5~7.0 ℃;2~3 月上旬累计雨量多于 130 毫米;2~3 月上旬累计日照时数少于 150 小时;2~3 月上旬累计雨日多于 16 天,其灾变的复相关系数为 $R^2=0.999\,9$。满足利于秋莴苣霜霉病重发生的主要灾变要素是 9 月的旬均株累计发病率高于 5%;9 月的旬平均气温低于 24 ℃;9 月累计雨量多于 140 毫米;9 月累计日照时数少于 170 小时;9 月累计雨日多于 13 天,其灾变的复相关系数为 $R^2=0.999\,7$。

【防治措施】

(1) 茬口轮作:重发病地块提倡与非菊科蔬菜,与禾本科作物 2~3 年轮作,以减少田间病菌来源。

(2) 清洁田园:收获后清除病残体,带出田外深埋或烧毁,深翻土壤,加速病残体的腐烂分解。

(3) 加强田间栽培管理:合理密植,开沟排水,合理肥水,增强田间通风透光,降低田间湿度,促使植株健壮,提高植株抗病能力。

(4) 适期分批采收:生长中后期,植株封行,通风透光较差,可视生长状态,采取适时分批隔行采收,增加行间通风透光,抑制病害的发生。

(5) 化学防治:在发病初期开始喷药,用药间隔期 7~10 天,连续喷雾防治 2~3 次。

高效、低毒、低残留防治用药:可选丙森锌·霜脲氰、噁唑菌酮·霜脲氰、氟吡菌胺·霜霉威盐酸盐、烯酰吗啉等喷雾。

常规防治用药：可选霜霉威盐酸盐、氢氧化铜、恶霜·锰锌等喷雾。

具体用药量及倍数,须按照作物病害危害程度及各农药品种使用说明予以确定。

莴苣灰霉病

莴苣灰霉病(*Botrytis cinerea*)由半知菌亚门真菌灰葡萄孢菌侵染所致;全国各地均有发生;是莴苣上的主要病害,除危害莴苣外,还危害蕹菜、番茄、茄子、辣椒、黄瓜、芦笋、十字花科蔬菜等。

【简明诊断特征】 莴苣灰霉病主要危害叶片和茎,苗期至成株期均可染病。

苗期染病,叶和幼茎呈水浸状腐烂,病部着生灰色霉层。

叶片染病,多从叶尖开始,发病初始沿叶缘产生水浸状斑,扩大后呈灰褐色不规则形;遇连续阴雨田间湿度大时,病部迅速扩大,由叶缘向叶片内蔓延,湿度大时产生一层厚密的灰色霉层,即病菌的分生孢子梗和分生孢子。

茎染病,初始茎基部产生水浸状小斑,扩大后病斑可环绕茎一周,田间湿度高时产生一层厚密的灰色霉层,使地上部分茎叶凋萎,病株逐渐干枯死亡。

【侵染循环】 病菌以菌核或分生孢子随病株残余组织遗留在田间越冬。在环境条件适宜时,菌核萌发出菌丝体并产生分生孢子梗及分生孢子,借气流传播至寄主作物上,从寄主伤口、衰弱及坏死组织部位侵入,引起初次侵染。病菌侵入后迅速蔓延扩展,并在病部产生新生代分生孢子,借气流传播进行多次再侵染。后期形成菌核后越冬。

【发生规律】 上海及长江中下游地区莴苣灰霉病的主要发病盛期在 2～5 月及 11～12 月。年度间早春多雨或梅雨期间多雨的年份发病重;秋冬季多雨、多雾的年份发病重。田块间连作地、地势低洼、排水不良的田块发病较重；栽培上种植过密、通风透光差、肥水施用过多的田块发病重；保护地栽培关棚时间长、通风换气不良、种植密度过高，极易引发病害。

【病菌生态】　病菌喜温暖高湿的环境。适宜发病的温度范围为 4～30 ℃；最适发病环境，温度为 20～25 ℃，相对湿度 94% 左右；最适感病生育期为成株期。发病潜育期 5～7 天。分生孢子萌发温度范围 13～29 ℃。

【防治措施】

（1）茬口轮作：前茬不宜是绿叶菜类，提倡与禾本科作物实行 2～3 年轮作。

（2）精细整地：应用充分腐熟的有机肥，施足基肥，深沟高畦栽培，经常清理沟系，防止雨后积水引发病害。

（3）加强栽培管理：适期播种、定植，合理密植，大棚栽培注意通风换气，并注意调节棚内小气候，以生态防病为主，使植株生长健壮，提高抗病能力。

（4）清洁田园：收获后及时清除病株残体，并携出田外深埋或烧毁，可减轻发病，深翻土壤，加速病残体的腐烂分解。

（5）化学防治：在发病初期开始喷药，每隔 7～10 天喷 1 次，连续喷 2～3 次。

高效、低毒、低残留防治用药：可选嘧霉胺、啶酰菌胺等喷雾。

常规防治用药：可选乙烯菌核利、腐霉利等喷雾。

具体用药量及倍数，须按照作物病害危害程度及各农药品种使用说明予以确定。

莴苣菌核病

【图版 13】

莴苣菌核病（*Sclerotinia sclerotiorum*）由子囊菌亚门真菌核盘菌侵染所致；全国各地均有发生；是保护地莴苣生产上的主要病害，

还可危害瓜类、番茄、萝卜、白菜等多种作物。

【简明诊断特征】 莴苣菌核病主要危害茎用莴苣的茎基部或莴苣叶片的基部。

茎染病，植株近地面茎部先受害，病斑初为褐色水渍状，发展后成软腐状，并在被害部位密生棉絮状白色菌丝体，后期产生黑色菌核。

叶片染病，发病初始产生水浸状斑（主要是棚室结露的滴水引起，流积到叶片基部附近引发病害），扩大后呈褐色，使叶基部、茎部腐烂，叶片萎蔫死亡。田间湿度高时，病部表面密生一层白色棉絮状菌丝体，后期产生黑色菌核。

发病严重的植株常因此病而腐烂死亡或无法成为商品上市。留种植株发病后期，剥开茎部，内壁可见有许多黑色菌核。

【侵染循环】 病菌以菌核在土壤中或病株残余组织内越冬或越夏。在适宜的温湿度条件下，菌核萌发产生子囊盘，子囊盘产生子囊孢子，孢子成熟以后通过气流传播到其他植株上。

【发生规律】 上海及长江中下游地区莴苣菌核病的主要发病盛期在3~5月及9~11月（图4）。年度间早春多雨或入梅早、雨量多雨的年份发病重；秋季多雨、多雾的年份发病重；田块间连作地、地势低洼、排水不良、前茬作物菌核病严重，残留菌核量多的田块发病较重；栽培上种植过密、通风透光差、氮肥施用过多的田块发病重。

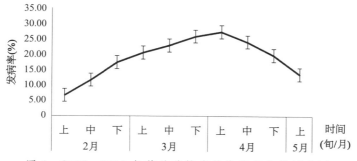

图4 2005~2013年莴苣菌核病株发病率旬均消长图

【病菌生态】 病菌喜温暖潮湿的环境。适宜发病的温度范围5～24 ℃;最适发病环境,温度为20 ℃左右,相对湿度85%以上;最适感病生育期在根茎膨大期到采收期。发病潜育期5～10天。

【灾变要素】 经汇总2005年至2013年莴苣菌核病的病情发生动态系统调查,与环境要素用多元互作项逐步回归法的数理统计学通过相关性检测,满足利于春黄瓜莴苣病重发生的主要灾变要素是2～3月上旬的旬均株累计发病率高于16%;2～3月上旬的旬平均气温低于6.5 ℃;2～3月上旬累计雨量多于120毫米;2～3月中旬累计日照时数少于150小时;2～3月中旬累计雨日多于17天,其灾变的复相关系数为 $R^2 = 0.9998$。

【防治措施】

(1)选种与种子消毒:选用抗病、耐病品种红叶莴苣、特耐寒二白皮等。种子收获后清除混杂的菌核。播种前干种子用2.5%咯菌腈悬浮种衣剂(适乐时)包衣,包衣使用剂量为千分之4～5,包衣后晾干播种;或用10%的食盐水漂种,汰除菌核后,用清水洗净再播种。

(2)轮作:发病地块与水生蔬菜轮作1～2年,减少田间病原菌。

(3)土壤处理:利用保护地的夏季休闲期,可在保护地内灌水后覆盖地膜,闭棚升温7～10天,利用高温杀死部分菌核。

(4)清洁田园:及时拔除田间病株,收获后清除病残体,并带出田外深埋或烧毁,深翻土壤,加速病残体的腐烂分解,减少田间病原菌;防止病株混入肥料堆,随肥料再次带入田中。

(5)化学防治:在发病初期开始喷药,每隔7～10天喷1次,连续喷雾防治2～3次。

高效、低毒、低残留防治用药:可选嘧霉胺、戊唑醇、多氧霉素等喷雾。

常规防治用药:可选乙烯菌核利、腐霉利等喷雾。

具体用药量及倍数,须按照作物病害危害程度及各农药品种使用说明予以确定。

莴苣黑斑病

莴苣黑斑病（*Stemphylium chisha*）由半知菌亚门真菌微疣匍柄霉菌侵染所致；全国各地均有发生；是莴苣生产上的常见病害。

【简明诊断特征】　莴苣黑斑病主要危害叶片。

叶片染病，发生初始为水渍状小点，扩大后为褐色至灰褐色，直径 3～15 毫米的圆形至近圆形病斑，病部有明显同心轮纹，病斑周围出现黄色晕圈。病害发生严重时，病斑密布全叶，使叶片枯黄致死。

【侵染循环】　病菌以分生孢子随病株残余组织遗留在田间越冬，也能附着在种子上越冬。环境条件适宜时，分生孢子借雨水反溅、气流的传播，从寄主叶片表皮直接侵入，进行初侵染。病部产生的新生代分生孢子借风雨传播，进行再侵染。

【发生规律】　上海及长江中下游地区莴苣黑斑病的主要发病盛期在 3～5 月及 9～11 月。年度间早春多雨或入梅早、雨量多的年份发病重；秋季温度偏高、多雨、多雾的年份发病重（年内下半年比上半年发病重）；田块间连作地、地势低洼、排水不良的田块发病较重；栽培上种植过密、通风透光差、氮肥施用过多、植株生长衰弱的田块发病重。

【病菌生态】　病菌喜温暖潮湿的环境。发病温度范围在 8～27 ℃；最适发病环境，温度为 18～20 ℃，相对湿度 85％以上；最适感病生育期在根茎膨大期至采收期。田间湿度大，秋季结露持续时间长，均是适宜引发病害的环境。

【防治措施】

（1）轮作：重发病地块提倡与非菊科蔬菜轮作 1～2 年，减少田间病原菌。

（2）清洁田园：及时摘除田间病、老叶，收获后清除病残体，并带出田外深埋或烧毁，深翻土壤，加速病残体的腐烂分解。

（3）加强田间栽培管理：施足基肥，适时播种，合理密植，清理沟系,雨后及时排水,降低地下水位,适当增施磷钾肥,促使植株健壮,提高植株抗病能力。

(4) 化学防治:在发病初期开始喷药,用药间隔期 7～10 天,连续防治 2～3 次。

高效、低毒、低残留防治用药:可选苯醚甲环唑、戊唑醇等喷雾。

常规防治用药:可选异菌脲、恶霜·锰锌、代森锰锌等喷雾。

具体用药量及倍数,须按照作物病害危害程度及各农药品种使用说明予以确定。

第三章　茄果类主要病害

番茄猝倒病

番茄猝倒病（*Pythium aphanidermatum*）是由鞭毛菌亚门真菌腐霉菌侵染所致，是茄科、瓜类蔬菜育苗过程中常见的引起死苗的主要病害，严重时成片秧苗死亡。

【简明诊断特征】　主要危害未出土或刚出土不久的幼苗，大苗很少被害。

幼苗染病，受害后茎基部出现水渍状病斑，随着病情的发展，病部绕茎一周后形成缢缩，往往子叶未凋萎，幼苗即突然折倒而贴伏地面，但植株仍保持青绿色，故称猝倒病。干燥时，水腐的茎部干枯、缢缩呈线状。

发芽期染病，发病严重时造成烂种烂芽，使幼苗不能出土。湿度大时，病株附近长出白色棉絮状菌丝。

猝倒病与生理沤根的识别，通常沤根是因低温、积水而引起的生理病害，一般发生在搭秧后遇低温、阴雨天气，秧苗地上部分生长不良，原有根系逐渐呈黄锈色腐烂，无新根或基本不发新根，根皮呈现铁锈色腐烂，地上部萎蔫，且易拔起，导致幼苗死亡，严重时也成片干枯。

【侵染循环】　病菌在病株残体上及土壤中越冬，腐生性很强，可在土壤中长期存活，条件适宜萌发侵染瓜苗引起猝倒。通常病菌靠灌水或雨水冲溅传播。

【发生规律】 上海及长江中下游地区番茄猝倒病的主要发病盛期在 12 月至翌年 2 月。年度间早春温度偏低、多阴雨、光照偏少的年份发病重；苗床间排水不良、通风不良，光照不足，湿度偏大的发病重；苗床土壤中含有机质多，且施用了未腐熟的粪肥等不利于幼苗根系的生长和发育，也易诱导猝倒病发生。育苗期应严格控水，浇水时要小水勤浇。

【病菌生态】 病菌喜低温、高湿的环境。适宜发病的温度范围为 $-1 \sim 15$ ℃；最适发病环境，日均温度为 $2 \sim 8$ ℃，相对湿度 $85\% \sim 100\%$；最适宜感病生育期在发芽至幼苗期。发病潜育期 $2 \sim 3$ 天。

【防治措施】

(1) 精选苗床：选择地势高、排水良好的地做苗床，选用经消毒无病的营养土做床底，播前 1 次浇足底水，以减少出苗后的浇水量。苗后浇水时一定要选择晴天，小水勤浇。遇苗床湿度过大，可撒一层干细土吸湿。

(2) 种子包衣防病：干种子用 2.5%咯菌腈悬浮种衣剂（适乐时）包衣，包衣使用剂量为千分之 $4 \sim 5$，包衣后晾干播种。

(3) 培育壮苗，提高抗病力：合理控制苗床的温湿度，是培育壮苗的关键。因此，播种后要注意保温，特别在寒流侵袭时，更应注意夜间覆盖保温，中午、晴天等温度高时要及时炼苗，防止徒长；同时，要注意通风换气，换气口要不断变换，使苗均匀生长，发现病苗及时拔除，定期适时用药防护。

(4) 化学防治：齐苗后定期适时用药防治，一般间隔 $7 \sim 10$ 天防治 1 次，连续防治 $2 \sim 4$ 次。

高效、低毒、低残留防治用药：可选咯菌腈、噻菌铜、春雷·王铜等药剂结合苗床浇水时喷洒。

常规防治用药：可选噁霉灵、氢氧化铜等喷洒防病。

具体用药量及倍数，须按照作物病害危害程度及各农药品种使用说明予以确定。

番茄立枯病

番茄立枯病(*Rhizoctonia solani*)是由半知菌亚门真菌立枯丝核菌侵染所致,是蔬菜育苗过程中常见的引起死苗的主要病害,发病严重时成片秧苗死亡,给生产带来一定的损失。

【简明诊断特征】 番茄立枯病主要发生在刚出土的幼苗及大苗,以育苗后期发生偏多。

幼苗染病后,茎基部发生褐色凹陷病斑,发病初期茎叶白天萎蔫,夜间恢复正常,经数日反复后,病株就萎蔫枯死。

刚出土的幼苗发病,常与猝倒病较难区分,可在苗床的潮湿点位或在病株及其附近表土可见菌丝和菌核,病部有淡褐色蛛丝状霉,有时这种症状不显著。也可根据发病苗床的环境推测,温度在23～25 ℃时,湿度越大发病越重,是立枯病的可能性为大。苗床温度处于2～8 ℃的低温时,是猝倒病的可能性为大。

【侵染循环】 病菌以菌丝体或菌核在土壤中或病残组织上越冬,腐生性较强,在土壤中可存活2～3年。病菌通常从伤口或表皮直接侵入幼茎,引起根部发病,借雨水或灌溉水传播。

【发生规律】 上海及长江中下游地区番茄立枯病的主要发病盛期在1～3月。年度间早春多寒流、多阴雨或梅雨期间多雨的年份发病重;晚秋多雨、温度偏高的年份发病重。苗床间旧床、排水不良的发病较早较重。栽培上用种过密、通风透光差的、浇水过多、氮肥施用过多的苗床发病重。

【病菌生态】 病菌喜较温暖潮湿的环境。适合发病的温度范围0～30 ℃;最适宜的发病环境,温度为15～28 ℃,相对湿度90%以上;最适宜的感病生育期为出苗期至成苗后期。发病潜育期5～10天。湿度的高低直接影响菌丝体的生长和子囊孢子的发育,子囊孢子萌发的适宜温度5～10 ℃,菌丝不耐干旱。

【防治措施】

(1) 精选苗床:选择地势高、排水良好的地做苗床,选用经消毒无病的营养土做床底,播前 1 次浇足底水,以减少出苗后的浇水量。苗后浇水一定要选择晴天,小水勤浇。遇苗床湿度过大,可撒一层干细土吸湿。

(2)种子包衣防病:干种子用 2.5％咯菌腈悬浮种衣剂(适乐时)包衣,包衣使用剂量为千分之 4～5,包衣后晾干播种。

(3)培育壮苗,提高抗病力:注意苗床通风换气,合理控制温湿度,是培育壮苗的关键,发现病苗及时拔除,定期适时用药防护。

(4)化学防治:齐苗后定期适时用药防治,一般间隔 7～10 天防治 1 次,连续防治 2～4 次。

高效、低毒、低残留防治用药:可选咯菌腈、春雷·王铜等药剂结合苗床浇水时喷洒。

常规防治用药:可选乙烯菌核利、异菌脲、噁霉灵等喷洒防病。

具体用药量及倍数,须按照作物病害危害程度及各农药品种使用说明予以确定。

番茄苗期沤根、烧根

番茄在苗期常有非侵染性苗期沤根、烧根等,也常可造成秧苗成片死亡。

【简明诊断特征】

(1)苗期沤根的识别:表现为根部不发新根或不定根,根部表皮呈铁锈色后腐烂,导致地上部萎蔫,幼苗易拔起,地上部叶缘枯焦。严重时成片干枯,似缺素症。

(2)苗期烧根的识别:表现为根尖发黄,但不烂根,须根少而短,不发新根,地上部生长缓慢,形成小老苗,严重时秧苗成片枯黄死亡。

【发生原因】 两种非侵染性苗期根病的主要症状、引发的原因有以下不同:

苗期沤根引发的原因,通常是育苗期间较长时间低于 12 ℃,苗床浇水过多,通风不良,又遇连续阴雨等,易导致苗期沤根。

苗期烧根引发的原因,主要是因育苗床土用肥量过多,造成床土肥料浓度过高;或使用未腐熟的有机肥,从而在床土里发酵,导致幼苗烧根。

【发生规律】 上海及长江中下游地区番茄苗期沤根、烧根的主要发生期在 11 月至翌年 2 月。沤根、烧根的发生与年度间早春多阴雨天气、少日照有关;秧田地势低洼、排水不良的发生较重;栽培上苗床管理粗放,通风透光差、肥水施用过多的苗床上发生重。

【防治措施】

(1)苗床选择:宜选择地势高、排水方便、土质肥沃、背风向阳的田块,并开深沟,以利排水和降低地下水位。如用旧苗床,则必须换用新土,基肥要施用充分腐熟的有机肥,能较好地预防病害发生。

(2)培育壮苗,提高抗病力:合理控制苗床的温湿度,是培育壮苗的关键。因此,播种后要注意保温,特别在寒流侵袭时,更应注意夜间覆盖保温。浇水要小水轻浇,不要使苗床温度下降过剧,同时要注意通风换气,做到既不使床内热量失散过多,又能达到降低床内湿度的目的,搭秧后水分控制要得当,以促进秧苗发根,增强植株抗病力。

番茄灰霉病

【图版 13】

番茄灰霉病(*Botrytis cinerea*)由半知菌亚门真菌灰葡萄孢菌侵染所致;全国各地均有发生;是番茄的重要病害,还危害茄子、甜(辣)椒、黄瓜、生菜、芹菜、草莓等二十多种作物。

【简明诊断特征】 番茄灰霉病主要危害花和果实,也能危害叶片和茎杆。苗期至成株期均可发生。

花染病,病菌一般先侵染已过盛花期的残留花瓣、花托或幼果柱头,产生灰白色霉层,然后向幼果或青果发展。

果实染病,主要危害幼果和青果,染病后一般不脱落,发病初期被害部位的果皮呈灰白色水浸状,中期果实的被害部位发生组织软腐,后期在病部表面密生灰色或灰白色的霉层,即病菌的分生孢子梗及分生孢子。在田间一般植株下部的第一塔(果穗)果最易发病且受害重,植株中上部的果穗相对发病较轻。

叶片染病,发病常在植株下部老叶片的叶缘先侵染发生,病斑呈"V"字形扩展,并伴有深浅相间不规则的灰褐色轮纹,表面生少量灰白色的霉层。发病末期可使整叶全部枯死,发病严重时可引起植株下部多数叶片枯死。

茎秆染病,从幼苗至成株期均可发生,发病初始产生水渍状小斑,扩展后成长椭圆形,病部呈淡褐色,表面生灰白色的霉层,往往引起病部上端的茎、叶枯死。

【侵染循环】 病菌以分生孢子或菌核随病株残余组织遗留在田间越冬或越夏。在适宜条件下,菌核萌发产生菌丝体,继而形成分生孢子,通过气流、雨水或农事操作传播。

【发生规律】 上海及长江中下游地区番茄灰霉病的主要发病盛期,在冬春季2月中下旬至5月间(图5)。年度间早春温度偏低、多阴雨、光照时数少的年份发病重;田块间连作地、排水不良、与感病寄主间作的田块发病较早较重;栽培上种植过密、通风透光差、氮肥施用过多的田块发病重,与生菜、芹菜、草莓等易发灰霉病的作物接茬的田块易染病,特别是保护地春季阴雨连绵、气温低、关棚时间

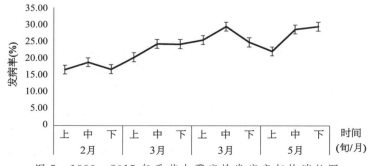

图 5 1999~2015 年番茄灰霉病株发病率旬均消长图

长、通风换气不良,极易引发病害。品种茬口上开花后残花瓣遗留在幼果脐部多的品种易感病,春播特早熟栽培茬口易发病,且发病重于迟播番茄。

【病菌生态】 病菌喜温暖高湿的环境。适宜发病的温度范围为 2～31 ℃;最适发病环境,温度为 20～28 ℃,相对湿度 90% 以上;最适感病生育期为始花至座果期。发病潜育期 5～10 天。

【灾变要素】 经汇总 1999～2015 年番茄灰霉病的病情发生动态系统调查,与环境要素用多元互作项逐步回归法的数理统计学通过相关性检测,满足利于番茄灰霉病重发生的主要灾变要素是 2～3 月中旬的旬均株累计发病率高于 25%;2～3 月中旬的旬平均气温低于 7.0 ℃;2～3 月中旬累计雨量多于 150 毫米;2～3 月中旬累计日照时数少于 200 小时;2～3 月中旬累计雨日多于 19 天,其灾变的复相关系数为 $R^2 = 0.959\,2$。

【防治措施】

(1)合理安排品种茬口:也能减轻番茄灰霉病的发生;番茄要尽量避免与生菜、芹菜、草莓等容易发生灰霉病的作物接茬,因这些品种容易发病。番茄定植后在相同的条件下,会早发病,诱发病害的流行。

(2)精细整地:畦面应做成鱼背式的深沟高畦,确保浇水畦面不积水。在雨季前,抓好温室、中棚四周清理沟系,防止雨后积水,降低地下水位和棚室内湿度,控制发病环境。

(3)生态调节控制发病:在番茄进入发病期开始,早上开棚通风换气,结束后及时关棚保温,并使棚室内的温度达到 30 ℃ 以上、35 ℃ 以下数小时;下午棚温下降到 25 ℃ 左右时,再开棚强制快速降温至 18 ℃ 以下,避开发病的适宜温区,达到生态调节防治病害。

(4)精心肥水管理:肥水管理是否适当,对引发病害关系很大,特别追肥浇水应选择在晴天的上午,以贴根处轻浇、勤浇为宜,切忌用泥浆泵等大水大肥浇灌,追肥应选用尿素等安全性高、肥效好的化肥。浇水后不得立即关棚保温,需开棚通风 3 小时以上,排除棚内多余的湿气。在有条件的地方,应推广应用滴灌加覆盖地膜的设施,以使科学肥水管理省力、高效。

（5）合理密植：根据番茄品种的特性、植株的开展度、品种的抗病性等制定合理密植。一般标准中棚每 667 平方米栽 2 400～2 800 株，单棚栽 800～900 株。

（6）整枝打杈，摘除病果，混药沾花防病：番茄灰霉病的主要发病部位是植株的中下部和带有残花的幼果。根据发病特点，掌握每隔 5～10 天进行 1 次下部老叶的整枝打杈，把整下的病枝、病叶、病果带出棚外集中处理，防止传染。早春结合番茄灵激素混用药剂沾花处理，温度低于 20 ℃，可使用 1∶800 倍的 50％啶酰菌胺水分散粒剂（凯泽）沾花处理，温度高于 20 ℃，应使用 1∶1 000 倍的 50％啶酰菌胺水分散粒剂（凯泽）沾花处理，沾花处理时顺手摘除残留花冠，保持田园清洁，减少病菌传播机会。在发病高峰期采取此法防治，可获得 50％以上的防治效果。

（7）化学防治：番茄灰霉病的发生规律与作物的生育期、连续阴雨的天气条件有极密切的关系，归纳发病特点为"随花而来，终花而去"，根据此特点，以始花为第一次防治适期，以后视病情发展，每隔 5～7 天防治 1 次。

高效、低毒、低残留防治用药：可选啶酰菌胺、嘧霉胺等喷雾。

常规防治用药：可选腐霉利、乙烯菌核利、异菌脲等喷雾。

具体用药量及倍数，须按照作物病害危害程度及各农药品种使用说明予以确定。

防治时如遇阴雨天气或低温而不便喷药时，宜选用一熏灵防治，特别是阴雨天使用烟剂的效果好于药剂喷雾防治，但在使用烟剂前须先开棚通风排湿，防止产生药害。

番茄叶霉病

【图版 14】

番茄叶霉病（*Cladosporium fulvum*）由半知菌亚门真菌黄枝孢菌侵染所致，俗称黑毛病；是蔬菜保护地栽培上常发的重要病害。

【简明诊断特征】　番茄叶霉病主要危害叶片,也能危害茎、果柄、花和果实。苗期至成株期均可发病。

叶片染病,发病初始在叶片正面出现淡黄色斑,椭圆形或不规则形,边缘无明显拮抗反应的淡黄色斑纹,后在叶背面长出霉层,初为灰白色,后成灰紫色或带有绿褐色的霉层,即病菌的分生孢子梗及分生孢子。发病严重时,叶片病斑密集、发黄、向内卷曲,最后干枯,提早脱落。一般从病株下部成熟叶片先发病,并逐渐向上部叶片蔓延。

茎、果柄和花染病,在嫩茎及果柄上产生初为灰白色,后成灰紫色或带有绿褐色的霉层,并可延及花部,引起花器凋萎或幼果脱落。

果实染病,先在绿果上产生暗黑色革质的斑块,后转变为灰白色,在尚未成熟转色果实上或成熟的果实上,病斑表面密生黑褐色的霉层。

苗期染病,下部叶片叶面产生淡黄色斑,扩大后病部叶背生灰白色至灰紫色霉层,严重时叶片很快变黄干枯。幼苗生长缓慢,成株后易早衰。

【侵染循环】　病菌以分生孢子附着在种子表面或以菌丝体潜伏在种皮内越冬,也能以菌丝块或菌丝体随病株残余组织遗留在田间越冬。下年度随播种带病的种子引起田间初次发病或由遗留在田间的病残体在适宜的环境条件下产生分生孢子,通过气流传播,引起初次侵染。在适宜的环境条件下,病株上反复产生大量的分生孢子,造成多次再次侵染。病菌孢子萌发后,一般从寄主叶背的气孔侵入,菌丝在细胞间隙蔓延形成病斑。此外,病菌也可以从花器入侵进入子房,潜伏在种皮上。

【发生规律】　上海及长江中下游地区番茄叶霉病的主要发病盛期在3～7月及9～11月(图6),常年春季发病重于秋季。年度间早春低温、连续阴雨或梅雨期间多雨的年份发病重;秋季晚秋温度偏高、多雨的年份发病重;田块间连作地、地势低洼、地下水位高、排水不良的田块发病较早较重;栽培上保护地种植、定植过密、寒流受冻、通风透光差、浇大肥大水、氮肥施用过多、春播特早熟茬口的田块发病重;此外,不同的品种对叶霉病抗性有较大的差异,大红番茄

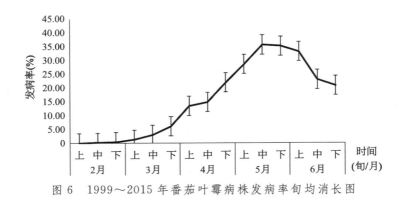

图 6　1999～2015 年番茄叶霉病株发病率旬均消长图

品系较感病。

【病菌生态】　病菌喜温暖高湿的环境。适宜发病的温度范围 9～34 ℃;最适发病环境,温度为 20～25 ℃,相对湿度 95％以上;最适感病生育期为封行至座果期。发病潜育期 5～10 天。阴雨天气、光照不足、温室或棚内空气不流通、湿度过大,温度在 20～28 ℃ 范围内波动,从始发病到盛发期只需 12～15 天。

【灾变要素】　经汇总 1999～2015 年番茄叶霉病的病情发生动态系统调查,与环境要素用多元互作项逐步回归法的数理统计学通过相关性检测,满足利于番茄叶霉病重发生的主要灾变要素是 3 月的旬均株累计发病率高于 5％;3 月的旬平均气温低于 10 ℃;3 月累计雨量多于 160 毫米;3 月累计日照时数少于 150 小时;3 月累计雨日多于 12 天,其灾变的复相关系数为 $R^2＝0.999\,5$。

【防治措施】

(1)留种与种子消毒:选无病株留种。引进商品种子在播前干种子用 2.5％咯菌腈悬浮种衣剂(适乐时)包衣,包衣使用剂量为千分之 3～4,包衣后晾干播种;或用 52 ℃ 温汤浸种半小时后,立即移入冷水中冷却,晾干后催芽播种。

(2)茬口轮作:发病严重田块与瓜类、豆类等作物实行 3 年以上的防病轮作。

(3)选用抗病品种:根据市场适销为原则,利用品种间抗病性优势,尽量选用粉红品系品种,回避大红品系的易感病品种。

（4）设施消毒：发病重的温室、管棚设施,在换茬时,及时处理好病残植株,减少病源的残存,可利用夏季高温,灌水关棚高温熏棚10～15天,促进病残体早腐蚀分解,打断病源侵染循环。

（5）培育壮苗：苗床定期适时用药防治,秧苗移栽前一定要做到带药移栽,不移栽病、弱苗,从严控制秧苗带病移栽。

（6）合理密植：根据番茄品种的特性,植株的开展度,品种的抗病性等制定合理密植。一般标准管棚每667平方米栽2 000～2 200株为宜。

（7）科学肥水管理：以降低湿度为关键的小肥小水勤浇的科学肥水管理栽培技术,并注意加强开棚通风换气控制发病。雨季来临前开好排水沟系,防止雨后积水。

（8）温度调控生态防治：利用设施栽培调控温度方便的优势,回避植株发病适宜温度,特别是利用晴天中午前后关棚,使棚内温度保持在32～35 ℃,抑制发病;傍晚开棚排湿,并使棚内温度低于20 ℃;晚上不低于10 ℃时,不要将棚全部关闭降湿,达到生态调节,控温治病。

（9）清洁田园：在发病初期,及时整枝打杈,摘除病叶、老叶,减少田间再侵染病源。

（10）化学防治：在发病初期开始喷药,每隔7～10天喷药1次,连续喷2～3次,重病田视病情发展,必要时还要增加喷药次数。

高效、低毒、低残留防治用药：可选用春雷·王铜、苯醚甲环唑等喷雾。

常规防治用药：可选苯醚甲环唑·丙环唑、氟硅唑、腐霉利、乙烯菌核利、异菌脲等喷雾。

具体用药量及倍数,须按照作物病害危害程度及各农药品种使用说明予以确定。

防治时如遇阴雨天气或低温而不便喷药时,宜选用烟剂防治,特别是阴雨天使用烟剂的效果好于药剂喷雾防治,但在使用烟剂前须先开棚通风排湿,防止产生药害。

番茄菌核病

【图版 14】

番茄菌核病(*Sclerotinia sclerotiorum*)由子囊菌亚门真菌核盘菌侵染所致;全国各地均有发生,是保护地栽培番茄生产上的重要病害;还危害甜(辣)椒、茄子、黄瓜、豇豆、蚕豆、豌豆、马铃薯、胡萝卜、菠菜、芹菜、甘蓝等多种蔬菜。

【简明诊断特征】 番茄菌核病在幼苗期和成株期均可感病,主要危害茎基部,也能危害茎、叶和叶柄、花、果实和果柄。

茎染病,危害茎基部和茎分杈处。发病初始为褐色水渍状斑,后病斑绕茎变黄。湿度高时病部长出一层白色棉絮状菌丝体,软腐无气味;田间湿度低时病斑呈灰白色,稍凹陷,易折断。受害后茎杆内髓部受破坏,腐烂而中空,剥开可见白色菌丝体和黑色菌核。菌核呈鼠粪状,圆形或不规则形,早期白色,以后外部变为黑色,内部白色,大小一般(1.5~6)毫米×8 毫米,4~10 粒;后期病部以上茎叶枯萎,茎基部叶片染病始于叶缘,形成不规则形、黄褐色的病斑,叶片基部受害形成不规则形、灰褐色水渍状病斑。湿度高时叶片表面产生白色棉絮状菌丝体,软腐,可致叶片枯死脱落。染病后期整株枯萎,病苗呈立枯状死亡。

叶柄染病,由叶柄基部侵入,水浸状,病斑灰白色稍凹陷,后期表皮纵裂。叶柄染病的植株易引起茎分杈处染病,病部以上枝叶凋萎变黄,病部以下枝叶则可继续生长。

花梗受害,蔓延至果实,病部褪色变白,稍带湿腐。花瓣受害后失去光泽呈苍白色,易脱落。

果实及果柄染病,始于果柄,并向果实蔓延,致果实水浸状腐烂,果表长白色棉絮状菌丝及形成黑色粒状菌核。

【侵染循环】 病菌以菌核在土壤中和病株残余组织内及混杂在种子中越冬或越夏。菌核一般可存活 2 年左右。在环境条件适宜时,菌核萌发产生菌丝体和子囊盘,子囊盘散放出的子囊孢子借气流传播到植株上,引起初次侵染。病菌很难直接侵染生长健壮的植物茎叶,一般都是在衰老的叶片组织或未脱落的花瓣上穿过角质层直接侵入,侵入后病菌破坏寄主的细胞和组织,扩散和破坏邻近未被病原物侵染的组织,并通过病健株间的接触,进行重复侵染。病叶、茎与植株健部间的接触,带病花瓣落在植株健部,病菌就可以扩展而使健全的茎、叶及果实发病。

【发生规律】 上海及长江中下游地区番茄菌核病的主要发病盛期在1～6月及10～12月,常年春季比秋季发生重。年度间早春多雨,寒流侵袭作物受冻、天气忽冷忽热变换频繁或梅雨期间多雨的年份发病重;秋季晚秋温度偏高、多雨的年份发病重;田块间连作地、排水不良地发病较早较重;栽培管理上种植过密、通风透光差、氮肥施用过多、茎叶过嫩或受霜害、冻害和肥害的发病重;中管棚保护地及温室栽培关棚时间过长、通风换气少、大水大肥浇灌的发病重;品种间残留花多的、茎叶柔嫩多毛的品种易感病。

【病菌生态】 病菌喜温暖高湿的环境。适宜发病的温度范围0～30 ℃,最适发病环境,温度为20～25 ℃,相对湿度90%以上;最适感病生育期为成株期至开花座果期。发病潜育期5～8天。子囊孢子萌发的适宜温度5～10 ℃,菌核萌发适温15 ℃。

【防治措施】

(1)茬口轮作:与水生蔬菜、禾本科作物及葱蒜类蔬菜轮作。

(2)种子处理:清除混杂在种子中的菌核,避免将菌核播入苗床中。播种前干种子用2.5%咯菌腈悬浮种衣剂(适乐时)包衣,包衣使用剂量为千分之3～4,包衣后晾干播种;或用50～55 ℃的温汤浸种10～15分钟,移入冷水,然后取出晾干后播种。

(3)土壤消毒:每平方米用50%多菌灵可湿性粉剂8～10克,与干细土10～15千克拌匀后撒施,消灭菌源。

(4)培育壮苗:苗床定期适时用药防病,适温炼苗防止高脚苗、弱苗,秧苗移栽前一定要做到带药移栽,不移栽病弱苗,从严控制秧苗带病移栽。

(5)加强田间管理:开好排水沟系,防止土壤过湿和雨后积水引发病害,合理密植,科学施肥,控制浇水。控制保护地栽培棚内温湿度,及时放风排湿,尤其要防止夜间棚内湿度迅速升高,是防治本病的关键措施。注意合理控制浇水和施肥量,浇水时间放在上午开棚时,以降低棚内湿度。特别在春季寒流侵袭前,要及时加盖小环棚塑料薄膜,并在棚室四周盖草帘,防止植株受冻。

(6)清洁田园:及时打老叶、清理残留花朵,发现病株及时拔除或剪去病枝,带出棚外集中烧毁或深埋。收获后彻底清除病残体,深翻土壤,防止菌核萌发出土。

(7)化学防治:在发病初期开始喷药,每隔7~10天喷药1次,连续喷2~3次,重病田视病情发展,必要时还要增加喷药次数。

高效、低毒、低残留防治用药:可选嘧霉胺、啶酰菌胺、戊唑醇、春雷霉素等喷雾。

常规防治用药:乙烯菌核利、腐霉利、异菌脲等喷雾。

具体用药量及倍数,须按照作物病害危害程度及各农药品种使用说明予以确定。

春季遇连续阴雨,中管棚保护地栽培番茄棚内可选用烟熏剂每180平方米标准棚100克,开棚排湿20分钟后进行闷棚熏蒸。

(8)病茎涂药治病:在植株茎部始发病时,用50%异菌脲可湿性粉剂(扑海因)100倍调成浆糊状,用毛笔沾药糊涂病茎部治病。

番茄病毒病

【图版 14】

番茄病毒病主要由烟草花叶病毒(Tobacco mosaic virus,简称TMV)、黄瓜花叶病毒(Cucumber mosaic virus,简称 CMV)、番茄黄化曲叶病毒(Tomato yellow leaf curl virus,简称 TYLCV)等 20多种毒源侵染所致;全国各地都有发生,是番茄的常见病害。

【简明诊断特征】 番茄病毒病在田间主要表现症状可归纳 6种,即花叶、蕨叶、条纹、巨芽、卷叶和黄顶。

（1）花叶型：主要发生在植株上部叶片，表现为在叶片上出现黄绿相间或叶色深浅相间的花叶症状，叶色褪绿，叶面稍皱，植株矮化。新生叶片偏小，皱缩，明脉，叶色偏淡。

（2）蕨叶型：植株一般明显矮化，上部叶片叶肉组织退化，部分叶片或全部叶片仅存主脉，使叶片细长成线状，节间缩短。中下部叶片向上微卷，花瓣加长增厚。

（3）条斑型：可发生在茎、叶和果实上。茎染病，初始产生暗绿色的短条斑，扩大后呈褐色、长短不一的条斑，并逐渐蔓延，严重时引起部分分枝或全株枯死。叶染病，形成褐色云纹状或线条状斑。果实染病，产生淡褐色稍凹陷病斑，果面着色不均匀，畸形，病果易脱落。

（4）巨芽型：顶部及叶腋长出的芽分枝增多，叶片呈线状，色淡，芽增大并畸形。病株不结果或结果少，所结果坚硬，圆锥形。

（5）卷叶型：叶片边缘向上卷曲，叶脉间黄化，小叶似球形，畸形卷曲，使植株萎缩。

（6）黄顶型：植株顶部叶片出现褪绿色或黄化，叶小，叶面皱缩，病叶中部稍突起，边缘卷曲，植株矮小，分枝增多。

【侵染循环】　最常见的花叶型由烟草花叶病毒（TMV）侵染所致，蕨叶型由黄瓜花叶病毒（CMV）侵染所致，条斑型一般由黄瓜花叶病毒（CMV）与烟草花叶病毒（TMV）复合侵染所致，黄顶型一般由黄化曲叶病毒（TYLCV）侵染所致。

烟草花叶病毒（TMV）随病株残余组织遗留在田间越冬，也能吸附在种子上越冬并成为初侵染源，主要通过汁液接触或田间农事操作传播至寄主植物上，从寄主伤口侵入，进行多次再侵染；带病卷烟通过吸烟者田间操作，也可成为初侵染源。

黄瓜花叶病毒（CMV）附着在多年生宿根杂草上越冬，主要通过蚜虫及汁液接触传播至寄主植物上。

番茄黄化曲叶病毒（TYLCV）由烟粉虱（*Bemisia tabaci*）以持久方式传播，广泛分布于热带和亚热带地区，在番茄、烟草、南瓜、木薯、棉花等重要经济作物上造成毁灭性危害。

【发生规律】　上海及长江中下游地区番茄病毒病的主要发病

盛期在 4 月下旬至 7 月以及 9～11 月,春季以烟草花叶病毒(TMV)为主,秋季以黄瓜花叶病毒(CMV)、番茄黄化曲叶病毒(TYLCV)为主。年度间早春温度偏高、少雨,蚜虫、粉虱、蓟马发生量大的年份发病重;秋季夜温和地温偏高、少雨,蚜虫、粉虱多发的年份发病重;田块间连作地、周边毒源寄主多的田块发病较早较重;栽培上种植过密、田间农事操作不注意防止传毒、肥水不均、施肥偏施氮肥的田块发病重;品种间抗病、耐病差异较大,粉红系列明显较大红系列抗病。

【病菌生态】 病毒喜高温干旱的环境。适宜发病的温度范围为 15～38 ℃;最适发病环境,温度为 20～35 ℃,相对湿度 80％以下;最适感病生育期为五叶至座果中后期。发病潜育期 10～15 天。一般持续高温干旱天气,有利于病害发生与流行。

【防治措施】

(1)选栽抗病杂交品种:对番茄病毒病较为抗病、耐病的番茄品种有浙粉 702、浙粉 701、浦粉 5 号等。

(2)留种与种子消毒:从无病的留种株上采收种子,选用无病种子。引进的商品种子,在播种前先用清水浸种 3～4 小时,然后在 10％磷酸三钠溶液中浸 30 分钟,再用清水冲洗尽药液后,晾干催芽播种。

(3)加强田间栽培管理:适时播种、培育壮苗,不移栽病苗、弱苗,合理密植。适时调控水肥、增施磷钾肥,促进植株生长健壮,提高抗病能力。整枝打杈在植株成龄抗病阶段进行,可减轻病毒危害。高温季节覆盖地膜和遮阳网,有一定的遮阳防病效果。及时清理田边杂草,减少传毒来源。

(4)注意防止农事操作人为传病:接触过病株的手和农具,应用肥皂水冲洗,吸烟菜农肥皂水洗手后再进行农事操作,防止接触传染。

(5)防治传病害虫:在蚜虫、蓟马、粉虱发生初期,及时用药防治,同时使用黄板诱捕(25～30 张/667 平方米)减少虫口基数,防止传播病毒。推广应用银灰膜避蚜防病,效果明显。

(6)化学防治:从秧苗期三叶一心期至五叶一心期、移栽苗,或在田间始见病株起用药,每隔 7~0 天喷 1 次,连续喷 2~3 次,有较明显的抑制病害扩展的效果。

高效、低毒、低残留防治用药:可选宁南霉素、吗胍·乙酸铜、盐酸吗啉胍等喷雾。

常规防治用药:可选病毒灵乳剂喷雾。

具体用药量及倍数,须按照作物病害危害程度及各农药品种使用说明予以确定。

番茄早疫病

【图版 14、15】

番茄早疫病(*Alternaria solani*)由半知菌亚门真菌茄链格孢菌侵染所致;全国各地均有发生,是番茄的主要病害;除危害番茄外,还危害茄子、甜(辣)椒、马铃薯等茄科蔬菜。

【简明诊断特征】 番茄早疫病主要危害叶片,也能危害茎、叶柄和果实。从苗期到成株期均可发病。

叶片染病,发病初始产生暗褐色小斑,后扩大为灰褐色圆形或不规则形病斑,中央灰褐色,边缘深褐色,外围有黄色晕环,病部有明显的同心轮纹突起。天气潮湿时,病斑上长有黑色霉状物,即病菌的分生孢子梗和分生孢子。病害一般从植株下部叶片开始发病,逐渐向上部叶片蔓延,严重时造成植株下部叶片变黄干枯脱落,仅剩上部叶片。

叶柄染病,产生椭圆形轮纹斑,灰褐色凹陷,病部表面生灰黑色霉状物,易折断。

茎染病,病斑一般在分枝处发生,产生椭圆形或不规则形灰褐色病斑,病部具同心轮纹,稍凹陷,病部表面生灰黑色霉状物。发病严重时,可造成断枝。

果实染病,病斑多在蒂部附近和裂缝处,病部灰褐色,圆形或椭圆形,稍凹陷,边缘明显,表面有同心轮纹并长出黑色霉状物。后期果实开裂,病部较硬,有时脱落。

幼苗染病,危害根茎部,形成小脚苗,严重时成立枯状,造成死苗。

【侵染循环】 病菌以菌丝体和分生孢子随病株残余组织遗留在田间越冬,也可附着在种子上越冬。带病种子播种发芽后病菌直接侵入子叶;田间病株残余组织内的病菌在环境条件适宜时产生分生孢子,通过雨水反溅和气流传播至寄主植物上,从寄主表皮直接侵入,引起初次侵染;经潜育后出现病斑,并在受害的部位产生新生代分生孢子,通过雨水和气流的传播进行多次再侵染,加重危害。

【发生规律】 上海及长江中下游地区番茄早疫病的主要发病盛期在2～6月(图7)。年度间早春多雨或梅雨期间多雨的年份发病重;田块间连作地、排水不良的田块发病较早较重;栽培上种植过密(保护地关棚保温过度)、通风透光差、管理粗放、大水大肥浇施的田块发病重。

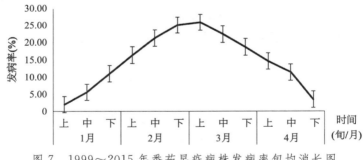

图7 1999～2015年番茄早疫病株发病率旬均消长图

【病菌生态】 病菌喜温暖高湿的环境。适宜发病的湿度范围在1～45 ℃;最适发病环境,温度为22～28 ℃,相对湿度95%以上;最适发病生育期,保护地为苗期,露地为开花结果至采收期。发病潜育期5～10天。分生孢子在6～24 ℃的水膜下经1～2小时即可萌发,在28～30 ℃水膜中萌发时间只需35～45分钟。在适宜的温度条件下,遇连续阴雨,相对湿度高于85%时有利发病。管棚设施栽培番茄,遇温暖高湿,忽视开棚通风换气时,病害极易盛发。

【灾变要素】 经汇总 1999～2015 年番茄早疫病的病情发生动态系统调查,与环境要素用多元互作项逐步回归法的数理统计学通过相关性检测,满足利于番茄早疫病重发生的主要灾变要素是 1～2 月中旬的旬均株累计发病率高于 12％;1～2 月中旬的旬平均气温低于 4.2 ℃;1～2 月中旬累计雨量多于 120 毫米;1～2 月中旬累计日照时数少于 210 小时;1～2 月中旬累计雨日多于 18 天,其灾变的复相关系数为 $R^2 = 0.9846$。

【防治措施】

(1) 茬口轮作:与非茄科作物实行 2 年以上轮作。

(2) 种子消毒:选用无病种子,引进商品种子在播前干种子用 2.5％咯菌腈悬浮种衣剂(适乐时)包衣,包衣使用剂量为千分之 4～5,包衣后晾干播种;或采用 55 ℃温水浸种 10 分钟,后立即移入冷水中冷却,晾干后播种。

(3) 培育无病壮苗:选用抗、耐病品种,苗床育苗用无病新土,注意协调好苗床保温与通风降湿的关系,适时炼苗、移苗、分苗,增强幼苗抗病能力。施足基肥,增施磷、钾肥,促使植株生长健壮,增强抗逆能力。

(4) 田间沟系配套:深沟高畦种植,注意雨后清沟排渍,降低地下水位和田间湿度。

(5) 加强田间栽培管理:管棚和连栋大棚保护地栽培番茄,合理密植,要科学肥水管理,控制大水大肥浇施,早、晚尽量增加适当的开棚通风换气,遇连续低温阴雨天更应注意适当短时间开棚换气降湿,避免棚内湿度过大引发早疫病。

(6) 清洁田园:及时整枝打杈,摘去老叶、病叶,以利通风透光,减少田间菌源。收获后及时清除病残体,带出田外深埋或烧毁,深翻土壤,加速病残体的腐烂分解。

(7) 化学防治:在发病初期开始喷药,每隔 7～10 天喷药 1 次,连续喷 3～4 次,重病田视病情发展,还要增加喷药次数。

高效、低毒、低残留防治用药:可选嘧菌酯、噁酮·霜脲氰、戊唑醇、苯醚甲环唑等喷雾。

常规防治用药:可选氟硅唑、霜霉威、代森锰锌、异菌脲等喷雾。

　　具体用药量及倍数,须按照作物病害危害程度及各农药品种使用说明予以确定。

番茄煤霉病

　　番茄煤霉病(*Cercospora fuligena*)由半知菌亚门真菌煤污尾孢菌侵染所致;全国各地均有发生,是番茄常见病害之。

　　【简明诊断特征】　番茄煤霉病主要危害叶片,也能危害茎和叶柄。

　　叶片染病,发病初始在叶背产生褪绿色斑,扩大后叶背病斑淡黄色,近圆形或不规则形,边缘不明显;条件适宜时霉层扩展迅速,使叶片被霉层覆盖;发生严重时病叶枯萎死亡。叶面初期症状不明显,后叶面产生褪绿色至黄绿色斑,边缘不明显,病斑逐渐变褐色。田间湿度高时,叶背病部产生一层厚密的黑褐色霉层,即病菌的分生孢子梗和分生孢子。

　　茎和叶柄染病,产生褪绿色斑后被一层厚密的褐色霉层覆盖,病斑常绕茎和柄一周。

　　田间有时与叶霉病同时混发,也易于混淆。叶霉病叶背的霉层通常为较薄、灰紫色或带有绿褐色,且有卷叶现象。煤霉病的叶背霉层厚密、黑褐色。

　　【侵染循环】　病菌主要以菌丝体及分生孢子随病株残余组织遗留在田间越冬。在环境条件适宜时,菌丝体产生分生孢子,通过雨水反溅及气流传播至寄主上,引起初次侵染;并在病部产生新生代分生孢子,成熟后脱落,借风雨传播进行多次再侵染,加重危害。

　　【发生规律】　上海及长江中下游地区番茄煤霉病的主要发病盛期在5～10月。年度间春、夏季多雨,或梅雨期间多雨的年份发病重;夏秋季多雷阵雨的年份发病重;田块间连作地、地势低洼、排水不良的田块发病较重;栽培上种植过密、通风透光差、浇水过多、不及时整除下部老叶的田块发病重。

【病菌生态】　病菌喜高温高湿的环境。适宜发病的温度范围
15～38 ℃;最适发病环境,温度为 25～32 ℃,相对湿度 90％以上;
最适感病生育期为成株期至座果期。发病潜育期 5～10 天。

【防治措施】

（1）茬口轮作:发病地块实行与非茄科蔬菜 2 年以上轮作,以
减少田间病菌来源。

（2）加强田间管理:提倡深沟高畦栽培,合理密植,开好排水沟
系,雨后及时排水,降低地下水位,施足基肥,增施磷、钾肥,促使植
株生长健壮,提高植株抗病能力。

（3）清洁田园:收获后及时清除病残体,带出田外深埋或烧毁,
深翻土壤,加速病残体的腐烂分解。

（4）化学防治:在发病初期开始喷药防治,每隔 7～10 天喷药
1 次,连续喷 3～4 次。

高效、低毒、低残留防治用药:可选嘧霉胺、啶酰菌胺、戊唑醇、
苯醚甲环唑等喷雾。

常规防治用药:可选 30％氟硅唑、恶霜·锰锌、异菌脲、腐霉利
等喷雾。

具体用药量及倍数,须按照作物病害危害程度及各农药品种使
用说明予以确定。

番茄晚疫病

【图版 15】

番茄晚疫病(*Phytophthora infestans*)由鞭毛菌亚门真菌致病
疫霉菌侵染所致,又称番茄疫病;全国各地均有发生,是番茄生产上
的重要病害;除危害番茄外,还能危害马铃薯。

【简明诊断特征】　番茄晚疫病主要危害叶片和果实,也能危害
茎和叶柄,苗期至成株期均可染病。

叶片染病,从下部老熟叶片起发病,发病初始叶片的叶尖或边缘产生水渍状斑,扩大后病斑不规则形,呈褐色,条件适宜时病势发展迅速,使叶片腐烂。田间湿度大时,病部周缘产生一层白色霉层,即病菌的孢囊梗和孢子囊。

果实染病,多在青果附近果柄处产生灰绿色水渍状硬斑块,褐色至黑褐色,稍凹陷;潮湿时病部长出白色霉层,病果质地硬实,不软腐,易脱落。

茎和叶柄染病,出现暗绿色水渍状斑,扩大后病斑暗绿色,稍凹陷;田间湿度高时,病斑周围产生一层白色霉层。

苗期染病,病斑由叶片向主茎蔓延,嫩茎部缢缩腐烂,病部以上枝叶死亡;湿度大时病部表面产生白色霉层。

【侵染循环】 病菌主要以菌丝体在马铃薯薯块上或保护地番茄上危害并越冬,也能以厚垣孢子随病株残余组织遗留在田间越冬,并成为来年的初侵染源。在环境条件适宜时,中心病株产生的孢子囊及游动孢子,通过雨水反溅、灌溉水及气流传播至寄主植物上,引起再次侵染。

【发生规律】 上海及长江中下游地区番茄晚疫病的主要发病盛期在 3～5 月及 10～12 月。年度间早春多雨或梅雨期间多雨的年份发病重;晚秋多连阴雨的年份发病重;田块间连作地、地势低洼、排水不良的田块发病较重;栽培上栽种感病品种、种植过密、通风透光差、肥水施用过多的田块发病重;保护地栽培寒流侵袭时作物受冻的田块发病重。

【病菌生态】 病菌喜温暖高湿的环境。适宜发病的温度范围 10～32 ℃;最适发病环境,温度为 18～25 ℃,相对湿度 95% 以上;最适感病生育期为成株期至座果期。发病潜育期 3～5 天。

【防治措施】

(1)茬口安排:选择前茬作物为非马铃薯或远离马铃薯的地块种植。

(2)加强田间管理:低洼地提倡深沟高畦栽培,合理密植,雨后及时排水,降低地下水位。施足基肥,增施磷、钾肥,促使植株生长健壮,增强抗逆能力。

（3）保护地栽培番茄，要适当控制浇水，晴天尽量增加开棚通风换气，阴天也应适当短时间开棚换气降湿，避免棚内湿度过大，使叶片结露引发病害。

（4）清洁田园：及时整枝打杈，摘去老叶、病叶、病果，以利通风透光，减少田间菌源。收获后及时清除病残体，带出田外深埋或烧毁，深翻土壤，加速病残体的腐烂分解。

（5）化学防治：在发病初期开始喷药，每隔 7～10 天喷 1 次，连续喷 3～4 次，重病田视病情发展还要增加喷药次数。

高效、低毒、低残留防治用药：可选氟菌·霜霉威、丙森·霜脲氰、烯酰吗啉、喹啉铜、氰霜唑等喷雾。

常规防治用药：可选霜脲氰锰锌、甲霜灵·锰锌、霜霉威、代森锰锌等喷雾。

具体用药量及倍数，须按照作物病害危害程度及各农药品种使用说明予以确定。

春季遇连续阴雨，管棚保护地栽培番茄棚内可选用烟熏剂每180 平方米标准棚 100 克，开棚排湿 20 分钟后进行闷棚熏蒸。

番茄灰斑病

番茄灰斑病（*Ascochyta lycopersici*）俗称"褐斑病"，由半知菌亚门真菌番茄壳二孢菌侵染所致；棚室中发生比露地重，发病严重时使植株坏死而影响产量。

【简明诊断特征】　番茄灰斑病主要危害番茄叶片、茎杆和果实。

叶片染病，发病初期叶面产生褐色小点，后扩大成椭圆形或近圆形，具不明显轮纹，轮纹上着生小黑点。注意本病与番茄早疫病症状相近，区别是病斑有无同心轮纹。

茎杆染病，初期为水浸状小点，后扩展为长椭圆形或长条形斑的黑斑，无同心轮纹，湿度大时病斑上出现灰褐色霉层；严重时引起植株病茎以上部分枯死。

果实染病,在番茄蒂部产生黄褐色水渍状凹陷斑,病部生深褐色轮纹状排列小点,发生严重时造成果实腐烂,但病部一般不软化。

【侵染循环】 病菌以分生孢子器随病株残余组织遗留在田间越冬,条件适宜时,分生孢子器释放出分生孢子,通过气流、雨水或农事操作传播。

【发生规律】 上海及长江中下游地区番茄灰斑病的主要发病盛期在 4 月中下旬至 9 月间。常年春季发病重于秋季、年度间早春温度偏高、多阴雨、光照时数少的年份发病重;田块间连作地、排水不良、与感病寄主间作的田块发病较早较重;栽培上种植过密、通风透光差、偏施氮肥的田块发病重;管理上早春保护地栽培温室和大棚内关闭时间长、空气流通不良、湿度过大的发病重。

【病菌生态】 病菌喜温暖潮湿的环境。适宜发病的温度范围 7～32 ℃;最适发病环境,日平均温度为 18～27 ℃,相对湿度 90%以上;最适感病生育期莲座期至采收期,发病潜育期 3～10 天。菌丝体发育最适温度为 20～26 ℃,孢子囊形成和萌发的最适温度为 10～20 ℃,侵入适温 16～20 ℃。在黑暗条件下产孢量多且快,光照对孢子囊的萌发有促进作用。孢子囊和卵孢子的萌发均需高湿条件。

【防治措施】

(1)精细整地:畦面应做成鱼背式的深沟高畦,确保浇水畦面不积水。在雨季前,抓好温室、中棚四周清理沟系,防止雨后积水,降低地下水位和棚室内湿度,控制发病环境。

(2)加强栽培管理:通风换气是调节大棚空气湿度、抑制病害的重要手段。

(3)采收时及收获后彻底清除病果及病残体,集中烧毁、深埋,减少初侵染源。

(4)与非茄科作物实行 2 年以上轮作。

(5)化学防治:在发病初期开始喷药,用药间隔期 7～10 天,连续防治 2～3 次,重病田视病情发展,必要时还要增加喷药次数。

高效、低毒、低残留防治用药:可选戊唑醇、苯醚甲环唑等喷雾。

常规防治用药：可选丙环唑、氟硅唑、异菌脲、恶霜·锰锌、代森锰锌等喷雾。

具体用药量及倍数，须按照作物病害危害程度及各农药品种使用说明予以确定。

番茄斑枯病

番茄斑枯病（*Septoria lycopersici*）由半知菌亚门真菌番茄壳针孢菌侵染所致，别名番茄鱼目斑病、番茄斑点病、番茄白星病；全国各地均有发生；主要危害番茄，也可危害马铃薯、茄子等茄科蔬菜。

【简明诊断特征】 番茄斑枯病主要危害番茄的叶片，也能危害茎和果实。

叶片染病，通常从植株的下部近地面叶片先发病，并逐渐向上部叶片蔓延，发病初始叶片背面产生水渍状小点，随后在叶片正背两面都出现圆形或近圆形、边缘暗褐色、中央灰白色、稍凹陷、形似鱼目的病斑。病斑直径一般 1.5～4 毫米，散生黑色粒状小点，即病菌的分生孢子器。后期病斑相互连结成不规则形大病斑，叶片病斑易与周围组织脱离，造成穿孔。发生严重时，叶片枯黄脱落，仅剩下植株上部叶片。

茎和果实染病，病斑圆形或椭圆形，边缘暗褐色，中央灰白色，稍凹陷，病部散生黑色粒状小点。

【侵染循环】 病菌以分生孢子器和菌丝体在病株残余组织内越冬，也能附着在种子上越冬。田间病株残余组织内的病菌在环境条件适宜时，菌丝体产生分生孢子，分生孢子器吸水后逸出分生孢子，通过雨水反溅至寄主植物上，从寄主表皮气孔直接侵入，或带病种子播种发芽后侵入子叶，引起初次侵染；经潜育后出现病斑，并在受害的部位产生新生代分生孢子器和分生孢子，进行多次再侵染。

【发生规律】 上海及长江中下游地区番茄斑枯病的主要发病盛期在 4～6 月及 9～11 月。常年春季发生重于秋季，年度间早春多雨或梅雨期间多雨的年份发病重;秋季多雨、多雾的年份发病重;田块间连作地、排水不良的田块发病较早较重;栽培上种植过密、通风透光差、土壤缺肥,植株生长衰弱的田块发病重。

【病菌生态】 病菌喜温暖高湿的环境。适宜发病的温度范围 2~34℃;最适发病环境,温度为 22~26℃,相对湿度 90%~95%以上;最适发病生育期为座果初期到采收期。发病潜育期 3~7 天。番茄斑枯病对湿度要求较高,病菌释放分生孢子及孢子萌发均要求有水滴的存在,在温暖多雨季节蔓延迅速,梅雨季节易盛发流行。温暖潮湿和阳光不足的阴天,也有利于病害的发生。当日均气温在 15℃以上,遇阴雨天气,特别是雨后转晴,病害容易流行。在高温干燥气候条件下,病害的发展会受到抑制。

【防治措施】

(1)茬口轮作:提倡与非茄科蔬菜 2~3 年轮作,以减少田间病菌来源。

(2)留种与种子消毒:从无病留种株上采收种子,选用无病种子。引进的商品种子在播前干种子用 2.5%咯菌腈悬浮种衣剂(适乐时)包衣,包衣使用剂量为千分之 3~4,包衣后晾干播种;或用 52℃温汤浸种 30 分钟后,取出晾干后催芽播种。

(3)加强田间栽培管理:深沟高畦,防止雨后积水引发病害,合理密植增加田间通风透光,合理用肥,适当增施磷钾肥,提高植株抗病性。

(4)清洁田园:定期摘除病、老叶。采收后要彻底清除田间病株残余物和田边杂草,并深翻土壤,加速病残体的腐烂分解。

(5)生态调控防治:管棚和连栋大棚及温室栽培要控制大棚温、湿度,适时通风排湿,特别在遇连续阴雨天仍需坚持每天适度通风换气,尤其要防止夜间棚内湿度迅速升高。注意控制浇水量,浇水时间改在上午,以降低棚内湿度。

(6)化学防治:在发病初期开始喷药,每隔 7~10 天喷药 1 次,连续喷 2~3 次,重病田视病情发展,必要时还要增加喷药次数。

高效、低毒、低残留防治用药:可选嘧菌酯、戊唑醇、苯醚甲环唑等喷雾。

常规防治用药：可选用氟硅唑、异菌脲、恶霜·锰锌、代森锰锌等喷雾。

具体用药量及倍数，须按照作物病害危害程度及各农药品种使用说明予以确定。

番茄枯萎病

番茄枯萎病（*Fusarium oxysporum*）由半知菌亚门真菌尖镰孢菌番茄专化型侵染所致；是一种维管束病害，仅危害茄科蔬菜；是番茄的主要病害之一，发病严重时使全株枯萎死亡。

【简明诊断特征】 番茄枯萎病主要危害根茎部。病害症状主要表现期为成株期。

生长期根茎染病，表现过程是初始植株叶片中午呈萎蔫下垂，早晚又恢复正常，叶色变淡，似缺水状，反复数天后，逐渐遍及整株叶片萎蔫下垂，叶片不再复原，最后全株枯死。横剖病茎，病部维管束变褐色，另有症状表现发病株一般在茎的中下部出现较多的不定气生根。

田间湿度高时，在枯死株的茎基部常有粉红色霉层产生，即病菌的分生孢子梗和分生孢子。

【侵染循环】 病菌以菌丝体或厚垣孢子随病株残余组织遗留在田间越冬，可进行腐生生活，也能以菌丝体附着在种子上越冬，成为翌年初侵染源。在环境条件适宜时，病菌主要借雨水、灌溉水和昆虫等传播，从根部伤口、自然裂口或根冠侵入；也可从茎基部的裂口侵入。侵入后开始蔓延，通过木质部进入维管束，并向上传导，危害维管束周围组织，阻塞导管，干扰新陈代谢，导致植株萎蔫枯死。播种带菌种子，种子萌发后病菌即可侵入幼苗，成为次侵染源。地下害虫危害、线虫危害造成的伤口也可传播病害。

【发生规律】 上海及长江中下游地区番茄枯萎病的主要发病盛期在4月中下旬至6月以及8月下旬至10月上旬。年度间早春多雨或梅雨期间多雨的年份发病重,秋季多雨的年份发病重;田块间连作地、排水不良、雨后积水的田块发病较早较重,特别是保护地栽培连作明显比露地发病重;番茄处在开花座果期,天气时雨时晴或连续阴雨后转暴晴,病害症状表现快而重;栽培上偏施氮肥、施用未充分腐熟的带菌有机肥,植株生长势弱及地下害虫危害重,易诱发此病。

【病菌生态】 病菌喜温暖潮湿的环境。发病温度范围在 5～38 ℃;最适发病环境,温度为 27～28 ℃;最适病症表现期为开花座果期盛期。土壤温度在 28 ℃左右适宜于病害的发生,土温在 33 ℃以上或 21 ℃以下时可抑制病害发生。调运带菌种子,则可向新菜区作远距离传播。

【防治措施】

(1)种子处理:从无病留种株上采收种子,选用无病种子,引进商品种子在播前干种子用 2.5％咯菌腈悬浮种衣剂(适乐时)包衣,包衣使用剂量为千分之 4～5,包衣后晾干播种。

(2)茬口轮作:避免连作,发病地可与其他蔬菜实行 3 年以上轮作,也可实行水旱轮作,以减少田间病菌来源。

(3)加强栽培管理:推广高畦地膜栽培,施用充分腐熟的有机肥,控制氮肥施用量,增施磷钾肥及微量元素,雨后及时开沟排水,增强植株抗性。

(4)化学防治:开展大田普查,出现中心枯萎病株后,即为防治适期。在零星病株的发病初期开始用药浇根,每株浇灌药液 0.25千克,用药间隔期 7～10 天,连续防治 2～3 次。

高效、低毒、低残留防治用药:可选咯菌腈、噻菌铜、春雷霉素等浇根。

常规防治用药:可选噁霉灵、硫菌灵等浇根。

番茄炭疽病

番茄炭疽病(*Colletotrichum lycopersici*)由半知菌亚门真菌果

腐刺盘孢菌侵染所致,全国各地均有发生,是番茄的常见病害之一。

【简明诊断特征】 番茄炭疽病主要危害果实。

果实染病,主要危害着色前、后即将进入成熟期的果实,初始产生水浸状小点,扩大后为黑褐色圆形或近圆形病斑,稍凹陷,外围常具淡褐色晕圈,病部具有同心轮纹状排列的小黑点,即病菌的分生孢子盘。

田间高温高湿时,病部表面分泌出粉红色黏稠物,病部后期开裂。发病严重时,可使病果腐烂或脱落。在果实的贮藏期,亦可继续危害,造成烂果。

【侵染循环】 病菌以菌丝体随病株残余组织遗留在田间越冬,也可附在种子上越冬,并成为翌年初侵染源。在环境条件适宜时,病菌产生的分生孢子,通过雨水反溅或气流传播至寄主植物上,从寄主果实的伤口、自然裂缝或直接侵入,引起初次侵染。病菌侵入未着色的果实内后潜伏,待果实成熟后发病,在受害部位的分生孢子盘产生大量新生代分生孢子,借风雨传播至健果,引起多次再侵染。

【发生规律】 上海及长江中下游地区番茄炭疽病的主要发病盛期在 6～11 月。年度间早春多雨或梅雨期间闷热多雨、夏天闷热多雨的年份发病重;秋季晚秋温度偏高、多雨的年份发病重;田块间连作地、排水不良、地下水位高的田块发病较早较重;栽培上种植过密、通风透光差、大水大肥浇施、氮肥施用过多、植株生长不健的田块发病重;果实青果着色至成熟期遇高温高湿受害多。

【病菌生态】 病菌喜高温高湿的环境。适宜的发病温度 15～34 ℃;最适发病环境,温度为 25～30 ℃,相对湿度在 95％以上;最适感病生育期为果实着色到采收中后期。分生孢子在 7～34 ℃温度条件下均可萌发;最适 25～32 ℃;低温、低湿则抑制病害发生。

【防治措施】

(1)种子消毒:选用无病、耐病品种。引进商品种子在播前干种子用 2.5％咯菌腈悬浮种衣剂(适乐时)包衣,包衣使用剂量为千分之 3～4,包衣后晾干播种。

(2)茬口轮作:发病严重田块提倡与非茄果类作物 3 年以上轮

作,以减少田间病菌来源。

（3）清洁田园：收获后及时清除病残果,带出田外深埋或烧毁,深翻土壤,加速病残体的腐烂分解。

（4）加强栽培管理：深沟高畦、合理密植,并经常疏通四周的沟系,防止雨后积水和降低地下水位,中管棚和连栋大棚保护地棚内科学施肥,浇水施肥要小水少肥勤浇,增加开棚通风降湿。发病初期及时摘除病果。

（5）化学防治：在发病期,结合防治番茄主要病害,选广谱性杀菌剂进行兼治,针对本病的防治适期在座果中期、未着色前开始喷药,用药间隔期 7~10 天;连续防治 2~3 次。

高效、低毒、低残留防治用药：可选戊唑醇、苯醚甲环唑、吡萘·嘧菌酯等喷雾。

常规防治用药：可选咪鲜胺、多抗霉素、代森锰锌、恶霜·锰锌等喷雾。

具体用药量及倍数,须按照作物病害危害程度及各农药品种使用说明予以确定。

番茄根结线虫病

番茄根结线虫病（*Meloidogyne incognita*）由植物寄生线虫根结线虫属南方根结线虫侵染所致,全国各地均有发生;寄主比较广;主要危害番茄、黄瓜、西瓜、甜瓜、茄子、白菜和豆类等茄科、葫芦科、十字花科和豆科等多种蔬菜。

【简明诊断特征】 番茄根结线虫病主要危害植株根部的须根和侧根。

染病的植株在侧根或须根产生大小不一、形状不定的肥肿、念珠状畸形瘤状膨大。用显微镜观察解剖病根肿大部位,有细长蠕虫状幼虫,雄虫和雌虫的形态明显不同,雄成虫细长,无色透明,尾端钝圆;雌成虫梨形,乳白色。

初发生时侵入须根根尖,地上部分病株症状不明显,后发病重时表现植株矮小,发育不良,叶片变黄,结果少。高温干旱时病株地上部分中午出现萎蔫或提早枯死。

【侵染循环】 致病的根结线虫共四龄,以卵囊和根组织中的卵或二龄幼虫遗留在田间越冬。在来年环境条件适宜时,越冬卵在肿瘤组织中孵化为幼虫,继续在组织内发育,也可迁离根瘤组织,侵入新根,借病土、病苗及灌溉水等主要传播途径,引起初次侵染,由于根结线虫口针的穿刺力不强,多半是从根尖侵入。侵入寄主的幼虫在根部组织内生长发育繁殖,产生的新生代根结线虫幼虫,二龄后离开卵壳,借灌溉水的传播,进入土中侵入根系进行再侵染,加重危害。在植物组织内寄生的雌虫,分泌的唾液能刺激根部组织形成巨型细胞,使细胞过度分裂造成肥肿畸形瘤状的根结肿大物。

【发生规律】 上海及长江中下游地区番茄根结线虫病的主要发病盛期在6～10月。年度间梅雨期短、夏秋季高温、少雨的年份发病重;田块间连作地、地势高燥、土壤含水量低、土质疏松、盐分低的田块适宜根结线虫病发生。

【病菌生态】 番茄根结线虫适宜在温暖干燥的环境条件下生长。适宜发病的温度范围15～35℃;最适宜环境,土温为25～30℃,土壤含水量40%左右;最适病症表现生育期在座果盛期。根结线虫在适温下完成一代约17天,土温10℃以下幼虫停止活动;在55℃时,经10分钟即可死亡。卵囊和卵能较强抵御不利环境条件而生存。

【防治措施】

(1)茬口轮作:发病田块与葱、蒜、韭菜、禾本科作物或与水生蔬菜轮作1～2年,选用无病土育苗和抗性强的品种种植。

(2)土壤消毒:对已发病田块,可在高温季节进行深翻,并灌水10～15天,用塑料布覆盖提高土温,可显著减少虫口密度,减轻下茬危害。

(3)加强栽培管理:选择无病地块作秧田,移栽无病秧苗。合理施肥、适时灌溉,增强作物的抵抗能力。

(4)清洁田园:收获后及时清洁田园,彻底清除病残体。

（5）化学防治：在移栽定植前将药剂施入土壤中，达到熏蒸杀线虫的目的。

高效、低毒、低残留防治用药：可用 50％氰氨化钙颗粒剂进行土壤处理（消毒）；适宜剂量为每平方米 150 克左右，667 平方米用量在 100 千克。移栽前用 50％氰氨化钙颗粒剂拌土后均匀撒于田内，翻耕后用水充分浇足，然后用塑料盖好，待 5～7 天揭膜、再翻耕（排毒）5～7 天即可移栽。

常规防治用药：可用 5％辛硫磷颗粒剂根施，每株 3～5 克。

番茄白粉病

番茄白粉病（*Leveillula taurica*）由子囊菌亚门真菌鞭靼内丝白粉菌侵染所致，是番茄生产上的常见病害。

【简明诊断特征】 番茄白粉病主要危害叶片。

叶片染病，发病初始产生褪绿色小点，扩大后叶面生白粉状霉层粉斑，有时也发生在叶背，不规则形，粉层厚密，边缘不明显，白色粉状物即为病菌的分生孢子梗和分生孢子。发病严重时，病斑连接成片，其他部位如叶柄、茎、果实也会染病，仅存顶端嫩叶。

【侵染循环】 病菌以闭囊壳随病株残余组织遗留在田间越冬。在环境条件适宜时，产生的分生孢子通过气流传播至寄主植物上，从寄主叶表皮气孔直接侵入，引起初次侵染，并在受害的部位产生新生代分生孢子，借气流飞散传播，进行多次再侵染，加重危害。

【发生规律】 上海及长江中下游地区番茄白粉病的主要发病盛期在 5～9 月。年度间早春温度偏高、少雨的年份发病重；田块间连作地、地势低洼、排水不良的田块发病较重；栽培上种植过密、通风透光差、肥水不足引发早衰的田块发病重。

【病菌生态】 病菌喜温暖潮湿的环境。发病温度范围 15～32 ℃；最适发病环境，温度为 22～28 ℃，相对湿度 40％～95％；最适感病的生育期为结果中后期。发病潜育期 5～10 天。分生孢子萌发温度 15～30 ℃,病菌对湿度要求较低,较低的相对湿度下病害也有流行的可能。

【防治措施】

(1) 清洁田园:及时摘除病、老叶,以利通风透光,减少田间菌源。收获后及时清除病残体,带出田外深埋或烧毁,深翻土壤,加速病残体的腐烂分解。

(2) 加强栽培管理:科学追施肥水,促使植株生长健壮,提高抗病能力。

(3) 化学防治:在发病初期开始喷药,每隔 7～10 天喷 1 次,连续喷 2～3 次,重病田视病情发展,必要时可增加喷药次数,并注意药剂的交替使用。

高效、低毒、低残留防治用药:可选戊唑醇、苯醚甲环唑、吡萘·嘧菌酯等喷雾。

常规防治用药:氟硅唑、代森锰锌等喷雾。

具体用药量及倍数,须按照作物病害危害程度及各农药品种使用说明予以确定。

番茄溃疡病

番茄溃疡病(*Corynebacterium michiganense*)由细菌密执安棒杆菌侵染所致,属地区性检疫性病害;主要危害番茄、甜(辣)椒、龙葵、烟草等作物。

【简明诊断特征】 番茄溃疡病主要危害植株维管束,苗期至成株期均可染病。

苗期染病,发病初始产生于下部叶缘,并逐渐由下部叶片向上部叶片引起萎蔫,甚至在胚轴或叶柄产生溃疡状稍凹陷小条斑,造成病苗矮化或枯死。

成株期染病,发病初始下部近地面叶片萎蔫下垂或卷缩,似缺水状,上部叶片仍正常生长(此时病菌在维管束内扩展迅速),发病中在病株茎杆上产生狭长稍凹陷的开裂状条斑,使病茎增粗,产生气生根;田间高湿时,茎杆病部可溢出白色菌脓。发病后期(用刀斜切病茎),茎中空乃至开裂,可见褐色条斑,易折,叶片枯死,植株上部呈青枯状,湿度大时,有褐色菌脓溢出;发病严重时,使植株全株萎蔫至枯死。

果实染病,病菌多数通过维管束侵染果实,发病的幼果果面皱缩、滞育和畸形。也由病菌直接再侵染青果引起局部侵染,病斑呈稍隆起圆斑,外缘白色,中央褐色、隆起,似鸟眼状。

【侵染循环】 病原菌随病株残余组织遗留在田间及附着在种子上越冬。病菌在环境条件适宜时,借雨水反溅及灌溉水传播,从植株伤口侵入,引起初次侵染。病菌侵入后,在寄主韧皮部内扩展,借农事操作中整枝、打杈、松土等造成的伤口传播蔓延,进行多次再侵染。种植带菌的种子也是引起苗期初侵的主要染源,是病菌向新菜区远距离扩散传播的重要途径。

【发生规律】 上海菜区番茄溃疡病偶有发病,主要发病盛期在5~10月。天气温暖闷热、潮湿,特别是连阴雨、暴风雨或田间植株结露时间长,是发病的重要条件。有喷灌设施的大棚温室中,果实易发病。

【病菌生态】 病菌喜温暖潮湿的环境。适宜发病的温度范围1~33℃;最适发病环境,温度为25~29℃,相对湿度95%以上;最适发病生育期为座果期至采收期。发病潜育期3~10天。病原细菌致死温度53℃下经10分钟。

【防治措施】

(1) 加强植疫:对外来的番茄生产用种应经过严格检疫,防止病原菌传播蔓延。

(2) 选种与种子消毒:从无病留种株上采收种子,选用无病种子。引进商品种子在播前用新植霉素 $200×10^{-6}$($=200$ ppm)浸种2~3小时;用100万单位硫酸链霉素或氯霉素500倍液浸3~5小时后,用清水冲洗8~10分钟后播种;或用种子重量1.5%的漂白粉,加少量水与种子拌匀后放入容器中,密闭消毒16~18小时,清洗后播种;也可用55℃温汤浸种10分钟后移入冷水中冷却,捞出晾干后催芽播种。

（3）茬口轮作：重发病田块提倡与其他作物实行 2～3 年轮作，以减少田间病菌来源。

（4）加强田间管理：开好排水沟系以降低地下水位，合理密植，适时开棚通风换气降低棚内湿度，增施磷、钾肥，提高植株抗病性，浇水要用清洁的水源。

（5）清洁田园：发病初期及时整枝打杈，摘除病叶、老叶，收获后清洁田园，清除病残体，并带出田外深埋或烧毁，减少再侵染菌源。

（6）化学防治：在发病初期开始喷药，每隔 7～10 天喷药 1 次，连续防治 2～3 次。

高效、低毒、低残留防治用药：可选噻菌铜、春雷霉素等喷雾。

常规防治用药：可选新植霉素、农用链霉素、霜霉威等喷雾防治。

具体用药量及倍数，须按照作物病害危害程度及各农药品种使用说明予以确定。

番茄青枯病

番茄青枯病（*Pseudomonas*）由假单胞杆菌属细菌侵染所致，我国南方各地都有发生，是茄科蔬菜的重要病害之一。病原细菌寄主范围很广，主要危害番茄、茄子、马铃薯、辣椒、大豆、萝卜等作物。

【简明诊断特征】　番茄青枯病的症状主要表现在成株期叶片和茎。

叶片表现为，初始顶部新叶萎蔫下垂，后下部叶片发展产生凋萎，接下来才是中部叶片产生凋萎；发病后叶片色泽较淡，呈青枯状。发病初始植株叶片白天出现萎蔫，傍晚以后恢复正常，后很快扩展至整株萎蔫，并不再恢复而死亡。

茎表现为，产生初为水浸状斑点，扩大后呈褐色 1～2 厘米斑块,病茎中下部表皮粗糙,常产生不定根。剖开病茎,病茎维管束变褐,横切后用手挤压可见乳白色黏液渗出,这是青枯病的典型症状。

【侵染循环】 病原细菌主要随病株残余组织遗留在田间越冬,在土壤的病残体上营腐生生活能存活 14 个月以上。在环境条件适宜时,病菌主要借雨水反溅和灌溉水传播,也可通过农事操作、家畜等传播途径,从寄主的根部或茎基部的伤口侵入,侵入后在维管束内繁殖,向上部蔓延扩展,使维管束变褐腐烂,茎、叶因缺乏水分的正常供应而产生萎蔫。

【发生规律】 上海、江浙地区番茄青枯病的主要发病盛期在 5～10 月。年度间梅雨期间多雨或夏秋高温多雨的年份发病重;田块间连作地、地势低洼、排水不良、土质偏酸的田块发病较重;引发病症表现的天气条件为大雨或连阴雨后骤然放晴,气温迅速升高,田间湿度大,发病现象会成片出现。

【病菌生态】 病菌喜高温高湿的环境。适宜发病的温度范围 20～38 ℃;最适发病环境,土壤温度为 25 ℃左右,土壤 pH 6.6;最适感病的生育期在番茄结果中后期。发病潜育期 5～20 天。

【防治措施】

(1) 实行轮作:发病严重地块,提倡与非茄科作物轮作 4～5 年,与水稻轮作效果最好,可减少田间病菌来源。

(2) 加强田间管理:选高燥地,适时早播,提倡营养钵育苗,减少根系伤害,高畦深沟,合理密植,雨后及时开沟排水,防止积水,适当增施氮肥和钾肥,注意中耕技术和调节土壤酸度,及时打去病老叶,增加田间通风透光。

(3) 清洁田园:及时拔除病株,病穴灌注 20％石灰水消毒。收获后清除病残体,带出田外深埋或烧毁,深翻土壤,加速病残体的腐烂分解。

(4) 化学防治:在发病初期开始浇根,每隔 7～10 天用药 1 次,每株浇药液 200～250 克,连续 1～2 次,重病田视病情发展,必要时还要增加用药次数。

高效、低毒、低残留防治用药:可选噻菌铜、春雷霉素等浇根。

常规防治用药:新植霉素、农用链霉素、霜霉威等浇根防治。

具体用药量及倍数,须按照作物病害危害程度及各农药品种使用说明予以确定。

番茄脐腐病

【图版 15】

番茄脐腐病的主因为生理障碍,俗称蒂腐病,是番茄遇不适宜的环境条件时常见的生理失调症。

【简明诊断特征】 番茄脐腐病仅发生在番茄果实上。

以青果期至着色期前最易发病,发病初始在幼果脐部、花器残余部位及其附近产生水浸状斑,暗绿色,后扩大为暗褐色大斑,有时扩展到半个果实。当病部深入到果肉内部时,果肉组织呈干腐状收缩,较坚硬,被害部分外部呈扁平状,表面皱缩,病果一般不腐烂。后期遇湿度高时,病部极易被其他腐生霉菌寄生,在病部出现黑褐色或其他颜色霉状物,造成病果软化腐烂。

【发生原因】 番茄座果期,当田间水分满足植株正常生长需求时,植株的各组织器官间的供水是相对平衡的;而当处于燥热气候、干旱时水分供应缺乏,叶片因蒸腾作用与其他组织器官进行水分争夺,番茄叶片的细胞渗透压比果实的细胞渗透压要高,水分被叶片夺取,果实的远点脐部因大量缺水引起组织坏死,生长发育受阻,形成脐腐。也有认为是植株不能从土壤中吸收足够的钙素和硼素,致使脐部细胞的生理紊乱,失去控制水分的能力而发病。

【发生规律】 上海及长江中下游地区,番茄脐腐病的多发季节主要在 5～9 月。通常在植株结果期,外界高温干旱,西南风向的热燥风大,植株因缺水导致吸水能力减弱发病严重;还常发生在多雨季节过后接连干旱,特别是在梅雨过后突然干旱也常导致发病。田块间土壤中氮肥偏多,营养生长过旺导致土壤缺钙,果实不能及时得到钙的补充,能引发病害。栽培上施用未腐熟的有机肥料或施肥过重过浓引起烧根或根系发育不良,使根系的正常吸水能力受影响,均易发病。

【防治措施】

（1）改良土壤：定植番茄的田块应选土壤耕层较深,保水力强,有机质含量高的地块。亦可使用地膜覆盖,保持土壤水分的相对稳定。

（2）适量及时灌水：积极推广滴灌技术,结果期更应注意水分均衡供应,不使土壤含水量过高或过低,田间浇水宜在早晨或傍晚进行,防止土温与气温差异过大,影响根系正常吸水。

（3）科学施肥：避免施用未腐熟的有机肥料,或施肥过重过浓,防止烧伤根系。

（4）微量元素调节：番茄开花结果后 30 天内是吸收钙的关键时期,可用农乐士高钙叶面肥 1 000～1 500 倍液喷雾,或 1% 过磷酸钙浸出液进行根外追肥。

番茄日灼病

【图版 15】

番茄日灼病是生理性非侵染性病害。

【简明诊断特征】 番茄日灼病主要发生在果实上,也可发生在叶片上。

果实发病,在青果期发生为多,病果主要发生结在向阳面的果实,有接受强光直射条件,发生初为黄褐色小斑,透明革质状,具油亮光泽,后扩大为白色大斑、凹陷、表面起皱变薄、组织坏死干缩变硬,果肉褐色成块。后期遇湿度高时,病部易被其他腐生霉菌寄生,在病部出现黑色或其他颜色霉状物,造成局部变软腐烂。

叶片发病,在强光直射下,初为叶片褪绿,发展成叶肉组织失水呈漂白状,使叶片或叶缘枯焦。

诊断特点是病害发生前几天有高温燥热天气出现,发病后病情相对较稳定,不扩展,随气温下降和日照强度变弱,没有新的病情发生。

【发生原因】　番茄日灼病的果实着生在叶片稀少的区域,发育前期或转色期前受强烈日光照射,使果皮温度上升,蒸腾作用加快,蒸发消耗水分过多,果实局部受热,向阳面果表温度过高灼伤表皮细胞引发日灼。

【发生规律】　管棚和连栋大棚保护地栽培4～6月,遇高温、烈日和干旱,或闷棚温度过高、时间过长,易发生病害;天气干热,土壤缺水或雨后暴热,易引发此病;果实膨大期植株生长不良,密度过稀,叶片遮阳少,果实外露于烈日下,均易引发此病。病虫危害较重,引起落叶的地块发生重。

【防治措施】

(1) 设施栽培:高温季节覆盖遮阳网降低棚温,加强中管棚及连栋大棚保护地调节温度管理,适时排气通风,降低叶面温度。采用地膜覆盖,提高土壤保水能力。

(2) 加强田间管理:合理密植,避免果实暴露在日光下,结果后合理适时的肥水浇灌,促使植株生长旺盛,防止作物缺水、叶片萎蔫使果实受害。

(3) 改良土质:增施有机肥,改良土壤结构,增加土壤蓄水供水能力,满足植株蒸腾作用所需水分。

(4) 加强防病治虫:对常规侵染性病害和害虫的防治,在初始阶段及时用药防治,避免因病虫害发生导致叶片脱落,使果实暴露在烈日下引发日灼病。

(5) 施用叶面肥:在始见发病期,选用高钙叶面肥(满园丰),使用浓度800～1 000倍液(667平方米用量100～150克)喷雾,可减轻发病。

辣椒猝倒病

辣椒猝倒病($Pythium$ $aphanidermatum$)是由鞭毛菌亚门真菌

腐霉菌侵染所致,是茄科、瓜类蔬菜育苗过程中常见的引起死苗的主要病害,严重时成片秧苗死亡。

【简明诊断特征】 主要危害未出土或刚出土不久的幼苗,大苗很少被害。

幼苗染病,受害后茎基部出现水渍状病斑。随着病情的发展,病部绕茎一周后形成缢缩,往往子叶未凋萎,幼苗即突然折倒而贴伏地面,但植株仍保持青绿色,故称猝倒病。干燥时,水腐的茎部干枯、缢缩呈线状。

发芽期染病,发病严重时造成烂种烂芽,使幼苗不能出土。湿度大时,病株附近长出白色棉絮状菌丝。

猝倒病与生理沤根的识别,通常沤根是因低温、积水而引起的生理病害,一般发生在搭秧后遇低温、阴雨天气,秧苗地上部分生长不良,原有根系逐渐呈黄锈色腐烂,无新根或基本不发新根,根皮呈现铁锈色腐烂,地上部萎蔫,且易拔起,导致幼苗死亡,严重时也成片干枯。

【侵染循环】 病菌在病株残体上及土壤中越冬,腐生性很强,可在土壤中长期存活,条件适宜萌发侵染瓜苗引起猝倒。通常病菌靠灌水或雨水冲溅传播。

【发生规律】 上海及长江中下游地区辣椒猝倒病的主要发病盛期在12月至翌年2月。年度间早春温度偏低、多阴雨、光照偏少的年份发病重;苗床间排水不良、通风不良,光照不足,湿度偏大的发病重;苗床土壤中含有机质多、且施用了未腐熟的粪肥等不利于幼苗根系的生长和发育,也易诱导猝倒病发生。育苗期应严格控水,浇水时要小水勤浇。

【病菌生态】 病菌喜低温、高湿的环境。适宜发病的温度范围为 $-1\sim15\ ℃$;最适发病环境,日均温度为 $2\sim8\ ℃$,相对湿度 $85\%\sim100\%$;最适感病生育期在发芽至幼苗期。发病潜育期 $2\sim3$ 天。

【防治措施】

(1)精选苗床:选择地势高、排水良好的地做苗床,选用经消毒无病的营养土做床底,播前1次浇足底水,以减少出苗后的浇水量。

苗后浇水时一定要选择晴天,小水勤浇。遇苗床湿度过大,可撒一层干细土吸湿。

(2)种子包衣防病:干种子用 2.5％咯菌腈悬浮种衣剂(适乐时)包衣,包衣使用剂量为千分之 4～5,包衣后晾干播种。

(3)培育壮苗,提高抗病力:合理控制苗床的温湿度,是培育壮苗的关键。因此,播种后要注意保温,特别在寒流侵袭时,更应注意夜间覆盖保温,中午、晴天等温度高时要及时炼苗,防止徒长;同时,要注意通风换气,换气口要不断变换,使苗均匀生长,发现病苗及时拔除,定期适时用药防护。

(4)化学防治:齐苗后定期适时用药防治,一般间隔 7～10 天防治 1 次,连续防治 2～4 次。

高效、低毒、低残留防治用药:可选咯菌腈、春雷·王铜结合苗床浇水时喷洒。

常规防治用药:可选噁霉灵、氢氧化铜喷洒。

具体用药量及倍数,须按照作物病害危害程度及各农药品种使用说明予以确定。

辣椒立枯病

辣椒立枯病(*Rhizoctonia solani*)是由半知菌亚门真菌立枯丝核菌侵染所致,是蔬菜育苗过程中常见的引起死苗的主要病害;发病严重时成片秧苗死亡,给生产带来一定的损失。

【简明诊断特征】 辣椒立枯病主要发生在刚出土的幼苗及大苗,以育苗后期发生偏多。

幼苗染病后,茎基部发生褐色凹陷病斑,发病初期茎叶白天萎蔫,夜间恢复正常,经数日反复后,病株就萎蔫枯死。

刚出土的幼苗发病,常与猝倒病较难区分,可在苗床的潮湿点位或在病株及其附近表土可见菌丝和菌核,病部有淡褐色蛛丝状霉,有时这种症状不显著。也可根据发病苗床的环境推测,温度在

23～25 ℃时,湿度越大发病越重,是立枯病的可能性为大;苗床温度处于在 2～8 ℃的低温时,是猝倒病的可能性为大。

【侵染循环】 病菌以菌丝体或菌核在土壤中或病残组织上越冬,腐生性较强,在土壤中可存活 2～3 年。病菌通常从伤口或表皮直接侵入幼茎,引起根部发病,借雨水或灌溉水传播。

【发生规律】 上海及长江中下游地区辣椒立枯病的主要发病盛期在 1～3 月。年度间早春多寒流、多阴雨或梅雨期间多雨的年份发病重;晚秋多雨、温度偏高的年份发病重。苗床间旧床、排水不良的发病较早较重。栽培上用种过密、通风透光差的、浇水过多、氮肥施用过多的苗床发病重。

【病菌生态】 病菌喜较温暖潮湿的环境。适合发病的温度范围 0～30 ℃;最适宜的发病环境,温度为 15～28 ℃,相对湿度 90%以上;最适宜的感病生育期为出苗期至成苗后期。发病潜育期 5～10 天。湿度的高低直接影响菌丝体的生长和子囊孢子的发育,子囊孢子萌发的适宜温度 5～10 ℃,菌丝不耐干旱。

【防治措施】

(1) 精选苗床:选择地势高、排水良好的地做苗床,选用经消毒无病的营养土做床底,播前 1 次浇足底水,以减少出苗后的浇水量。苗后浇水时一定要选择晴天,小水勤浇。遇苗床湿度过大,可撒一层干细土吸湿。

(2) 种子包衣防病:干种子用 2.5%咯菌腈悬浮种衣剂(适乐时)包衣,包衣使用剂量为千分之 4～5,包衣后晾干播种。

(3) 培育壮苗,提高抗病力:注意苗床通风换气,合理控制温湿度,是培育壮苗的关键,发现病苗及时拔除,定期适时用药防护。

(4) 化学防治:齐苗后定期适时用药防治,一般间隔 7～10 天防治 1 次,连续防治 2～4 次。

高效、低毒、低残留防治用药:可选咯菌腈、春雷·王铜等药剂结合苗床浇水时喷洒。

常规防治用药:可选噁霉灵、乙烯菌核利、异菌脲、氢氧化铜等喷洒。

具体用药量及倍数,须按照作物病害危害程度及各农药品种使

用说明予以确定。

辣椒苗期沤根、烧根

辣椒在苗期常有非侵染性苗期沤根、烧根等,也常可造成秧苗成片死亡。

【简明诊断特征】

(1)苗期沤根的识别:表现为根部不发新根或不定根,根部表皮呈铁锈色后腐烂,导致地上部萎蔫,幼苗易拔起,地上部叶缘枯焦;严重时成片干枯,似缺素症。

(2)苗期烧根的识别:表现为根尖发黄,但不烂根,须根少而短,不发新根,地上部生长缓慢,形成小老苗,严重时秧苗成片枯黄死亡。

【发生原因】 两种非侵染性苗期根病的主要症状、引发的原因有以下不同:

苗期沤根引发的原因,通常是育苗期间较长时间低于 12 ℃,苗床浇水过多,通风不良又遇连续阴雨等,易导致发生苗期沤根。

苗期烧根引发的原因,是由于育苗床土用肥量过多,造成床土肥料浓度过高,或使用未腐熟的有机肥,从而在床土里发酵,导致幼苗烧根。

【发生规律】 上海及长江中下游地区辣椒苗期沤根、烧根,主要发生期在 11 月至翌年 2 月。沤根、烧根的发生与年度间早春多阴雨天气、少日照有关;秧田地势低洼、排水不良的田块发生较重;栽培上苗床管理粗放,通风透光差、肥水施用过多的苗床上发生重。

【防治措施】

(1)苗床选择:宜选择地势高、排水方便、土质肥沃、背风向阳的田块,并开深沟,以利排水和降低地下水位,如用旧苗床,则必须换用新土,基肥要施用充分腐熟的有机肥,能较好地预防病害发生。

(2)培育壮苗,提高抗病力:合理控制苗床的温湿度,是培育壮苗的关键。因此,播种后要注意保温,特别在寒流侵袭时,更应注意夜间覆盖保温。浇水要小水轻浇,不要使苗床温度下降过剧,同时要注意通风换气,做到既不使床内热量失散过多,又能达到降低床内湿度的目的,搭秧后水分控制要得当,以促进秧苗发根,增强植株抗病力。

辣椒病毒病

【图版 15】

辣椒病毒病由烟草花叶病毒(Tobacco mosaic virus,简称 TMV)和黄瓜花叶病毒(Cucumber mosaic virus,简称 CMV)等 10 多种毒源侵染所致,俗称毒素病,在全国各地都有发生,是辣椒的常见病害。

【简明诊断特征】 花叶型、畸形型主要由黄瓜花叶病毒 (CMV)侵染所致,坏死型主要由烟草花叶病毒(TMV)侵染所致;可单独侵染,也可复合侵染,在田间组合表现出四种症状,即花叶、黄化、坏死和畸形。

(1)花叶型:可区分为轻花叶型和重花叶型。轻花叶型,表现为在叶片上出现黄绿相间,或叶色深浅相间的花叶症状,叶色褪绿,幼叶明脉;重花叶型,表现为在叶片上出现黄绿相间,或叶色深浅相间的花叶症状,叶面皱缩,叶片细长成线状,植株矮化,果实表面黄绿相间,略小。

(2)黄化型:表现为病株叶面明显变黄色,叶片枯死造成脱落。

(3)坏死型:植株病部部分组织变褐坏死,表现为发病叶面出现坏死条斑,病茎部出现坏死条斑或环斑;发病严重时,引起落果,甚至植株枯死。

(4)畸形型:在叶片上表现为新生叶片明脉,叶色深浅相间,后叶片细长成线状,增厚。植株一般明显矮化,分枝增多,产生丛枝,发生严重时使植株变形。

同一植株可能出现多种症状并发,造成植株落叶、落花、落果,甚至使植株枯死。

【侵染循环】 黄瓜花叶病毒(CMV)在多年生宿根杂草上越冬,主要通过蚜虫、植株间汁液接触及农事操作等传播至寄主植物上。烟草花叶病毒(TMV)随病株残余组织遗留在田间越冬,也能吸附在种子上越冬并成为初侵染源,主要通过植株间汁液接触及整枝打杈等农事操作传播至寄主植物上,从寄主伤口侵入,进行多次再侵染。

【病菌生态】 病毒喜高温干旱的环境。适宜发病的温度范围15～35 ℃;最适发病环境,温度为 20～35 ℃,相对湿度 80% 以下;最适感病生育期苗期至座果中后期。发病潜育期 10～25 天。一般持续高温干旱天气,有利于病害发生与流行。

【发生规律】 上海及长江中下游地区辣椒病毒病的主要发病盛期在 5～9 月。年度间早春温度偏高、少雨,蚜虫、蓟马、粉虱发生量大的年份发病重;田块间连作地、周边毒源寄主多的田块发病较早较重;栽培上播种过迟、种植过密、田间农事操作不注意防止传毒,防治蚜虫、蓟马、粉虱不及时,肥水不均、偏施氮肥的田块发病重;品种间抗病、耐病差异较大,杂交尖椒比灯笼型甜椒较抗病。

【防治措施】

(1)选栽抗病品种:对辣椒病毒病较为抗病、耐病的甜(辣)椒品种有嘉配 5 号甜椒、海丰 1 号甜椒、双丰甜椒、上海圆椒和上海甜椒等。

(2)留种与种子消毒:从无病留种株上采收种子,选用无病种子。引进商品种子在播前先用清水浸泡种子 3～4 小时,再放入10%磷酸三钠溶液中浸 20～30 分钟,捞出洗净后催芽;或将种子用55 ℃的温水浸种 10～15 分钟,并不断搅拌直至水温降到 30～35度,再浸泡 3～4 小时,将种子反复搓洗,用清水冲净黏液后晾干再催芽。

(3)茬口轮作:实行轮作,发病重的地块,提倡与非茄科蔬菜2～3 年轮作,以减少田间病菌来源。

(4)加强栽培管理:适时播种,培育壮苗,不移栽病苗、弱苗,合理密植,施足基肥,合理施肥水,促进植株健壮,提高抗病能力。及时清理田边杂草,减少病毒来源。农事操作中,接触过病株的手和农具,应用肥皂水冲洗;吸烟菜农肥皂水洗手后再进行农事操作,防止接触传染。

(5)清洁田园:收获后及时清除病残体并带出田外深埋或烧毁;深翻土壤,加速病残体的腐烂分解。

(6)防治传病害虫:在蚜虫、蓟马、粉虱发生初期,及时用药防治,同时使用黄板诱捕(25～30 张/亩)减少虫口基数,防止传播病毒。推广应用银灰膜避蚜防病,效果明显。

(7)绿色防治用药:在秧苗二叶一心至五叶期、移栽时,或大田始见病株起用药,每隔 7～10 天喷 1 次,连续喷 2～3 次,有较明显抑制病害扩展的效果。

高效、低毒、低残留防治用药:可选宁南霉素、盐酸吗啉胍、吗胍・乙酸铜等喷雾。

常规防治用药:可选病毒灵等喷雾。

具体用药量及倍数,须按照作物病害危害程度及各农药品种使用说明予以确定。

辣椒疫病

【图版 16】

辣椒疫病(*Phytophthora capsici*)由鞭毛菌亚门真菌辣椒疫霉侵染所致,在全国各地都有发生,是辣椒生产中的毁灭性病害。

【简明诊断特征】 辣椒疫病主要危害茎、叶和果实,苗期和成株期均可染病。

苗期染病,幼苗茎基部产生暗绿色水渍状软腐,引起苗期猝倒。

茎染病,多在茎基部发生,发病初始产生暗绿色水渍状斑(用手指轻轻一抹就能掉皮),扩大后病斑绕茎一周,病部明显缢缩,呈黑褐色,似条斑,造成病部以上枝叶逐渐枯萎。田间湿度大时,病部产生白色霉层,即病菌的孢囊梗和孢子囊。

叶片染病,初始产生暗绿色水渍状斑,扩大后病斑圆形或不规则形,边缘黄绿色,中央深褐色,叶片枯萎易脱落。

果实染病,以近地面的果实易发病,初始产生暗绿色水渍状斑,扩展后软腐,褐色;高湿时病部产生白色霉层,空气干燥后成僵果。

【侵染循环】 病菌以卵孢子和厚垣孢子随病株残余组织遗留在田间越冬,也能潜伏在土壤中或种子上越冬。在环境条件适宜时,卵孢子借雨水反溅或气流传播至寄主茎基部或近地面的果实上,从表皮直接侵入,引起初次侵染。

【发生规律】 上海及长江中下游地区的辣椒疫病主要发病盛期为保护地5～6月,露地6～7月。年度间早春温暖多雨、大雨或连阴雨后骤然放晴,气温迅速升高,有利于病害流行。田块间连作地、地势低洼、雨后积水、排水不良的田块发病较重;栽培上种植过密、通风透光差的田块发病重。不同品种的发病情况也有差异,一般尖椒型品种发病率低于甜椒杂交组合;而10天以上高温干旱,则可抑制该病的发生与蔓延。

【病菌生态】 病菌喜高温高湿的环境。适宜发病的温度范围为10～38 ℃;最适发病环境,温度为25～30 ℃,相对湿度80％左右;最适感病生育期为座果期。发病潜育期5～10天。在最适感病生育期,遇连续3天下大雨(暴雨),田间淹水易引发病害蔓延,甚至可暴发成灾。

【防治措施】

(1) 选种与种子消毒:从无病留种株上采收种子。引进商品种子播前,干种子用2.5％咯菌腈悬浮种衣剂(适乐时)包衣,包衣使用剂量为千分之4～5,包衣后晾干播种。

(2) 实行轮作:发病田实行与非茄科、葫芦科作物轮作2～3年。

(3) 加强田间栽培管理:合理密植,科学施肥,控制浇水量,切忌大水漫灌,开好排水沟系,防止雨后积水引发病害。

(4) 清洁田园:及时拔除病株,带出田外深埋或烧毁,收获后清除病残体,并耕翻土壤,加速病残体的腐烂分解,减少再侵染菌源。

（5）化学防治：在出现中心病株的发病初期开始浇根，每株200～300克药液，每隔 7～10 天喷药 1 次，连续 2～3 次。

高效、低毒、低残留防治用药：可选氟菌·霜霉威、丙森·霜脲氰、烯酰吗啉、噻菌铜等药剂浇根防治。

常规防治用药：可选霜脲氰锰锌、霜霉威、氢氧化铜等浇根防治。

具体用药量及倍数，须按照作物病害危害程度及各农药品种使用说明予以确定。

辣椒根腐病

辣椒根腐病（*Fusarium solani*）由半知菌亚门真菌腐皮镰孢霉侵染所致，全国各地均有发生，是辣椒生产上的重要病害；还危害茄子、番茄、黄瓜、蚕豆、草莓等二十多种作物。

【简明诊断特征】　辣椒根腐病主要危害辣椒根茎部及维管束。

发病初始，病株枝叶特别是顶部叶片稍见萎蔫，傍晚至次日早晨恢复；发病中期，病株初期症状反复 2～4 天后，顶部叶片无法恢复，萎蔫症状向中下部扩散，浇水也无法减轻症状，再经 2～3 天，全株叶片全部萎蔫，但叶片仍呈绿色。发病后期，病株的根茎部呈淡褐色或深褐色腐烂，极易剥离，露出木质部，可见维管束变褐色；潮湿时可见病部长出白色至粉红色黏质物，即病菌的分生孢子梗及分生孢子。

【侵染循环】　病菌以菌丝体和厚垣孢子随病株残余组织遗留在田间越冬。在环境条件适宜时，产生的分生孢子通过雨水反溅或灌溉水传播至寄主植物上，从伤口侵入，引起初次侵染，并在受害的部位产生新生代分生孢子，飞散传播，进行多次再侵染，加重危害。

【发生规律】　上海及长江中下游地区辣椒根腐病的主要发病盛期在 4～9 月间。年度间春夏温度偏高、多阴雨、光照时数少的年份发病重；田块间连作地、低洼地、排水不良的田块发病较早较重；栽培上种植过密、通风透光差、氮肥施用过多、大水漫灌的田块发病重。

【病菌生态】 病菌喜温暖潮湿的环境。适宜发病的温度范围为 10～35 ℃；最适发病环境，温度为 18～28 ℃，相对湿度 90％以上；最适感病生育期为始花至座果期。发病潜育期 5～7 天。

【防治措施】

（1）茬口轮作：合理轮作，与豆科、禾本科蔬菜等实行 3～5 年以上轮作，避免与茄果类蔬菜连作。

（2）清洁田园：辣椒收获后要及时清除田间病残株，并烧毁或深埋。

（3）田间管理：开好排水沟系，防止土壤过湿和雨后积水引发病害，合理密植，科学施肥，控制浇水。

（4）化学防治：田间出现零星病株的发病初期开始药液浇根，每株浇灌药液 0.25 千克，用药间隔期 7～10 天，连续防治 2～3 次；药剂要交替使用，重病田视病情发展，必要时还要增加用药次数。

高效、低毒、低残留防治用药：可选用春雷霉素、噻菌铜等灌根。

常规防治用药：可选用噁霉灵、敌磺钠等灌根。

具体用药量及倍数，须按照作物病害危害程度及各农药品种使用说明予以确定。

辣椒菌核病

【图版 16】

辣椒菌核病（*Sclerotinia sclerotiorum*）由子囊菌亚门真菌核盘菌侵染所致，全国各地均有发生，是保护地栽培除辣椒生产上的重要病害；还危害番茄、茄子、黄瓜、豇豆、蚕豆、豌豆、马铃薯、胡萝卜、菠菜、芹菜、甘蓝等多种蔬菜。

【简明诊断特征】 辣椒菌核病在幼苗期和成株期均可感病，主要危害茎基部，也能危害茎、叶和叶柄、花、果实和果柄。

茎染病,危害茎基部和茎分权处。发病初始为褐色水渍状斑,后病斑绕茎变黄。湿度高时病部长出一层白色棉絮状菌丝体,软腐无气味;田间湿度低时,病斑呈灰白色,稍凹陷,易折断。受害后茎秆内髓部受破坏,腐烂而中空,剥开可见白色菌丝体和黑色菌核。菌核呈鼠粪状,圆形或不规则形,早期白色,以后外部变为黑色,内部白色,大小一般$(1.5\sim6)$毫米$\times8$毫米,$4\sim10$粒。后期病部以上茎叶枯萎,茎基部叶片染病始于叶缘,形成不规则形、黄褐色的病斑,叶片基部受害形成不规则形、灰褐色水渍状病斑。湿度高时叶片表面产生白色棉絮状菌丝体,软腐,可致叶片枯死脱落。染病后期整株枯萎,病苗呈立枯状死亡。

叶柄染病,由叶柄基部侵入,水浸状,病斑灰白色稍凹陷,后期表皮纵裂。叶柄染病的植株易引起茎分权处染病,病部以上枝叶凋萎变黄,病部以下枝叶则可继续生长。

花梗受害,蔓延至果实,病部褪色变白,稍带湿腐。花瓣受害后失去光泽呈苍白色,易脱落。

果实及果柄染病,始于果柄,并向果实蔓延,致果实水浸状腐烂,果表长白色棉絮状菌丝及形成黑色粒状菌核。

【侵染循环】 病菌以菌核在土壤中和病株残余组织内及混杂在种子中越冬或越夏。菌核一般可存活 2 年左右。在环境条件适宜时,菌核萌发产生菌丝体和子囊盘,子囊盘散放出的子囊孢子借气流传播到植株上,引起初次侵染。病菌很难直接侵染生长健壮的植物茎叶,一般都是在衰老的叶片组织或未脱落的花瓣上穿过角质层直接侵入。侵入后病菌破坏寄主的细胞和组织,扩散和破坏邻近未被病原物侵染的组织,并通过病健株间的接触,进行重复侵染。病叶、茎与植株健部间的接触,带病花瓣落在植株健部,病菌就可以扩展而使健全的茎、叶及果实发病。

【发生规律】 上海及长江中下游地区辣椒菌核病的主要发病盛期在 $2\sim6$ 月及 $10\sim12$ 月,常年一般春季发生比秋季重。年度间早春多雨、寒流侵袭作物受冻、天气忽冷忽热变换频繁,或梅雨期间多雨的年份发病重;晚秋温度偏高、多雨的年份发病重;田块间连作地、排水不良地发病较早较重;栽培管理上种植过密、通风透光差、氮肥施用过多、茎叶过嫩或受霜害、冻害和肥害的发病重;管棚保护地及温室栽培关棚时间过长、通风换气少、大水大肥浇灌的发病重;品种间残留花多的、茎叶柔嫩多毛的品种易感病。

【病菌生态】 病菌喜温暖高湿的环境。适宜发病的温度范围 0~30 ℃;最适发病环境,温度为 20~25 ℃,相对湿度 90% 以上;最适感病生育期为成株期至开花座果期。发病潜育期 5~8 天。子囊孢子萌发的适宜温度为 5~10 ℃,菌核萌发适温 15 ℃。

【防治措施】

(1) 茬口轮作:与水生蔬菜、禾本科作物及葱蒜类蔬菜轮作。

(2) 种子处理:清除混杂在种子中的菌核,避免将菌核播入苗床中。播种前干种子用 2.5% 咯菌腈悬浮种衣剂(适乐时)包衣,包衣使用剂量为千分之 3~4,包衣后晾干播种;或用 50~55 ℃ 的温汤浸种 10~15 分钟,移入冷水,然后取出晾干后播种。

(3) 土壤消毒:每平方米用 50% 多菌灵可湿性粉剂 8~10 克,与干细土 10~15 千克拌匀后撒施,消灭菌源。

(4) 培育壮苗:苗床定期适时用药防病,适温炼苗防止高脚苗、弱苗,秧苗移栽前一定要做到带药移栽,不移栽病弱苗,从严控制秧苗带病移栽。

(5) 加强田间管理:开好排水沟系,防止土壤过湿和雨后积水引发病害,合理密植,科学施肥,控制浇水。控制保护地栽培棚内温湿度,及时放风排湿,尤其要防止夜间棚内湿度迅速升高,是防治本病的关键措施。注意合理控制浇水和施肥量,浇水时间放在上午开棚时,以降低棚内湿度。特别在春季寒流侵袭前,要及时加盖小环棚塑料薄膜,并在棚室四周盖草帘,防止植株受冻。

(6) 清洁田园:及时打老叶、清理残留花朵,发现病株及时拔除或剪去病枝,带出棚外集中烧毁或深埋。收获后彻底清除病残体,深翻土壤,防止菌核萌发出土。

(7) 化学防治:在发病初期开始喷药,每隔 7~10 天喷药 1 次,连续喷 2~3 次,重病田视病情发展,必要时还要增加喷药次数。

高效、低毒、低残留防治用药:可选嘧霉胺、啶酰菌胺、戊唑醇、春雷霉素等喷雾。

常规防治用药：乙烯菌核利、腐霉利、异菌脲等喷雾。

具体用药量及倍数，须按照作物病害危害程度及各农药品种使用说明予以确定。

春季遇连续阴雨，管棚保护地栽培辣椒棚内可选用烟熏剂每180平方米标准棚 100 克，开棚排湿 20 分钟后进行闷棚熏蒸。

(8) 病茎涂药治病：在植株茎部始发病时，用 50％硫菌灵可湿性粉剂（托布津），或 50％异菌脲可湿性粉剂（扑海因）100 倍，调成浆糊状，用毛笔沾药糊，涂病茎部治病。

辣椒灰霉病

【图版 16】

辣椒灰霉病（*Botrytis cinerea*）由半知菌亚门真菌灰葡萄孢菌侵染所致，全国各地均有发生，是甜椒、辣椒的主要病害之一；除在甜椒、辣椒上发生外，还危害茄子、番茄、黄瓜、生菜、芹菜、草莓等二十多种作物。

【简明诊断特征】 辣椒灰霉病主要危害叶片、茎杆、花、果实，苗期至成株期均可染病。

苗期染病，发病初始子叶顶端褪绿变黄，后扩展至幼茎，幼茎变细缢缩，使幼苗病茎折断枯死。

叶片染病，染病后，高湿时叶面产生大量灰白色霉层，即病菌的分生孢子梗及分生孢子，发病末期可使整叶腐烂而死。

茎杆染病，发病初始在茎杆产生水渍状小斑，扩展后成长椭圆形或不规则形，病部呈淡褐色，表面生灰白色的霉层。发病严重时，病斑可绕茎杆一周，往往引起病部上端的茎、叶萎蔫枯死。

花染病，初始花瓣水浸状，后花瓣呈褐色，田间高湿时，病部密生灰白色霉层，花瓣易脱落。

果实染病，染病后一般不脱落，发病初期被害部位的果皮呈灰白色水浸状，后果实的被害部位发生组织软腐，后期在病部表面密生灰白色的霉层。

【侵染循环】 病菌以分生孢子或菌核随病株残余组织遗留在田间越冬或越夏。在适宜条件下,菌核萌发产生菌丝体,继而形成分生孢子,通过气流、雨水或农事操作传播。

【发生规律】 上海及长江中下游地区辣椒灰霉病的主要发病盛期在冬季12月中下旬至翌年6月间。年度间早春温度偏低、多阴雨、光照时数少的年份发病重;田块间连作地、排水不良、与感病寄主间作的田块发病较早较重;栽培上种植过密、生长过旺、通风透光差、氮肥施用过多、与生菜、芹菜、草莓等易发灰霉病的作物接茬的田块易染病,特别是保护地春季阴雨连绵、气温低、关棚时间长、棚内湿度高、通风换气不良,极易引发病害。

【病菌生态】 病菌喜温暖高湿的环境。适宜发病的温度范围为2~31℃;最适发病环境,温度为20~28℃,相对湿度90%以上;最适感病生育期为始花期至座果期。发病潜育期3~10天。

【防治措施】

(1) 精细整地:畦面应做成鱼背式的深沟高畦,确保浇水畦面不积水。在雨季前,抓好温室、管棚四周清理沟系,防止雨后积水,降低地下水位和棚室内湿度,控制发病环境。

(2) 合理安排品种茬口:也能减轻病害的发生,避免与生菜、芹菜、草莓等易发灰霉病的作物接茬。

(3) 加强栽培管理:通风换气是调节大棚空气湿度,抑制病害的重要手段。坚持每天上午8时左右适当开棚通风0.5~1小时,比一般大棚管理提早1~2小时,阴雨天也坚持开棚通风换气,特别是在浇水施肥后,不仅要在棚两头通风,还要尽量在棚室两边增加透风口,尽量快速降低棚内湿度。

(4) 生态调节控制发病:在甜椒、辣椒进入发病期开始,早上开棚通风换气结束后及时关棚保温,并使棚室内的温度达到30℃以上、38℃以下数小时,下午棚温下降到25℃左右时再开棚强制快速降温至18℃以下,避开发病的适宜温区,达到生态调节防治病害。

(5) 精心肥水管理:肥水管理是否适当,对引发病害关系很大,特别是追肥浇水,应选择在晴天的上午,以贴根处轻浇、勤浇为宜,切忌用泥浆泵等大水大肥浇灌;追肥应选用尿素等安全性高、肥效好的化肥,使用粪肥易引发病害。浇水后不得立即关棚保温,需开棚通风 3 小时以上,排除棚内多余的湿气。

(6) 整枝打杈:及时整枝打杈,把整下的病枝、病叶、病果带出棚外集中处理,防止病菌传染。

(7) 化学防治:在发病初期始喷药,每隔 5～7 天喷 1 次,连续喷 2～3 次,重病田视病情发展必要时增加喷药次数。

高效、低毒、低残留防治用药:可选嘧霉胺、啶酰菌胺等喷雾。

常规防治用药:可选腐霉利、乙烯菌核利、异菌脲等喷雾。

具体用药量及倍数,须按照作物病害危害程度及各农药品种使用说明予以确定。

在阴雨天可用烟剂每标准中管棚 100 克(每只 25 克,3～4 只)烟熏。

辣椒炭疽病

【图版 16】

辣椒炭疽病(*Vermicularia capsici*, *Colletotrichum capsici*)由半知菌亚门真菌辣椒炭疽菌和辣椒丛刺盘孢菌侵染所致,全国各地均有发生,是辣椒上的主要病害之一。

【简明诊断特征】 辣椒炭疽病主要危害果实,也能危害叶片和果梗。

果实染病,发病初始产生水浸状小点,扩大后病斑呈黄褐色,长圆形或不规则形,边缘褐色,中央灰褐色,凹陷,病部密生橙红色或黑色小点,即病菌的分生孢子盘,并排列成不规则形隆起的同心轮纹。田间湿度高时,病部表面溢出红色黏稠物,即病菌的分生孢子块;干燥时病果内部组织干缩变薄凹陷,呈黑色羊皮状,易破裂。

叶片染病,初始产生水浸状斑,扩大后病斑边缘褐色,中央灰褐色,近圆形,病部具黑色小点密集排列成的同心轮纹,叶片发病严重时易脱落。

果梗染病,病斑褐色,不规则形,病部凹陷,田间湿度低时,病部表皮易开裂。

【侵染循环】 病菌以拟菌核随病株残余组织遗留在田间越冬,也能以分生孢子和菌丝体附着在种子上越冬。田间病株残余组织内的拟菌核,在环境条件适宜时产生的分生孢子,通过雨水反溅或气流传播至寄主植物上,从寄主伤口侵入,引起初次侵染。侵入后经潜育出现病斑,并在受害部位产生新生代分生孢子,借风雨或昆虫等媒介传播,进行多次再侵染,加重危害。

【发生规律】 上海及长江中下游地区辣椒炭疽病的主要发病盛期在5~9月。年度间梅雨期间高温多雨、夏季高温多雷阵雨的年份发病重;田块间地势低洼、排水不良的田块发病重;栽培上种植过密、通风不良、施肥不当或偏施氮肥的田块发病重。

【病菌生态】 病菌喜高温高湿的环境。发病温度范围 12~33 ℃;最适发病环境,温度为 25~30 ℃,相对湿度 85% 以上;最适感病生育期为结果中后期。发病潜育期 3~7 天。孢子萌发时相对湿度要求在 95% 以上。

【防治措施】

(1)留种与种子消毒:从无病留种株上采收种子,选用无病种子。引进商品种子,在播前干种子用 2.5% 咯菌腈悬浮种衣剂(适乐时)包衣,包衣使用剂量为千分之 4~5,包衣后晾干播种;或用 55 ℃温汤浸种 5 分钟后,立即移入冷水中冷却,晾干后催芽播种。

(2)茬口轮作:发病严重地块,提倡与非瓜、豆类作物实行 2~3 年以上轮作,以减少田间病菌来源。

(3)加强田间管理:合理密植,深沟高畦,雨后及时排水,降低地下水位,适当增施磷钾肥,促使植株健壮,提高植株抗病能力。

(4)清洁田园:及时摘除病果、病叶,收获后清除病残体,带出田外深埋或烧毁,深翻土壤,加速病残体的腐烂分解。

(5)化学防治:在发病初期开始喷药,用药间隔期 7~10 天,连续喷 2~3 次。

高效、低毒、低残留防治用药:可选嘧菌酯、戊唑醇、苯醚甲环唑、吡萘·嘧菌酯等喷雾防治。

常规防治用药：可选多抗霉素、氟硅唑、咪鲜胺、代森锰锌、恶霜·锰锌等喷雾。

具体用药量及倍数,须按照作物病害危害程度及各农药品种使用说明予以确定。

辣椒黄萎病

辣椒黄萎病(*Verticillium dahliae*)由半知菌亚门真菌大丽花轮枝孢侵染所致,又称半边疯、半身枯萎病;是植物检疫对象之一;除危害辣椒外,还可危害茄子、番茄、马铃薯、瓜类、棉花等作物。

【简明诊断特征】 为系统性病害,一般苗期虽有发病但极少表现病症,植株表现病症多在开花座果盛期后开始。

植株染病,初期先从植株半边下部叶片近叶柄的叶缘部及叶脉间发黄,渐发展为半边叶片或整叶变黄,叶缘稍向上卷曲,有时病斑只限于半边叶片,引起叶片歪曲;早期病叶晴天高温时呈萎蔫状,早晚尚可恢复;后期病叶由黄变褐,终致萎蔫下垂以至脱落,严重时中下部叶片枯黄脱落,仅剩顶端新叶,数日后整株枯死。横剖病株茎、根、分枝,可见木质部的维管束变褐色,但挤捏上述病部横切面,无米水状混浊液渗出,有别于青枯病。病株着生的果实变小,质硬,纵切病株上成熟的果实,其维管束也呈黑褐色。

【侵染循环】 病菌以休眠菌丝、厚垣孢子、微菌核随病株残余组织遗留在土壤中越冬。黄萎病菌可在土壤中存活 6～8 年;但在干燥休闲的土壤里,只能存活 1 年;在土壤水分饱和的情况下,很快死亡。病菌主要通过土壤、雨水和田间农事操作传播,第二年移栽时,病菌在适宜的环境条件下,从根部伤口或直接从幼根的表皮和根毛侵入,在植株的维管束内繁殖,不断扩散到植株枝叶及根系,引起植株系统性发病,最后干枯死亡。

【发生规律】 上海及长江中下游地区辣椒黄萎病的主要发病盛

期为 5 月至 9 月。年度间春末夏初多雨或梅雨期间多雨的年份发病重;田块间连作地、地势低洼、排水不良的田块发病较早较重;栽培上施用未腐熟有机肥、定植过早、栽苗带土少、伤根多等田块发病重。

【病菌生态】 病菌喜温暖潮湿的环境。适宜发病温度范围 5～30 ℃;最适发病环境,温度为 25～28 ℃,相对湿度 60%～85%;最适病症表现生育期为座果期到采收中后期。一般气温在 20～25 ℃,土温 22～26 ℃,以及湿度较高的条件下发病重,高温、干旱发病轻。

【防治措施】

(1) 加强检疫:防止带菌种子传入新菜区。

(2) 种子消毒:预防病害传入,播种前干种子用 2.5% 咯菌腈悬浮种衣剂(适乐时)包衣,包衣使用剂量为千分之 4～5,包衣后晾干播种。

(3) 茬口轮作:重发病田块实行与非茄科作物 4 年以上轮作;如与葱蒜类蔬菜,有条件的与水稻轮作效果最佳。

(4) 深耕和增施肥料:提倡深耕并多施有机肥,使 25～30 厘米处的土层充分腐化,以利茄苗生长,增强植株抗病能力。

(5) 秧苗浸药消毒:辣椒苗定植时可用 30% 恶霉灵水剂(康丹)1 000 倍药液浸根 10～30 分钟,新药液浓度高时浸根时间 10 分钟,以后随每次换苗浸根延长 5 分钟。

(6) 及时清除病株:发现病株及时连同根系周围土壤一起清除,集中处理防止扩散,并在周围植株浇 30% 噁霉灵水剂(康丹)1 500～2 000 倍液;或 3% 多抗霉素可湿性粉剂 300～400 倍液;或 20% 噻菌铜悬浮剂(龙克菌)250～500 倍液,每株浇用药液量 250 克左右。

辣椒白粉病

【图版 16】

辣椒白粉病(*Leveillula taurica*)由子囊菌亚门真菌鞭粗内丝

白粉菌侵染所致，是辣椒上的常见病害；主要危害辣椒、甜椒、番茄、茄子等茄科蔬菜。

【简明诊断特征】 辣椒白粉病主要危害叶片。

新老叶片均可染病。发病初始叶片正面产生褪绿色小点，病斑叶背生白粉状霉层粉斑，粉层厚密，白色粉状物即为病菌的分生孢子梗和分生孢子。扩大后叶面呈边缘不明显、无规则形的黄绿色病斑。发病严重时，病斑连接成片，使整张叶面变黄，病害流行时，白粉扩大迅速，叶背被白色粉层覆盖，造成叶片脱落，仅存顶端嫩叶。

【侵染循环】 病菌以闭囊壳随病株残余组织遗留在田间越冬。在环境条件适宜时，产生的分生孢子通过气流传播至寄主植物上，从寄主叶背表皮气孔直接侵入，引起初次侵染；并在受害的部位产生新生代分生孢子，借气流飞散传播，进行多次再侵染，加重危害。

【发生规律】 上海及长江中下游地区辣椒白粉病的主要发病盛期在5～8月。年度间早春温度偏高、少雨的年份发病重；田块间连作地、地势低洼、排水不良的田块发病较重；栽培上种植过密、通风透光差、肥水不足引发早衰的田块发病重。

【病菌生态】 病菌喜温暖潮湿的环境。发病温度范围15～30 ℃；最适发病环境，温度为22～28 ℃，相对湿度40%～95%；最适感病的生育期为结果中后期；发病潜育期5～10天。分生孢子萌发温度15～30 ℃，病菌对湿度要求较低，较低的相对湿度下病害也有流行的可能。

【防治措施】

(1) 清洁田园：及时摘除病、老叶，以利通风透光，减少田间菌源。收获后及时清除病残体，带出田外深埋或烧毁，深翻土壤，加速病残体的腐烂分解。

(2) 加强栽培管理：科学追施肥水，促使植株生长健壮，提高抗病能力。

(3) 化学防治：在发病初期开始喷药，用药间隔7～10天，连续防治2～3次。

高效、低毒、低残留防治用药：可选嘧菌酯、戊唑醇、吡萘·嘧菌酯等喷雾。

常规防治用药：可选氟硅唑、代森锰锌、恶霜·锰锌、多抗霉素等喷雾防治。

具体用药量及倍数，须按照作物病害危害程度及各农药品种使用说明予以确定。

辣椒白星病

辣椒白星病（*Phyllosticta capsici*）由半知菌亚门真菌辣椒叶点霉菌侵染所致，又称斑点病、白斑病；全国各地均有发生，是辣椒上常见的病害之一。

【简明诊断特征】　辣椒白星病主要危害叶片，苗期和成株期均可染病。

叶片染病，从下部老熟叶片起发生，并向上部叶片发展；发病初始产生褪绿色小斑，扩大后圆形或近圆形，边缘褐色，稍凸起，病健部明显，中央白色或灰白色，散生黑色粒状小点，即病菌的分生孢子器。田间湿度低时，病斑易破裂穿孔；发生严重时，常造成叶片干枯脱落，仅剩上部叶片。

【侵染循环】　病菌以分生孢子器随病株残余组织遗留在田间或潜伏在种子上越冬。在环境条件适宜时，分生孢子器吸水后逸出分生孢子，通过雨水反溅或气流传播至寄主植物上，从寄主叶片表皮直接侵入，引起初次侵染。病菌先侵染下部叶片，逐渐向上部叶片发展，经潜育出现病斑后，在受害的部位产生新生代分生孢子，借风雨传播进行多次再侵染，加重危害。

【发生规律】　上海及长江中下游地区辣椒白星病的主要发病盛期在 3～7 月。年度间早春多雨或梅雨期间闷热多雨的年份发病重；田块间连作地、地势低洼、排水不良的田块发病较重；栽培上种植过密、通风透光差、植株生长不健的田块发病重。

【病菌生态】　病菌喜高温高湿的环境。发病温度范围 8～32 ℃；最适发病环境，温度为 22～28 ℃，相对湿度 95％；最适感病生育期为苗期到结果中后期。发病潜育期 7~10 天。

【防治措施】

(1) 茬口轮作：提倡与非茄科蔬菜隔年轮作，以减少田间病菌来源。

(2) 加强田间管理：合理密植，深沟高畦栽培，雨后及时排水，降低地下水位，适当增施磷钾肥，促使植株健壮，提高植株抗病能力。

(3) 清洁田园：及时摘除病、老叶，收获后清除病残体，带出田外深埋或烧毁，深翻土壤，加速病残体的腐烂分解。

(4) 化学防治：在发病初期开始喷药，每隔 7~10 天喷 1 次，连续喷 2~3 次。

高效、低毒、低残留防治用药：可选用嘧菌酯、戊唑醇、苯醚甲环唑等喷雾。

常规防治用药：可选用代森锰锌、异菌脲、恶霜·锰锌等喷雾。

具体用药量及倍数，须按照作物病害危害程度及各农药品种使用说明予以确定。

辣椒白绢病

辣椒白绢病（*Sclerotium rolfsii*）由半知菌亚门真菌齐整小核菌侵染所致，俗称辣椒南方疫病；属土传性病害，是辣椒上偶发性病害。

【简明诊断特征】　辣椒白绢病主要危害茎基部。

茎基部染病，发病初期茎基部表皮呈褐色，扩大后病部稍凹陷。发病中期病株叶片、叶柄枯黄凋萎、叶片脱落。发病后期病株全株性枯死，查看地下部根系生长仍较好，仅表皮产生白色具光泽的绢丝状菌丝体，并伴有（菜籽状）黄褐色小菌核。

【侵染循环】　病菌以菌核或菌丝体在土壤中越冬。条件适宜时，菌核萌发产生菌丝，从寄主茎基部或根部侵入，引起初侵染。当出现中心病株后,地表菌丝向四周蔓延,病害向四周扩散。

【发生规律】 上海及长江流域地区辣椒白绢病主要发病盛期在 6～9 月。年度间夏秋季温度偏高、多雨的年份发生重;田块间地势低洼、排水不良、老病田与发生白绢病作物连作、酸性土或砂性地的发病重;栽培上整地不细,管理粗放,沟系差、浇水过多,通风不够的发病重。

【病菌生态】 病菌喜高温潮湿的环境。适宜发病的温度范围 8～40 ℃;最适发病环境,温度为 28～35 ℃,相对湿度 90% 以上。适宜发病生育期成株至采收期。发病潜育期 3～10 天。特别是高温及时晴时雨利于菌核萌发。

【防治措施】 在防治措施上,立足于农业防治,辅助药剂防治,可减少防治成本,提高防治效果。

(1)灭茬轮作:病田与禾本科作物水旱轮作。棚室要利用夏季高温灌水、覆膜 10～15 天,加快病残体分解腐烂,杀灭病菌。

(2)整地细致:深耕细作、沟系配套、做畦平整,施充分腐熟有机肥。

(3)加强管理:棚内适时通风换气、降湿,控制发病环境。发现病株及时拔除(病株拔除后用石灰沫消毒),集中烧毁、深埋,减少侵染源。

(4)化学防治:在发病初期开始用药,每隔 7～10 天用药 1 次,连续用药 2～3 次。

高效、低毒、低残留防治用药:可选噻菌铜等药剂配制成一定浓度,于根周浇泼,每株 200～300 毫升。

常规防治用药:可选噁霉灵、代森铵等灌根。

具体用药量及倍数,须按照作物病害危害程度及各农药品种使用说明予以确定。

辣椒青枯病

辣椒青枯病(*Pseudomonas solanacearum*)由细菌青枯假单胞

杆菌侵染所致,是我国南方地区辣椒上常见病害。

【简明诊断特征】 辣椒青枯病属系统性病害。

发病初始植株个别叶片白天出现萎蔫,傍晚复原,后很快扩展至整株萎蔫,植株地上部分叶色较淡,茎外部症状不明显,维管束变褐,高湿时折断后可挤出白色黏液菌脓。由于病情扩展迅速,往往田间出现一片凋萎。

全株出现急性凋萎,病茎维管束变褐,横切后用手挤压可见白色菌浓溢出。这是青枯病的典型症状,也是区别于辣椒疫病的特征。

【侵染循环】 病菌随病株残余组织遗留在田间越冬。病菌在病残体内可以存活 6 年之久;在环境条件适宜时,病菌主要借雨水反溅,也可通过昆虫、农事操作等传播,从根或茎部的伤口侵入,经潜育后在植株内繁殖,并向上部蔓延扩展,破坏细胞组织,进行侵染蔓延。

【发生规律】 上海及长江中下游地区辣椒青枯病的主要发病盛期在 5~10 月。年度间夏季高温、闷热、高湿有利于发病;大雨或连阴雨后骤然放晴,气温迅速升高,田间湿度大,有利于病害流行;田块间连作田、低洼田、雨后积水、偏酸土壤的田块发病重;栽培上种植密度过高,偏施氮肥易发病。

【病菌生态】 病菌喜高温高湿的环境。适宜发病的温度范围是 $10\sim40\ ℃$;最适发病环境,土壤温度为 $20\sim25\ ℃$,土壤 pH 6.6;最适感病的生育期为座果期。发病潜育期 $10\sim20$ 天。病菌致死温度为 $52\ ℃$ 经 10 分钟。

【防治措施】

(1)实行轮作:建立无病留种基地。发病严重地块,提倡与非茄科作物实行 $5\sim6$ 年轮作,以减少田间病菌来源。

(2)清洁田园:及时拔除病株,收获后清除病残体,带出田外深埋或烧毁,深翻土壤,加速病残体的腐烂分解。

(3)加强田间管理:合理密植,不偏施氮肥,增施磷、钾肥,雨后及时开沟排水,防止雨后积水,改善土壤酸碱度,提倡营养钵育苗,减少根系伤害,及时打去病老叶,增加田间通风透光。

（4）化学防治：在发病初期开始用药液灌根，每株用药液 200
毫升左右，每隔 7～10 天灌 1 次，连续灌 2～3 次。

高效、低毒、低残留防治用药：可选噻菌铜、春雷霉素等浇根
防治。

常规防治用药：可选新植霉素、霜霉威等喷雾。

具体用药量及倍数，须按照作物病害危害程度及各农药品种使
用说明予以确定。

辣椒脐腐病

辣椒脐腐病是常见的非侵染性生理障碍，俗称辣椒蒂腐病、辣
椒项腐病。

【简明诊断特征】　辣椒脐腐病仅危害果实。

果实染病，发病初始在果实脐部附近发生，出现暗绿色水渍状
斑，病斑扩大后成黄白色或淡褐色，不规则形。后期病斑中部呈革
质化，褐色，扁平状，表面皱缩，病果一般不腐烂。有的果实在病健
交界处开始变红，提前成熟；后期遇湿度高时，病部极易被其他腐生
霉菌寄生，在病部出现黑褐色或其他颜色霉状物，造成病果软化
腐烂。

【发生原因】　辣椒在座果期，当田间水分满足植株正常生长需
求时，植株的各组织器官间的供水是相对平衡的；而当处于燥热气
候、干旱时水分供应缺乏，叶片为满足调节植株体的温度，产生蒸腾
作用的辣椒叶片组织与其他组织器官进行水分争夺（叶片的细胞渗
透压比果实的细胞渗透压要高），叶片的着生位置易夺取水分，果实
的远点脐部因大量缺水引起组织坏死，生长发育受阻，形成脐腐。
也有认为是植株不能从土壤中吸收足够的钙素和硼素有关，致使脐
部细胞的生理紊乱，失去控制水分的能力而发病。

【发生规律】　辣椒脐腐病发生于高温干旱的环境。上海及长
江中下游地区辣椒脐腐病的主要发病盛期在 5～9 月；最适感病生

育期为果实生长中后期。通常在植株结果期,外界高温干旱,西南风向的热燥风大,植株因缺水导致吸水能力减弱,发病严重;还常发生在多雨季节过后接连干旱,特别是在梅雨过后突然干旱,也常导致发病;田块间土壤中氮肥偏多,营养生长过旺导致土壤缺钙,果实不能及时得到钙的补充,能引发病害;栽培上施用未腐熟的有机肥料或施肥过重、过浓,引起烧根或根系发育不良,使根系的正常吸水能力受影响,均易发病。品种间,果实薄皮型品种易发生。

【防治措施】

(1) 改良土壤:定植辣椒的田块应选土壤耕层较深,保水力强,有机质含量高的地块;亦可使用地膜覆盖,保持土壤水分的相对稳定。

(2) 适量及时灌水:积极推广滴灌技术,结果期更应注意水分均衡供应,不使土壤含水量过高或过低,田间浇水宜在早晨或傍晚进行,防止土温与气温差异过大,影响根系正常吸水。

(3) 科学施肥:避免施用未腐熟的有机肥料,或施肥过重过浓,防止烧伤根系。

(4) 微量元素调节:开花结果后膨大期可用蔬菜专用肥或喷施高钙叶面肥(满园丰),使用浓度 800～1 000 倍液(667 平方米用量 100～150 克)进行根外追肥。

(5) 遮阳降温:高温、强光照期间,覆盖遮阳网,防止晒伤果实。

辣椒日灼病

辣椒日灼病是生理性非侵染性病害。

【简明诊断特征】 辣椒日灼病主要发生在果实上,也可发生在叶片上。

果实发病,在青果期发生为多,病果主要发生结在向阳面的果实,有接受强光直射条件,发生初为黄褐色小斑,透明革质状,具油亮光泽,后扩大为白色大斑、凹陷、表面起皱变薄、组织坏死干缩变硬,果肉褐色成块;后期遇湿度高时,病部易被其他腐生霉菌寄生,在病部出现黑色或其他颜色霉状物,造成局部变软腐烂。

叶片发病,在强光直射下,初为叶片褪绿,发展成叶肉组织失水呈漂白状,使叶片或叶缘枯焦。

【发病原因】 辣椒日灼病的果实着生在叶片稀少的区域,发育前期或转色期前受强烈日光照射,使果皮温度上升,蒸腾作用加快,蒸发消耗水分过多,果实局部受热,向阳面果表温度过高灼伤表皮细胞引发日灼。

【发生规律】 露地栽培7~8月或中管棚和连栋大棚保护地栽培4~6月,遇高温、烈日和干旱,或闷棚温度过高、时间过长,易发生病害;天气干热,土壤缺水或雨后暴热,易引发此病;果实膨大期植株生长不良,密度过稀,叶片遮阳少,果实外露于烈日下,均易引发此病。病虫危害较重,引起落叶的地块发生重。

【防治措施】

(1)设施栽培:高温季节覆盖遮阳网降低棚温,加强中管棚及连栋大棚保护地调节温度管理,适时排气通风,降低叶面温度。采用地膜覆盖,提高土壤保水能力。

(2)加强田间管理:合理密植,避免果实暴露在日光下;结果后合理适时肥水浇灌,促使植株生长旺盛,防止作物缺水、叶片萎蔫使果实受害。

(3)改良土质:增施有机肥,改良土壤结构,增加土壤蓄水供水能力,满足植株蒸腾作用所需水分。

(4)加强防病治虫:对常规侵染性病害和害虫的防治,在初始阶段及时用药防治,避免因病虫害发生导致叶片脱落,使果实暴露在烈日下引发日灼病。

茄子猝倒病

茄子猝倒病(*Pythium aphanidermatum*)是由鞭毛菌亚门真菌

腐霉菌侵染所致,是茄科、瓜类蔬菜育苗过程中常见的引起死苗的主要病害,严重时成片秧苗死亡。

【简明诊断特征】 茄子猝倒病主要危害未出土或刚出土不久的幼苗,大苗很少被害。

幼苗染病,受害后茎基部出现水渍状病斑,随着病情的发展,病部绕茎一周后形成缢缩,往往子叶未凋萎,幼苗即突然折倒而贴伏地面,但植株仍保持青绿色,故称猝倒病。干燥时,水腐的茎部干枯、缢缩呈线状。

发芽期染病,发病严重时造成烂种烂芽,使幼苗不能出土。湿度大时,病株附近长出白色棉絮状菌丝。

猝倒病与生理沤根的识别:沤根通常是因低温、积水而引起的生理病害,一般发生在搭秧后遇低温、阴雨天气,秧苗地上部分生长不良,原有根系逐渐呈黄锈色腐烂,无新根或基本不发新根,根皮呈现铁锈色腐烂,地上部萎蔫,且易拔起,导致幼苗死亡,严重时也成片干枯。

【侵染循环】 病菌在病株残体上及土壤中越冬,腐生性很强,可在土壤中长期存活;条件适宜病菌萌发侵染瓜苗引起猝倒。通常病菌靠灌水或雨水冲溅传播。

【发生规律】 上海及长江中下游地区茄子猝倒病的主要发病盛期在 12 月至翌年 2 月。年度间早春温度偏低、多阴雨、光照偏少的年份发病重;苗床间排水不良、通风不良、光照不足、湿度偏大的发病重;苗床土壤中含有机质多、且施用了未腐熟的粪肥等不利于幼苗根系的生长和发育,也易诱导猝倒病发生。育苗期应严格控水,浇水时要小水勤浇。

【病菌生态】 病菌喜低温、高湿的环境。适宜发病的温度范围为－1～15 ℃;最适发病环境,日均温度为 2～8 ℃,相对湿度85%～100%;最适宜感病生育期在发芽至幼苗期。发病潜育期为2～3 天。

【防治措施】

(1) 精选苗床:选择地势高、排水良好的地做苗床,选用经消毒无病的营养土做床底,播前 1 次浇足底水,以减少出苗后的浇水量。

苗后浇水时一定要选择晴天,小水勤浇。遇苗床湿度过大,可撒一层干细土吸湿。

（2）种子包衣防病：干种子用2.5％咯菌腈悬浮种衣剂（适乐时）包衣,包衣使用剂量为千分之4～5,包衣后晾干播种。

（3）培育壮苗,提高抗病力：合理控制苗床的温湿度,是培育壮苗的关键。因此,播种后要注意保温,特别在寒流侵袭时,更应注意夜间覆盖保温,中午、晴天等温度高时要及时炼苗,防止徒长。同时要注意通风换气,换气口要不断变换,使苗均匀生长,发现病苗及时拔除,定期适时用药防护。

（4）化学防治：齐苗后定植期适时用药防治,一般间隔7～10天防治1次,连续防治2～4次。

高效、低毒、低残留防治用药：可选咯菌腈、噻菌铜、春雷·王铜等结合苗床浇水时喷洒。

常规防治用药：可选噁霉灵、氢氧化铜等喷雾。

具体用药量及倍数,须按照作物病害危害程度及各农药品种使用说明予以确定。

茄子立枯病

茄子立枯病（*Rhizoctonia solani*）是由半知菌亚门真菌立枯丝核菌侵染所致;是蔬菜育苗过程中常见的引起死苗的主要病害;发病严重时成片秧苗死亡,给生产带来一定的损失。

【简明诊断特征】　茄子立枯病主要发生在刚出土的幼苗及大苗,以育苗后期发生偏多。

幼苗染病后,茎基部发生褐色凹陷病斑,发病初期茎叶白天萎蔫,夜间恢复正常,经数日反复后,病株就萎蔫枯死。

刚出土的幼苗发病,常与猝倒病较难区分,可在苗床的潮湿点位或在病株及其附近表土可见菌丝和菌核,病部有淡褐色蛛丝状霉,有时这种症状不显著。也可根据发病苗床的环境推测,温度在

23～25 ℃时,湿度越大发病越重,是立枯病的可能性为大。苗床温度处于在 2～8 ℃的低温时,是猝倒病的可能性为大。

【侵染循环】 病菌以菌丝体或菌核在土壤中或病残组织上越冬,腐生性较强,在土壤中可存活 2～3 年。病菌通常从伤口或表皮直接侵入幼茎,引起根部发病,借雨水或灌溉水传播。

【发生规律】 上海及长江中下游地区茄子立枯病的主要发病盛期在 1～3 月。年度间早春多寒流、多阴雨或梅雨期间多雨的年份发病重;晚秋多雨、温度偏高的年份发病重;苗床间旧床、排水不良的发病较早较重;栽培上用种过密、通风透光差的、浇水过多、氮肥施用过多的苗床发病重。

【病菌生态】 病菌喜较温暖潮湿的环境。适合发病的温度范围 0～30 ℃;最适宜发病环境,温度为 15～28 ℃,相对湿度 90% 以上;最适宜的感病生育期为出苗期至成苗后期。发病潜育期 5～10 天。湿度的高低直接影响菌丝体的生长和子囊孢子的发育,子囊孢子萌发的适宜温度 5～10 ℃,菌丝不耐干旱。

【防治措施】

(1) 精选苗床:选择地势高、排水良好的地做苗床,选用经消毒无病的营养土做床底,播前 1 次浇足底水,以减少出苗后的浇水量。苗后浇水时一定要选择晴天,小水勤浇。遇苗床湿度过大,可撒一层干细土吸湿。

(2) 种子包衣防病:干种子用 2.5% 咯菌腈悬浮种衣剂(适乐时)包衣,包衣使用剂量为千分之 4～5,包衣后晾干播种。

(3) 培育壮苗,提高抗病力:注意苗床通风换气,合理控制温湿度,是培育壮苗的关键,发现病苗及时拔除,定期适时用药防护。

(4) 化学防治:齐苗后定期适时用药防治,一般间隔 7～10 天防治 1 次,连续防治 2～4 次。

高效、低毒、低残留防治用药:可选咯菌腈、春雷·王铜等结合苗床浇水时喷洒。

常规防治用药:可选乙烯菌核利、噁霉灵、异菌脲、氢氧化铜等喷雾。

茄子苗期沤根、烧根

茄子在苗期常有非侵染性苗期沤根、烧根等,也常可造成秧苗成片死亡。

【简明诊断特征】

(1)苗期沤根的识别:表现为根部不发新根或不定根,根部表皮呈铁锈色后腐烂,导致地上部萎蔫,幼苗易拔起,地上部叶缘枯焦。严重时成片干枯,似缺素症。

(2)苗期烧根的识别:表现为根尖发黄,但不烂根,须根少而短,不发新根,地上部生长缓慢,形成小老苗,严重时秧苗成片枯黄死亡。

【发生原因】 两种非侵染性苗期根病的主要症状、引发的原因有以下不同:

苗期沤根引发的原因,通常是育苗期间较长时间低于 12 ℃,苗床浇水过多,通风不良又遇连续阴雨等,易导致发生苗期沤根。

苗期烧根引发的原因,是由于育苗床土用肥量过多,造成床土肥料浓度过高,或使用未腐熟的有机肥,从而在床土里发酵,导致幼苗烧根。

【发生规律】 上海及长江中下游地区茄子苗期沤根、烧根的主要发生期在 11 月至翌年 2 月。沤根、烧根的发生与年度间早春多阴雨天气、少日照有关;秧田地势低洼、排水不良的发生较重;栽培上苗床管理粗放、通风透光差、肥水施用过多的苗床上发生重。

【防治措施】

(1)苗床选择:宜选择地势高、排水方便、土质肥沃、背风向阳的田块,并开深沟,以利排水和降低地下水位。如用旧苗床,则必须换用新土,基肥要施用充分腐熟的有机肥,能较好地预防病害发生。

(2)培育壮苗,提高抗病力:合理控制苗床的温湿度,是培育壮苗的关键。因此,播种后要注意保温,特别在寒流侵袭时,更应注意夜间覆盖保温。浇水要小水轻浇,不使床温下降过剧,同时要注意通风换气,做到既不使床内热量失散过多,又达到降低床内湿度的目的;搭秧后水分要得当,并及时中耕松土,促进发根,增强植株抗病力。

茄子绵疫病

【图版 17】

茄绵疫病(*Phytophthora parasitica*,*P. capsici*)由鞭毛菌亚门真菌寄生疫霉和辣椒疫霉菌侵染所致,又名烂茄子;全国各地均有发生,是茄子的主要病害;也能危害番茄、辣椒、黄瓜、马铃薯等作物。

【简明诊断特征】 茄绵疫病主要危害果实,也能危害叶片和花器,苗期至成株期均可发病。

果实染病,近地面果实先发病,受害果初期出现水渍状圆形病斑,病部稍凹陷,黄褐色至暗褐色,逐渐扩大危害整个果实,内部果肉变黑褐色腐烂。高温高湿条件下,病部边缘不明显,表面产生稀疏或茂密的白色菌丝,即病菌的菌丝及孢子囊。若遇干旱,病果则失水干缩形成白色、棕褐色或黑褐色僵果挂在枝上。

叶片染病,产生不规则近圆形水浸状褐色病斑,有明显轮纹,扩展较快,边缘不明显。潮湿时病部可产生稀疏的白霉,干燥时病斑边缘明显,易干枯破裂。

花器染病,病斑为水渍状褐色湿腐,很快发展到嫩茎上,使其腐烂、缢缩,造成病部以上的枝叶萎蔫下垂,湿度大时也可在病部产生白霉。

苗期染病,在嫩茎上初为水渍状小点,后呈水渍状缢缩,致使秧苗猝倒。潮湿时,病部也产生白色的霉。

【侵染循环】 病菌以卵孢子随病株残余组织遗留在田间越冬。在环境条件适宜时,卵孢子萌发,借雨水反溅到近地面的果实上,从果实表皮直接侵入,引起初次侵染。以后在病部产生孢子囊,萌发形成游动孢子,通过雨水或流水传播,进行重复侵染。秋后在病组织中形成卵孢子越冬。

【发生规律】 上海及长江中下游地区茄绵疫病的主要发病盛期在5～10月。年度间初夏多雨或梅雨期间多雨的年份发病重;秋季多雨、多雾的年份发病重;田块间连作地、地势低洼、排水不良的田块发病较重;栽培上种植过密、通风透光差、不及时整枝打老叶、氮肥施用过多徒长的田块发病重。

【病菌生态】 病菌喜高温潮湿的环境。适宜发病的温度范围为15～32 ℃;最适发病环境,温度为25～30 ℃,相对湿度90%以上、有阶段性连阴雨;最适感病生育期在座果期至采收期。发病潜育期3～7天。

【防治措施】

(1)轮作:病残体是田间发病的主要初侵染来源,而且病菌随病残体在土壤中可存活2年以上,故重病田应与其他蔬菜实行3年轮作制,以减轻病害发生。

(2)加强管理:保护地栽培及时放风排湿,浇水时间放在上午,并及时开棚降湿,适当密植,施足基肥,不偏施氮肥,培育壮苗,促进早长早发并及时整枝。在入梅前及时整枝、疏叶、开天窗,确保良好的通风降湿。

(3)清洁田园:发现病株及时剪去病枝、病果,带出棚外集中烧毁或深埋。收获后彻底清除病残体,深翻土壤,加速病残体的腐烂分解。

(4)化学防治:在发病初期开始喷药,每隔7～10天喷1次,连续喷雾防治2～3次。

高效、低毒、低残留防治用药:可选氟菌·霜霉威、噁酮·霜脲氰、丙森·霜脲氰、烯酰吗啉等喷雾。

常规防治用药:可选霜脲氰锰锌、代森锰锌、恶霜·锰锌等喷雾。

具体用药量及倍数,须按照作物病害危害程度及各农药品种使用说明予以确定。

茄子褐纹病

茄子褐纹病（*Phomopsis vexans*）由半知菌亚门真菌茄褐纹拟茎点霉菌侵染所致，全国各地均有发生，是茄子的重要病害之一；常与茄子绵疫病统归为烂茄子。

【简明诊断特征】 茄子褐纹病主要危害叶片、茎及果实，以茎杆和果实受害严重。茄子从苗期、成株期至贮运期均可发病。

叶片染病，发病初始产生水渍状小点，扩大后病斑呈椭圆形或不规则形，边缘灰褐色，中央灰白色，生许多小黑点，轮纹状排列或散生。

茎染病，发病初始产生水渍状小斑点，扩大后病斑椭圆形或不规则形，病部边缘深绿褐色，中央灰白色，表面密生黑点，即病菌的分生孢子器；后皮层脱落使木质部外露，遇外力病部易折断。

果实受害时，病斑初为淡黄色，稍凹陷，以后变为褐色，椭圆形，病斑有明显的轮纹，并长有许多小黑点；病果腐烂后常脱落或留在枝条上干缩而成僵果，幼果受害尤为严重。

幼苗染病，嫩茎近地面部分变黑褐色，病部缢缩、软腐，不久幼苗即倒伏死亡。

【侵染循环】 病菌主要以分生孢子器和菌丝体随病株残余组织遗留在田间及堆肥中越冬，也能以分生孢子吸附在种子上越冬。在病株残体和休眠种子种皮内的分生孢子器和菌丝体能存活 2 年以上。种子带菌和土壤中的病株残体是主要的初次侵染源。种子带菌在苗床内引起茄子幼苗发病，即为常见的茄苗"猝倒病"或部分"小脚苗"。秧苗上的病菌和土壤中病残物上的病菌，常造成植株基部的溃疡，病苗及溃疡上产生的病菌是再侵染的主要病源。在潮湿情况下，分生孢子经水滴分散，靠风、雨水飞溅，以及昆虫或农事操作等传播，进行多次再侵染，加重危害。

【发生规律】 上海及长江中下游地区茄子褐纹病的主要发病盛期在 2～9 月。年度间早春多雨或梅雨期间多雨的年份发病重；夏、秋季多台风暴雨的年份发病重；田块间连作地、地势低洼、排水不良的田块发病较早较重;栽培上苗床湿度过高、种植过密或生长茂密、通风透光差、氮肥施用过多的田块发病重;品种上条茄、白皮茄较圆茄明显抗病。

【病菌生态】 病菌喜高温潮湿环境。适宜发病的温度范围为7～40 ℃;最适发病环境,温度为28～30 ℃,相对湿度95％以上;最适感病生育期苗期、开花座果盛期至采收期中后期。分生孢子器形成适温为30 ℃,分生孢子形成适温为28～30 ℃,发芽适温为28 ℃。

【防治措施】

(1)采种与种子消毒:从无病留种株上采收种子,选用无病种子。引进商品种子,在播前,干种子用2.5％咯菌腈悬浮种衣剂(适乐时)包衣,包衣使用剂量为千分之3～4,包衣后晾干播种。

(2)选用抗病品种:在重发病区种植条茄、白皮茄等较抗病品种。

(3)轮作:病残体是田间发病的主要初侵染来源,而且病菌随病残体在土壤中可存活2年以上,故重病田应与其他蔬菜实行3年轮作制,以减轻病害发生。

(4)加强栽培管理:培育壮苗,施足基肥,促进早长早发。

(5)药剂防治:茄子结果后开始喷洒药液,视天气和病情情况隔10天防治1次,连续防治2～3次。

高效、低毒、低残留防治用药:可选啶酰菌胺、戊唑醇、嘧菌酯、苯醚甲环唑等喷雾。

常规防治用药:可选多抗霉素、腐霉利、乙烯菌核利、异菌脲等喷雾。

具体用药量及倍数,须按照作物病害危害程度及各农药品种使用说明予以确定。

茄子白粉病

【图版17】

茄子白粉病(*Sphaerotheca fuliginea*)由子囊菌亚门真菌单丝

壳白粉菌侵染所致，是茄子生产上的常见病害。

【简明诊断特征】　茄子白粉病主要危害叶片，也可危害叶柄与果柄等。

叶片染病，发病初始产生褪绿色小点，扩大后叶面生白粉状霉层粉斑，有时也发生在叶背，不规则形，粉层厚密，边缘不明显，白色粉状物即为病菌的分生孢子梗和分生孢子。发病严重时，病斑连接成片，满是白粉。

叶柄、果柄染病，在病部也产生不规则形的白粉状霉层粉斑。

【侵染循环】　病菌以闭囊壳随病株残余组织遗留在田间越冬。在环境条件适宜时，产生的分生孢子通过气流传播至寄主植物上，从寄主叶表皮气孔直接侵入，引起初次侵染；并在受害的部位产生新生代分生孢子，借气流飞散传播，进行多次再侵染，加重危害。

【发生规律】　上海及长江中下游地区茄子白粉病的主要发病盛期在 4～9 月。年度间早春温度偏高、少雨的年份发病重；田块间连作地、地势低洼、排水不良的田块发病较重；栽培上种植过密、通风透光差、肥水不足引发早衰的田块发病重。

【病菌生态】　病菌喜温暖潮湿的环境。发病温度范围 15～32 ℃；最适发病环境，温度为 22～28 ℃，相对湿度 40～95％；最适感病生育期为结果中后期。发病潜育期 5～10 天。分生孢子萌发温度 15～30 ℃，病菌对湿度要求较低，较低的相对湿度下病害也有流行的可能。

【防治措施】

(1) 清洁田园：及时摘除病、老叶，以利通风透光，减少田间菌源。收获后及时清除病残体，带出田外深埋或烧毁，深翻土壤，加速病残体的腐烂分解。

(2) 加强栽培管理：科学追施肥水，促使植株生长健壮，提高抗病能力。

(3) 化学防治：在发病初期开始喷药，每隔 7～10 天喷 1 次，连续喷 2～3 次，重病田视病情发展，必要时可增加喷药次数，并注意药剂的交替使用。

高效、低毒、低残留防治用药：可选嘧菌酯、戊唑醇、吡萘·嘧菌酯等喷雾。

常规防治用药：苯醚甲环唑、代森锰锌等喷雾。

具体用药量及倍数，须按照作物病害危害程度及各农药品种使用说明予以确定。

茄子菌核病

【图版17】

茄子菌核病（*Sclerotinia sclerotiorum*）由子囊菌亚门真菌核盘菌侵染所致。全国各地均有发生，是保护地栽培茄子的主要病害；还可危害番茄、甜（辣）椒、黄瓜、豇豆、蚕豆、豌豆、马铃薯、胡萝卜、菠菜、芹菜、甘蓝等多种蔬菜。

【简明诊断特征】　茄子菌核病主要危害茎、叶、花和果实，苗期和成株期均可感病。

苗期染病，发病始于茎基部，初呈浅褐色水渍状斑，后绕茎一周，田间高湿时，病部长白色棉絮状菌丝。干燥后灰白色，菌丝集结成菌核，病部缢缩，易折断，使苗立枯状枯死。

茎染病，发病部位主要在茎基部和侧枝基部，发病初始产生水浸状斑，扩大后呈淡褐色，稍凹陷，田间高湿时，病部长白色棉絮状菌丝，茎杆内髓部受破坏，腐烂而中空，剥开可见黑色菌核，干燥后表皮易破裂。菌核鼠粪状，呈圆形或不规则形，大小（1.7～4）毫米×（1.8～17）毫米，早期白色，以后外部变为黑色，内部白色。

叶染病，初呈水浸状斑，扩大后成褐色近圆形斑，病部软腐，并产生白色棉絮状菌丝，干燥时表皮易破裂。

花染病，呈水渍状湿腐，后褐色，易脱落。

果实染病，发病初始在幼果脐部或向阳部分产生水浸状腐烂，扩展后褐色稍凹陷，果表病部长白色棉絮状菌丝及形成黑色粒状菌核。

【侵染循环】　病菌主要以菌核在土壤中及混杂在种子中越冬

或越夏。在环境条件适宜时,菌核萌发产生子囊盘。子囊盘散放出的子囊孢子借气流传播蔓延,穿过寄主表皮角质层直接侵入,引起初次侵染。侵入后病菌破坏寄主的细胞和组织,扩散和破坏邻近未被病原物侵染的组织,并通过病健株间的接触,进行多次再侵染,加重危害。病叶与健叶或茎秆间接触,带病花瓣落在健叶上,病菌就可以扩展而使健全的茎叶发病。菌核存活适宜干燥土壤,可存活3年以上,浸入水中约存活1个月。

【发生规律】 上海及长江中下游地区茄子菌核病的主要发病盛期在2～6月。年度间早春多雨或梅雨期间多雨的年份发病重;田块间连作地、地势低洼、排水不良的田块发病较重;栽培上保护地栽培管理粗放、种植过密、棚内通风透光差、湿度大、氮肥施用过多、植株不健或受霜害、冻害和肥害的田块发病重。

【病菌生态】 病菌喜温暖潮湿的环境。适合发病的温度范围0～30℃;最适发病环境,温度为20～25℃,相对湿度85％以上;最适感病生育期为成株期至结果中后期;发病潜育期5～10天。子囊孢子萌发的适宜温度5～10℃,最适温度16～20℃,相对湿度95％或以上。菌丝不耐干旱,湿度的高低直接影响菌丝体的生长和子囊孢子的发育,相对湿度85％以上、温度15～20℃生长发育良好;相对湿度70％以下病菌受抑制。

【防治措施】

(1) 清除菌核:清除混杂在种子中的菌核,避免将菌核随种子播入苗床。

(2) 实行轮作:发病地块实行与水生蔬菜、禾本科及葱蒜类蔬菜2～3年轮作。

(3) 苗床处理:每平方米用50％多菌灵粉剂8～10克,与干细土10～15千克拌匀后撒施,消灭菌源。

(4) 培育壮苗:苗床定期适时用药防治,秧苗移栽前一定要做到带药移栽,不移栽病、弱苗,从严控制秧苗带病移栽。

(5) 加强栽培管理:保护地栽培棚内,采用地膜覆盖,阻止病菌出土,减少菌源。控制棚内温、湿度,及时放风排湿,尤其要防止夜间棚内湿度迅速升高。这是防治本病的关键措施。注意合理控制浇水和施肥量,浇水时间放在上午,并及时开棚降湿;特别春季寒流侵袭前,要及时加盖小环棚塑料薄膜,并在棚室四周盖草帘,防止植株受冻,诱发病害。

(6)清洁田园:及时打老叶,发现病株及时拔除或剪去病枝、病果,带出棚外集中烧毁或深埋。收获后彻底清除病残体,深翻土壤,防止菌核萌发出土。

(7)化学防治:在发病初期开始喷药,每隔 7～10 天喷 1 次,连续喷 2～3 次,重病田可视病情发展,必要时增加喷药次数。

高效、低毒、低残留防治用药:可选嘧霉胺、啶酰菌胺、戊唑醇、春雷霉素等喷雾。

常规防治用药:可选乙烯菌核利、腐霉利、异菌脲等喷雾。

具体用药量及倍数,须按照作物病害危害程度及各农药品种使用说明予以确定。

春季遇连续阴雨,中管棚保护地栽培棚内可选用烟熏剂每标准棚 100 克,开棚排湿 20 分钟后进行闷棚熏蒸。

当发现田间始发病的病株、病枝(病枝最好剪去病部),可用 50％乙烯菌核利悬浮剂(农利灵)调成 100 倍的糊状涂液,用毛笔等涂在病部(剪去病部的病枝涂在留下的枝杆上),涂的面积比病部大 1～2 倍,病重的 5～7 天再涂 1 次,可挽救 80％的病株与病枝。此法虽费工,但省药,效果好。

茄子灰霉病

【图版 17】

茄子灰霉病(*Botrytis cinerea*)由半知菌亚门真菌灰葡萄孢菌侵染所致,全国各地均有发生,是保护地栽培茄子的主要病害;还危害番茄、甜(辣)椒、黄瓜、生菜、芹菜、草莓等 20 多种作物。

【简明诊断特征】 茄子灰霉病主要危害叶片、茎杆和果实,苗期至成株期均可染病。

苗期染病,从子叶尖端起发生,出现呈"V"字形典型病斑,灰褐色,后扩展至幼茎,使幼茎缢缩,易折断,并向上部真叶蔓延,叶尖出现"V"字形或半圆形轮纹病斑,沿叶脉向内延伸,造成茎、叶腐烂,引起死苗。田间湿度高时,病部可密生灰白色霉层,即病菌的分生孢子梗和分生孢子。

叶片染病,以植株下部老叶的叶缘起先侵染发生,似水浸状,后病斑呈"V"字形扩展,褐色,并有深浅相间不规则的淡黄色轮纹;高湿时表面产生大量灰白色霉层,向内延伸形成大斑,发病末期可使整叶全部枯死。

茎杆染病,发病初始产生水渍状小斑,扩展后成长椭圆形,呈淡褐色病斑,表面生灰白色霉层。

果实染病,主要危害幼果,发病初始在蒂部产生水浸状斑,扩大后病斑凹陷,褐色软腐,在病部表面密生灰色或灰白色的霉层,呈不规则轮纹状排列;染病后果实一般不脱落。

【侵染循环】 病菌以分生孢子或菌核随病株残余组织遗留在田间越冬或越夏。在适宜条件下,菌核萌发产生菌丝体,继而形成分生孢子,通过气流、雨水或农事操作传播,侵入花瓣后引起果实发病;并由于花瓣脱落到叶片及茎,引起叶片、茎发病。

【发生规律】 上海及长江流域茄子灰霉病的主要发病期在12月至翌年6月,2月中下旬至4月中旬是发病盛期。年度内以早春发病为重、年度间早春多连续阴雨3天以上、低温光照不足的年度发病重;田块间与发生灰霉病作物接茬、连作,地势低洼、排水不良的田块发病较重;栽培上种植过密、通风透光差、温室或棚内空气不流通、湿度过大,氮肥施用过多的田块发病重。

【病菌生态】 病菌喜温暖高湿的环境。适宜发病的温度范围8~30 ℃;病菌发育适宜温度为20~28 ℃;最适发病环境,日均温度为20~28 ℃,相对湿度95%以上;最适感病生育期为始花至座果期。发病潜育期5~7天。发病要求有较高的相对湿度和适宜的温度。大棚、温室等保护地内在12月至翌年4~5月间,湿度大、温度适宜时有利灰霉病的发生;特别是春季阴雨连绵、气温低、关棚时间长、通风换气不良,极易引发病害;若种植过密,会加重灰霉病的发生和蔓延。

【防治措施】

（1）精细整地：畦面应做成鱼背式的深沟高畦，确保浇水畦面不积水。在雨季前，抓好保护地四周沟系清理，防止雨后积水，降低地下水位和棚室内湿度，控制发病环境。

（2）合理安排品种茬口：避免与生菜、芹菜、草莓等容易发生灰霉病的作物接茬，诱发病害的流行。

（3）加强栽培管理：适时通风换气，晴天适当开棚通风，阴雨天也要坚持开棚通风换气，浇水施肥宜在晴天上午进行，并开棚降低棚内湿度，中午前后关棚升温控制在 30～38 ℃数小时，达到生态调节防治病害效果。

（4）清洁田园：整枝打杈，摘除病果，收获后及时清除病残体，带出田外深埋或烧毁，深翻土壤，加速病残体的腐烂分解。

（5）化学防治：在发病初期开始喷药，每隔 5～7 天喷 1 次，连续喷 2～3 次；重病田可视病情发展还要增加喷药次数。

高效、低毒、低残留防治用药：可选嘧霉胺、啶酰菌胺等喷雾。

常规防治用药：可选腐霉利、乙烯菌核利、异菌脲等喷雾；烟熏剂每标准中管棚 100 克（每只 25 克，3～4 只）烟熏；特别是阴雨天使用烟剂的效果好于药剂喷雾防治，但在使用烟剂前先开棚通风排湿，防止产生药害。

具体用药量及倍数，须按照作物病害危害程度及各农药品种使用说明予以确定。

茄子枯萎病

【图版 17】

茄子枯萎病（*Fasarium oxysporum*）由半知菌亚门真菌尖镰孢菌茄专化型侵染所致，是茄科蔬菜的主要连作障碍病害之一。

【简明诊断特征】 茄子枯萎病主要危害根茎部。苗期和成株期均可发病。

苗期染病,初期子叶发黄,逐渐萎垂干枯,茎基部变褐腐烂,易造成猝倒状枯死。

成株期根茎染病,表现过程是初始植株叶片中午呈萎蔫下垂,早晚又恢复正常,叶色变淡,似缺水状,反复数天后,逐渐遍及整株叶片萎蔫下垂,叶片不再复原。横剖病茎,病部维管束变褐色,病部组织受病菌危害,阻碍了植株正常水分养料传导,引起萎蔫,最后全株枯死。

【侵染循环】 病菌以菌丝、厚垣孢子或菌核随病株残余组织遗留在田间和未腐熟的有机肥中越冬,也能附着在种子和棚架上越冬,成为翌年初侵染源。病菌主要借雨水、灌溉水和农田操作等传播。在环境条件适宜时,厚垣孢子萌发的芽管从根部伤口、自然裂口或根冠侵入,也可从茎基部的裂口侵入。侵入后开始蔓延,通过木质部进入维管束,并向上传导,危害维管束周围组织,阻塞导管,干扰新陈代谢,导致植株萎蔫枯死。播种带菌种子,种子萌发后病菌即可侵入幼苗,成为初次侵染源。棚架、农具和地下害虫等也可传播病害。

【发生规律】 上海及长江中下游地区茄子枯萎病的主要发病盛期在5月中下旬至7月以及8月下旬至10月上旬。年度间早春多雨或梅雨期间多雨的年份发病重;秋季多雨的年份发病重;田块间连作地、排水不良、雨后积水、酸性土壤及线虫发生密度高的田块发病较早较重(特别是保护地栽培,连作地块明显比露地发病重);栽培上偏施氮肥、施用未充分腐熟的带菌有机肥,植株生长嫩弱及地下害虫危害重,易诱发此病。

【病菌生态】 病菌喜温暖潮湿的环境。发病温度范围在5～34℃;最适发病环境,土温为24～28℃,土壤含水量20%～30%;最适病症表现期为开花座果盛期。发病潜育期10～25天。茄子在进入开花座果期,天气时雨时晴或连续阴雨后转暴晴,病害症状表现快而重,气温在35℃以上可抑制病害发生。

【防治措施】

(1)选用抗病品种:条茄品系比圆茄抗病。

（2）种子消毒：从无病留种株上采收种子，选用无病种子。引进商品种子在播前，干种子用2.5%咯菌腈悬浮种衣剂（适乐时）包衣，包衣使用剂量为千分之3～4，包衣后晾干播种。

（3）茬口轮作：发病田块与非茄子作物实行3年以上轮作，也可实行水旱轮作，以减少田间病菌来源。

（4）加强栽培管理：推广高畦地膜栽培，施用充分腐熟的有机肥，控制氮肥施用量，增施磷钾肥及微量元素，雨后及时开沟排水，增强植株抗性。可利用午间闷棚升温至35～38℃，给病菌制造不利生长条件，可有效抑制病害的发展和流行。

（5）化学防治：在零星病株的发病初期开始用药浇根，每株浇灌药液250克。用药间隔期7～10天，连续防治2～3次，重病田可视病情发展，必要时要增加用药次数。

高效、低毒、低残留防治用药：可选咯菌腈、噻菌铜、春雷霉素等浇根。

常规防治用药：可选腐霉利浇根。

具体用药量及倍数，须按照作物病害危害程度及各农药品种使用说明予以确定。

茄子褐轮纹病

茄子褐轮纹病（*Ascochyta melongenae*）由半知菌亚门真菌茄壳二孢侵染所致，又称茄轮纹灰心病；是茄子的常见病害之一。

【简明诊断特征】　茄子褐轮纹病主要危害叶片。

叶片染病，发病初期在叶面出现浅褐色小点，病斑扩大后为褐色至暗褐色，病斑呈现具同心轮纹的近圆形，直径2～20毫米，发病后期病斑中央变为灰白色，易破裂或穿孔。识别诊断上注意与茄子褐斑病、茄子斑枯病的区别。

【侵染循环】　病原以分生孢子器和分生孢子在病残体上越夏或越冬。在环境条件适宜时，分生孢子器产生的分生孢子通过气流传播或雨水反溅至寄主植物上,从气孔侵入,并在受害的部位产生新生代分生孢子,进行多次再侵染,加重危害。

【发生规律】 上海及长江流域地区茄子褐斑病主要发病盛期在4~9月。年度间春夏温度偏高、梅雨期早、多连阴雨的年份发病重;田块间一般地势低洼积水、沟系少、湿度大、排水不良的田块发病较早较重;栽培上种植过密、通风透光差、偏施氮肥的田块发病重。

【病菌生态】 病菌喜温暖潮湿的环境。适宜发病温度8~30 ℃;最适发病环境,温度为15~24 ℃,相对湿度85%以上;发病潜育期5~10天。在春夏交替季节的雨后转晴时段易发病。

【防治措施】

(1)栽培管理:提倡深沟高畦、短畦栽培方式,并注意及时清理沟系保持排灌畅通,利于降低地下水位、防止雨后积水及干旱时的浇水排灌。

(2)清洁田园:定期整枝打杈,摘除老叶。收获后及时清除病残体,深翻土壤,加速病残体的腐烂分解。

(3)化学防治:在发病初期开始喷药,每隔7~10天喷1次,连续喷2~3次。

高效、低毒、低残留防治用药:可选嘧菌酯、戊唑醇、苯醚甲环唑等喷雾。

常规防治用药:可选丙环唑、乙烯菌核利、异菌脲、代森锰锌等喷雾。具体用药量及倍数,须按照作物病害危害程度及各农药品种使用说明予以确定。

茄子黄萎病

【图版18】

茄子黄萎病(*Verticillium dahliae*)由半知菌亚门真菌大丽花

轮枝孢菌侵染所致，又称半边疯、半身枯萎病，是植物检疫对象之一。病菌寄主范围很广，除危害茄子外，还可危害辣椒、番茄、马铃薯、瓜类、棉花等作物。

【简明诊断特征】 为系统性病害，一般苗期虽有发病但极少表现病症；植株表现病症多在开花座果盛期后开始。

感病初期，先从植株半边下部叶片近叶柄的叶缘部及叶脉间发黄，渐发展为半边叶片或整叶变黄，叶缘稍向上卷曲，有时病斑只限于半边叶片，引起叶片歪曲。早期病叶晴天高温时呈萎蔫状，早晚尚可恢复；后期病叶由黄变褐，终致萎蔫下垂以至脱落，严重时中下部叶片枯黄脱落，仅剩顶端新叶，数日后整株枯死。横剖病株茎、根、分枝，可见木质部的维管束变褐色，但挤捏上述病部横切面，无米水状混浊液渗出，有别于青枯病。病株着生的果实变小，质硬，纵切病株上成熟的果实，其维管束也呈黑褐色。

【侵染循环】 病菌以休眠菌丝、厚垣孢子、微菌核随病株残余组织遗留在土壤中越冬。黄萎病菌可在土壤中存活 6～8 年，但在干燥休闲的土壤里只能存活 1 年，在土壤水分饱和的情况下，很快死亡。病菌主要通过土壤、雨水和田间农事操作传播，第二年移栽时，病菌在适宜的环境条件下，从根部伤口或直接从幼根的表皮和根毛侵入，在植株的维管束内繁殖，不断扩散到植株枝叶及根系，引起植株系统性发病，最后干枯死亡。

【发生规律】 上海及长江中下游地区茄黄萎病的主要发病盛期为 5 月至 9 月。年度间春末夏初多雨或梅雨期间多雨的年份发病重；田块间连作地、地势低洼、排水不良的田块发病较早较重；栽培上施用未腐熟有机肥，定植过早，栽苗带土少，伤根多等田块发病重。

【病菌生态】 病菌喜温暖潮湿的环境。适宜发病温度范围 5～30 ℃；最适发病环境，温度为 25～28 ℃，相对湿度 60%～85%；最适病症表现生育期为座果期到采收中后期。一般气温在 20～25 ℃，土温 22～26 ℃，以及湿度较高的条件发病重，高温、干旱发病轻。

【防治措施】

(1) 加强检疫：防止带菌种子传入新菜区。

（2）种子消毒：播种前干种子用 2.5％咯菌腈悬浮种衣剂（适乐时）包衣，包衣使用剂量为千分之 3～4，包衣后晾干播种。

（3）茬口轮作：重发病田块实行与非茄科作物 4 年以上轮作，如与葱蒜类蔬菜，有条件的与水稻轮作效果最佳。

（4）深耕和增施肥料：提倡深耕并多施有机肥，使 25～30 厘米处的土层充分腐化，以利茄苗生长，增强植株抗病能力。

（5）秧苗浸药处理：茄苗定植时可用 100 倍的 3％多抗霉素可湿性粉剂药液浸苗 30 分钟。

（6）及时清除病株：发现病株及时连同根系周围土壤一起清除，集中处理防止扩散，并在周围植株浇 3％多抗霉素可湿性粉剂 300～400 倍液，或 20％噻菌铜悬浮剂（龙克菌）250～500 倍液，每株浇用药液量 250 毫升左右。

茄子斑枯病

茄子斑枯病（*Septoria lycopersici*）由半知菌亚门真菌番茄壳针孢侵染所致，又称茄子斑点病，是茄子的常见病害之一。

【简明诊断特征】 茄子斑枯病主要危害茄子叶片和果实。

叶片染病，发病初期在叶背面出现水浸状小圆斑，后逐渐扩展到叶片正面表现出近圆形或椭圆形的深褐黄色病斑，直径 1.5～4.5 毫米，边缘深褐色，中间灰白色，略有凹陷感；发病后期病斑散生黑色小粒点，易破碎穿孔。注意本病与茄子褐斑病、茄子褐轮纹病的症状十分相近。诊断区别的方法是茄子褐轮纹病没有同心轮纹，茄子褐斑病的病斑四周有极明显的黄色晕圈。三种病的防治用药可相互兼治。

果实染病，在果实上产生中间灰白色，边缘深褐色的近圆形或椭圆形略凹陷病斑，后期散生黑色小粒点。

【侵染循环】 病原以菌丝和分生孢子器随病株残余组织遗留在田间越冬，也能以菌丝和分生孢子器在留种株种子内越冬。条件适宜时,分生孢子器产生的分生孢子通过气流传播或雨水反溅至寄主植物上,从气孔侵入,并在受害的部位产生新生代分生孢子,进行多次再侵染,加重危害。

【发生规律】 上海及长江流域地区茄子斑枯病主要发病盛期为5月至10月。年度间春夏温度偏高、梅雨期早、多连阴雨的年份发病重;田块间地势低洼积水、沟系少、湿度大、排水不良的田块发病较早较重;栽培上茄子生长衰弱、肥料不足的易发病。

【病菌生态】 病菌喜温暖潮湿的环境。适宜发病的温度范围为12～35℃;最适发病环境,温度为20～28℃,相对湿度90%以上;发病潜育期4～7天。特别是在夏季雨后转晴的1～2天内易引起植株发病。

【防治措施】

(1) 轮作:重病地要与非茄科作物实行3～4年轮作,与豆科或禾本科作物轮作。

(2) 种子消毒:用50℃温水浸种25分钟,晾干后播种,或干种子用2.5%咯菌腈悬浮种衣剂(适乐时)包衣,包衣使用剂量为千分之3～4,包衣后晾干播种。

(3) 栽培管理:提倡深沟高畦、短畦栽培方式,并注意及时清理沟系保持排灌畅通,利于降低地下水位、防止雨后积水及干旱时的浇水排灌。

(4) 清洁田园:收获后及时清除病残体,深翻土壤,加速病残体的腐烂分解。

(5) 化学防治:在发病初期开始喷药,每隔7～10天喷1次,连续喷2～3次。

高效、低毒、低残留防治用药:可选戊唑醇、苯醚甲环唑等喷雾。

常规防治用药:可选丙环唑、异菌脲、苯菌灵、代森锰锌等喷雾。

具体用药量及倍数,须按照作物病害危害程度及各农药品种使用说明予以确定。

茄子褐斑病

茄子褐斑病（*Phyllosticta melongenae*）由半知菌亚门真菌茄叶点霉侵染所致，又称茄子叶点病；是茄子的常见病害之一。

【简明诊断特征】 茄子褐斑病主要危害茄子叶片和果实。

叶片染病，发病初始期在叶片表面出现水浸状淡褐色小斑点，扩大后病斑呈近圆形至不规则形，病健交界四周有一圈极明显的黄色晕圈，边缘褐色至深褐色不规则形，中央灰褐色至灰白色，散生有很多小黑点，没有凹陷感。发病严重时病斑可连结成片，布满整张叶片，使叶片干枯或脱落。注意诊断上与茄子斑枯病的区别。但防治用药两病相同，可兼治。

【侵染循环】 病原以菌丝和分生孢子器随病株残余组织遗留在田间越冬。在环境条件适宜时，分生孢子器产生的分生孢子通过气流传播或雨水反溅至寄主植物上，从气孔侵入，并在受害的部位产生新生代分生孢子，进行多次再侵染，加重危害。

【发生规律】 上海及长江流域地区茄子褐斑病主要发病盛期在 6～9 月。年度间春夏温度偏高、梅雨期早、多连阴雨的年份发病重；田块间地势低洼积水、沟系少、湿度大、排水不良的田块发病较早较重；栽培上茄子生长衰弱、肥料不足的易发病。

【病菌生态】 病菌喜高温高湿的环境。适宜发病的温度范围15～32 ℃；最适发病环境，温度为 24～28 ℃，相对湿度 85％以上；发病潜育期 5～10 天。特别是在夏季雨后转晴的高温、高湿时段易发病。

【防治措施】

（1）茬口轮作：重病地要与非茄科作物实行 2～3 年轮作，或与豆科、禾本科作物轮作。

（2）栽培管理：提倡深沟高畦、短畦栽培方式，并注意及时清理沟系保持排灌畅通，利于降低地下水位、防止雨后积水及干旱时的浇水排灌。

（3）清洁田园：收获后及时清除病残体，深翻土壤，加速病残体的腐烂分解。

（4）化学防治：在发病初期开始喷药，每隔 7～10 天喷 1 次，连续喷 2～3 次。

高效、低毒、低残留防治用药：可选戊唑醇、苯醚甲环唑等喷雾。

常规防治用药：可选丙环唑、乙烯菌核利、异菌脲、代森锰锌等喷雾。

具体用药量及倍数，须按照作物病害危害程度及各农药品种使用说明予以确定。

茄子早疫病

茄子早疫病（*Alternaria longipes*）由半知菌亚门真菌长柄链格孢侵染所致，别名茄子黑斑病；全国各地均有发生，是茄子的常见病害之一。

【简明诊断特征】 茄子早疫病主要危害叶片和果实。

叶片染病，发病初期在叶面出现浅褐色小点，病斑扩大后为淡褐色至褐色不规则形或近圆形病斑，隐现有不清晰的同心轮纹；发病后期病斑表面密生黑色霉层。注意与茄子褐轮纹病的区别是后期病斑表面密生黑色霉层。

果实染病，病斑近圆形，淡褐色至褐色，稍凹陷，具不明显轮纹；潮湿时病部表生黑色霉层。

【侵染循环】 病原以菌丝体及分生孢子梗随病株残余组织遗留在田间越冬，在土壤中可营较长时间的腐生生活。当植株处于不良的环境中生长时或生长势衰弱时易受侵害，常在茄子的秧苗期及生长后期易发病。

【发生规律】 上海及长江中下游地区茄子早疫病的主要发病盛期在 1～6 月，常年冬春季发病重于春季。年度间早春温度偏低、多阴雨、光照时数少的年份发病重；田块间连作地、低洼地、排水不良的田块发病较早较重；栽培上种植过密、通风透光差、偏施氮肥的田块发病重。

【病菌生态】 病菌喜温暖潮湿的环境。适宜发病的温度范围－1～32 ℃；最适发病环境，日平均温度为 8～25 ℃，相对湿度 90% 以上；最易感病生育期苗期、采收中后期。发病潜育期 3～7 天。

【防治措施】

(1) 栽培管理：提倡深沟高畦、短畦栽培方式，并注意及时清理沟系保持排灌畅通，利于降低地下水位、防止雨后积水及干旱时的浇水排灌。

(2) 清洁田园：定期整枝打杈，摘除老叶。收获后及时清除病残体，深翻土壤，加速病残体的腐烂分解。

(3) 化学防治：在发病初期开始喷药，每隔 7～10 天喷 1 次，连续喷 2～3 次。

高效、低毒、低残留防治用药：可选戊唑醇、苯醚甲环唑等喷雾。

常规防治用药：一般可选用丙环唑、乙烯菌核利、异菌脲等药剂喷雾。

具体用药量及倍数，须按照作物病害危害程度及各农药品种使用说明予以确定。

茄子白绢病

茄子白绢病（*Sclerotium rolfsii*），由半知菌亚门真菌齐整小核菌侵染所致。病菌寄主范围较广，在蔬菜上除茄子外，还可危害番茄、辣椒、芹菜、胡萝卜等 20 多种蔬菜。一般大田较少发生，保护地发生较露地重。

【简明诊断特征】 茄子白绢病主要危害茄子茎基部。

茎基部染病，发病初期茎基部表皮呈褐色，扩大后病部稍凹陷。

发病中期病株叶片、叶柄枯黄凋萎,叶片脱落。发病后期病株全株枯死,查看根系生长仍较好,仅表皮产生白色具光泽的绢丝状菌丝体,并伴有(菜籽状)黄褐色小菌核。

【侵染循环】 病菌以菌核或菌丝体在土壤中越冬。条件适宜时,菌核萌发产生菌丝,从寄主茎基部或根部侵入,引起初侵染。当出现中心病株后,地表菌丝向四周蔓延,病害向四周扩散。

【发生规律】 上海及长江流域地区茄子白绢病主要发病盛期在 6~8 月。年度间夏秋季温度偏高、多雨的年份发生重。田块间地势低洼、排水不良、老病田与发生白绢病作物连作、酸性土或砂性地的发病重,栽培上整地不细,管理粗放,沟系差、浇水过多,通风不够的发病重。

【病菌生态】 病菌喜高温潮湿的环境。适宜发病的温度范围 8~40 ℃;最适发病环境,温度为 28~35 ℃。发病潜育期 3~10 天。特别是高温及时晴时雨利于菌核萌发。

【防治措施】 在防治措施上,立足于农业防治,辅助药剂防治,可减少防治成本,提高防治效果。

(1)灭茬轮作:病田与禾本科作物水旱轮作。棚室要利用夏季高温灌水、覆膜 10~15 天,加快病残体分解腐烂,杀灭病菌。

(2)整地细致:深耕细作、沟系配套、做畦平整,施充分腐熟有机肥。

(3)加强管理:棚内适时通风换气、降湿,控制发病环境。发现病株及时拔除(病株拔除后用石灰沫消毒),集中烧毁、深埋,减少侵染源。

(4)化学防治:在发病初期开始用药,每隔 7~10 天喷 1 次,连续 2~3 次。

高效、低毒、低残留防治用药:可选噻菌铜喷雾。

常规防治用药:可选恶霉灵、代森铵等喷雾。

具体用药量及倍数,须按照作物病害危害程度及各农药品种使用说明予以确定。

第四章　瓜类主要病害

黄瓜猝倒病

黄瓜猝倒病(*Pythium aphanidermatum*)由鞭毛菌亚门真菌腐霉菌侵染所致,是瓜类蔬菜育苗过程中常见的引起死苗的主要病害,严重时成片秧苗死亡,给生产带来一定的损失。

【简明诊断特征】　黄瓜猝倒病主要危害黄瓜等瓜类未出土或刚出土不久的幼苗,大苗很少被害。

幼苗染病,受害后茎基部出现水渍状病斑,随着病情的发展,病部绕茎一周后形成缢缩,往往子叶未凋萎,幼苗即突然折倒而贴伏地面,但植株仍保持青绿色,故称猝倒病。干燥时,水腐的茎部干枯、缢缩呈线状。

发芽期染病,发病严重时造成烂种烂芽,使幼苗不能出土;湿度大时,病株附近长出白色棉絮状菌丝。

猝倒病与生理沤根的识别:通常沤根是因低温、积水而引起的生理病害,一般发生在搭秧后遇低温、阴雨天气,秧苗地上部分生长不良,原有根系逐渐呈黄锈色腐烂,无新根或基本不发新根,根皮呈现铁锈色腐烂,地上部萎蔫,且易拔起,导致幼苗死亡,严重时也成片干枯。

【侵染循环】　病菌在病株残体上及土壤中越冬,腐生性很强,可在土壤中长期存活;条件适宜,萌发侵染瓜苗引起猝倒。通常病菌靠灌水或雨水冲溅传播。

【发生规律】　上海及长江中下游地区瓜类猝倒病的主要发病盛期在12月至翌年3月。年度间早春温度偏低、多阴雨、光照偏少的年份发病重;苗床间排水不良、通风不良,光照不足,湿度偏大的发病重;苗床土壤中含有机质多、且施用了未腐熟的粪肥等不利于幼苗根系的生长和发育,也易诱导猝倒病发生。育苗期应严格控水,浇水时要小水勤浇。

【病菌生态】 病菌喜低温、高湿的环境。适宜发病的温度范围为−1~15 ℃;最适发病环境,日均温度为 2~8 ℃,相对湿度 85%~100%;最适感病生育期在发芽至幼苗期。发病潜育期 2~3 天。

【防治措施】

(1)精选苗床:选择地势高、排水良好的地做苗床,选用经消毒无病的营养土做床底,播前 1 次浇足底水,以减少出苗后的浇水量。苗后浇水时一定要选择晴天,小水勤浇。遇苗床湿度过大,可撒一层干细土吸湿。

(2)种子包衣防病:干种子用 2.5%咯菌腈悬浮种衣剂(适乐时)包衣,包衣使用剂量为千分之 4~5,包衣后晾干播种。

(3)培育壮苗,提高抗病力:合理控制苗床的温湿度,是培育壮苗的关键。因此,播种后要注意保温,特别在寒流侵袭时,更应注意夜间覆盖保温,中午、晴天等温度高时要及时炼苗,防止徒长。同时要注意通风换气,换气口要不断变换,使苗均匀生长,发现病苗及时拔除,定期适时用药防护。

(4)化学防治:齐苗后定期适时用药防治,一般间隔 7~10 天防治 1 次,连续防治 2~4 次。

高效、低毒、低残留防治用药:可选春雷·王铜结合苗床浇水时喷洒。

常规防治用药:可选噁霉灵、氢氧化铜等喷洒防病。

具体用药量及倍数,须按照作物病害危害程度及各农药品种使用说明予以确定。

黄瓜立枯病

黄瓜立枯病(*Rhizoctonia solani*)由半知菌亚门真菌立枯丝核

菌侵染所致,是瓜类蔬菜育苗过程中常见的引起死苗的主要病害;发病严重时成片秧苗死亡,给生产带来一定的损失。

【简明诊断特征】 黄瓜立枯病主要发生在刚出土的幼苗及大苗,以育苗后期发生偏多。

幼苗染病后,茎基部发生褐色凹陷病斑,发病初期茎叶白天萎蔫,夜间恢复正常,经数日反复后,病株就萎蔫枯死。

刚出土的幼苗发病,常与猝倒病较难区分,可在苗床的潮湿点位或在病株及其附近表土见到菌丝和菌核;病部有淡褐色蛛丝状霉,有时这种症状不显著。也可根据发病苗床的环境推测,温度在23~25 ℃时,湿度越大发病越重,是立枯病的可能性大。苗床温度处于2~8 ℃低温时,是猝倒病的可能性大。

【侵染循环】 病菌以菌丝体或菌核在土壤中或病残组织上越冬,腐生性较强,在土壤中可存活2~3年。病菌通常从伤口或表皮直接侵入幼茎,引起根部发病,借雨水或灌溉水传播。

【发生规律】 上海及长江中下游地区黄瓜立枯病的主要发病盛期在3~6月及10~12月。年度间早春多寒流、多阴雨或梅雨期间多雨的年份发病重;晚秋多雨、温度偏高的年份发病重;苗床间旧床、排水不良的发病较早较重;栽培上用种过密、通风透光差、浇水过多、氮肥施用过多的苗床发病重。

【病菌生态】 病菌喜较温暖潮湿的环境。适合发病的温度范围0~30 ℃;最适宜的发病环境,温度为15~28 ℃,相对湿度90%以上;最适宜的感病生育期为出苗期至成苗后期。发病潜育期5~10天。湿度的高低直接影响菌丝体的生长和子囊孢子的发育,子囊孢子萌发的适宜温度5~10 ℃,菌丝不耐干旱。

【防治措施】

(1) 精选苗床:选择地势高、排水良好的地做苗床,选用经消毒无病的营养土做床底,播前1次浇足底水,以减少出苗后的浇水量。苗后浇水时一定要选择晴天,小水勤浇。遇苗床湿度过大,可撒一层干细土吸湿。

(2) 种子包衣防病:干种子用2.5%咯菌腈悬浮种衣剂(适乐时)包衣,包衣使用剂量为千分之4~5,包衣后晾干播种。

（3）培育壮苗，提高抗病力：注意苗床通风换气，合理控制温湿度，是培育壮苗的关键，发现病苗及时拔除，定期适时用药防护。

（4）化学防治：齐苗后定期适时用药防治，一般间隔 7～10 天防治 1 次，连续防治 2～4 次。

高效、低毒、低残留防治用药：可选咯菌腈、春雷霉素、春雷·王铜等药剂结合苗床浇水时喷洒。

常规防治用药：可选乙烯菌核利、噁霉灵、异菌脲、氢氧化铜等喷洒防病。

具体用药量及倍数，须按照作物病害危害程度及各农药品种使用说明予以确定。

黄瓜苗期沤根、烧根

黄瓜在苗期常有非侵染性苗期沤根、烧根等，也常可造成秧苗成片死亡。

【简明诊断特征】

（1）苗期沤根的识别：表现为根部不发新根或不定根，根部表皮呈铁锈色后腐烂，导致地上部萎蔫，幼苗易拔起，地上部叶缘枯焦。严重时成片干枯，似缺素症。

（2）苗期烧根的识别：表现为根尖发黄，但不烂根，须根少而短，不发新根，地上部生长缓慢，形成小老苗，严重时秧苗成片枯黄死亡。

【发生原因】　两种非侵染性苗期根病的主要症状、引发的原因有以下不同：

苗期沤根引发的原因，通常是育苗期间温度较长时间低于 12 ℃，苗床浇水过多，通风不良，又遇连续阴雨等，易导致发生苗期沤根。

苗期烧根引发的原因，是由于育苗床土用肥量过多，造成床土肥料浓度过高，或使用未腐熟的有机肥，从而在床土里发酵，导致幼苗烧根。

【发生规律】 上海及长江中下游地区黄瓜苗期沤根、烧根主要发生期在1～2月。沤根、烧根的发生与年度间早春多阴雨天气、少日照有关;秧田地势低洼、排水不良的发生较重;栽培上苗床管理粗放,通风透光差、肥水施用过多的苗床上发生重。

【防治措施】

(1) 苗床选择:宜选择地势高、排水方便、土质肥沃、背风向阳的田块,并开深沟,以利排水和降低地下水位。如用旧苗床,则必须换用新土,基肥要施用充分腐熟的有机肥,能较好地预防病害发生。

(2) 培育壮苗,提高抗病力:合理控制苗床的温湿度,是培育壮苗的关键。因此,播种后要注意保温,特别在寒流侵袭时,更应注意夜间覆盖保温。浇水要小水轻浇,不使床温下降过剧,同时要注意通风换气,做到既不使床内热量失散过多,又达到降低床内湿度的目的,搭秧后水分要得当,并及时中耕松土,促进发根,增强植株抗病力。

黄瓜霜霉病

【图版 18】

黄瓜霜霉病(*Pseudoperonospora cubensis*)由鞭毛菌亚门真菌古巴假霜霉菌侵染所致,俗称跑马干;全国各地均有发生,是黄瓜最常见的重要病害;危害黄瓜、丝瓜、南瓜、冬瓜、生瓜、节瓜、苦瓜、瓠瓜、甜瓜等瓜类作物。

【简明诊断特征】 黄瓜霜霉病主要危害叶片,也能危害茎和花序;苗期至成株期均可发病。

苗期子叶染病,先在子叶反面产生不规则褪绿枯黄斑,潮湿时叶背病斑上产生灰黑色霉层,病情逐步发展时,子叶很快变黄干枯。

叶片染病,由下部叶片向上蔓延,发病初始仅在叶背产生水浸状受叶脉限制的多角状斑点,以清晨高湿棚或田块内明显,上午在温度升高、湿度下降后,水浸状病斑消失,同常叶。发病中期叶面病斑褪绿成淡黄色,叶背呈黄褐色,病斑扩大后仍受叶脉限制呈多角形,多个病斑可汇合成小片,病健边缘交界明显。潮湿时,叶背病斑部生成紫灰色至黑色霜霉层,即病菌从气孔伸出成丛的孢囊梗和孢子囊。发病严重时,病斑连结成片,使全叶变为黄褐色干枯、卷缩,整株除顶端保存少量新叶外,全株叶片均发病,田间一片枯黄,但病叶不易穿孔、腐烂。

茎和花序染病,形成不定形的褐色病斑,整个花序可以肿大和弯曲呈畸形,受害部位形成黑色霜霉层。

【侵染循环】 病菌以在土壤或病株残余组织中的孢子囊及潜伏在种子内的菌丝体越冬或越夏。保护地栽培棚内,孢子囊借气流传播至寄主植物上,从寄主表皮直接侵入叶片,引起初次侵染。以后通过气流和雨水的反溅,传播至保护地或露地黄瓜,进行多次再侵染,加重危害。

【发生规律】 上海地区黄瓜霜霉病的发病盛期,春季,保护地栽培在 3～6 月,露地栽培在 4～6 月;秋季,露地栽培在 8 月下旬到 10 月,保护地栽培在 9～11 月(图 8)。年度间春、秋两季多阴雨、多雾露天气、早夜温差大、梅雨期偏早的年份发病偏重;田块间连作田、低洼地、沟系不畅的田块发病偏重;栽培上定植密度过高、偏施氮肥、浇水施肥大水大肥、保护地栽培开棚通风不适、不注意定期清

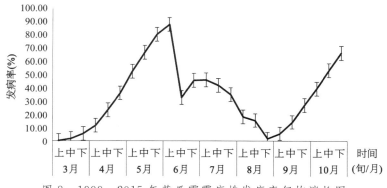

图 8 1999～2015 年黄瓜霜霉病株发病率旬均消长图

除下部老叶,病害发生较重;品种间黄瓜对霜霉病的抗性因品种不同而异,津研系列、宝杂系列的较抗病(表现病斑较小、较少,黄褐色多角形或圆形,叶面褪绿慢,扩展时间也慢,叶背病斑上霉层稀疏,或不长霉层)。

【病菌生态】 病菌喜温暖高湿的环境。适宜发病的温度范围10～30 ℃;最适宜的发病环境,日均温度为15～22 ℃,相对湿度90％～100％,昼夜温差8～10 ℃;最适宜的感病生育期为结瓜中后期。发病潜育期2～7天。其中孢子囊形成的最适温度为10～30 ℃,相对湿度80％左右,湿度越高产孢越多;孢子萌发温度为5～30 ℃,最适为15～22 ℃,相对湿度95％以上,叶面有水滴或水膜更易萌发和侵入;病菌侵入寄主的温度为10～25 ℃,最适为16～22 ℃,相对湿度80％左右。当气温在20 ℃左右,相对湿度80％左右,持续6～24小时,则利于该病发生蔓延。春季气温15 ℃左右,相对湿度85％以上,且多雨,田间开始发病;气温上升至20～24 ℃时,若雨多雾大,结露多,霜霉病可迅速蔓延流行。如温度适宜,相对湿度低于70％或叶面没有水滴或水膜,则不利于孢子囊的萌发和侵染,故一般不会发病。

【灾变要素】 经汇总1999～2015年黄瓜霜霉病的病情发生动态系统调查,与环境要素用多元互作项逐步回归法的数理统计学通过相关性检测,满足利于在上半年重发生的主要灾变要素是3～4月上旬均株累计发病率(早春发生基数)高于7％;3～4月上旬平均气温高于11.3 ℃;3～4月上旬累计雨量多于150毫米;3～4月上旬累计日照时数少于180小时;3～4月上旬累计雨日多于18天;其灾变的复相关系数为 $R^2=0.998\,6$。利于黄瓜霜霉病在下半年发生的主要灾变要素是:8月下旬至9月,旬均株累计株发病率(秋季)高于15％;9月旬平均气温低于24 ℃;9月累计雨量多于150毫米;9月累计日照时数少于140小时;9月累计雨日多于12天;其灾变的复相关系数为 $R^2=0.999\,7$。

【防治措施】

(1)应用抗病品种:对霜霉病较为抗病的黄瓜品种有津研系列黄瓜、沪5号黄瓜、沪58号黄瓜、宝扬5号、洋泾黄瓜、协作17号、宝杂 2 号、宝杂 3 号等。

（2）选田与精细整地：种黄瓜要选地势高燥，通风透光，排水性能良好的地块，进行深沟高畦栽培；施足底肥，增施磷钾肥，提高植株抗病能力，生长前期适当控制浇水。

（3）清理沟系：雨前抓好清理沟系防止雨后积水，雨后修补沟系降低地下水位和棚内湿度，控制发病环境。

（4）加强栽培管理：中管棚及连栋大棚保护地栽培，要坚持适时通风换气，肥水管理采取轻浇勤浇，浇水施肥应在晴天的上午，并及时开棚通风降湿。在阴雨天，只要温度不低于 12 ℃，仍需坚持每天适度通风换气 4 小时以上。

（5）清洁田园：在病害盛发期，掌握每 5～10 天 1 次摘除下部老叶、病叶，增加田间通风透光，清洁田园，减少再侵染菌源。

（6）加强田间病情调查，掌握发生动态：在病害进入始发期前，于清晨露水未干时，查见水浸状中心病株后 5～7 天，或 5％植株出现水浸状病斑时，即为防治适期。注意防治药剂的交替使用。

（7）化学防治：在病害始见后 3～5 天用药防治，用药间隔期 7～10 天（多阴雨天气时用药间隔期 5～7 天），连续用药 3～5 次。

高效、低毒、低残留防治用药：可选嘧菌酯、氟菌·霜霉威、丙森·霜脲氰、噁酮·霜脲氰等喷雾。

常规防治用药：可选烯酰吗啉、霜脲·锰锌、甲霜灵·锰锌、霜霉威盐酸盐、代森锰锌等喷雾。

具体用药量及倍数，须按照作物病害危害程度及各农药品种使用说明予以确定。

黄瓜白粉病

【图版 18】

黄瓜白粉病（*Sphaerotheca cucurbitae*）由子囊菌亚门真菌瓜类单丝壳菌侵染所致，全国各地均有发生；主要危害黄瓜、丝瓜、冬瓜、南瓜、西葫芦、西瓜、甜瓜等葫芦科作物,是瓜类作物上的重要病害。

【简明诊断特征】 黄瓜白粉病主要危害叶片,也能危害叶柄和茎。从幼苗期和成株期均可染病。

叶片染病,先从植株下部叶片开始发生,发病初始在叶面或叶背产生白色粉状小圆斑,后逐渐扩大为不规则形,边缘不明显的白粉状霉层粉斑,白色粉状物即为病菌的分生孢子梗和分生孢子及无色透明的菌丝体。发生严重时,多个粉斑可连接成片,甚至布满整张叶片。发病叶片的细胞和组织被侵染后并不迅速死亡,将病部粉层抹去,一般只表现为褪绿或变黄。发病中后期白色粉状霉层老熟,呈灰色或灰褐色,上有黑色的小粒点,即病菌的闭囊壳,发病末期病叶组织变为黄褐色而枯死。

叶柄和茎染病,密生白粉状霉层,霉层连接成片。

【侵染循环】 病菌以菌丝体和分生孢子随病株残余组织遗留在田间越冬或越夏,也能以菌丝体和分生孢子在寄主上越夏。在环境条件适宜时,分生孢子通过气流传播或雨水反溅至寄主植物上,从寄主表皮直接侵入,引起初次侵染。经 5 天左右潜育出现病斑,后经 7 天左右,在受害的部位产生新生代分生孢子,飞散传播,进行多次再侵染,加重危害。

【发生规律】 上海及长江中下游地区黄瓜白粉病的主要发病盛期在 4 月至 11 月(图 9)。年度间早春温度偏高、秋季温度偏高的年份发病重;田块间连作地、附近有发病较重的菌源田、排水不良、

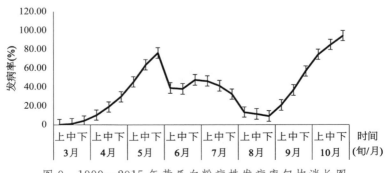

图 9 1999~2015 年黄瓜白粉病株发病率旬均消长图

作物生长势不佳的发病较早较重。栽培上种植过密、通风透光差的、生长势弱、保护地栽培等往往发病较重。处于采收中后期的类型田发病重。

【病菌生态】 病菌喜温暖潮湿的环境。适宜发病的温度范围为 10～35 ℃；最适发病环境，日均温度为 20～25 ℃，相对湿度 45％～95％；最适感病生育期在成株期至采收期。发病潜育期 5～8 天。病菌对湿度的适应范围极广，相对湿度 25％以上即可萌发。

【灾变要素】 经汇总 1999～2015 年黄瓜白粉病的病情发生动态系统调查，与环境要素用多元互作项逐步回归法的数理统计学通过相关性检测，满足利于春黄瓜白粉病重发生的主要灾变要素是 3～4 月上旬的旬均株累计发病率高于 6％；3～4 月上旬的旬平均气温高于 11 ℃；3～4 月上旬累计雨量在 100～140 毫米；3～4 月上旬累计日照时数 160～200 小时；3～4 月上旬累计雨日多于 12～16 天，其灾变的复相关系数为 $R^2 = 0.989\ 4$。满足利于秋黄瓜白粉病重发生的主要灾变要素是 9 月的旬均株累计发病率高于 30％；9 月的旬平均气温 23～25 ℃；9 月累计雨量在 100～140 毫米；9 月累计日照时数多于 200 小时；9 月累计雨日 9～12 天，其灾变的复相关系数为 $R^2 = 0.999\ 1$。

【防治措施】

（1）选用抗、耐病品种：黄瓜品种可选用生长势强、耐病的宝杨 5 号黄瓜、津研 4 号黄瓜、协作 17 号黄瓜等，温室黄瓜品种翠宝 1 号和翠宝 2 号等。

（2）加强栽培管理：高畦种植，合理密植，有利于通风透光，同时开好排水沟，降低田间湿度，增强植株生长势，提高抗病力。

（3）保护地栽培管理：要适当控制浇水量，晴天尽量适当开棚通风换气，阴天也应适当短时间开棚换气降湿，中午闷棚升温至 35 ℃，可抑制病害发展，防止引发病害流行。

（4）清洁田园：及时摘除病、老叶，以利通风透光，减少田间菌源。收获后及时清除病残体，带出田外深埋或烧毁，深翻土壤，加速病残体的腐烂分解。

（5）化学防治：在发病初期开始喷药，每隔 7～10 天喷 1 次，连续喷 2～3 次,重病田视病情发展,必要时可增加喷药次数,并注意药剂的交替使用。

高效、低毒、低残留防治用药:可选枯草芽孢杆菌、嘧菌酯、吡萘·嘧菌酯、苯醚甲环唑等喷雾。

常规防治用药:可选吡醚菌酯、氟硅唑、代森锰锌、恶霜·锰锌等喷雾。

具体用药量及倍数须按照作物病害危害程度及各农药品种使用说明予以确定。

黄瓜菌核病

【图版 18、19】

黄瓜菌核病(*Sclerotinia sclerotiorum*)由子囊菌亚门真菌核盘菌侵染所致,全国各地均有发生;危害黄瓜、番茄、辣椒、茄子、蚕豆、豌豆、马铃薯、胡萝卜、菠菜、芹菜及多种十字花科蔬菜。

【简明诊断特征】 黄瓜菌核病主要危害茎基部和果实,也能危害茎蔓和叶,在黄瓜苗期至成株期均可发生。

茎染病,发病部位主要在茎基部和茎分杈处,发病初始产生水浸状斑,扩大后呈淡褐色,病茎软腐纵裂,病部以上茎蔓和叶凋萎枯死。湿度高时病部长出一层白色棉絮状菌丝体,受害后茎杆内髓部受破坏,发病末期腐烂而中空,剥开可见白色菌丝体和黑色菌核。菌核鼠粪状,圆形或不规则形,早期白色,以后外部变为黑色,内部白色。

果实染病,发病初始在幼果脐部,水浸状腐烂,果表长白色棉絮状菌丝及形成黑色粒状菌核。

叶片染病,初呈水浸状斑,扩大后成灰褐色近圆形大斑,边缘不明显,病部软腐,并产生白色棉絮状菌丝,一般在叶片上不产生黑色鼠粪状菌核,只在发病严重时产生黑色鼠粪状菌核。

【侵染循环】 病菌以菌核在土壤中和病株残余组织内及混杂

在种子中越冬或越夏。菌核一般可存活 2 年左右。在环境条件适宜时,菌核萌发产生子囊盘,子囊盘散放出的子囊孢子借气流传播蔓延,侵染衰老叶片或未脱落的花瓣,穿过角质层直接侵入,引起初次侵染。侵入后病菌破坏寄主的细胞和组织,扩散和破坏邻近未被病原物侵染的组织,并通过病健株间的接触,进行重复侵染。病叶与健叶或茎秆接触,带病花瓣落在健叶上,病菌就可以扩展而使健全的茎叶发病。

【发生规律】 上海及长江中下游地区黄瓜菌核病的主要发病盛期在 2～5 月及 10～12 月(图 10)。年度间早春多雨或梅雨期间多雨的年份发病重;晚秋多雨、温度偏高的年份发病重;田块间与有菌核病发生的作物接茬、插种地、排水不良的田块发病较早较重;栽培上种植过密、通风透光差的、氮肥施用过多的田块发病重;受霜害、冻害和肥害的田块发病重;品种上花朵不易脱落,残留在果实上多的品种发病重。

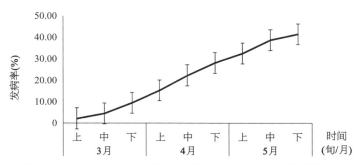

图 10 1999～2015 年黄瓜菌核病株发病率旬均消长图

【病菌生态】 病菌喜温暖潮湿的环境。适合发病的温度范围 0～30 ℃,最适发病环境,温度为 18～22 ℃,相对湿度 90％以上;最适感病生育期为开花结果期至采收中后期。发病潜育期 5～10 天。湿度的高低直接影响菌丝体的生长和子囊孢子的发育,子囊孢子萌发的适宜温度 5～10 ℃,菌丝不耐干旱。

【灾变要素】 经汇总 1999～2015 年黄瓜菌核病的病情发生动态系统调查,与环境要素用多元互作项逐步回归法的数理统计学通过相关性检测,满足利于春黄瓜菌核病重发生的主要灾变要素是 3 月的旬均株累计发病率高于 7%;2~3 月中旬的旬平均气温低于 8.0 ℃;2~3 月中旬累计雨量多于 170 毫米;2~3 月中旬累计日照时数少于 230 小时;2~3 月中旬累计雨日多于 23 天,其灾变的复相关系数为 $R^2 = 0.9994$。

【防治措施】

(1)茬口轮作:与水生蔬菜、禾本科及葱蒜类蔬菜隔年轮作。

(2)清洁田园:及时打老叶和摘除留在果实上残花,发现病株及时拔除或剪去病枝病果,带出棚外集中烧毁或深埋。收获后彻底清除病残体,深翻土壤,防止菌核萌发出土。

(3)苗床育秧:苗床每平方米用 50%多菌灵粉剂 8~10 克消毒,定期适时用药防治;秧苗移栽前一定要做到带药移栽,不移栽病、弱苗,从严控制秧苗带病移栽。

(4)加强管理:合理密植,控制中管棚和连栋大棚保护地栽培棚内温湿度,及时放风排湿,尤其要防止夜间棚内湿度迅速升高。这是防治本病的关键措施。注意合理控制浇水和施肥量,浇水时间放在上午,并及时开棚,以降低棚内湿度。特别在春季寒流侵袭前,要及时加盖小环棚塑料薄膜,并在棚室四周盖草帘,防止植株受冻。

(5)化学防治:在发病初期开始喷药,每隔 7~10 天喷 1 次,连续喷 3~4 次,重病田可视病情发展,必要时还要增加喷药次数。

高效、低毒、低残留防治用药:可选用嘧霉胺、啶酰菌胺等喷雾防治。

常规防治用药:可选用乙烯菌核利、腐霉利、异菌脲等喷雾防治。

具体用药量及倍数,须按照作物病害危害程度及各农药品种使用说明予以确定。

春季遇连续阴雨,中管棚保护地栽培黄瓜棚内可选用一熏灵烟熏剂每标准棚 100 克,先开棚排湿 20 分钟后进行闷棚熏蒸。

特别推荐:当发现田间始发病的病株、病枝(病枝最好剪去病部),可用高浓度的 50%腐霉利可湿性粉剂(速克灵)或 50%多菌灵可湿性粉剂调成 100 倍的糊状涂液用毛笔等涂在病部(剪去病部的病枝涂在留下的枝杆上),涂的面积比病部大 1～2 倍,病重的 5～7 天再涂 1 次,可挽救 80％的病株与病枝。此法虽费工,但省药,效果好。

黄瓜疫病

【图版 19】

黄瓜疫病($Phytophthora\ drechsleri$)由鞭毛菌亚门真菌疫霉菌侵染所致,全国各地均有发生;主要危害黄瓜、冬瓜、西瓜、甜瓜、丝瓜等葫芦科作物。

【简明诊断特征】 黄瓜疫病主要危害茎、叶和果实,以蔓茎基部及嫩茎节部发病较多,苗期和成株期均可染病。

茎染病,多在茎蔓基部及嫩茎节部发生,发病初始产生暗绿色水渍状斑,扩大后病斑绕茎蔓一周,病部明显缢缩,变细软化,造成病部以上枝叶逐渐枯萎。如植株有多处节部发病,全株很快萎蔫干枯,但维管束不变色,不产生粉红色霉状物(是与黄瓜枯萎病区分的主要特征)。

叶片染病,发病初始在叶边缘和叶柄连接处产生水渍状斑,扩大后成圆形或不规则形的暗绿色大斑,边缘不明显。潮湿时病斑发展迅速,病叶腐烂,干燥时病斑干枯易破裂。

果实染病,以近地面的瓜条易发病,病部出现暗绿色水浸状凹陷斑,迅速扩大后瓜条皱缩软腐,迅速腐烂,并发出腥臭味。在潮湿条件下,病部表面长出稀疏的灰白色霉层,即病菌的孢囊梗和孢子囊。

苗期染病,发病初始在幼苗生长点及嫩茎部产生水浸状暗绿色斑,病情发展后很快萎蔫枯死,但不倒伏。

【侵染循环】 病菌以卵孢子、厚垣孢子和菌丝体随病株残余组织遗留在田间越冬,也能潜伏在堆肥或种子上越冬。在环境条件适宜时,形成孢子囊,通过雨水反溅或气流传播至寄主植物上,从寄主表皮直接侵入,引起初次侵染。病菌主要侵染植株下部,最适温度下潜育期1天,发病后在受害的部位产生新生代孢子囊,借风雨传播,进行多次再侵染,加重危害。

【发生规律】 上海及长江中下游地区黄瓜疫病的主要发病盛期在4~6月。年度间早春多雨或梅雨期间多雨的年份发病重;田块间连作地,地势低洼、排水不良的田块发病较早较重;栽培上施用带有病残物的未腐熟有机肥,种植过密,通风透光差,受过冻害、霜害,肥水管理不当,浇水过多,使田间高湿的田块发病重。

【病菌生态】 病菌喜高温高湿的环境。发病温度范围11~37℃;最适发病环境,温度为25~32℃,相对湿度85%以上;最适宜的感病生育期在开花前后到座果盛期。发病潜育期1~5天。适宜环境下经24小时潜育即可发病,特别在结果初期,大雨后暴晴,最易发病。

【防治措施】

(1)茬口轮作精细整地:重病田实行与非瓜类作物轮作2~3年。选择地势高燥,排水良好的地块,施用充分腐熟的有机肥,深沟高畦整地。

(2)种子消毒:用72.2%霜霉威盐酸盐水剂(普力克)1 000倍液浸种半小时,洗净药液后晾干催芽播种;或先用冷水将种子浸泡后,再用55℃温汤浸种10~15分钟,立即移入冷水中冷却,晾干后催芽播种。

(3)加强栽培管理:推广地膜覆盖栽培技术,棚架上蔓,注意控制浇水量,雨后及时排水。

(4)清洁田园:在病害盛发期及时摘除病株、病果。收获后清除病残体,带出田外深埋或烧毁,并深翻土壤,加速病残体的腐烂分解。

(5)化学防治:在发病初期开始用药,每间隔7~10天浇根防治1次,每株用药液150~250毫升;连续防治2~3次;重病田视病情发展,必要时还要增加用药1次。

高效、低毒、低残留防治用药:可选氟菌・霜霉威、丙森・霜脲氰、烯酰吗啉、噁酮・霜脲氰等浇根防治。

常规防治用药：可选烯酰吗啉、霜脲·锰锌、甲霜灵·锰锌、霜霉威盐酸盐等浇根防治。

具体用药量及倍数，须按照作物病害危害程度及各农药品种使用说明予以确定。

黄瓜细菌性角斑病

黄瓜细菌性角斑病（*Pseudomonas syringas*）由细菌丁香假单胞杆菌黄瓜角斑致病变种侵染所致，全国各地均有发生；主要危害黄瓜、丝瓜、苦瓜、甜瓜、西瓜、葫芦等葫芦科作物。

【简明诊断特征】 黄瓜角斑病主要危害叶片和果实，也能危害茎蔓、叶柄和卷须，苗期和成株期均可染病。

叶片染病，先侵染下部老熟叶片，逐渐向上部叶片发展，发病初始产生水渍状小斑点，扩大后受叶脉限制，病斑呈多角形，淡黄色至褐色，边缘有黄色晕环。空气湿度高时，叶背病部产生乳白色混浊黏液，称菌脓。这是细菌性病害特有的症状。空气干燥时，叶背菌脓脱水形成白痕，病部质脆，破裂造成穿孔（注意区别，黄瓜霜霉病叶背病斑上在高湿时出现的是灰白色霉层）。发病严重时，病斑布满叶片，使叶片干枯卷曲脱落。

苗期子叶染病，发病初始呈水渍状小圆斑，稍凹陷，后成黄褐色。

果实染病，果皮初现水渍状小斑，扩大后病斑淡褐色，凹陷。发生严重时病斑连接成片，成不规则形，病部产生大量乳白色混浊黏液，即菌脓，老病斑干枯呈灰白色，形成溃疡状裂口。发病严重时可侵染果肉组织，使果肉变色，并侵染种子，使种子带菌。幼果染病，常造成落果或畸果。

茎蔓、叶柄和卷须染病，初为水浸状小斑，扩大后呈短条状，黄褐色，空气湿度高时产生乳白色混浊黏液，严重时病部出现裂口，空气干燥时病部留有白痕。

此病是黄瓜上的主要细菌性病害,常与黄瓜霜霉病同期并发,病症相似,有时还同株、同叶混合发生,极易混淆。药剂防治上两种病害又有一定的区别,误诊会引起较大的损失。

【侵染循环】 病原菌以带病种子越冬,或随病株残余组织遗留在田间越冬。病原菌在种子内可存活 1 年,在病株残余组织内,冬季能存活 3～4 个月,并成为翌年初侵染源。雨水反溅是植物病原细菌最主要的传染途径,也可通过昆虫、农事操作等,将田间病株残余组织内的病菌,传播至寄主植物下部叶、茎和果实上,从寄主自然孔口和伤口侵入,引起初次侵染。经 7～10 天潜育后出现病斑,并在受害的部位产生菌脓,借雨水或保护地棚顶滴水传播,进行多次再侵染。播种带菌种子,种子发芽后直接侵入子叶,产生病斑,引起幼苗发病。

【发生规律】 上海及长江中下游地区黄瓜细菌性角斑病的主要发病盛期在 4～7 月、9～11 月(图 11)。年度间早春多雨或梅雨期间多雨的年份发病重;秋季温度偏高、多雨、多雾的年份发病重;田块间连作地、排水不良的田块发病较早较重;栽培上种植过密、通风透光差、肥水施用过多的田块发病重;中管棚和连栋大棚保护地栽培低温高湿、关棚时间过长有利于病害的发生。

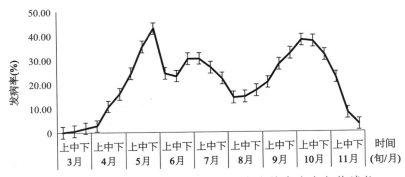

图 11　1999～2015 年黄瓜细菌性斑点病株发病率旬均消长

【病菌生态】 病菌喜温暖潮湿的环境。发病温度范围 4～40 ℃;最适宜的发病环境,温度为 24～28 ℃,相对湿度 95% 以上;

最适宜的感病生育期为开花座果期到采收中后期。发病潜育期3～7天。病斑大小与空气湿度有关,夜间饱和湿度时间6小时以上,叶片上产生典型大病斑;夜间湿度低于85%以下,或饱和湿度时间小于3小时,则产生小病斑。

【灾变要素】 经汇总1999年至2015年黄瓜细菌性斑点病的病情发生动态系统调查,与环境要素用多元互作项逐步回归法的数理统计学通过相关性检测,满足利于春黄瓜细菌性斑点病重发生的主要灾变要素是4～5月上旬的旬均株累计发病率高于15%;4～5月上旬的旬平均气温高于16.5 ℃;4～5月上旬累计雨量多于140毫米;4～5月上旬累计日照时数少于240小时;4～5月上旬累计雨日多于15天,其灾变的复相关系数为$R^2 = 0.998\,1$。满足利于秋黄瓜细菌性斑点病(2001～2015年)重发生的主要灾变要素是9月的旬均株累计发病率高于30%;9月的旬平均气温高于24.5 ℃;9月累计雨量多于150毫米;9月累计日照时数少于160小时;9月累计雨日多于12天,其灾变的复相关系数为$R^2 = 0.999\,9$。

【防治措施】

(1)留种与种子处理:从无病留种株上采收种子,选用无病种子。引进商品种子在播前要做好种子消毒,方法有三种,可用种子重量1.5%的漂白粉,加少量水,与种子拌匀后放入容器中,密闭消毒16～18小时,清洗后播种;用新植霉素200×10^{-6}(=200 ppm)浸种2～3小时;用100万单位硫酸链霉素或氯霉素500倍液浸3～5小时,用清水冲洗8～10分钟后播种;还可用50 ℃温汤浸种20分钟后,捞出晾干后催芽播种。

(2)茬口轮作:提倡与非葫芦科作物实行隔年轮作,以减少田间病菌来源。

(3)加强田间管理:中管棚和连栋大棚保护地栽培黄瓜,加强肥水管理,适时通风换气,肥水管理采取轻浇勤浇,浇水施肥应在晴天的上午,并及时开棚通风降湿。在温度不低于12 ℃的阴雨天,仍需坚持每天适度通风换气。

(4)清洁田园:在病害盛发期及时摘除病老叶,增加田间通风透光,收获后清洁田园,清除病残体,并带出田外深埋或烧毁,深翻土壤,加速病残体的腐烂分解,减少再侵染菌源。

(5) 降湿控病:抓好沟系清理,防止雨后积水,降低地下水位和棚内湿度,控制发病环境。

(6) 化学防治:在发病初期开始喷药,用药安全间隔期 7～10 天,连续喷药 3～4 次;重病田可视病情发展,必要时还要增加喷药次数。注意防病药剂选用能兼治霜霉病的品种,可减少用药。

高效、低毒、低残留防治用药:可选春雷·王铜、噻菌铜、丙森·霜脲氰、春雷霉素等喷雾。

常规防治用药:可选霜霉威盐酸盐、代森铵等喷雾。

具体用药量及倍数,须按照作物病害危害程度及各农药品种使用说明予以确定。

瓜类炭疽病

【图版 19】

瓜类炭疽病(*Colletotrichum lagenarium*)由半知菌亚门真菌葫芦科刺盘孢菌侵染所致,全国各地均有发生;主要危害黄瓜、西瓜、甜瓜、冬瓜、丝瓜、瓠瓜、节瓜等葫芦科作物,是瓜类的常发重要病害。

【简明诊断特征】 瓜类炭疽病主要危害瓜类的叶片、瓜蔓和果实,苗期至成株期均可发病。

苗期染病,子叶边缘产生淡褐色稍凹陷病斑,半圆形或椭圆形,外围常具黄褐色晕圈;后期病部长出红褐色至黑褐色点状胶质物,即病菌的分生孢子盘和分生孢子;发病严重时,病害发展到茎基部,引起缢缩,使折倒枯死。

叶片染病,发病初始产生水浸状小点,扩大后病斑成近圆形或不规则形,淡褐色,边缘红褐色;发生严重时,病斑连接成片,形成不规则形大病斑,病部长出小黑点,使叶片干枯,潮湿时叶面生出粉红色黏稠物,干燥时病斑易破裂穿孔。

瓜蔓和叶柄染病,产生黄褐色长条形病斑,稍凹陷,发展后病斑环绕茎蔓和叶柄,可造成叶片或植株病部以上枯死,高温高湿时表面生粉红色黏稠物。

果实染病,产生初呈水浸状,扩大后为黄褐色椭圆形病斑,稍凹陷,病部长出小黑点,高温高湿时病部表面生粉红色黏稠物,病部后期开裂。

【侵染循环】 病菌以菌丝体和拟菌核(未发育成的分生孢子盘)随病株残余组织遗留在田间越冬,也可附在种子表面越冬。在环境条件适宜时,病菌在越冬器官上产生大量分生孢子,通过雨水反溅或气流传播至寄主植物上,从寄主表皮直接侵入,引起初次侵染。病菌先侵染下部叶片,逐渐向上部叶片发展,经潜育后出现病斑,遇有雨水,在受害部位的分生孢子盘产生新生代分生孢子,随风雨传播,引起多次再侵染。带病种子发芽后直接侵入子叶,引起幼苗发病。

【发生规律】 上海及长江中下游地区黄瓜炭疽病的主要发病盛期在 5～11 月。年度间早春多雨或梅雨期间闷热多雨、夏天闷热多雨的年份发病重;晚秋温度偏高、多雨的年份发病重;田块间连作地、排水不良、地下水位高的田块发病较早较重;栽培上种植过密、通风透光差、大水大肥浇施、氮肥施用过多、植株生长势差的田块发病重。

【病菌生态】 病菌喜温暖高湿的环境。适宜的发病温度 10～30 ℃;最适宜的发病环境,温度为 22～27 ℃,相对湿度 95% 以上;最适宜的感病生育期为开花座果期到采收中后期。发病潜育期 5～7 天。孢子在 4～30 ℃间均可萌发,低于相对湿度 54% 则抑制病害发生。

【防治措施】

(1) 选用抗病品种:如沪 5 号黄瓜、沪 58 号黄瓜、协作 17 号黄瓜等。

(2) 留种与种子处理:从无病留种株上采收种子,选用无病种子。引进商品种子,在播前要做好种子处理,用 2.5% 咯菌腈悬浮种衣剂(适乐时)消毒包衣,使用浓度为千分之 4～5,包衣后稍经晾干即可播种。

（3）茬口轮作：提倡与非葫芦科作物 3 年以上轮作，以减少田间病菌来源。

（4）加强栽培管理：深沟高畦、合理密植，并经常疏通四周的沟系，防止雨后积水和降低地下水位，中管棚和连栋大棚保护地棚内科学施肥，浇水施肥要小水少肥勤浇，增加开棚通风降湿。

（5）清洁田园：发病初期及时摘除病、老叶，收获后及时清除病残体，带出田外深埋或烧毁，深翻土壤，加速病残体的腐烂分解。

（6）化学防治：在发病初期开始喷药，用药间隔期 7～10 天，连续防治 2～3 次，重病田可视病情发展，必要时还要增加喷药次数。

高效、低毒、低残留防治用药：可选嘧菌酯、苯醚甲环唑、吡萘·嘧菌酯等喷雾防治。

常规防治用药：可选咪鲜胺、代森锰锌、氟硅唑等喷雾防治。

具体用药量及倍数，须按照作物病害危害程度及各农药品种使用说明予以确定。

黄瓜灰霉病

【图版 19】

黄瓜灰霉病（*Botrytis cinerea*）由半知菌亚门真菌灰葡萄孢菌侵染所致，全国各地均有发生，是瓜类上的重要病害；还危害番茄、茄子、菜豆、辣椒、韭菜、洋葱、菜豆、莴苣等作物。

【简明诊断特征】 黄瓜灰霉病主要危害瓜类的花、瓜条、叶片、茎，苗期至成株期均可染病。

幼苗期染病，初为茎、叶上产生水浸状褪绿斑，随着病斑扩大，长出灰色霉层，造成幼苗枯死。

花染病，一般先从残留的雌花花瓣开始发病，初为水浸状腐烂，后密生灰色或淡褐色的霉层，即为病菌的分生孢子和分生孢子梗，最后花瓣枯萎脱落。

瓜条染病,随着花瓣染病的继续发展,病菌逐步向幼果侵入,一般先从蒂部开始,初为水浸状,然后软化,表面密生灰色霉层,最后病瓜呈黄褐色,腐烂或脱落。

叶片染病,大部分病叶是由落下的病花引起,形成灰褐色圆形或不规则大病斑,病健部分界明显,病部表面灰白色,具同心轮纹,密生灰色霉层,干燥时病部易破裂穿孔。

茎部发病,多集中在节部,病部表面灰白色,密生灰霉,最后病斑可环绕节部一圈,其上部叶片和茎呈萎蔫状。南瓜、西葫芦一般先在谢花后的花蒂部位出现病斑,引起幼瓜腐烂,密生灰霉。

【侵染循环】 病菌以分生孢子、菌丝体或菌核随病株残余组织遗留在田间越冬。在环境条件适宜时,分生孢子借气流、雨水反溅、农事操作及病健部间的接触等,传播蔓延至寄主植物上,从伤口、薄壁组织侵入,残花是最适合的侵入部位,引起初次侵染,并在受害的部位产生新生代分生孢子,进行多次再侵染,加重危害。

【发生规律】 上海及长江中下游地区黄瓜灰霉病的主要发病盛期在 3～6 月及 10～12 月。年内以春季发生重,秋季有少量发生。年度间早春多雨、光照不足、低温高湿,或梅雨期间多雨的年份发病重;秋季多雨、多雾的年份发病重;田块间连作地、地势低洼、排水不良的田块发病较重;栽培上种植过密、通风透光差、肥水施用过多(由于病菌萌发芽管需要有水滴,故瓜类有生物水或露水时感病率最高)、棚室通风换气不足、平均温度在 15 ℃左右、长势衰落、抗病能力差的田块发病重。

【病菌生态】 病菌喜温暖潮湿的环境。适宜发病的温度范围为 2～31 ℃;最适宜的发病环境,温度为 18～25 ℃,相对湿度持续90％以上;最适感病生育期为开花结果期,发病潜育期 5～10 天。

【防治措施】

(1) 茬口轮作:发病重的地块,提倡与水生蔬菜或禾本科作物轮作 2～3 年,以减少田间病菌来源。

(2) 苗床管理:幼苗期加强苗床管理,要小水勤浇,控制苗床湿度,并在寒流侵袭之前注意保温。

(3) 加强田间管理:提倡深沟高畦、地膜栽培,合理密植。保护田栽培棚内适时通风换气,晴天尽量增加开棚通风换气,阴天也应适当短时间开棚换气,降低空气湿度,减少顶棚滴水,并经常注意疏通棚四周的沟系,防止雨后积水和降低地下水位,棚内浇水施肥要小水少肥勤浇,控制湿度,防止大水大肥引发病害。

(4)清洁田园:在生育期发现病花、病瓜、病叶和病茎等及时摘除,增强通风透光,收获后及时清除遗留地面的病残体,集中深埋处理,深翻土壤,减少越冬病原。

(5)药剂熏蒸:一般在发病前利用百菌清或一熏灵烟剂进行熏蒸,每标准棚中管(长×宽=30米×6米)用75~100克烟剂,熏烟时在傍晚进行(大棚的密封性要好),烟熏点均匀分散,第二天早晨开棚通风(药剂熏蒸特别适合阴雨天进行防治)。

(6)化学防治:在发病初期开始喷药,用药间隔期7~10天,连续喷雾防治2~3次,重病田可视病情发展,必要时还要增加喷药次数。

高效、低毒、低残留防治用药:可选用嘧霉胺、啶酰菌胺等喷雾防治。

常规防治用药:可选用乙烯菌核利、腐霉利、异菌脲等喷雾防治。

具体用药量及倍数,须按照作物病害危害程度及各农药品种使用说明予以确定。

黄瓜花叶病毒病

【图版 19】

黄瓜花叶病毒病由黄瓜花叶病毒(Cucumber mosaic virus,简称 CMV)、烟草花叶病毒(Tobacco mosaic virus,简称 TMV)和南瓜花叶病毒(Pumpkin mosaic virus,简称 PMV)侵染所致。几乎所有黄瓜田内都可见到花叶病毒病,对黄瓜生产的影响极大。

【简明诊断特征】 在黄瓜的整个生育期都有发生,是全株系统性侵染的病害。

幼苗期染病,子叶变黄枯萎,真叶表现出叶色深浅相间的花叶症状。

成株期染病,症状在新出幼叶上表现最为明显,老熟叶片症状不明显,表现为在新出叶片上出现黄绿相间的花叶症状,叶片成熟后叶小,皱缩,边缘卷曲;果实上表现为瓜条出现深浅绿色相间的花斑,染病后瓜条生长缓慢甚至停止,果表畸形。发病严重时,植株矮小,茎节间缩短,使植株萎蔫。

【侵染循环】 黄瓜花叶病毒病主要侵染源黄瓜花叶病毒随多年生宿根植株越冬,烟草花叶病毒随病株残余组织遗留在田间越冬,南瓜花叶病毒可由种子带毒越冬。

黄瓜花叶病的传毒途径较多。黄瓜花叶病毒主要通过蚜虫和植株间汁液接触及田间农事操作传播至寄主植物上,进行多次再侵染;烟草花叶病毒主要通过植株间汁液接触传播至寄主植物上,从寄主伤口侵入,进行多次再侵染,蚜虫不传毒;南瓜花叶病毒可通过种子、汁液摩擦或传毒媒介昆虫传毒。

【发生规律】 上海及长江中下游地区黄瓜花叶病毒病的主要发病盛期在 4～11 月。年度间早春温度偏高、少雨,蚜虫、温室白粉虱、蓟马等传毒媒介多发的年份发病重;夏秋季偏旱少雨的年份发病重。田块间连作地、周边毒源作物丰富的田块发病较早较重。栽培管理上防治媒介害虫不及时、肥水不足、田间管理粗放的田块发病重。

【病菌生态】 病毒喜高温干旱的环境。适宜发病的温度范围为 15～35 ℃;最适宜的发病环境,温度为 20～25 ℃,相对湿度 80%;病症显现期为成株期。发病潜育期 10～25 天。

【防治措施】

(1) 种子处理:从无病留种株上采收种子,选用无病种子。引进商品种子,在播前,要做好种子处理,可在播种前先用清水浸种 3～4 小时,后在 10%磷酸三钠溶液中浸种 20 分钟,再用清水冲洗尽药液后晾干播种;或用 55 ℃温汤浸种 40 分钟后,立即移入冷水中冷却,晾干后催芽播种。

（2）加强田间管理：适时播种，合理使用肥水，培育壮苗。农事操作中，接触过病株的手和农具，应用肥皂水冲洗，吸烟菜农肥皂水洗手后再进行农事操作，防止接触传染。

（3）清洁田园：及时清理田边杂草，减少病毒来源。

（4）及时防治传毒媒介：在蚜虫、白粉虱、蓟马发生初期，及时用药防治，防止传播病毒。

（5）化学防治：在育苗期就要重视病毒病的预防，出苗二叶一心期至五叶一心期是预防侵染感病的关键时期，定期每隔 7～10 天用药 1 次，连续喷雾防治 2～3 次，苗期长的还需视苗情和带药移栽，必要时还要增加喷药次数。移栽后田间始见发病后还要连续进行防治 2～3 次，能减少感染，增强植株抗性。

高效、低毒、低残留防治用药：可选宁南霉素喷雾。

常规防治用药：可选病毒 A 喷雾。

具体用药量及倍数，须按照作物病害危害程度及各农药品种使用说明予以确定。

黄瓜蔓枯病

黄瓜蔓枯病（*Mycosphaerella melonis*）由子囊菌亚门真菌甜瓜球腔菌侵染所致，全国各地均有发生；主要危害黄瓜、冬瓜、南瓜、西葫芦等瓜类作物。

【简明诊断特征】 黄瓜蔓枯病苗期和成株期均可发生，主要危害茎、叶和果实。

茎蔓染病，发生于节部或基部分枝处，初始产生水浸状小斑，扩大后病斑环绕茎蔓，灰褐色稍凹陷，椭圆形或不规则形，后期病斑软腐，呈黑色。田间高湿时，病部溢出琥珀色胶质物，干燥后红褐色，缢缩纵裂，病部以上茎蔓枯萎，易折断，表面密生黑色小点，即病菌的分生孢子器。

叶片染病，初始在叶缘产生水浸状小点，扩大后病斑呈"V"字形扩展,或产生圆形及不规则形病斑,黄褐色或淡褐色,具不明显轮纹,后病部产生黑色小点,易破裂。

果实染病,发病初始在幼果上产生水浸状小斑,扩大后病斑黑褐色,果肉淡褐色,病部软化。

苗期染病,发病初始在子叶或幼茎上产生水浸状小斑,扩大后子叶病斑灰色圆形及半圆形,使叶片被病斑覆盖,并产生黑色小点,或茎蔓被病斑环绕,导致幼苗死亡。

【侵染循环】 病菌以分生孢子器或子囊壳随病株残余组织遗留在田间越冬,也能潜伏在种皮上越冬。病菌在环境条件适宜时,产生子囊孢子和分生孢子,通过雨水反溅至寄主植物上,从寄主表皮气孔、水孔或从伤口侵入,引起初次侵染。带病种子播种发芽后侵入子叶,并在受害部位产生新生代分生孢子,借风雨传播进行多次再侵染。

【发生规律】 上海及长江中下游地区黄瓜蔓枯病的主要发病盛期在5～8月。年度间入梅早、梅雨期长、雨量多,期间温度高的年份发病重;高温多雨,田间湿度大,露重,病害发生严重;连作田,排水不良,种植密度过高,植株生长势差的发病较重。

【病菌生态】 病菌适宜温暖潮湿的环境条件。适宜发病的温度范围为15～32℃;最适发病环境,温度为22～25℃,相对湿度85％以上;最适感病生育期为结瓜初期。发病潜育期5～10天。

【防治措施】

(1)茬口轮作:重发病田块与非瓜类作物实行2～3年以上轮作,以减少田间病源菌。

(2)留种与种子消毒:从无病留种株上采收种子,引进商品种子在播种前用55℃温汤浸种15分钟后,立即移入冷水中冷却,晾干播种。也可干种子用2.5％咯菌腈悬浮种衣剂(适乐时)包衣,包衣使用剂量为千分之4～5,包衣后晾干播种。

(3)加强田间栽培管理:选高燥地栽种,合理密植,增施有机肥和磷钾肥,发病后适当控制浇水量,切忌大水漫灌,开好排水沟系,防止雨后积水引发病害。

(4)清洁田园:及时摘除病叶、病果,带出田外深埋或烧毁,收获后清除病残体,并耕翻土壤,加速病残体的腐烂分解。

(5)化学防治:在发病初期开始喷药,用药防治间隔期7～10天,连续喷2～3次;注意药剂交替使用。

高效、低毒、低残留防治用药:可选用嘧菌酯、戊唑醇、苯醚甲环唑等喷雾防治。

常规防治用药:可选异菌脲、代森锰锌等喷雾防治。

具体用药量及倍数,须按照作物病害危害程度及各农药品种使用说明予以确定。

黄瓜枯萎病

黄瓜枯萎病($Fusarium\ oxysporum$)由半知菌亚门真菌尖镰孢菌侵染所致,又称蔓割病;主要危害黄瓜、丝瓜、西瓜、甜瓜、葫芦、冬瓜、生瓜等葫芦科作物,是瓜类的主要病害之一。

【简明诊断特征】 黄瓜枯萎病主要危害根茎部。苗期和成株期均可发病。

苗期染病,生长点呈失水状,子叶发黄,萎垂干枯,茎基部缢缩,变褐腐烂,易造成植株猝倒状枯死;注意与立枯病的区别。

根茎染病,发生于茎蔓基部,发病初始呈水浸状,后茎蔓基部软化缢缩,病部粗糙纵裂,表面常有琥珀色脓胶状物溢出;潮湿时病部常生出粉红色霉层,即病菌的分生孢子梗和分生孢子。病茎纵切面上的维管束变褐色,病部组织受病菌危害,阻碍了植株正常水分供应,引起萎蔫。注意与疫病的区别。

发病初期,植株叶片叶色变淡,中午似缺水状萎蔫下垂,早晚又恢复正常,反复数天后,逐渐遍及整株叶片萎蔫下垂,叶片不再复原,最后全株枯死。

【侵染循环】 病菌以菌丝、厚垣孢子或菌核随病株残余组织遗留在田间和未腐熟的有机肥中越冬,也能附着在种子和棚架上越冬,成为翌年初侵染源。瓜类枯萎病病菌有5个专化型(黄瓜尖镰孢、丝瓜尖镰孢、西瓜尖镰孢、葫芦尖镰孢和甜瓜尖镰孢)，对各种瓜类的致病力有明显的差异。病菌主要借雨水、灌溉水和昆虫等传播。在环境条件适宜时,厚垣孢子萌发的芽管从根部伤口、自然裂口或根冠侵入,也可从茎基部的裂口侵入。侵入后开始蔓延,通过木质部进入维管束,并向上传导,危害维管束周围组织,阻塞导管,干扰新陈代谢,导致植株萎蔫枯死。播种带菌种子,种子萌发后病菌即可侵入幼苗,成为次侵染源。棚架、农具和地下害虫等也可传播病害。

【发生规律】 上海及长江中下游地区黄瓜枯萎病的主要发病盛期,在 4 月中下旬至 7 月以及 8 月下旬至 10 月。年度间早春多雨或梅雨期间多雨的年份发病重;秋季多雨的年份发病重;田块间连作地、排水不良、雨后积水的田块发病较早较重,特别是保护地栽培连作明显比露地发病重;黄瓜处在开花座果期,天气时雨时晴或连续阴雨后转暴晴,病害症状表现快而重;栽培上偏施氮肥、施用未充分腐熟的带菌有机肥,植株生长嫩弱及地下害虫危害重,易诱发此病。

【病菌生态】 病菌喜温暖潮湿的环境。发病温度范围在 4～34 ℃,最适宜的发病环境,温度为 24～28 ℃,土壤含水量 20％～40％;病症表现盛期为开花座果期。发病潜育期 10～25 天。气温在 35 ℃以上可抑制病害发生。

【防治措施】

(1) 选用抗病品种:如沪 5 号黄瓜、沪 58 号黄瓜、协作 17 号黄瓜等品种比较抗病。

(2) 种子处理:从无病留种株上采收种子,选用无病种子。引进商品种子在播前要做好种子消毒。干种子用 2.5％咯菌腈悬浮种衣剂(适乐时)包衣,包衣使用剂量为千分之 4～5,包衣后晾干播种。

(3) 茬口轮作:避免连作,与非瓜类作物实行 3 年以上轮作,也可实行水旱轮作,以减少田间病菌来源。

(4) 加强栽培管理:推广高畦地膜栽培,施用充分腐熟的有机肥,控制氮肥施用量,增施磷钾肥及微量元素,雨后及时开沟排水,增强植株抗性。

（5）设施栽培管理：中管棚及连栋大棚保护地栽培黄瓜，要适当控制浇水，晴天尽量增加开棚通风换气，阴天也应适当短时间开棚换气降湿；午间闷棚升温至 35～38 ℃，给病菌制造不利生长条件，抑制病害发展，防止引发病害流行。

（6）化学防治：田间出现零星病株的发病初期开始药液浇根，每株浇灌药液 250 毫升，用药间隔期 7～10 天，连续防治 2～3 次；药剂要交替使用，重病田可视病情发展，必要时还要增加用药次数。

高效、低毒、低残留防治用药：可选用春雷霉素、噻菌铜等灌根。

常规防治用药：可选用恶霉灵、敌磺钠等灌根。

具体用药量及倍数，须按照作物病害危害程度及各农药品种使用说明予以确定。

黄瓜细菌性斑点病

【图版 19】

黄瓜细菌性斑点病（*Pseudomcnas syringas* pv. *lacrmans*）由细菌假单胞斑点致病变种侵染所致，是近年夏秋季常发的主要黄瓜病害；还可危害西瓜、西葫芦等葫芦科作物。

【简明诊断特征】 黄瓜细菌性斑点病主要危害叶片。

叶片染病，发病初始产生针刺点的水渍状小斑点，扩大后呈圆形或不规则形，病斑在叶面呈现稍有突起的泡状斑，叶背是水渍状凹陷，直径 1～3 毫米，边缘具褪绿晕圈，中央黄褐色或黄白色病斑。叶背病部不易产生乳白色混浊黏液或白痕菌脓，病斑不会破裂造成穿孔，发病严重时，叶片上多个病斑可连接成片，形成大病斑。本病也易与黄瓜细菌性角斑病相混（黄瓜细菌性角斑病的病斑为受叶脉限制的多角形，病斑易穿孔）。

【侵染循环】 病原菌附着在种子上越冬或随病株残余组织遗

留在田间越冬,并成为翌年初侵染源,雨水反溅或在暴风雨中叶片磨擦造成的伤口,便于病原细菌侵入,是主要的传染途径。

【发生规律】 上海及长江中下游地区黄瓜细菌性斑点病的主要发病盛期在5~10月。年度间夏秋高温、闷热多雨或多台风暴雨的年份发病重;田块间连作地、地势低洼、排水不良的田块发病较重;栽培上种植过密、易造成磨擦伤口、通风透光差、氮肥施用过多的田块发病重。

【病菌生态】 病菌喜温暖潮湿的环境。适宜发病的温度范围18~38 ℃;最适发病环境,温度为25~32 ℃;最适感病生育期在成株至座果采收期。发病潜育期5~7天。

【防治措施】

(1) 留种与种子处理:从无病留种株上采收种子,选用无病种子。引进商品种子在播前要做好种子处理,可用50 ℃温汤浸种20分钟,捞出晾干后催芽播种,或用70 ℃恒温干热灭菌72小时。

(2) 茬口轮作:提倡与非葫芦科作物实行隔年轮作,以减少田间病菌来源。

(3) 加强田间管理:雨后及时排水,防止积水,降低地下水位和棚内湿度,控制发病环境。在病害盛发期及时摘除病老叶。

(4) 保护地管理:中管棚和连栋大棚保护地栽培黄瓜,加强肥水管理,适时通风换气,肥水管理采取轻浇勤浇,浇水施肥应在晴天的上午,并及时开棚通风降湿。在温度不低于12 ℃的阴雨天,仍需坚持每天适度通风换气。

(5) 化学防治:在发病初期开始喷药,用药间隔期7~10天,连续喷雾防治2~3次。

高效、低毒、低残留防治用药:可选噻菌铜、丙森·霜脲氰、春雷·王铜、春雷霉素等喷雾。

常规防治用药:可选氢氧化铜、霜霉威盐酸盐、代森铵等喷雾。

具体用药量及倍数,须按照作物病害危害程度及各农药品种使用说明予以确定。

黄瓜根结线虫病

黄瓜根结线虫病（*Meloidogyne incognita*）由植物寄生线虫根结线虫属南方根结线虫侵染所致，全国各地均有发生；主要危害瓜类、番茄、茄子、胡萝卜等作物。

【简明诊断特征】 黄瓜根结线虫病主要危害植株根部的须根和侧根。

须根和侧根染病，产生瘤状大小不一、形状不定的肿大物，浅黄色或深褐色，表皮粗糙。用显微镜观察解剖后的根部肿大物，有细长蠕虫状幼虫，即线虫。

初发生时，植株地上部分症状不明显，发病严重时表现出植株明显矮化，发育不良，叶片变黄，结果少。高温干旱时病株地上部分中午出现萎蔫或提早枯死。

【侵染循环】 致病线虫以根组织中的卵或二龄幼虫遗留在田间越冬。在环境条件适宜时，在根组织内发育后，二龄幼虫借病土、病苗及灌溉水等主要传播途径，侵入新根根尖，引起初次侵染。侵入后的线虫在根部组织内生长发育繁殖，产生的新生代根结线虫幼虫，二龄后离开卵壳，进入土中侵入根系进行再侵染，加重危害。在植物组织内寄生的雌虫，分泌的唾液能刺激根部组织形成巨型细胞，使细胞过度分裂造成肥肿畸形瘤状的根结肿大物。

【发生规律】 上海及长江中下游地区黄瓜根结线虫病的主要发病盛期在 8～10 月。年度间梅雨期短、夏秋季高温、少雨的年份发病重；田块间连作地、地势高燥、土壤含水量低、土质疏松、盐分低的田块适宜根结线虫病发生。

【病菌生态】 根结线虫适宜在温暖干燥的环境条件下生长，幼虫共四龄。适宜发病的温度范围 15～35 ℃；病原线虫发育最适环境，土温为 25～30 ℃，土壤含水量 40％左右；最适病症表现生育期在成株期至座果盛期。根结线虫在适温下完成一代约 17 天，土温 10 ℃以下幼虫停止活动；在 55 ℃时，经 10 分钟即可死亡。卵囊和卵对不利环境条件的抵御能力较强。

【防治措施】

（1）轮作：与葱、蒜、韭菜、禾本科作物或与水生蔬菜轮作 1～2 年。

（2）育苗：选用无病土育苗和抗性强的品种育苗。

（3）物理防治：已发病田块，可在高温季节进行深翻，并灌水 10～15 天，用塑料布覆盖提高水温、土温，杀灭残留线虫密度，减轻下茬危害，是既经济又安全的最值得提倡的防治方法。

（4）加强栽培管理：移栽无病秧苗，合理施肥和灌溉，增强作物的抵抗能力。生长期间，发现重病株应及时拔除，集中销毁。收获后及时清洁田园，彻底清除病残体。

（5）化学防治：熏蒸性药剂杀线虫剂一般用于蔬菜种植前的土壤处理。非熏蒸性药剂一般在作物生长期使用。但由于这两种方法用药量大、成本高，又污染生态环境，还不利于食用农产品安全，故一般只在线虫病发生较轻、点片初发生时作为补救措施而被采用。

高效、低毒、低残留防治用药：可选甲氨基阿维菌素苯甲酸盐等药剂浇根。

常规防治用药：可选阿维菌素、辛硫磷、晶体敌百虫等浇根，也可用 50％氰氨化钙颗粒剂消毒土壤。

具体用药量及倍数，须按照作物病害危害程度及各农药品种使用说明予以确定。

冬瓜绵疫病

【图版 20】

冬瓜绵疫病（*Phytophthora capsici*）由鞭毛菌亚门真菌辣椒疫霉菌侵染所致，南方地区发生偏重；主要危害冬瓜、西瓜、南瓜、菜瓜等葫芦科作物。

【简明诊断特征】 冬瓜绵疫病主要危害叶片、茎和果实,苗期和成株期均可染病。

幼苗期染病,危害幼苗的根茎部,呈水渍状湿腐,使幼苗猝倒。

叶片染病,发病初始产生水渍状斑点,后病斑扩大呈深绿色,湿度大时病斑呈湿腐状,并长出白色霉层。

茎染病,初为水渍状条斑,发展成茎病部深绿色湿腐状长条斑,严重时病部以上茎叶枯萎。

果实染病,初为近地面处出现水渍状黄褐色病斑,扩展后暗褐色,病部凹陷,造成病部或全果腐烂,并出现灰白色霉状物,即病菌的孢子梗和孢子囊。

【侵染循环】 病菌以菌丝体及卵孢子随病株残余组织遗留在田间越冬,也能潜伏在种皮上越冬。带病种子播种发芽后侵入子叶,引起初次侵染。田间病株残余组织内的病菌在环境条件适宜时,通过雨水反溅至寄主植物上,引起初次侵染,并在受害的部位产生孢子囊,借雨水传播进行多次再侵染,加重危害。

【发生规律】 上海及长江中下游地区冬瓜绵疫霉病的主要发病盛期为5～7月。年度间入梅早、梅雨期长、雨量多的年份发病重;田块间连作地、排水不良地发病较早较重;栽培上种植过密、通风透光差、瓜果采摘期与梅雨重合、氮肥施用过多的田块发病重。

【病菌生态】 病菌适宜温暖高湿的环境。适宜发病温度范围为7～36 ℃;最适宜的发病环境,温度为24～28 ℃,相对湿度95%左右;最适宜的感病生育期为开花结瓜期。发病潜育期3～7天。

【防治措施】

(1)加强田间栽培管理:合理密植,科学施肥,切忌大水漫灌,开好排水沟系,防止雨后积水引发病害。

(2)清洁田园:及时摘除病果,带出田外深埋或烧毁,收获后清除病残体,并耕翻土壤,加速病残体的腐烂分解。

(3)茬口轮作:重发田块实行与非瓜类作物2年以上轮作,以减少田间病源菌。

(4)化学防治:在发病初期开始喷药,每隔7～10天喷1次,连续喷雾防治2～3次;多连阴雨天气、重病田可视病情发展,必要时增加喷药次数。

高效、低毒、低残留防治用药：可选氟菌·霜霉威、丙森·霜脲氰、噁酮·霜脲氰等喷雾防治。

常规防治用药：可选霜霉威盐酸盐、代森锰锌等喷雾防治。

具体用药量及倍数，须按照作物病害危害程度及各农药品种使用说明予以确定。

冬瓜炭疽病

【图版 20】

冬瓜炭疽病（*Colletotrichum lagenarium*）由半知菌亚门真菌葫芦科刺盘孢菌侵染所致，全国各地均有发生；主要危害黄瓜、西瓜、甜瓜、冬瓜、丝瓜、瓠瓜、节瓜等葫芦科作物，是瓜类的常发重要病害。

【简明诊断特征】　冬瓜炭疽病主要危害瓜类的叶片、瓜蔓和果实，苗期至成株期均可发病。

苗期染病，子叶边缘产生淡褐色稍凹陷病斑，半圆形或椭圆形，外围常具黄褐色晕圈，后期病部长出红褐色至黑褐色点状胶质物，即病菌的分生孢子盘和分生孢子；严重时，病害发展到茎基部，引起缢缩，使折倒枯死。

叶片染病，发病初始产生水浸状小点，扩大后病斑成近圆形或不规则形，淡褐色，边缘红褐色；发生严重时，病斑连接成片，形成不规则形大病斑，病部长出小黑点，使叶片干枯，潮湿时叶面生出粉红色黏稠物，干燥时病斑易破裂穿孔。

瓜蔓和叶柄染病，产生黄褐色长条形病斑，稍凹陷，发展后病斑环绕茎蔓和叶柄，可造成叶片或植株病部以上枯死，高温高湿时表面生粉红色黏稠物。

果实染病，产生初呈水浸状、扩大后为黄褐色椭圆形病斑，稍凹陷，病部长出小黑点，高温高湿时病部表面生粉红色黏稠物，病部后期开裂。

【侵染循环】 病菌以菌丝体和拟菌核（未发育成的分生孢子盘）随病株残余组织遗留在田间越冬,也可附在种子表面越冬。在环境条件适宜时,病菌在越冬器官上产生大量分生孢子,通过雨水反溅或气流传播至寄主植物上,从寄主表皮直接侵入,引起初次侵染;病菌先侵染下部叶片,逐渐向上部叶片发展,经潜育后出现病斑,遇有雨水,在受害部位的分生孢子盘产生新生代分生孢子,随风雨传播,引起多次再侵染。带病种子发芽后直接侵入子叶,引起幼苗发病。

【发生规律】 上海及长江中下游地区黄瓜炭疽病的主要发病盛期在 6～9 月。年度间梅雨期间闷热多雨、夏天闷热多雷雨的年份发病重;秋季入秋晚、温度偏高、多雨的年份发病重;田块间连作地、排水不良、地下水位高的田块发病较早较重;栽培上种植过密、通风透光差、大水大肥浇施、氮肥施用过多的田块发病重。

【病菌生态】 病菌喜温暖高湿的环境。适宜的发病温度 10～30 ℃;最适宜的发病环境,温度为 22～27 ℃,相对湿度 95％以上;最适感病生育期为开花座果期到采收中后期。发病潜育期 5～7 天。孢子在 4～30 ℃间均可萌发,低于相对湿度 54％则抑制病害发生。

【防治措施】

(1) 留种与种子处理:从无病留种株上采收种子,选用无病种子。引进商品种子在播前要做好种子处理。用 2.5％咯菌腈悬浮种衣剂(适乐时)消毒包衣,使用浓度为千分之 4～5,包衣后稍经晾干即可播种。

(2) 茬口轮作:提倡与非葫芦科作物 3 年以上轮作,以减少田间病菌来源。

(3) 加强栽培管理:深沟高畦、合理密植,并经常疏通四周的沟系,防止雨后积水和降低地下水位,中管棚和连栋大棚保护地棚内科学施肥,浇水施肥要小水少肥勤浇,增加开棚通风降湿。

(4) 清洁田园:发病初期及时摘除病、老叶,收获后及时清除病残体,带出田外深埋或烧毁,深翻土壤,加速病残体的腐烂分解。

（5）化学防治：在发病初期开始喷药，用药间隔期7～10天，连续防治2～3次，重病田可视病情发展，必要时还要增加喷药次数。

高效、低毒、低残留防治用药：可选嘧菌酯、苯醚甲环唑、吡萘·嘧菌酯等喷雾防治。

常规防治用药：可选氟硅唑、咪鲜胺、代森锰锌等喷雾防治。

具体用药量及倍数，须按照作物病害危害程度及各农药品种使用说明予以确定。

冬瓜蔓枯病

冬瓜蔓枯病（*Mycosphaerella melonis*）由子囊菌亚门真菌甜瓜球腔菌侵染所致，全国各地均有发生；主要危害黄瓜、冬瓜、南瓜、西葫芦等瓜类作物。

【简明诊断特征】 冬瓜蔓枯病苗期和成株期均可发生，主要危害茎、叶和果实。

茎蔓染病，发生于节部或基部分枝处，初始产生水浸状小斑，扩大后病斑环绕茎蔓，灰褐色稍凹陷，椭圆形或不规则形，后期病斑软腐，呈黑色。田间高湿时，病部溢出琥珀色胶质物，干燥后红褐色，缢缩纵裂，病部以上茎蔓枯萎，易折断，表面密生黑色小点，即病菌的分生孢子器。

叶片染病，初始在叶缘产生水浸状小点，扩大后病斑呈"V"字形扩展，或产生圆形及不规则形病斑，黄褐色或淡褐色，具不明显轮纹，后病部产生黑色小点，易破裂。

果实染病，发病初始在幼果上产生水浸状小斑，扩大后病斑黑褐色，果肉淡褐色，病部软化。

苗期染病，发病初始在子叶或幼茎上产生水浸状小斑，扩大后子叶病斑灰色圆形及半圆形，使叶片被病斑覆盖，并产生黑色小点，或茎蔓被病斑环绕，导致幼苗死亡。

【侵染循环】 病菌以分生孢子器或子囊壳随病株残余组织遗

留在田间越冬,也能潜伏在种皮上越冬。病菌在环境条件适宜时,产生子囊孢子和分生孢子,通过雨水反溅至寄主植物上,从寄主表皮气孔、水孔或从伤口侵入,引起初次侵染。带病种子播种发芽后侵入子叶,并在受害部位产生新生代分生孢子,借风雨传播进行多次再侵染。

【发生规律】 上海及长江中下游地区冬瓜蔓枯病的主要发病盛期在 5～8 月。年度间入梅早、梅雨期长、闷热多雨的年份发病重;田块间连作田,排水不良,种植密度过高,植株生长势差的发病较重。

【病菌生态】 病菌适宜温暖潮湿的环境条件。适宜发病的温度范围为 15～32 ℃;最适发病环境,温度为 22～25 ℃,相对湿度85％以上;最适感病生育期为结瓜初期。发病潜育期 5～10 天。

【防治措施】

(1) 茬口轮作:重发病田块与非瓜类作物实行 2～3 年以上轮作,以减少田间病源菌。

(2) 留种与种子消毒:从无病留种株上采收种子;引进商品种子在播种前用 55 ℃温汤浸种 15 分钟后,立即移入冷水中冷却,晾干播种;也可干种子用 2.5％咯菌腈悬浮种衣剂(适乐时)包衣,包衣使用剂量为千分之 4～5,包衣后晾干播种。

(3) 加强田间栽培管理:选高燥地栽种,合理密植,增施有机肥和磷钾肥,发病后适当控制浇水量,切忌大水漫灌,开好排水沟系,防止雨后积水引发病害。

(4) 清洁田园:及时摘除病叶、病果,带出田外深埋或烧毁,收获后清除病残体,并耕翻土壤,加速病残体的腐烂分解。

(5) 化学防治:在发病初期开始喷药,用药防治间隔期 7～10天,连续喷 2～3 次。注意药剂交替使用。

高效、低毒、低残留防治用药:可选用嘧菌酯、苯醚甲环唑、戊唑醇等喷雾防治。

常规防治用药:可选乙烯菌核利、异菌脲、代森锰锌等喷雾防治。

具体用药量及倍数,须按照作物病害危害程度及各农药品种使用说明予以确定。

冬瓜日灼病

冬瓜日灼病是生理性非侵染性病害。

【简明诊断特征】 冬瓜日灼病主要发生在叶片上,也可发生在果实上。

叶片发病,多发在高温、干旱季节,在强光直射下,初为叶片褪绿,发展成叶肉组织失水呈漂白状,使叶片或叶缘枯焦。

瓜果发病,主要发生结在向阳面的瓜果,有接受强光直射条件,发生初为黄褐色小斑,透明革质状,具油亮光泽和细小的裂纹;后扩大为白色大斑、凹陷、表面起皱变薄、组织坏死。后期遇湿度高时,造成局部变软腐烂。

【发生病因】 冬瓜日灼病的发生,通常在发病前受过强烈日光照射的经历,使叶片和果皮温度上升,蒸腾作用加快,蒸发消耗水分过多,局部过度受热灼伤表皮细胞引发日灼。

【发生规律】 露地栽培7~8月遇高温、烈日和干旱易发生病害;天气干热,土壤缺水或雨后暴热,易引发此病;植株生长不良,密度过稀,叶片偏薄和冬瓜果外露于烈日下,均易引发此病。病虫危害较重,引起落叶的地块发生重。

【防治措施】

(1)露地栽培:高温季节在幼瓜上覆盖稻草等遮阳物,防止果实暴露在直射日光下。

(2)加强田间管理:合理密植,适时肥水浇灌,促使植株生长旺盛,防止作物缺水、叶片萎蔫使瓜果受害。

(3)改良土质:增施有机肥,改良土壤结构,增加土壤蓄水供水能力,满足植株蒸腾作用所需水分。

(4)加强防病治虫:对常规侵染性病害和害虫的防治,在初始阶段及时用药防治,避免因病虫害发生导致叶片脱落,使果实暴露在烈日下引发日灼病。

丝瓜花叶病毒病

【图版 20】

丝瓜花叶病毒病由黄瓜花叶病毒（Cucumber mosaic virus，简称 CMV）、烟草花叶病毒（Tobacco mosaic virus，简称 TMV）和南瓜花叶病毒（Pumpkin mosaic virus，简称 PMV）侵染所致。几乎所有丝瓜田内都可见到花叶病毒病，对丝瓜生产的影响极大。

【简明诊断特征】 在丝瓜的整个生育期都有发生，是全株系统性侵染的病害。

幼苗期染病，子叶变黄枯萎，真叶表现出叶色深浅相间的花叶症状。

成株期染病，症状在新出幼叶上表现最为明显，老熟叶片症状不明显。表现为在新出叶片上出现黄绿相间的花叶症状，叶片成熟后叶小，皱缩，边缘卷曲。果实上表现为瓜条出现深浅绿色相间的花斑，染病后瓜条生长缓慢甚至停止，果表畸形。发病严重时，植株矮小，茎节间缩短，使植株萎蔫。

黄瓜花叶病毒随多年生宿根植株越冬；烟草花叶病毒随病株残余组织遗留在田间越冬；南瓜花叶病毒可由种子带毒越冬。

【侵染循环】 丝瓜花叶病的传毒途径较多。黄瓜花叶病毒主要通过蚜虫和植株间汁液接触及田间农事操作传播至寄主植物上，进行多次再侵染；烟草花叶病毒主要通过植株间汁液接触传播至寄主植物上，从寄主伤口侵入，进行多次再侵染，蚜虫不传毒；南瓜花叶病毒可通过种子、汁液摩擦或传毒媒介昆虫传毒。

【发生规律】 上海及长江中下游地区丝瓜花叶病毒病的主要发病盛期在 5～10 月。年度间早春温度偏高、少雨，蚜虫、温室白粉虱、蓟马等传毒媒介多发的年份发病重；夏秋季偏旱少雨的年份发病重；田块间连作地、周边毒源作物丰富的田块发病较早较重；栽培管理上防治媒介害虫不及时、肥水不足、田间管理粗放的田块发病重。

【病菌生态】 病毒喜高温干旱的环境。适宜发病的温度范围为 15～35 ℃;最适宜的发病环境,温度为 20～25 ℃,相对湿度 80%。病症显现期为成株期。发病潜育期 10～25 天。

【防治措施】

(1)种子处理:从无病留种株上采收种子,选用无病种子。引进商品种子在播前要做好种子处理,可在播种前先用清水浸种 3～4 小时,后在 10%磷酸三钠溶液中浸种 20 分钟,再用清水冲洗尽药液后晾干播种;或用 55 ℃温汤浸种 40 分钟后,立即移入冷水中冷却,晾干后催芽播种。

(2)加强田间管理:适时播种,合理肥水,培育壮苗。农事操作中,接触过病株的手和农具,应用肥皂水冲洗,吸烟菜农肥皂水洗手后再进行农事操作,防止接触传染。

(3)清洁田园:及时清理田边杂草,减少病毒来源。

(4)及时防治传毒媒介:在蚜虫、白粉虱、蓟马发生初期,及时用药防治,防止传播病毒。

(5)化学防治:在育苗期就要重视病毒病的预防,出苗二叶一心期至五叶一心期是预防侵染感病的关键时期,每隔 7～10 天定期用药一次,连续喷雾防治 2～3 次;苗期长的还需视苗情和带药移栽,必要时还要增加喷药次数。移栽后田间始见发病后还要连续进行防治 2～3 次,能减少感染,增强植株抗性。

高效、低毒、低残留防治用药:可选宁南霉素喷雾。

常规防治用药:可选病毒 A 喷雾。

具体用药量及倍数,须按照作物病害危害程度及各农药品种使用说明予以确定。

丝瓜白粉病

【图版 20】

丝瓜白粉病(*Sphaerotheca cucurbitae*)由子囊菌亚门真菌瓜类单丝壳菌侵染所致,全国各地均有发生;主要危害黄瓜、丝瓜、冬瓜、南瓜、西葫芦、西瓜、甜瓜等葫芦科作物,是瓜类作物上的重要病害。

【简明诊断特征】 丝瓜白粉病主要危害叶片,也能危害叶柄和茎。从幼苗期到成株期均可染病。

叶片染病,先从植株下部叶片开始发生,发病初始时在叶面或叶背产生白色粉状小圆斑,后逐渐扩大为不规则形、边缘不明显的白粉状霉层粉斑。白色粉状物即为病菌的分生孢子梗和分生孢子及无色透明的菌丝体。发生严重时,多个粉斑可连接成片,甚至布满整张叶片。发病叶片的细胞和组织被侵染后并不迅速死亡;将病部粉层抹去,一般只表现为褪绿或变黄。发病中后期白色粉状霉层老熟,呈灰色或灰褐色,上有黑色的小粒点,即病菌的闭囊壳;发病末期病叶组织变为黄褐色而枯死。

叶柄和茎染病,密生白粉状霉层,霉层连接成片。

【侵染循环】 病菌以菌丝体和分生孢子随病株残余组织遗留在田间越冬或越夏,也能以菌丝体和分生孢子在寄主上越夏。在环境条件适宜时,分生孢子通过气流传播或雨水反溅至寄主植物上,从寄主表皮直接侵入,引起初次侵染。经 5 天左右潜育出现病斑,后经 7 天左右,在受害的部位产生新生代分生孢子,飞散传播,进行多次再侵染,加重危害。

【发生规律】 上海及长江中下游地区丝瓜白粉病的主要发病盛期在 4～11 月。年度间早春温度偏高、秋季温度偏高的年份发病重;田块间连作地、附近有发病较重的菌源田、排水不良、作物生长势不佳的发病较早较重;栽培上种植过密、通风透光差的、生长势弱、保护地栽培等往往发病较重;处于采收中后期的类型田发病重。

【病菌生态】 病菌喜温暖潮湿的环境。适宜发病的温度范围为 $10～35$ ℃;最适发病环境,日均温度为 $20～25$ ℃,相对湿度 $45\%～95\%$;最适感病生育期在成株期至采收期。发病潜育期 5～8 天。病菌对湿度的适应范围极广,相对湿度 25% 以上即可萌发。

【防治措施】

(1)加强栽培管理:高畦种植,合理密植,有利于通风透光,同时开好排水沟,降低田间湿度,增强植株生长势,提高抗病力。

(2)保护地栽培管理:要适当控制浇水量,晴天尽量适当开棚通风换气,阴天也应适当短时间开棚换气降湿;中午闷棚升温至35℃,可抑制病害发展,防止引发病害流行。

（3）清洁田园：及时摘除病、老叶,以利通风透光,减少田间菌源。收获后及时清除病残体,带出田外深埋或烧毁,深翻土壤,加速病残体的腐烂分解。

（4）化学防治：在发病初期开始喷药,每隔7～10天喷1次,连续喷2～3次;重病田视病情发展,必要时可增加喷药次数,并注意药剂的交替使用。

高效、低毒、低残留防治用药：可选用枯草芽孢杆菌、嘧菌酯、苯醚甲环唑、吡萘·嘧菌酯等喷雾防治。

常规防治用药：可选氟硅唑、代森锰锌、恶霜·锰锌等喷雾防治。

具体用药量及倍数,须按照作物病害危害程度及各农药品种使用说明予以确定。

丝瓜灰霉病

【图版 20】

丝瓜灰霉病（*Botrytis cinerea*）由半知菌亚门真菌灰葡萄孢菌侵染所致,全国各地均有发生,是瓜类上的重要病害;还危害番茄、茄子、菜豆、辣椒、韭菜、洋葱、菜豆、莴苣等作物。

【简明诊断特征】 丝瓜灰霉病主要危害瓜类的花、瓜条、叶片、茎,苗期至成株期均可染病。

幼苗期染病,初为茎、叶上产生水浸状褪绿斑,随着病斑扩大,长出灰色霉层,造成幼苗枯死。

花染病,一般先从残留的雌花花瓣开始发病,初为水浸状腐烂,后密生灰色或淡褐色的霉层,即为病菌的分生孢子和分生孢子梗,最后花瓣枯萎脱落。

瓜条染病,随着花瓣染病的继续发展,病菌逐步向幼果侵入,一般先从蒂部开始,初为水浸状,然后软化,表面密生灰色霉层,最后病瓜呈黄褐色,腐烂或脱落。

叶片染病,大部分病叶是由落下的病花引起,形成灰褐色圆形或不规则大病斑,病健部分界明显,病部表面灰白色,具同心轮纹,密生灰色霉层,干燥时病部易破裂穿孔。

茎部发病,多集中在节部,病部表面灰白色,密生灰霉,最后病斑可环绕节部一圈,其上部叶片和茎呈萎蔫状。南瓜、西葫芦一般先在谢花后的花蒂部位出现病斑,引起幼瓜腐烂,密生灰霉。

【侵染循环】 病菌以分生孢子、菌丝体或菌核随病株残余组织遗留在田间越冬。在环境条件适宜时,分生孢子借气流、雨水反溅、农事操作及病健部间的接触等,传播蔓延至寄主植物上,从伤口、薄壁组织侵入;残花是最适合的侵入部位,引起初次侵染,并在受害的部位产生新生代分生孢子,进行多次再侵染,加重危害。

【发生规律】 上海及长江中下游地区丝瓜灰霉病的主要发病盛期在5～7月,年内以春季发生重。年度间春季多雨、高湿、光照不足,或梅雨期间多雨的年份发病重;田块间连作地、地势低洼、排水不良的田块发病较重;栽培上种植过密、棚架低矮、通风透光差、肥水施用过多的田块发病重。

【病菌生态】 病菌喜温暖潮湿的环境。适宜发病的温度范围为2～31℃;最适宜的发病环境,温度为18～25℃,相对湿度持续90％以上;最适感病生育期为开花结果期,发病潜育期5～10天。

【防治措施】

(1) 茬口轮作:发病重的地块,提倡与水生蔬菜或禾本科作物实行轮作2～3年,以减少田间病菌来源。

(2) 清洁田园:发现病花、病瓜、病叶和病茎等及时摘除,增强通风透光,收获后及时清除遗留地面的病残体,集中深埋处理,深翻土壤,减少越冬病原。

(3) 化学防治:在发病初期开始喷药,用药间隔期7～10天,连续喷雾防治2～3次,重病田可视病情发展,必要时还要增加喷药次数。

高效、低毒、低残留防治用药:可选用嘧霉胺、啶酰菌胺等喷雾防治。

常规防治用药：可选用乙烯菌核利、腐霉利、异菌脲等喷雾防治。

具体用药量及倍数，须按照作物病害危害程度及各农药品种使用说明予以确定。

丝瓜曲霉病

丝瓜曲霉病（*Aspergillus niger*）由半知菌亚门真菌黑曲霉菌侵染所致，全国各地均有发生；是保护地栽培瓜类生产上病害。

【简明诊断特征】 丝瓜曲霉病主要危害花及果实。

花及果实染病，病部黑褐色，长有黑色霉层，严重时，整个花和果实全部变黑褐色，病果逐渐腐烂。

【侵染循环】 病菌主要以菌丝体随病株残余组织遗留在田间越冬。在环境条件适宜时，产生分生孢子，通过气流传播或雨水反溅至寄主植物上，从寄主表皮或从伤口直接侵入，引起初次侵染。经潜育后出现病斑，并在受害部位上产生新生代分生孢子盘和分生孢子，借风雨传播进行多次再侵染。

【发生规律】 上海及长江中下游地区丝瓜曲霉病的主要发病盛期在 6～7 月间。年度间早春温度偏高、多阴雨，梅雨期早、雨量多的年份发病重；田块间连作地、低洼田、排水不良，田块发病重；栽培上种植过密、通风透光差、偏施氮肥的发病重。

【病菌生态】 病菌喜高温高湿的环境。适宜发病的温度范围 8～30 ℃；最适发病环境，温度为 18～25 ℃，相对湿度在 95％以上；最适感病生育期开花座果至采收期。发病潜育期 5～10 天。保护地昼晚土壤温湿度变化激烈，有湿气滞留易发病。

【防治措施】

（1）茬口轮作：发病严重田块与豆类等作物实行 3 年以上的防病轮作。

（2）精细整地：在雨季前，抓好温室、中棚四周清理沟系，防止雨后积水，降低地下水位和棚室内湿度，控制发病环境。

（3）清洁田园：田间发现病果及时摘除。带出棚外集中深埋。收获后，及时清除病残体集中烧毁。

（4）化学防治：在发病初期开始喷药，用药间隔期7～10天，连续喷雾防治2～3次，重病田视病情发展，必要时还要增加喷药次数。

高效、低毒、低残留防治用药：可选用嘧霉胺、啶酰菌胺等喷雾防治。

常规防治用药：可选用乙烯菌核利、腐霉利、异菌脲等喷雾防治。

具体用药量及倍数，须按照作物病害危害程度及各农药品种使用说明予以确定。

丝瓜疫病

丝瓜疫病（*Phytophthora drechsleri*）由鞭毛菌亚门真菌疫霉菌侵染所致，全国各地均有发生；主要危害丝瓜、黄瓜、冬瓜、西瓜、甜瓜等葫芦科作物。

【简明诊断特征】　丝瓜疫病主要危害茎、叶和果实，以蔓茎基部及嫩茎节部发病较多，苗期和成株期均可染病。

茎染病，多在茎蔓基部及嫩茎节部发生，发病初始产生暗绿色水渍状斑，扩大后病斑绕茎蔓一周，病部明显缢缩，变细软化，造成病部以上枝叶逐渐枯萎。如植株有多处节部发病，全株很快萎蔫干枯，但维管束不变色，不产生粉红色霉状物（是与丝瓜枯萎病区分的主要特征）。

叶片染病，发病初始在叶边缘和叶柄连接处产生水渍状斑，扩大后成圆形或不规则形的暗绿色大斑，边缘不明显。潮湿时病斑发展迅速，病叶腐烂，干燥时病斑干枯易破裂。

果实染病,以近地面的瓜条易发病,病部出现暗绿色水浸状凹陷斑,迅速扩大后瓜条皱缩软腐,迅速腐烂,并发出腥臭味。在潮湿条件下,病部表面长出稀疏的灰白色霉层,即病菌的孢囊梗和孢子囊。

苗期染病,发病初始在幼苗生长点及嫩茎部产生水浸状暗绿色斑,病情发展后很快萎蔫枯死,但不倒伏。

【侵染循环】 病菌以卵孢子、厚垣孢子和菌丝体随病株残余组织遗留在田间越冬,也能潜伏在堆肥或种子上越冬。在环境条件适宜时,形成孢子囊,通过雨水反溅或气流传播至寄主植物上,从寄主表皮直接侵入,引起初次侵染。病菌主要侵染植株下部,最适温度下潜育期1天,发病后在受害的部位产生新生代孢子囊,借风雨传播,进行多次再侵染,加重危害。

【发生规律】 上海及长江中下游地区丝瓜疫病的主要发病盛期在5~7月。年度间春季多雨或梅雨期间多雨的年份发病重;田块间连作地,地势低洼、排水不良的田块发病较早较重;栽培上施用带有病残物的未腐熟有机肥,种植过密,通风透光差,肥水管理不当,浇水过多,使田间高湿的田块发病重。

【病菌生态】 病菌喜高温高湿的环境。发病温度范围11~37℃;最适发病环境,温度为25~32℃,相对湿度85%以上;最适感病生育期在开花前后到座果盛期。发病潜育期1~5天。适宜环境下经24小时潜育即可发病,特别在结果初期,大雨后暴晴,最易发病。

【防治措施】

(1)茬口轮作精细整地:重病田实行与非瓜类作物轮作2~3年。选择地势高燥,排水良好的地块,施用充分腐熟的有机肥,深沟高畦整地。

(2)加强栽培管理:推广地膜覆盖栽培技术,棚架上蔓,注意控制浇水量,雨后及时排水。

(3)清洁田园:在病害盛发期及时摘除病株、病果。收获后清除病残体,带出田外深埋或烧毁,并深翻土壤,加速病残体的腐烂分解。

(4)化学防治:在发病初期开始用药,间隔期7~10天浇根防治,每株用药液 150～250 毫升,连续防治 2～3 次,重病田视病情发展,必要时还要增加用药 1 次。

高效、低毒、低残留防治用药:可选氟菌·霜霉威、丙森·霜脲氰、噁酮·霜脲氰等浇根。

常规防治用药:可选甲霜灵·锰锌、霜霉威等浇根。

具体用药量及倍数,须按照作物病害危害程度及各农药品种使用说明予以确定。

丝瓜绵疫病

丝瓜绵疫病(*Phytophthora capsici*)由鞭毛菌亚门真菌辣椒疫霉菌侵染所致,南方地区发生偏重;主要危害丝瓜、冬瓜、西瓜、南瓜、菜瓜等瓜类作物。

【简明诊断特征】 丝瓜绵疫病主要危害叶片、茎和果实,苗期和成株期均可染病。

幼苗期染病,危害幼苗的根茎部,呈水渍状湿腐,使幼苗猝倒。

叶片染病,发病初始产生水渍状斑点,后病斑扩大呈深绿色,湿度大时病斑呈湿腐状,并长出白色霉层。

茎染病,初为水渍状条斑,发展成茎病部深绿色湿腐状长条斑,严重时病部以上茎叶枯萎。

果实染病,初为近地面处出现水渍状黄褐色病斑,扩展后暗褐色,病部凹陷,造成病部或全果腐烂,并出现灰白色霉状物,即病菌的孢子梗和孢子囊。

【侵染循环】 病菌以菌丝体及卵孢子随病株残余组织遗留在田间越冬,也能潜伏在种皮上越冬。带病种子播种发芽后侵入子叶,引起初次侵染。田间病株残余组织内的病菌在环境条件适宜时,通过雨水反溅至寄主植物上,引起初次侵染,并在受害的部位产生孢子囊,借雨水传播进行多次再侵染,加重危害。

【发生规律】 上海及长江中下游地区丝瓜绵疫霉病的主要发

病盛期为 5～7 月。年度间入梅早、梅雨期长、雨量多的年份发病重;田块间连作地、排水不良地发病较早较重;栽培上种植过密、通风透光差、瓜果采摘期与梅雨重合、氮肥施用过多的田块发病重。

【病菌生态】 病菌适宜温暖高湿的环境。适宜发病温度范围为 7～36 ℃;最适宜的发病环境,温度为 24～28 ℃,相对湿度 95% 左右;最适宜的感病生育期为开花结瓜期。发病潜育期 3～7 天。

【防治措施】

(1) 加强田间栽培管理:合理密植,科学施肥,切忌大水漫灌,开好排水沟系,防止雨后积水引发病害。

(2) 清洁田园:及时摘除病果,带出田外深埋或烧毁,收获后清除病残体,并耕翻土壤,加速病残体的腐烂分解。

(3) 化学防治:在发病初期开始喷药,每隔 7～10 天喷 1 次,连续喷雾防治 2～3 次;多连阴雨天气、重病田可视病情发展,必要时增加喷药次数。

高效、低毒、低残留防治用药:可选氟菌·霜霉威、丙森·霜脲氰、噁酮·霜脲氰等喷雾。

常规防治用药:可选霜霉威盐酸盐、代森锰锌等喷雾。

具体用药量及倍数,须按照作物病害危害程度及各农药品种使用说明予以确定。

丝瓜日灼病

丝瓜日灼病是生理性非侵染性病害。

【简明诊断特征】 丝瓜日灼病主要发生在叶片上。

叶片发病,多发在早春的保护地内,通常是管理不当,遇阴转晴后棚温急升,又没有及时开棚通风降温,在强光直射下,初为叶片褪绿,发展成叶肉组织失水呈漂白状,使叶片或叶缘枯焦。

【发生原因】 丝瓜日灼病的发生,通常在发病前受过高棚温和强烈日光照射的经历,使叶片温度上升,蒸腾作用加快,蒸发消耗水分过多,局部过度受热灼伤表皮细胞引发日灼。

【发生规律】 露地栽培 7～8 月遇高温、烈日和干旱,或闷棚温度过高、时间过长,易发生病害;天气干热,土壤缺水或雨后暴热,易引发此病;植株生长不良,密度过稀,叶片偏薄和瓜果外露于烈日下,均易引发此病。病虫危害较重,引起落叶的地块发生重。

【防治措施】

(1) 加强田间管理:合理密植,适时肥水浇灌,促使植株生长旺盛,防止作物缺水、叶片萎蔫使瓜果受害。

(2) 改良土质:增施有机肥,改良土壤结构,增加土壤蓄水供水能力,满足植株蒸腾作用所需水分。

(3) 加强防病治虫:对常规侵染性病害和害虫的防治,在初始阶段及时用药防治,避免因病虫害发生导致叶片脱落,生长势减弱致更多叶片引发日灼枯焦。

南瓜白粉病

【图版 20】

南瓜白粉病(*Sphaerotheca cucurbitae*)由子囊菌亚门真菌瓜类单丝壳菌侵染所致,全国各地均有发生;主要危害南瓜、黄瓜、丝瓜、冬瓜、西葫芦、西瓜、甜瓜等葫芦科作物,是瓜类作物上的重要病害。

【简明诊断特征】 南瓜白粉病主要危害叶片,也能危害叶柄和茎。从幼苗期到成株期均可染病。

叶片染病,先从植株下部叶片开始发生,发病初始在叶面或叶背产生白色粉状小圆斑,后逐渐扩大为不规则形,边缘不明显的白粉状霉层粉斑,白色粉状物即为病菌的分生孢子梗和分生孢子及无色透明的菌丝体。发生严重时,多个粉斑可连接成片,甚至布满整张叶片。发病叶片的细胞和组织被侵染后并不迅速死亡,将病部粉层抹去,一般只表现为褪绿或变黄。发病中后期白色粉状霉层老熟,呈灰色或灰褐色,上有黑色的小粒点,即病菌的闭囊壳,发病末期病叶组织变为黄褐色而枯死。

叶柄和茎染病,密生白粉状霉层,霉层连接成片。

【侵染循环】 病菌以菌丝体和分生孢子随病株残余组织遗留在田间越冬或越夏,也能以菌丝体和分生孢子在寄主上越夏。在环境条件适宜时,分生孢子通过气流传播或雨水反溅至寄主植物上,从寄主表皮直接侵入,引起初次侵染。经 5 天左右潜育出现病斑,后经 7 天左右,在受害的部位产生新生代分生孢子,飞散传播,进行多次再侵染,加重危害。

【发生规律】 上海及长江中下游地区南瓜白粉病的主要发病盛期在 4 月至 11 月。年度间早春温度偏高、秋季温度偏高的年份发病重;田块间连作地、附近有发病较重的菌源田、排水不良、作物生长势不佳的发病较早较重;栽培上种植过密、通风透光差的、生长势弱、保护地栽培等往往发病较重。处于采收中后期的类型田发病重。

【病菌生态】 病菌喜温暖潮湿的环境。适宜发病的温度范围为 10～35 ℃;最适发病环境,日均温度为 20～25 ℃,相对湿度 45%～95%;最适感病生育期在成株期至采收期。发病潜育期 5～8 天。病菌对湿度的适应范围极广,相对湿度 25% 以上即可萌发。

【防治措施】

(1)加强栽培管理:高畦种植,合理密植,有利于通风透光,同时开好排水沟,降低田间湿度,增强植株生长势,提高抗病力。

(2)保护地栽培管理:要适当控制浇水量,晴天尽量适当开棚通风换气,阴天也应适当短时间开棚换气降湿,中午闷棚升温至 35 ℃,可抑制病害发展,防止引发病害流行。

(3)清洁田园:及时摘除病、老叶,以利通风透光,减少田间菌源。收获后及时清除病残体,带出田外深埋或烧毁,深翻土壤,加速病残体的腐烂分解。

(4)化学防治:在发病初期开始喷药,每隔 7～10 天喷 1 次,连续喷 2～3 次,重病田视病情发展,必要时可增加喷药次数,并注意药剂的交替使用。

高效、低毒、低残留防治用药:可选用嘧菌酯、苯醚甲环唑、吡萘·嘧菌酯、吡醚菌酯等喷雾防治。

常规防治用药：可选氟硅唑、代森锰锌、恶霜·锰锌等喷雾防治。

具体用药量及倍数，须按照作物病害危害程度及各农药品种使用说明予以确定。

南瓜灰霉病

【图版 21】

南瓜灰霉病（*Botrytis cinerea*）由半知菌亚门真菌灰葡萄孢菌侵染所致，全国各地均有发生，是瓜类上的重要病害；还危害番茄、茄子、菜豆、辣椒、韭菜、洋葱、莴苣等作物。

【简明诊断特征】 南瓜灰霉病主要危害瓜类的花、果实、叶片、茎，苗期至成株期均可染病。

幼苗期染病，初为茎、叶上产生水浸状褪绿斑，随着病斑扩大，长出灰色霉层，造成幼苗枯死。

花染病，一般先从残留的雌花花瓣开始发病，初为水浸状腐烂，后密生灰色或淡褐色的霉层，即为病菌的分生孢子和分生孢子梗，最后花瓣枯萎脱落。

瓜果染病，随着花瓣染病的继续发展，病菌逐步向幼果侵入，一般先从蒂部开始，初为水浸状，然后软化，表面密生灰色霉层，最后病瓜呈黄褐色，腐烂或脱落。

叶片染病，大部分病叶是由落下的病花引起，形成灰褐色圆形或不规则大病斑，病健部分界明显，病部表面灰白色，具同心轮纹，密生灰色霉层，干燥时病部易破裂穿孔。

茎部发病，多集中在节部，病部表面灰白色，密生灰霉，最后病斑可环绕节部一圈，其上部叶片和茎呈萎蔫状。南瓜、西葫芦一般先在谢花后的花蒂部位出现病斑，引起幼瓜腐烂，密生灰霉。

【侵染循环】 病菌以分生孢子、菌丝体或菌核随病株残余组织遗留在田间越冬。在环境条件适宜时,分生孢子借气流、雨水反溅、农事操作及病健部间的接触等,传播蔓延至寄主植物上,从伤口、薄壁组织侵入,残花是最适合的侵入部位,引起初次侵染,并在受害的部位产生新生代分生孢子,进行多次再侵染,加重危害。

【发生规律】 上海及长江中下游地区南瓜灰霉病的主要发病盛期在4～6月。年度间早春多雨、光照不足、低温高湿,或梅雨期间多雨的年份发病重;田块间连作地、地势低洼、排水不良的田块发病较重;栽培上种植过密、通风透光差、肥水施用过多的田块发病重。

【病菌生态】 病菌喜温暖潮湿的环境。适宜发病的温度范围为 2～31 ℃;最适宜的发病环境,温度为 18～25 ℃,相对湿度持续 90％以上;最适感病生育期为开花结果期,发病潜育期 5～10 天。

【防治措施】

(1)茬口轮作:发病重的地块,提倡与水生蔬菜或禾本科作物轮作 2～3 年,以减少田间病菌来源。

(2)加强田间管理:提倡深沟高畦、地膜栽培,合理密植。保护田栽培棚内适时通风换气,晴天尽量增加开棚通风换气,阴天也应适当短时间开棚换气,降低空气湿度,减少顶棚滴水;并经常注意疏通棚四周的沟系,防止雨后积水和降低地下水位,棚内浇水施肥要小水少肥勤浇,控制湿度,防止大水大肥引发病害。

(3)清洁田园:在生育期发现病花、病瓜、病叶和病茎等及时摘除,增强通风透光,收获后及时清除遗留地面的病残体,集中深埋处理,深翻土壤,减少越冬病原。

(4)化学防治:在发病初期开始喷药,用药间隔期 7～10 天,连续喷雾防治 2～3 次,重病田可视病情发展,必要时还要增加喷药次数。

高效、低毒、低残留防治用药:可选用嘧霉胺、啶酰菌胺等喷雾防治。

常规防治用药:可选用乙烯菌核利、腐霉利、异菌脲等喷雾防治。

具体用药量及倍数,须按照作物病害危害程度及各农药品种使

用说明予以确定。

南瓜花叶病毒病

南瓜花叶病毒病由南瓜花叶病毒（Pumpkin mosaic virus，简称 PMV）、黄瓜花叶病毒（Cucumber mosaic virus，简称 CMV）、烟草花叶病毒（Tobacco mosaic virus，简称 TMV）侵染所致，几乎所有南瓜田内都可见到花叶病毒病。

【简明诊断特征】 在南瓜的整个生育期都有发生，是全株系统性侵染的病害。

幼苗期染病，子叶变黄枯萎，真叶表现出叶色深浅相间的花叶症状。

成株期染病，症状在新出幼叶上表现最为明显，老熟叶片症状不明显；表现为在新出叶片上出现黄绿相间的花叶症状，叶片成熟后叶小，皱缩，边缘卷曲；果实上表现为瓜果出现深浅绿色相间的花斑，发病严重时，植株矮小，茎节间缩短，使植株萎蔫，或果表出现凹凸不平的畸形。

【侵染循环】 南瓜花叶病毒病可由种子带毒越冬，黄瓜花叶病毒随多年生宿根植株越冬；烟草花叶病毒随病株残余组织遗留在田间越冬。

南瓜花叶病的传毒途径较多。黄瓜花叶病毒主要通过蚜虫和植株间汁液接触及田间农事操作传播至寄主植物上，进行多次再侵染；烟草花叶病毒主要通过植株间汁液接触传播至寄主植物上，从寄主伤口侵入，进行多次再侵染，蚜虫不传毒；南瓜花叶病毒可通过种子、汁液摩擦或传毒媒介昆虫传毒。

【发生规律】 上海及长江中下游地区南瓜花叶病毒病的主要发病盛期在 4～9 月。年度间早春温度偏高、少雨，蚜虫、温室白粉虱、蓟马等传毒媒介多发的年份发病重；夏秋季偏旱少雨的年份发病重；田块间连作地、周边毒源作物丰富的田块发病较早较重；栽培管理上防治媒介害虫不及时、肥水不足、田间管理粗放的田块发病重。

【病菌生态】 病毒喜高温干旱的环境。适宜发病的温度范围为 15～35 ℃；最适宜的发病环境，温度为 20～25 ℃，相对湿度80%；病症显现期为成株期。发病潜育期 10～25 天。

【防治措施】

（1）种子处理：从无病留种株上采收种子，选用无病种子。引进商品种子在播前要做好种子处理，可在播种前先用清水浸种 3～4 小时，后在 10% 磷酸三钠溶液中浸种 20 分钟，再用清水冲洗尽药液后晾干播种；或用 55 ℃ 温汤浸种 40 分钟后，立即移入冷水中冷却，晾干后催芽播种。

（2）加强田间管理：适时播种，合理肥水，培育壮苗。农事操作中，接触过病株的手和农具，应用肥皂水冲洗，吸烟菜农肥皂水洗手后再进行农事操作，防止接触传染。

（3）清洁田园：及时清理田边杂草，减少病毒来源。

（4）及时防治传毒媒介：在蚜虫、白粉虱、蓟马发生初期，及时用药防治，防止传播病毒。

（5）化学防治：在育苗期就要重视病毒病的预防，出苗二叶一心期至五叶一心期是预防侵染感病的关键时期，每隔 7～10 天定期用药一次，连续喷雾防治 2～3 次；苗期长的还需视苗情和带药移栽，必要时还要增加喷药次数。移栽后田间始见发病后还要连续进行防治 2～3 次，能减少感染，增强植株抗性。

高效、低毒、低残留防治用药：可选宁南霉素、吗胍·乙酸铜、盐酸吗啉胍等喷雾。

常规防治用药：可选病毒 A 喷雾。

具体用药量及倍数，须按照作物病害危害程度及各农药品种使用说明予以确定。

南瓜疫病

南瓜疫病（*Phytophthora drechsleri*）由鞭毛菌亚门真菌疫霉菌

侵染所致,全国各地均有发生;主要危害南瓜、黄瓜、冬瓜、西瓜、甜瓜、丝瓜等葫芦科作物。

【简明诊断特征】 南瓜疫病主要危害茎、叶和果实,以蔓茎基部及嫩茎节部发病较多,苗期和成株期均可染病。

茎染病,多在茎蔓基部及嫩茎节部发生,发病初始产生暗绿色水渍状斑,扩大后病斑绕茎蔓一周,病部明显缢缩,变细软化,造成病部以上枝叶逐渐枯萎。如植株有多处节部发病,全株很快萎蔫干枯,但维管束不变色,不产生粉红色霉状物(是与南瓜枯萎病区分的主要特征)。

叶片染病,发病初始在叶边缘和叶柄连接处产生水渍状斑,扩大后成圆形或不规则形的暗绿色大斑,边缘不明显。潮湿时病斑发展迅速,病叶腐烂,干燥时病斑干枯易破裂。

果实染病,以近地面的瓜果易发病,病部出现暗绿色水浸状凹陷斑,迅速扩大后瓜条皱缩软腐,迅速腐烂,并发出腥臭味。在潮湿条件下,病部表面长出稀疏的灰白色霉层,即病菌的孢囊梗和孢子囊。

苗期染病,发病初始在幼苗生长点及嫩茎部产生水浸状暗绿色斑,病情发展后很快萎蔫枯死,但不倒伏。

【侵染循环】 病菌以卵孢子、厚垣孢子和菌丝体随病株残余组织遗留在田间越冬,也能潜伏在堆肥或种子上越冬。在环境条件适宜时,形成孢子囊,通过雨水反溅或气流传播至寄主植物上,从寄主表皮直接侵入,引起初次侵染。病菌主要侵染植株下部,最适温度下潜育期1天,发病后在受害的部位产生新生代孢子囊,借风雨传播,进行多次再侵染,加重危害。

【发生规律】 上海及长江中下游地区南瓜疫病的主要发病盛期在4～7月。年度间早春多雨或梅雨期间多雨的年份发病重;田块间连作地,地势低洼、排水不良的田块发病较早较重;栽培上施用带有病残物的未腐熟有机肥,种植过密,通风透光差,受过冻害、霜害,肥水管理不当,浇水过多,田间高湿的田块发病重。

【病菌生态】 病菌喜高温高湿的环境。发病温度范围11～37 ℃;最适发病环境,温度为25～32 ℃,相对湿度85%以上;最适感病生育期在开花前后到座果盛期。发病潜育期 1～5 天。适宜环境下经 24 小时潜育即可发病,特别在结果初期,大雨后暴晴,最易发病。

【防治措施】

(1)茬口轮作精细整地:重病田实行与非瓜类作物轮作 2～3 年。选择地势高燥,排水良好的地块,施用充分腐熟的有机肥,深沟高畦整地。

(2)种子消毒:用 72.2％霜霉威盐酸盐水剂(普力克)1 000 倍液浸种半小时,洗净药液后晾干催芽播种;或先用冷水将种子浸泡后,再用 55 ℃温汤浸种 10～15 分钟,立即移入冷水中冷却,晾干后催芽播种。

(3)加强栽培管理:推广地膜覆盖栽培技术,棚架上蔓,注意控制浇水量,雨后及时排水。

(4)清洁田园:在病害盛发期及时摘除病株、病果。收获后清除病残体,带出田外深埋或烧毁,并深翻土壤,加速病残体的腐烂分解。

(5)化学防治:在发病初期开始用药,间隔期 7～10 天浇根防治,每株用药液 150～250 毫升,连续防治 2～3 次;重病田视病情发展,必要时还要增加用药 1 次。

高效、低毒、低残留防治用药:可选氟菌·霜霉威、丙森·霜脲氰、噁酮·霜脲氰、烯酰吗啉等浇根防治。

常规防治用药:可选霜脲氰锰锌、甲霜灵·锰锌、霜霉威等浇根防治。

具体用药量及倍数,须按照作物病害危害程度及各农药品种使用说明予以确定。

南瓜软腐病

南瓜软腐病(*Erwinia aroideae*)由细菌软腐欧氏杆菌侵染所

致,全国各地均有发生;除危害南瓜外,还能危害甘蓝、萝卜、大白菜、青菜、生菜、莴苣、番茄、马铃薯、辣椒、洋葱、胡萝卜、黄瓜等 20 多种蔬菜。

【简明诊断特征】 南瓜软腐病主要危害叶柄、茎;也可危害果实。

叶柄、茎染病,多从生长衰老叶片伤口入侵,引起叶柄呈现水渍状、半透明状病变,最后发生局部软腐,有时延展到茎蔓上发病,而贴地腐烂。

【侵染循环】 病原细菌在自然界中广泛存在,主要随病株残余组织在土壤、堆肥中越冬,也能在传播此病的昆虫体内越冬。病菌的寄主范围很广,可以从春到秋在田间各种蔬菜上危害,特别是柔嫩多肉汁的器官,在生长后期易感病,只要环境条件适宜时,病菌就可大量繁殖,借雨水、灌溉水传播。通过植株生长的自然裂口、机械伤口、采摘伤口、虫伤口等侵入危害。

【发生规律】 上海及长江中下游地区南瓜软腐病的主要发病盛期在 5～10 月。年度间春、夏温度偏高、多雨或梅雨期间多雨的年份发病重;秋季多雨、多雾的年份发病重;田块间连作地、地势低洼、排水不良的田块发病较重;栽培上种植过密、通风透光差、氮肥施用过多的田块发病重。

【病菌生态】 病菌喜温暖高湿的环境。适宜发病的温度范围 10～38 ℃;最适发病环境,温度为 25～35 ℃,相对湿度 90% 以上;最适感病生育期为成株期至采收期,发病潜育期 5～20 天。

【防治措施】

(1)提倡轮作:茬口安排要使土地有一定的休闲期,以改善土壤理化性质,并促使病残体分解和病菌死亡。

(2)采取深沟高畦短畦栽培,防止雨后积水和降低地下水位,做到小水勤浇,减少病菌随水传播的机会。

(3)加强栽培管理:田间操作要小心,防止人为的机械损伤给病菌的入侵创造机会;及时防治传病害虫,减少害虫危害所造成的伤口。

(4)药剂防治:应从莲座期开始勤查田头,初发病期每 7～10

天喷药 1 次,发病盛期每隔 5~7 天喷药 1 次,连续 2~3 次。发现初发病株即要用药液及时处理浇灌病株及其周围健株,每株灌的药液视植株大小、土壤的干湿和药液的浓度而定,一般以 250~500 毫升为宜。

高效、低毒、低残留防治用药:可选噻菌铜、春雷霉素、春雷·王铜等浇根或喷雾。

常规防治用药:可选霜霉威、新植霉素、农用链霉素等浇根或喷雾。

具体用药量及倍数,须按照作物病害危害程度及各农药品种使用说明予以确定。

南瓜日灼病

南瓜日灼病是生理性非侵染性病害。

【简明诊断特征】 南瓜日灼病主要发生在叶片上,也可发生在果实上。

叶片发病,多发生在早春的保护地内,通常是管理不当,遇阴转晴后棚温急升,又没有及时开棚通风降温,在强光直射下,初为叶片褪绿,发展成叶肉组织失水呈漂白状,使叶片或叶缘枯焦。

瓜果发病,主要发生结在向阳面的瓜果,有接受强光直射条件,发生初为黄褐色小斑,透明革质状、具油亮光泽和细小的裂纹,后扩大为白色大斑、凹陷、表面起皱变薄、组织坏死。后期遇湿度高时,造成局部变软腐烂。

【发生原因】 南瓜日灼病的发生,通常在发病前受过高棚温和强烈日光照射的经历,使叶片和果皮温度上升,蒸腾作用加快,蒸发消耗水分过多,局部过度受热灼伤表皮细胞引发日灼。

【发生规律】 露地栽培 5~9 月遇高温、烈日和干旱时间过长,土壤缺水或雨后暴热,易引发此病,植株生长不良,密度过稀,叶片偏薄和瓜果外露于烈日下,均易引发此病。病虫危害较重、引起落叶的地块发生重。

【防治措施】

（1）加强田间管理：合理密植,适时肥水浇灌,促使植株生长旺盛,防止作物缺水、叶片萎蔫使瓜果受害。

（2）改良土质：增施有机肥,改良土壤结构,增加土壤蓄水供水能力,满足植株蒸腾作用所需水分。

（3）加强防病治虫：对常规侵染性病害和害虫的防治,在初始阶段及时用药防治,避免因病虫害发生导致叶片脱落,生长势减弱致更多叶片引发日灼枯焦。

（4）保护幼瓜：对已经结好并成形的幼果,覆盖稻草,防止果实暴露在烈日下引发日灼病。

第五章　豆类主要病害

豇豆病毒病

【图版 21】

豇豆病毒病主要由豇豆蚜传花叶病毒（Cowpea aphid-borne mosaic virus，简称 CAMV）、豇豆花叶病毒（Cowpea mosaic virus，简称 CPMV）、黄瓜花叶病毒（Cucumber mosaic virus，简称 CMV）和蚕豆萎蔫病毒（Broad bean wilt virus，简称 BBWV）等 4 种病毒引起，可单独侵染危害，也可 2 种或 2 种以上病毒复合侵染。在华东、东北、西北等蔬菜地区均有发生，是豇豆的主要病害之一。

【简明诊断特征】　豇豆病毒病为系统性病害，叶片、花器、豆荚均可表现症状。

叶片上表现为黄绿相间，或叶色深浅相间的花叶症状，也可出现叶面皱缩，叶片畸形，植株矮化等症状。

花器表现为花朵稀少，花器畸形。

豆荚表现为结荚率低，出现褐色坏死条纹，所结豆夹瘦小细短。

幼苗期表现为花叶矮缩，新生叶片偏小，皱缩，甚至幼苗死亡。

【侵染循环】　病毒主要吸附在种子上越冬，一般种子带毒率在 15％～30％以上，并成为来年初侵染源。播种带病毒的种子，出苗后幼苗即可发病，并通过蚜虫、汁液接触或整枝打杈等田间管理的农事操作传播至寄主植物上，从寄主伤口侵入，进行多次再侵染。

【发生规律】 上海及长江中下游地区豇豆病毒病主要发病盛期在 5～10 月。年度间早春温度偏高、少雨、蚜虫发生量大的年份发病重;秋季少雨、蚜虫多发的年份发病重;田块间连作地、周边毒源寄主多的田块发病较早较重;栽培上种植过密、田间农事操作不注意防止传毒、肥水不均、偏施氮肥的田块发病重;品种间抗病、耐病差异较大,之豇 28－2 系列较抗病。

【病菌生态】 病毒喜高温干旱的环境。适宜发病的温度范围 15～38 ℃;最适宜的发病环境,温度为 20～35 ℃,相对湿度 80％以下;最适感病生育期在苗期至成株期。发病潜育期 10～15 天。一般持续高温干旱天气,有利于病害发生与流行。

【防治措施】

(1)选栽抗病品种:对豇豆病毒病较为抗病、耐病的品种有之豇 28－2 等。

(2)留种与种子处理:从无病留种株上采收种子,选用无病种子,引进商品种子播种前先用清水浸泡种子 3～4 小时,再放入 10％磷酸三钠溶液中浸 20～30 分钟,捞出洗净后催芽。

(3)加强栽培管理:适时播种,豇豆生长期间,合理浇灌肥水,促进植株生长健壮,提高抗病能力。

(4)防止传毒:在蚜虫发生初期,及时用药防治,防止蚜虫传播病毒。农事操作中,接触过病株的手和农具,应用肥皂水冲洗,防止接触传染。

(5)化学防治:出苗后 3～5 叶期开始防病,每隔 7～10 天喷 1 次,连续防治 2～3 次,能减少感染,增强植株抗性,起到预防作用。在发病始见期,每隔 5～7 天喷 1 次药,连续防治 2～3 次,能减轻病害的发生程度。

高效、低毒、低残留防治用药:可选宁南霉素喷雾。

常规防治用药:可选盐酸吗啉胍喷雾。

具体用药量及倍数,须按照作物病害危害程度及各农药品种使用说明予以确定。

豇豆根腐病

【图版 21】

豇豆根腐病(*Fusarium solani*)由半知菌亚门真菌腐皮镰孢菌侵染所致；主要危害豇豆、菜豆等豆科蔬菜，是危害豇豆的重要病害。

【简明诊断特征】 豇豆根腐病主要危害植株根部。

根染病，以主根为主，初始产生红褐色，扩大后表皮粗糙易开裂，稍凹陷，后地下部分侧根开始脱离主根，主根腐烂，使植株死亡。

地上部分初发病时症状不明显，发病中期开始下部叶片叶缘褪绿变黄，发生严重时使植株矮小，茎叶枯黄，随着根的腐烂，病株易拔起。田间湿度高时，在植株茎基部产生粉红色霉层，即病菌的分生孢子梗和分生孢子。

【侵染循环】 病菌以菌丝体和分生孢子随病株残余组织遗留在田间或直接在土壤越冬，种子不带菌。在条件适宜时，病菌产生的分生孢子，借雨水、灌溉水及带菌肥料和土壤传播，从寄主根部伤口侵入，引起初次侵染。植株发病后，在病部产生新生代分生孢子，借雨水、灌溉水和农具传播，进行多次重复侵染。

【发生规律】 上海及长江中下游地区豇豆根腐病的主要发病盛期在 5～9 月。年度间入梅早、梅雨期间多雨的年份发病重；夏、秋季多雨的年份发病重；田块间连作地、地势低洼、排水不良、土质黏重的田块发病较重。栽培上管理粗放，土壤缺肥的田块发病重。

【病菌生态】 病菌喜高温潮湿的环境。适宜发病的温度范围 13～35 ℃，最适发病环境，温度为 24～28 ℃，相对湿度 80％左右；最适感病生育期为开花结荚期。发病潜育期 10～25 天。

【防治措施】

(1) 选地与茬口轮作：选择地势高燥，排水沟系好的田块进行高畦栽培；发病重的地块，提倡与非豆科作物实行 2 年以上轮作。

(2) 种子处理：干种子用 2.5％咯菌腈悬浮种衣剂(适乐时)包

衣,包衣使用剂量为千分之 3～4,包衣后晾干播种。

（3）加强田间栽培管理：合理密植,科学施肥,施用充分腐熟的有机肥,切忌大水漫灌,开好排水沟系,防止雨后积水引发病害。

（4）清洁田园：及时拔除病株,带出田外深埋或烧毁,收获后清除病残体,并耕翻土壤,加速病残体的腐烂分解。

（5）化学防治：发病初期开始用药浇根防病,每隔 10 天左右防治 1 次,连续防治 2～3 次。每株用水量 250～300 毫升。

高效、低毒、低残留防治用药：可选噻菌铜浇根。

常规防治用药：可选噁霉灵、敌克松等浇根。

具体用药量及倍数,须按照作物病害危害程度及各农药品种使用说明予以确定。

豇豆白粉病

【图版 21】

豇豆白粉病（*Erysiphe polygoni*）由子囊菌亚门真菌蓼白粉菌侵染所致,全国各地均有发生；主要危害豇豆、豌豆、扁豆、蚕豆、菜豆、甘蓝、芹菜、番茄等蔬菜,发病严重时对产量影响较大。

【简明诊断特征】　豇豆白粉病主要危害叶片,也可侵害茎蔓和荚。

叶片染病,发病初始在叶背产生黄褐色小斑,扩大后为不规则形,紫色或褐色病斑,并在叶背或叶面产生白粉状霉层,粉层厚密,边缘不明显,白色粉状物即为病菌的分生孢子梗和分生孢子及无色透明的菌丝体；发生严重时,多个粉斑可连接成片,可布满整张叶片,使叶片迅速枯黄,并引起大量落叶。

茎蔓和荚染病,生出白色粉状霉层；发生严重时,可布满茎蔓和荚,使茎蔓干枯,荚干缩。

侵染后期病部白色粉状霉层老熟,呈灰褐色,霉层间产生黑色小点,即病菌的闭囊壳。

【侵染循环】 病菌以菌丝体和分生孢子随病株残余组织遗留在田间越冬。在环境条件适宜时,分生孢子通过气流传播或雨水反溅至寄主植物上,从寄主表皮直接侵入,引起初次侵染。出现病斑后,在受害部位产生新生代分生孢子,借气流飞散传播,进行多次再侵染,加重危害。

【发生规律】 上海及长江中下游地区豇豆白粉病的主要发病盛期在5~11月。年度间早春温度偏高、多雨或梅雨期间多雨的年份发病重;秋季温度偏高、入冬偏迟的年份发病重;田块间连作地、排水不良、近邻田有重病的田块发病较早较重;栽培上种植过密、通风透光差、肥力不足早衰的田块发病重。

【病菌生态】 病菌喜温暖潮湿的环境。发病温度范围15~35 ℃;最适宜的发病环境,温度为20~30 ℃,相对湿度40%~95%;最适感病生育期为开花结荚中后期。发病潜育期3~7天。分生孢子萌发温度范围10~30 ℃。

【防治措施】

(1)选用良种:选生长势旺盛,抗逆性较强的豇豆品种,如燕带豇、之豇28-2、秋豇512、盘香豇等。

(2)加强栽培管理:高畦种植,合理密植,有利于通风透光,同时开好排水沟,降低田间湿度,增强植株生长势,提高抗病力。

(3)清洁田园:及时打去病老叶,以利通风透光,降低湿度,减少田间菌源。收获后及时清除病残体,带出田外深埋或烧毁,深翻土壤,加速病残体的腐烂分解。

(4)化学防治:在发病初期开始喷药,每隔7~10天喷1次,连续2~3次;重病田视病情发展,必要时还要增加喷药次数,注意药剂的交替使用。

高效、低毒、低残留防治用药:可选苯醚甲环唑、戊唑醇、吡萘·嘧菌酯等喷雾。

常规防治用药:可选吡醚菌酯、氟硅唑、腈菌唑·锰锌、代森锰锌等喷雾。

具体用药量及倍数,须按照作物病害危害程度及各农药品种使用说明予以确定。

豇豆煤霉病

【图版 21】

豇豆煤霉病（*Cercospora vignae*）由半知菌亚门真菌豆类煤污尾胞菌侵染所致，是豇豆常见的主要病害；还危害菜豆、蚕豆、豌豆、大豆等豆科蔬菜。

【简明诊断特征】 豇豆煤霉病主要危害叶片。

叶片染病，发病初始在叶片正背两面产生紫褐色斑点，扩大后为近圆形或不规则形褐色斑，叶正面病斑直径 1～2 厘米，边缘褪绿色，病健部不明显，中央褐色，田间湿度大时，叶病部背面密生灰黑色霉层，即病菌的分生孢子梗和分生孢子。发生严重时，多个病斑常连接成片，使叶片枯黄脱落，产生早期落叶，仅剩植株顶部嫩叶，使结荚量减少，产量降低。

【侵染循环】 病菌以菌丝体和分生孢子随病株残余组织遗留在田间越冬。在环境条件适宜时，菌丝体产生分生孢子，通过雨水反溅或气流传播至寄主植物上，从叶片表皮气孔直接侵入，引起初次侵染。病菌先侵染下部老叶或成熟叶片，逐渐向上部叶片发展，叶片出现病斑后，在受害的部位产生新生代分生孢子，进行多次再侵染，加重危害。

【发生规律】 上海及长江中下游地区豇豆煤霉病的主要发病盛期在 5～10 月。年度间夏秋期间多雨或梅雨期间多雨的年份发病重；年度内春豇豆比秋豇豆发病重，尤其迟播的春豇豆，梅雨期与豇豆正处在开花初期的茬口受害最重；田块间连作地、地势低洼、排水不良的田块发病较重；栽培上种植过密、通风透光差、肥水管理不当、生长势弱的田块发病重；春季播种过晚发病重。

【病菌生态】 病菌喜高温高湿的环境。发病温度范围 7～35 ℃；最适发病环境，温度为 25～32 ℃，相对湿度 90％～100％；最适感病生育期为开花结荚期到采收中后期。发病潜育期 5～10 天。

【防治措施】

(1) 选用抗病品种：如秋豇 512 等。

(2) 茬口轮作：提倡与非豆科蔬菜进行 2～3 年轮作，以减少田间病菌来源。

(3) 清洁田园：及时摘除病老叶，收获后及时清除病残体，带出田外深埋或烧毁，深翻土壤，加速病残体的腐烂分解。

(4) 加强田间管理：合理密植，增强田间通风透光，适当增施磷钾肥，提高植株的抗病能力，高畦深沟，雨后及时排水，降低地下水位。

(5) 化学防治：在发病初期开始喷药，用药间隔期 7～10 天喷 1 次，连续喷 2～3 次；棚架作物增加用水量，植株中下部叶片正背面喷药要均匀周到。

高效、低毒、低残留防治用药：可选苯醚甲环唑、嘧菌酯、戊唑醇、嘧霉胺等喷雾。

常规防治用药：可选腐霉利、代森锰锌等喷雾。

具体用药量及倍数，须按照作物病害危害程度及各农药品种使用说明予以确定。

豇豆锈病

【图版 21】

豇豆锈病(*Uromyces vignaesinensis*)由担子菌亚门真菌豇豆单胞锈菌侵染所致，是豇豆的常见主要病害，菜区发生普遍。

【简明诊断特征】 豇豆锈病主要危害叶片，也能危害茎和荚。

叶片染病，发病初始产生黄白色小点，扩大后隆起，黄褐色近圆形，后期病斑中央的突起呈暗褐色，即病菌的夏孢子堆，周围具有黄色晕环，表皮破裂后散发出锈褐色粉末，即病菌的夏孢子堆散发出的夏孢子。发病严重时，新老夏孢子堆群集形成椭圆形或不规则锈褐色病斑，整张叶片布满锈褐色病斑，引起叶片枯黄脱落。

茎和荚染病,产生暗褐色突起,表皮破裂散发锈褐色粉末。发病严重时,后期叶片及发展到茎和荚,病斑上的夏孢子堆形成黑色椭圆形或不规则形冬孢子堆,表皮破裂散出黑褐色粉末状冬孢子。

【侵染循环】 病菌以冬孢子随病株残余组织遗留在田间越冬。翌春萌发时,产生担子和担孢子,担孢子借气流传播到寄主作物,由叶面直接侵入,引起初次侵染;经8~9天潜育后出现病斑。田间发病后,在病部产生锈孢子和性孢子,形成夏孢子堆及产出夏孢子,由夏孢子堆产生的夏孢子借风传播进行多次再次侵染,直到秋季,产生冬孢子堆和冬孢子。

【发生规律】 上海及长江中下游地区豇豆锈病主要发病盛期在5~10月。年度间夏秋高温、多雨的年份发病重;田块间连作地、排水不良的田块发病较重;栽培上种植过密、通风透光差的田块发病重。

【病菌生态】 病菌喜温暖潮湿的环境。发病温度范围21~32 ℃;最适宜的发病环境,温度为23~27 ℃,相对湿度95%以上;最适感病生育期为开花结荚到采收中后期。发病潜育期7~10天。夏孢子侵入时需高湿,当气温在23~27 ℃时,适宜于夏孢子形成和侵入。

【防治措施】

(1)茬口轮作:与非豆类其他作物轮作。

(2)清洁田园:及时整枝,收获后及时清除病残体,深翻土壤。

(3)加强田间管理,合理密植,科学施肥,高畦栽培,开好排水沟系,雨后及时排水。

(4)化学防治:在发病初期开始喷药,每隔7~10天喷1次,连续喷1~2次。

高效、低毒、低残留防治用药:可选苯醚甲环唑、戊唑醇、吡萘·嘧菌酯等喷雾。

常规防治用药:可选氟硅唑、代森锰锌等喷雾。

具体用药量及倍数,须按照作物病害危害程度及各农药品种使用说明予以确定。

豇豆疫病

豇豆疫病（*Phytophthora vignae*）由鞭毛菌亚门真菌豇豆疫霉侵染所致，仅危害豇豆；发病严重时，常造成大量植株枯萎死亡。

【简明诊断特征】 豇豆疫病主要危害茎蔓、叶片和豆荚。

茎蔓染病，多发生在近地面的节部及其附近，发病初始产生水浸状小斑，扩大后呈不定形斑，暗绿色，边缘不明显，发展成环绕茎部一周，使茎部湿腐缢缩变褐色，病部以上叶蔓枯萎，导致全株枯死。田间湿度高时，病部皮层腐烂，并产生白色霉状物，即病菌的孢子囊及孢囊梗。

叶片染病，初生暗绿色水浸状斑，扩大后呈圆形或近圆形淡褐色病斑，周缘不明显，天气潮湿时，病斑扩大迅速，多个病斑连接成片，可布满整张叶片，使叶片腐烂，并在病斑表面产生白色霉状物。

豆荚染病，初呈暗绿色水浸状斑，扩大后成不定形暗绿色病斑，边缘不明显，豆荚病部组织腐烂，并在潮湿条件下产生白色霉状物。

【侵染循环】 病菌以卵孢子随病株残余组织遗留在田间越冬。在环境条件适宜时，卵孢子萌发出芽管，形成孢子囊，产生游动孢子，通过雨水反溅或气流传播至寄主植物上，从寄主表皮直接侵入，引起初次侵染。病菌主要侵染植株下部，发病后在受害部位产生新生代孢子囊，进行多次再侵染，加重危害。卵孢子抗逆性强，具休眠期，在生育后期产生卵孢子，进行休眠越冬。

【发生规律】 上海及长江中下游地区豇豆疫病的主要发病盛期在5～10月。年度间梅雨或夏秋多雨的年份发病重；田块间连作地、地势低洼、排水不良的田块发病较重；栽培上种植过密、株间通风透光差的田块发病重。

【病菌生态】 病菌喜温暖潮湿环境。发病温度范围 13～35 ℃；最适发病环境，温度为 25～28 ℃，相对湿度 95％以上 2～3 天；最适感病生育期为开花前后到结荚盛期。发病潜育期 3～5 天。遇持续阴雨或连续阴雨后放晴，易引发病害的发生，蔓延迅速。

【防治措施】

（1）茬口轮作：豇豆疫病寄主单一，发病严重田块提倡与非豇豆作物进行 2 年以上轮作，可以减少田间病菌来源。

（2）加强田间管理：增施有机肥，高畦深沟，合理密植，雨后及时排水，降低地下水位，促进植株生长，提高植株的抗病能力。

（3）清洁田园：收获后及时清除病残体，带出田外深埋或烧毁；深翻土壤，加速病残体的腐烂分解。

（4）化学防治：在发病初期开始喷药，用药间隔期 7～10 天，连续防治 2～3 次，重病田可视病情发展，必要时还要增加喷药次数。

高效、低毒、低残留防治用药：可选丙森锌·霜脲氰、噁唑菌酮·霜脲氰等喷雾。

常规防治用药：可选霜脲·锰锌、烯酰吗啉、甲霜灵·锰锌、霜霉威盐酸盐、噁霜·锰锌等喷雾。

具体用药量及倍数，须按照作物病害危害程度及各农药品种使用说明予以确定。

豇豆红斑病

豇豆红斑病（*Cercospora canescens*）由半知菌亚门真菌变灰尾孢菌侵染所致，俗称豇豆叶斑病，全国均有发生；除在豇豆上危害外，还在扁豆上发生，是豇豆上常见的次要病害。

【简明诊断特征】　豇豆红斑病主要危害叶片，从苗期至成株期均可染病。

叶片染病，一般先由下部叶片发生，再逐渐向上蔓延。发病初始叶片上出现紫红色小病斑，扩大后多为受到叶脉限制的多角形或不规则形的紫红色至紫褐色病斑，边缘为灰褐色。后期病斑中部变为暗灰色，叶背面密生灰黑色霉，即分生孢子梗和分生孢子。

【侵染循环】　病菌以菌丝体或分生孢子随病株残余组织遗留在田间越冬，也可由种子带菌越冬。在环境条件适宜时，分生孢子通过气流传播或雨水反溅至寄主植物上,从寄主表皮直接侵入,引起初次侵染,并在受害的部位产生新生代分生孢子,飞散传播,进行多次再侵染,加重危害。

【发生规律】 上海及长江中下游地区豇豆红斑病的主要发病盛期在 5~10 月。年度间梅雨期多雨、夏秋高温、多雨的年份发病重;田块间连作地、排水不良的田块发病较重;栽培上种植过密、通风透光差、偏施氮肥的田块发病重。

【病菌生态】 病菌喜高温高湿的环境。适宜发病的温度范围 20~35 ℃;最适发病环境,温度为 25~32 ℃,相对湿度 90% 以上;夏秋季多雨、雨后高温闷热、湿度过大易引发病害。

【防治措施】

(1)种子消毒:在无病株上留种。商品种子在播种前,干种子用 2.5% 咯菌腈悬浮种衣剂(适乐时)包衣,包衣使用剂量为千分之 3~4;包衣后晾干播种。

(2)茬口轮作:重病地与非豆科作物进行轮作。

(3)清洁田园:定期整枝、打老叶、摘除病叶,带出田外深埋。收获后及时清除病残体,深翻土壤。

(4)加强田间管理:合理密植,科学施肥,高畦栽培,定期清理排水沟系,防止雨后积水引发病害。

(5)化学防治:在发病初期开始喷药,用药间隔期 7~10 天,连续防治 2~3 次。

高效、低毒、低残留防治用药:可选戊唑醇、苯醚甲环唑等喷雾。

常规防治用药:可选氟硅唑、异菌脲、恶霜·锰锌、代森锰锌等喷雾。

具体用药量及倍数,须按照作物病害危害程度及各农药品种使用说明予以确定。

豇豆灰斑病

豇豆灰斑病(*Corynespora cassiicola*)由半知菌亚门真菌山扁

豆生棒孢菌侵染所致,全国均有发生;除在豇豆上危害外,还在扁豆上发生,是豇豆上常见的次要病害。

【简明诊断特征】 豇豆灰斑病主要危害叶片。

叶片染病,发病初始叶片出现褪绿斑,扩大后病斑近圆形,病斑中央呈灰褐色,边缘赤褐色至暗褐色,病健分界明显。潮湿时叶背产生稀疏灰色霉状物,即病菌的分生孢子梗及分生孢子。

【侵染循环】 病菌以菌丝体和分生孢子梗在病株上或随病残体遗落在土壤中存活越冬。在环境条件适宜时,病菌以分生孢子通过气流传播或雨水反溅至寄主植物上,从寄主表皮直接侵入,引起初次侵染。在受害的部位产生新生代分生孢子,飞散传播,进行多次再侵染,加重危害。

【发生规律】 上海及长江中下游地区豇豆灰斑病的主要发病盛期在6～10月。年度间夏秋高温、多雨的年份发病重;田块间连作地、排水不良的田块发病较重;栽培上种植过密、通风透光差的田块发病重。

【病菌生态】 病菌喜温暖高湿的环境。适宜发病的温度范围15～35 ℃;最适发病环境,温度为22～28 ℃,相对湿度95%以上;最适感病生育期成株至采收中后期。发病潜育期3～7天。夏秋高温季节雨后闷热有利于发病、形成新生代分生孢子。

【防治措施】

(1) 茬口轮作:与非豆类作物实行2～3年轮作。

(2) 清洁田园:及时整枝打杈,摘除病叶、老叶,减少田间再侵染病源。收获后及时清除病残体,深翻土壤。

(3) 加强田间管理:合理密植,科学施肥,高畦栽培,定期清理排水沟系,防止雨后积水引发病害。

(4) 化学防治:在发病初期开始喷药,用药间隔期7～10天,连续防治2～3次。

高效、低毒、低残留防治用药:可选戊唑醇、苯醚甲环唑等喷雾。

常规防治用药:可选异菌脲、恶霜·锰锌、代森锰锌等喷雾。

具体用药量及倍数,须按照作物病害危害程度及各农药品种使

用说明予以确定。

豇豆炭疽病

豇豆炭疽病(*Colletotrichum truncatum*)由半知菌亚门真菌平头刺盘孢菌侵染所致,全国各地均有发生,是豇豆的重要病害。

【简明诊断特征】 豇豆炭疽病主要危害叶片,也能危害茎蔓和豆荚。

叶片染病,发病初为水渍状褪绿斑点,后变为淡红色近圆形或不规则形的1～2毫米病斑,随病斑扩大形成为边缘红褐色或淡褐色、中心为灰白色的不规则形大病斑,在病部长出小黑点,潮湿时病斑上生出粉红色黏稠物,干燥时病斑易破裂穿孔。发病严重时,多个病斑可连接成片,使叶片大部干枯。

茎蔓染病,初发病在茎蔓上产生水渍状褪色斑点,后变为紫红色的梭形或长条形病斑,发病中后期病斑的中心部位色变淡、稍凹陷或呈现龟裂状,病斑上密生大量黑点。病部往往因其他腐生菌的混合侵染而变黑,加速茎蔓组织的崩解。轻者生长停滞,重者植株死亡。

豆荚染病,发病初期为水渍状褪绿斑点,后变为淡红色近圆形或不规则形的1～2毫米病斑,随病斑扩大形成为红褐色或淡褐色圆形或不规则形大病斑,在病部长出小黑点,潮湿时病斑上生出粉红色黏稠物。发病的病荚内豆子常受侵染危害成为病种。

【侵染循环】 病菌主要潜伏在种子越冬,还可以在病残体上越冬。播种带病原的种子,出苗后幼苗即发病,在子叶或幼茎上产出分生孢子,借雨水和风、昆虫进行初侵染,从伤口或直接侵入;经3～7天的潜育期出现症状,并产生新生代病菌孢子在田间进行反复再侵染。

【发生规律】 上海及长江中下游地区豇豆炭疽病的主要发病盛期在5月中下旬至10月间;年度间春夏温度偏高、多阴雨、光照时数少的年份发病重;田块间连作地、低洼地、排水不良的田块发病较早较重;栽培上种植过密、通风透光差、偏施氮肥的田块发病重。

【病菌生态】 病菌喜温暖高湿的环境。适宜发病的温度范围为 15～37 ℃;最适发病环境,温度为 20～32 ℃,相对湿度 90% 以上;最适感病生育期为成株至始花结荚期。发病潜育期 3～7 天。

【防治措施】

(1) 留种与种子处理:从无病留种株上采收种子,选用无病种子。引进商品种子在播前,要做好种子处理。用 2.5% 咯菌腈悬浮种衣剂(适乐时)消毒包衣,使用浓度为千分之 3～4;包衣后稍经晾干即可播种。

(2) 加强栽培管理:深沟高畦、合理密植,并经常疏通四周的沟系,防止雨后积水和降低地下水位,中管棚和连栋大棚保护地棚内科学施肥,浇水施肥要小水少肥勤浇,增加开棚通风降湿。

(3) 化学防治:在发病初期开始喷药,用药间隔期 7～10 天,连续防治 2～3 次,重病田可视病情发展,必要时还要增加喷药次数。

高效、低毒、低残留防治用药:可选戊唑醇、苯醚甲环唑、吡萘·嘧菌酯等喷雾防治。

常规防治用药:可选咪鲜胺、代森锰锌、腈菌唑·锰锌等喷雾防治。

具体用药量及倍数,须按照作物病害危害程度及各农药品种使用说明予以确定。

豇豆轮纹病

豇豆轮纹病(*Cercospora vignicola*)由半知菌亚门真菌豇豆尾孢菌侵染所致,别名豇豆轮纹褐斑病,是豇豆常见的次要病害。

【简明诊断特征】 豇豆轮纹病主要危害叶片,也能危害茎蔓和豆荚。

叶片染病,发病初始叶片上产生红紫色的小病斑,扩大后为近圆形褐色病斑,病斑上有明显的赤褐色同心轮纹。潮湿时生暗色稀疏霉状物,即病菌的分生孢子梗。发病严重时,单张叶片上可布满病斑,相互间重叠,造成枯叶、落叶。

茎蔓染病,现浓褐色不规则条斑,后绕茎扩展,使病部以上的茎枯死。

豆荚染病,病斑为紫褐色,有轮纹,病斑数量多时荚呈赤褐色。

【侵染循环】 病菌以分生孢子梗随病株残余组织遗留在田间越冬或越夏,也能以菌丝体在田间病株或留种株种子内越冬或越夏。在环境条件适宜时,分生孢子通过气流传播或雨水反溅至寄主植物上,从寄主表皮直接侵入,引起初次侵染;经潜育出现病斑,并在受害的部位产生新生代分生孢子,飞散传播,进行多次再侵染,加重危害。

【发生规律】 上海及长江中下游地区豇豆轮纹病的主要发病盛期在 6~9 月。年度间夏秋高温、多雷暴雨的年份发病重;田块间连作地、排水不良的田块发病较重;栽培上种植过密、通风透光差、偏施氮肥的田块发病重。

【病菌生态】 病菌喜温暖高湿的环境。适宜发病的温度范围 20~38 ℃;最适发病环境,温度为 25~33 ℃,相对湿度 95% 以上;最适感病生育期成株至采收中后期。发病潜育期 3~7 天。夏秋高温季节雨后闷热有利于发病和形成新生代分生孢子。

【防治措施】

(1)种子消毒:无病株采留的种子。商品种子在播种前,干种子用 2.5% 咯菌腈悬浮种衣剂(适乐时)包衣,包衣使用剂量为千分之 3~4;包衣后晾干播种。

(2)茬口轮作:重病地与非豆科作物进行 2~3 年的轮作。

(3)清洁田园:定期整枝、打老叶、摘除病叶病荚,带出田外深埋。收获后及时清除病残体,深翻土壤。

(4)加强田间管理:合理密植,科学施肥,高畦栽培,定期清理排水沟系,防止雨后积水引发病害。

(5)化学防治:在发病初期开始喷药,用药间隔期 7~10 天,连续防治 2~3 次。

高效、低毒、低残留防治用药:可选戊唑醇、苯醚甲环唑等喷雾。

常规防治用药：可选丙环唑、异菌脲、恶霜·锰锌、代森锰锌等喷雾。

具体用药量及倍数，须按照作物病害危害程度及各农药品种使用说明予以确定。

豇豆灰霉病

豇豆灰霉病（*Botrytis cinerea*）由半知菌亚门真菌灰葡萄孢菌侵染所致，全国各地均有发生，是豇豆的重要病害；还危害茄子、甜（辣）椒、黄瓜、生菜、芹菜、草莓等二十多种作物。

【简明诊断特征】 豇豆灰霉病主要危害叶片，也能危害茎秆和花、果实。苗期至成株期均可发生。

叶片染病，发病常在植株下部老叶片的叶缘先侵染发生，病斑呈"V"字形扩展，并伴有深浅相间不规则的灰褐色轮纹，表面生少量灰白色的霉层。发病末期可使整叶全部枯死，发病严重时可引起植株下部多数叶片枯死。

茎秆染病，从幼苗至成株期均可发生，发病初始产生水渍状小斑，扩展后成长椭圆形，病部呈淡褐色，表面生灰白色的霉层，往往引起病部上端的茎、叶枯死。

花染病，病菌一般先侵染已过盛花期的残留花瓣、花托或幼果柱头，产生灰白色霉层，然后向豆荚发展。

豆荚染病，染病后残花不脱落，发病初期被荚呈灰白色水浸状，中期豆荚的被害部位发生组织软腐，后期在病部表面密生灰色或灰白色的霉层，即病菌的分生孢子梗及分生孢子。

【侵染循环】 病菌以分生孢子或菌核随病株残余组织遗留在田间越冬或越夏。在适宜条件下，菌核萌发产生菌丝体，继而形成分生孢子，通过气流、雨水或农事操作传播。

【发生规律】 上海及长江中下游地区豇豆灰霉病的主要发病

盛期在 4 月至 9 月间。年度间春季或梅雨期、多阴雨、光照时数少的年份发病重;田块间连作地、排水不良、与感病寄主间作的田块发病较早较重;栽培上种植过密、通风透光差、氮肥施用过多的田块,一般发病比较重;春播特早熟栽培茬口容易发病,且发病重于迟播的豇豆。

【病菌生态】 病菌喜温暖高湿的环境。适宜发病的温度范围为 2～31 ℃;最适发病环境,温度为 20～28 ℃,相对湿度 90% 以上;最适感病生育期为始花至座果期。发病潜育期 5～10 天。

【防治措施】

(1) 合理安排品种茬口:合理安排品种茬口也能减轻豇豆灰霉病的发生,豇豆要尽量避免与生菜、芹菜、草莓等容易发生灰霉病的作物接茬,因这些品种容易发病,豇豆定植后在相同的条件下,会早发病,诱发病害的流行。

(2) 精细整地:畦面应做成鱼背式的深沟高畦,确保浇水畦面不积水。在雨季前,抓好温室、中棚四周清理沟系,防止雨后积水,降低地下水位和棚室内湿度,控制发病环境。

(3) 精心肥水管理:肥水管理是否适当,对引发病害关系很大,特别追肥浇水应选择在晴天的上午,以贴根处轻浇、勤浇为宜,切忌用泥浆泵等大水大肥浇灌,追肥应选用尿素等安全性高、肥效好的化肥,使用粪肥易引发病害。浇水后不得立即关棚保温,需开棚通风 3 小时以上,排除棚内多余的湿气。在有条件的地方,应推广应用滴灌加覆盖地膜的设施,以使科学肥水管理省力、高效。

(4) 化学防治:在发病始盛前用药防治,每隔 5～7 天防治 1 次,连续防治 2～3 次。

高效、低毒、低残留防治用药:可选嘧霉胺、啶酰菌胺、嘧菌酯等喷雾。

常规防治用药:可选腐霉利、乙烯菌核利、异菌脲、硫菌灵等喷雾。

具体用药量及倍数,须按照作物病害危害程度及各农药品种使用说明予以确定。

豇豆叶烧病

豇豆叶烧病(*Xanthomonas campestris*)由细菌黄单胞菌侵染所致,别名细菌性疫病,全国各地均有发生;是豇豆上的常见病害。

【简明诊断特征】 豇豆叶烧病主要危害叶片,也危害茎和荚。

叶片染病,先从叶尖或边缘开始发病,发病初期暗绿色水渍状小病斑,后扩大成不规则形褐色、周围有黄色晕圈的坏死斑,病部薄而透明,易脆裂。叶片干枯如火烧状。嫩叶发病时表现皱缩,变形,易脱落。

茎蔓染病,开始为水渍状病斑,后发展成褐色、凹陷的条形病斑,发病严重时病斑可扩散为环绕茎 1 周后,引起病部以上枝叶枯死。

豆荚染病,初为水渍状小病斑,后为褐红色、稍凹陷的近圆形病斑。豆荚严重受害时荚内种子也受侵染,出现黄褐色凹陷病斑。在潮湿条件下,病荚及种子脐部,常有黄色菌脓溢出。

【侵染循环】 致病细菌在种子内或随病残体留在地上越冬。病原细菌可在种子内潜伏存活 2～3 年,而在土壤中当病残体腐烂后即死亡。带菌种子萌芽后,先从其子叶发病,并产生菌脓,通过风雨、昆虫、人畜等传播到植株上,从气孔侵入,经 2～7 天潜育出现症状,在田间反复再侵染扩大危害。

【发生规律】 上海及长江中下游地区豇豆叶烧病的主要发病盛期在 6 月中下旬至 9 月间。年度间入夏早、梅雨期天气闷热、连续阴雨、雨后骤晴等年份发病重;田块间连作地、低洼地、排水不良的田块发病较早较重;栽培上种植过密、通风透光差、大水漫灌、偏施氮肥的田块发病重。

【病菌生态】 病原细菌喜温暖高湿的环境。适宜发病的温度范围为 15～35 ℃;最适发病环境,温度为 22～30 ℃,相对湿度90％以上;最适感病生育期为成株期至始花结荚期。发病潜育期 2～7 天。

【防治措施】

（1）留种与种子处理：从无病留种株上采收种子，选用无病种子。引进商品种子在播前，要做好种子处理。用种子重量 1.5% 的漂白粉，加少量水与种子拌匀后放入容器中，密闭消毒 16～18 小时，清洗后播种；用新植霉素 $200×10^{-6}$（＝200 ppm）浸种 2～3 小时；用 100 万单位硫酸链霉素，或氯霉素 500 倍液，浸 3～5 小时后，用清水冲洗 8～10 分钟后播种。

（2）加强栽培管理：深沟高畦、合理密植，并经常疏通四周的沟系，防止雨后积水和降低地下水位，中管棚和连栋大棚保护地棚内科学施肥，浇水施肥要小水少肥勤浇，增加开棚通风降湿。

（3）化学防治：在发病初期开始喷药，用药间隔期 7～10 天，连续防治 2～3 次，重病田可视病情发展，必要时还要增加喷药次数。

高效、低毒、低残留防治用药：可选噻菌铜、春雷·王铜、春雷霉素等喷雾。

常规防治用药：可选氢氧化铜、霜霉威盐酸盐等喷雾。

具体用药量及倍数，须按照作物病害危害程度及各农药品种使用说明予以确定。

豇豆日灼病

豇豆日灼病是生理性非侵染性病害。

【简明诊断特征】　豇豆日灼病主要发生在叶片上。

叶片发病，主要在高温、强光直射下，初为叶片斑块褪绿，发展成叶肉组织失水呈漂白状斑块或叶缘枯焦。与其他叶斑性病害的区别是叶片薄、离叶脉远的叶肉组织发生灼伤，发病几天后，病情相对稳定不再扩散，生长出的新叶表现正常。

【发病病因】　豇豆日灼病的发生，一般发病前二三天内有强光照或高温天气出现，使叶面温度上升，蒸腾作用加快，蒸发消耗水分过多，离叶脉远的向阳叶表面局部温度过高、灼伤表皮细胞引发日灼。

【发生规律】 露地栽培7~8月或中管棚和连栋大棚保护地栽培5~9月,遇高温、烈日和干旱,或闷棚温度过高、时间过长,易发生病害;天气干热,土壤缺水或雨后暴热,易引发此病。

【防治措施】

(1) 设施栽培:高温季节覆盖遮阳网降低棚温,加强中管棚及连栋大棚保护地调节温度管理,适时排气通风,降低叶面温度。采用地膜覆盖,提高土壤保水能力。

(2) 加强田间管理:合理密植,适时浇灌肥水,促使植株生长旺盛,防止作物缺水、叶片萎蔫受害。

(3) 改良土质:增施有机肥,改良土壤结构,增加土壤蓄水供水能力,满足植株蒸腾作用所需水分。

菜豆锈病

【图版 22】

菜豆锈病(*Uromyces appendiculatus*)由担子菌亚门真菌疣顶单胞锈菌侵染所致,全国各地均有发生,是菜豆生长中后期的常见病害。

【简明诊断特征】 菜豆锈病主要危害叶片,也能危害茎和豆荚。

叶片染病,发病初始产生黄白色小斑,扩大后稍隆起,呈黄褐色近圆形疱斑,后期疱斑中央的突起呈暗褐色,即病菌的夏孢子堆,周围具有黄色晕环,表皮破裂后散发出红褐色粉状物,即病菌的夏孢子堆散发出的夏孢子。发病严重时,新老夏孢子堆群集形成椭圆形或不规则锈褐色病斑,发病后期夏孢子堆转变为黑色冬孢子堆,整张叶片可布满锈褐色病斑,引起叶片枯黄脱落。

茎染病,初始产生褪绿色斑,扩大后呈褐色长条状疱斑,即病菌的夏孢子堆,后期产生黑色或黑褐色的冬孢子堆。

荚染病,产生暗褐色突出表皮的疱斑,表皮破裂散发锈褐色粉状物。

【侵染循环】 病菌以冬孢子随病株残余组织遗留在田间越冬。翌春环境条件适宜时,冬孢子萌发产生担子和担孢子;担孢子借气流传播到寄主作物,由叶面气孔直接侵入,引起初次侵染。经 9～12 天潜育后出现病斑,田间发病后,在病部产生锈孢子,形成夏孢子堆并散发出夏孢子,由夏孢子堆产生的夏孢子借风传播进行再侵染,直到秋季,产生冬孢子堆和冬孢子。

【发生规律】 上海及长江中下游地区菜豆锈病的主要发病盛期在 5～10 月。年度间夏秋高温、多雨的年份发病重;田块间连作地、排水不良的发病较重;栽培上种植过密、通风透光差的田块发病重;多雾和多雨的天气,结露持续时间长,此病易流行。

【病菌生态】 病菌喜温暖潮湿的环境。发病温度范围为 20～32 ℃;最适宜的发病环境,温度为 23～27 ℃、相对湿度 95% 以上;最适宜的感病生育期为开花结荚到采收中后期。夏孢子侵入时需高湿,当气温在 15～24 ℃ 时,叶面结露,适宜于夏孢子形成和侵入。

【防治措施】

(1) 茬口轮作:与其他非豆科作物实行 2 年以上轮作。

(2) 清洁田园:收获后及时清除田间病残体,带出地外集中烧毁或深埋,深翻土壤,减少土表越冬病菌。

(3) 加强田间管理:深沟高畦栽培,合理密植,科学施肥,及时整枝,开好排水沟系,使雨后能及时排水。

(4) 药剂防治:在发病初期开始喷药,每隔 7～10 天喷 1 次,连续喷 1～2 次。

高效、低毒、低残留防治用药:可选戊唑醇、苯醚甲环唑、吡萘·嘧菌酯等喷雾。

常规防治用药:可选氟硅唑、代森锰锌等喷雾。

具体用药量及倍数,须按照作物病害危害程度及各农药品种使用说明予以确定。

菜豆菌核病

【图版 22】

菜豆菌核病（*Sclerotinia sclerotiorum*）由子囊菌亚门真菌核盘菌侵染所致,在保护地栽培棚内发病较重。

【简明诊断特征】　菜豆菌核病可危害地面根茎基部、茎蔓分枝处、豆荚等。

茎染病,发病部位主要在茎基部和茎分杈处,发病初始产生水浸状斑,扩大后病部呈灰白色绕茎一周,病茎皮层组织软腐纵裂,缢缩,呈纤维状,病部以上茎蔓和叶凋萎枯死。田间湿度高时,病部密生一层白色棉絮状菌丝体,受害后茎杆内髓部受破坏,腐烂而中空,剥开可见白色菌丝体和黑色菌核。菌核鼠粪状,圆形或不规则形,早期白色,以后外部变为黑色,内部白色。

豆荚染病,发病初在豆荚上产生水浸状病斑,病部扩大后呈灰绿色软腐,田间湿度高时,病荚上密生一层白色棉絮状菌丝体。

【侵染循环】　病菌以菌核在土壤中或随病株残余组织混杂在种子中越冬。菌核在干燥土壤中可存活 3 年左右,潮湿土壤中存活 1 年左右。在环境条件适宜时,菌核萌发产生子囊盘。子囊盘散放出的孢子随气流传播蔓延,穿过植株角质层后侵入,引起初次侵染。侵入后病菌破坏寄主的细胞和组织,产生新生代子囊孢子;菌核也可直接产生较强侵染力的菌丝,扩散和破坏邻近未被病原物侵染的组织,引起多次再侵染,加重危害。

【发生规律】　上海及长江中下游地区菜豆菌核病的主要发病盛期在 3～6 月。年度间早春温度偏高、多雨或梅雨期间多雨的年份发病重;秋季多雨、多雾的年份发病重;田块间连作地、地势低洼、排水不良、寒流侵袭受冻的田块发病较重;栽培上种植过密、通风透光差、氮肥施用过多、植株生长势弱的田块发病重。

【病菌生态】　病菌喜温暖潮湿的环境。适合发病的温度范围 0～30 ℃;最适宜的发病环境,温度为 15～25 ℃,相对湿度 90% 以上;最适感病生育期为植株封行至开花结荚中后期。发病潜育期7～10天。子囊孢子萌发的最适温度5～10 ℃,菌丝生长的最适温度20 ℃左右,要求有连续10天以上的较高湿度。

【防治措施】

（1）留种与种子处理：从无病留种株上采收种子,选用无病种子。引进商品种子在播前,要做好种子处理;播种前在50 ℃的温汤中浸种5分钟,立即移入冷水中冷却,晾干后催芽播种,即可杀死菌核。

（2）实行轮作：发病地块与水生蔬菜、禾本科及葱蒜类蔬菜隔年轮作。

（3）清洁田园：发现病株及时拔除,带出棚外集中烧毁或深埋。收获后彻底清除病残体,深翻土壤,防止菌核萌发出土。

（4）田间栽培管理：合理密植,控制保护地栽培棚内温湿度,及时放风排湿,尤其要防止夜间棚内湿度迅速升高。这是防治本病的关键措施。注意合理控制浇水和施肥量,浇水时间放在上午,并及时开棚,以降低棚内湿度。采用覆盖地膜,阻挡病菌出土,增施磷钾肥。

（5）化学防治：在发病初期开始喷药,每隔7～10天喷1次,连续喷2～3次。

高效、低毒、低残留防治用药：可选嘧霉胺、苯醚甲环唑等喷雾。

常规防治用药：可选腐霉利、乙烯菌核利、异菌脲等喷雾。

具体用药量及倍数,须按照作物病害危害程度及各农药品种使用说明予以确定。

菜豆炭疽病

【图版22】

菜豆炭疽病（*Colletotrichum lindemuthianum*）由子囊菌亚门

真菌豆刺盘孢侵染所致;主要危害菜豆,还能危害扁豆、绿豆、豇豆和蚕豆等豆科蔬菜,是菜豆重要的病害之一。

【简明诊断特征】　菜豆炭疽病主要侵染菜豆的叶、茎、豆荚和种子;苗期和成株期均可发病。

叶片染病,始于叶背的叶脉,苗期子叶上即可见病斑,初呈红褐色小斑,后变为黑色至黑褐色的凹陷条斑。成株叶片上发病,病斑多沿叶背叶脉发展,初呈红褐色小条斑,扩大后变为黑色或黑褐色条斑,条斑逐渐延伸和扩展,形成三角形至多角形网状斑,病部叶脉稍凹陷。

叶柄和茎染病,产生锈褐色细条状斑,扩展后凹陷和龟裂;发病严重时,条状病斑相互汇合成长条斑,幼茎上产生锈色细条状病斑,严重时会在病部折断。

豆荚染病,初生褐色小点,扩大后为椭圆形或近圆形病斑,褐色至黑褐色,边缘明显,稍隆起,中央凹陷,病菌可穿过豆荚扩展至种子上。天气潮湿时,茎和荚的病部出现粉红色黏稠物,即病菌的分生孢子。

种子染病,病斑呈褐色至黄褐色的斑点,稍凹陷,一般仅发生在种子表皮组织上,不内渗。

【侵染循环】　病菌主要以菌丝体在种子上越冬,也能以菌丝体随病株残余组织遗留在田间越冬。播种带菌的种子,幼苗即可发生染病,菌丝体产生的分生孢子借雨水和昆虫进行传播。越冬菌丝体在环境条件适宜时,菌丝体产生分生孢子,通过雨水反溅至寄主植物上,从寄主表皮直接侵入,引起初次侵染。经潜育后出现病斑,在病斑上就会产生新生代分生孢子,进行多次再侵染。

【发生规律】　上海及长江中下游地区菜豆炭疽病的主要发病盛期在4~5月及8月中下旬至11月上旬。春季一般发生偏轻,秋季闷热多雨发生偏重;年度间雨水偏多的年份发生重;晚秋温度偏高并有连续阴雨或雾露的潮湿天气年份病害也发生较重;田块间地势低洼、地面潮湿的发病重;栽培上种植过密、通风差、不透光易诱发病害。

【病菌生态】　病菌适宜温暖高湿的环境。适宜发病的温度范

围 6～30 ℃;最适发病环境,日均温度为 21～23 ℃,相对湿度
100%;最适感病生育期为苗期及结荚至采收期。发病潜育期 5～
10 天,当日均温度高于 27 ℃,相对湿度低于 92%,则病害很少发
生;温度低于 13 ℃病情停止发展。

【防治措施】

(1) 留种与种子消毒:从无病留种株上采收种子。商品种子干
种子用 2.5% 咯菌腈悬浮种衣剂(适乐时)包衣,包衣使用剂量为千
分之 4～5,包衣后晾干播种。

(2) 茬口轮作:实行与非豆科蔬菜 2 年以上轮作,以减少田间
病菌来源。

(3) 加强田间管理:开好排水沟系,防止土壤过湿和雨后积水
引发病害,精耕细作,合理密植,科学施肥,控制浇水。

(4) 清洁田园:苗期发现病株,立即拔除;收获后及时清除病残
体,深翻土壤,加速病残体的腐烂分解,减少田间残留菌源。

(5) 化学防治:在发病初期开始喷药,每隔 7～10 天喷 1 次,连
续喷 2～3 次。

高效、低毒、低残留防治用药:可选戊唑醇、嘧菌酯、苯醚甲环
唑、吡萘·嘧菌酯等喷雾。

常规防治用药:可选咪鲜胺、丙环唑、异菌脲、硫菌灵、苯菌灵、
代森锰锌等喷雾。

具体用药量及倍数,须按照作物病害危害程度及各农药品种使
用说明予以确定。

菜豆细菌性疫病

菜豆细菌性疫病(*Xanthomonas campestris*)由细菌菜豆黄单孢
菌侵染所致,别名菜豆叶烧病,是菜豆的常见病害;主要危害菜豆、
豇豆、扁豆、绿豆等豆科作物。

【简明诊断特征】 菜豆细菌性疫病主要危害叶片、茎、荚和种

子。苗期和成株期均可染病。

叶片染病,发病初始产生油浸状小点,扩大后病斑呈褐色不规则形,边缘具黄色晕圈,中部因病部组织枯死而变薄近透明;田间潮湿时,病部溢出淡黄色黏液状菌脓。发病严重时,病斑连接成片,布满整张叶片,使叶片干枯卷曲,但不易脱落。

茎染病,初始产生油浸状小斑,扩大后病斑呈溃疡状长条,红褐色,并迅速绕茎一周,病部稍凹陷,严重时使病部以上茎叶枯死。

荚染病,初始产生油浸状暗绿色小斑,扩大后病斑略圆形或不规则形,红褐色至褐色,稍凹陷,高湿时常产生溢出淡黄色黏液状菌脓。

种子染病,种子被侵染后皱缩,产生黑色凹陷斑,脐部溢出淡黄色黏液状菌脓。

苗期染病,在子叶上产生红褐色溃疡斑,在幼茎上产生红褐色油浸状斑,绕茎一周后幼苗易折断而枯死。

【侵染循环】 病原菌以带病种子越冬。病原菌随种子可存活2～3年;播种带病种子,幼苗即可染病,并产生菌脓进行传播;雨水反溅是植物病原细菌最主要的传染途径,也可通过昆虫、农事操作等,从植株表皮的气孔、水孔或伤口侵入;经潜育后即可发病并在植株间蔓延,进行多次重复再侵染。

【发生规律】 上海及长江中下游地区菜豆细菌性疫病的主要发病盛期在5～10月。年度间早春温度偏高、多雨或梅雨期间多雨的年份发病重;秋季多雨、多露雾的年份发病重;田块间地势低洼、排水不良的田块发病较重;栽培上种植过密、氮肥施用过多、虫害发生严重的田块发病重;雨后转晴、气温急剧上升的天气状况,最易发病。

【病菌生态】 病菌喜高温高湿的环境。适宜发病的温度范围为15～38 ℃;最适发病环境,温度为24～32 ℃,相对湿度90%以上;全生育期均可感病。发病潜育期5～15天。

【防治措施】

(1) 选种:从无病留种株上采收种子,选用无病种子。

(2) 种子消毒:引进商品种子在播前,要做好种子消毒,可用种子重量 1.5％的漂白粉，加少量水与种子拌匀后放入容器中，密闭消毒 16～18 小时，清洗后播种；用新植霉素 $200×10^{-6}$（＝200 ppm）浸种 2～3 小时；用 100 万单位硫酸链霉素或氯霉素 500 倍液，浸 3～5 小时，后用清水冲洗 8～10 分钟后播种。

（3）实行轮作：发病田块提倡与非豆科作物实行 2～3 年轮作，以减少田间病菌来源。

（4）加强田间管理：合理密植，中耕除草，防治虫害，合理施肥，开好排水沟系以降低地下水位。

（5）收获后清洁田园，清除病残体，并带出田外深埋或烧毁，深翻土壤，加速病残体的腐烂分解，减少再侵染菌源。

（6）化学防治：在发病初期开始喷药，每隔 7～10 天喷 1 次，连续防治 2～3 次。

高效、低毒、低残留防治用药：可选噻菌铜、春雷霉素等喷雾。

常规防治用药：可选霜霉威盐酸盐、氢氧化铜等喷雾。

具体用药量及倍数，须按照作物病害危害程度及各农药品种使用说明予以确定。

菜豆灰霉病

【图版 22】

菜豆灰霉病（*Botrytis cinerea*）由半知菌亚门真菌灰葡萄孢菌侵染所致，全国各地均有发生，是菜豆的重要病害；还危害茄子、甜（辣）椒、黄瓜、生菜、芹菜、草莓等二十多种作物。

【简明诊断特征】　菜豆灰霉病主要危害叶片，也能危害茎杆和花、果实。苗期至成株期均可发生。

叶片染病，发病常在植株下部老叶片的叶缘先侵染发生，病斑呈"V"字形扩展，并伴有深浅相间不规则的灰褐色轮纹，表面生少量灰白色的霉层。发病末期可使整叶全部枯死，发病严重时可引起植株下部多数叶片枯死。

茎杆染病,从幼苗至成株期均可发生。发病初始产生水渍状小斑,扩展后成长椭圆形,病部呈淡褐色,表面生灰白色的霉层,往往引起病部上端的茎、叶枯死。

花染病,病菌一般先侵染已过盛花期的残留花瓣、花托或幼果柱头,产生灰白色霉层,然后向豆荚发展。

豆荚染病,染病后残花不脱落,发病初期豆荚呈灰白色水浸状,中期豆荚的被害部位发生组织软腐,后期在病部表面密生灰色或灰白色的霉层,即病菌的分生孢子梗及分生孢子。

【侵染循环】 病菌以分生孢子或菌核随病株残余组织遗留在田间越冬或越夏。在适宜条件下,菌核萌发产生菌丝体,继而形成分生孢子,通过气流、雨水或农事操作传播。

【发生规律】 上海及长江中下游地区菜豆灰霉病的主要发病盛期在4～9月。年度间春季或梅雨期、多阴雨、光照时数少的年份发病重;田块间连作地、排水不良、与感病寄主间作的田块发病较早较重;栽培上种植过密、通风透光差、氮肥施用过多的田块发病重;春播特早熟栽培茬口易发病,且发病重于迟播菜豆。

【病菌生态】 病菌喜温暖高湿的环境。适宜发病的温度范围为2～31℃;最适发病环境,温度为20～28℃,相对湿度90%以上;最适感病生育期为始花至结荚期。发病潜育期5～10天。

【防治措施】

(1)合理安排品种茬口:合理安排品种茬口也能减轻菜豆灰霉病的发生,菜豆要尽量避免与生菜、芹菜、草莓等容易发生灰霉病的作物接茬,因这些品种容易发病,菜豆定植后在相同的条件下,会早发病,诱发病害的流行。

(2)精细整地:畦面应做成鱼背式的深沟高畦,确保浇水畦面不积水。在雨季前,抓好温室、中棚四周清理沟系,防止雨后积水,降低地下水位和棚室内湿度,控制发病环境。

(3)精心管理肥水:肥水管理是否适当,对引发病害关系很大,特别追肥浇水应选择在晴天的上午,以贴根处轻浇、勤浇为宜,切忌用泥浆泵等大水大肥浇灌;追肥应选用尿素等安全性高、肥效好的化肥,使用粪肥易引发病害。浇水后不得立即关棚保温,需要保证开棚通风 3 小时以上,以排除棚内多余的湿气。在有条件的地方,应推广应用滴管加覆盖地膜的设施,以使肥水管理科学、省力、高效。

（4）化学防治：在发病始盛前用药防治,每隔 5～7 天防治 1 次,连续 2～3 次。

高效、低毒、低残留防治用药：可选嘧霉胺、啶酰菌胺等喷雾。

常规防治用药：可选腐霉利、乙烯菌核利、异菌脲、硫菌灵等喷雾。

具体用药量及倍数,须按照作物病害危害程度及各农药品种使用说明予以确定。

毛豆紫斑病

【图版 22】

毛豆紫斑病(*Cercospora kikuchii*)由半知菌亚门真菌菊池尾孢菌侵染所致,全国各地均有发生。病害严重时对毛豆产量和品质影响较大。

【简明诊断特征】　毛豆紫斑病主要危害叶、茎、豆荚和豆粒。苗期和成株期均可染病。

苗期染病,由种子带菌引起,出苗后子叶即可染病,呈褐色近圆形病斑。

叶片染病,初始产生紫红色圆形小点,扩大后受叶脉限制呈多角形或不规则形黄褐色病斑,叶背有部分叶脉呈红紫色;潮湿时,病斑上能产生灰黑色霉层,即为病菌的分生孢子。

茎染病,发病初始产生红褐色斑点,扩大后病斑呈长条状,严重时病斑深紫色,并产生灰黑色霉层。

豆荚染病,病斑红褐色不规则形,边缘不明显,病荚内层生不规则形紫色斑。

豆粒染病,病斑限于豆粒表皮,在脐部周围形成淡紫色、不规则形病斑,后整个豆粒呈深紫色,可出现龟裂。

【侵染循环】 病菌以菌丝体潜伏在种皮上越冬,也能以菌丝体和分生孢子随病株残余组织遗留在田间越冬。带病种子播种发芽后侵入子叶,引起初次侵染。遗留在田间的病株残余组织在环境条件适宜时,菌丝体产生分生孢子,通过雨水反溅和气流传播至寄主植物上,引起初次侵染。在病株受害部位又产生新生代分生孢子,进行多次再侵染。

【发生规律】 上海及长江中下游地区毛豆紫斑病的主要发病盛期在 4~7 月。年度间早春多雨或梅雨期间多雨的年份发病重;田块间连作地、排水不良的地发病较早较重;栽培上种植过密、通风透光差的田块、作物开花结荚期与梅雨重合的田块发病重;品种间早熟品种发病重,豆粒为绿色、黑色、扁平的品种抗病性强。

【病菌生态】 病菌适宜温暖高湿的环境。适宜发病的温度范围 10~33 ℃;最适发病环境,日平均温度为 15~21 ℃,相对湿度 90％以上;最适感病生育期,在开花结荚期。发病潜育期 5~15 天。

【防治措施】

(1)留种与种子处理:从无病留种株上采收种子,选用无病种子。引进商品种子在播前,要做好种子消毒,干种子用 2.5％咯菌腈悬浮种衣剂(适乐时)包衣,包衣使用剂量为千分之 3~4,包衣后晾干播种。

(2)清洁田园与茬口轮作:收获后及时清除病残体,带出田外深埋或烧毁,并深翻土壤,加速病残体的腐烂分解。提倡与非豆科蔬菜隔年轮作,以减少田间病菌来源。

(3)加强田间管理:开好排水沟系,防止雨后积水引发病害。

(4)化学防治:在叶发病初期和开花结荚期喷药,每隔 7~10 天防治 1 次,连续防治 2~3 次。

高效、低毒、低残留防治用药:可选戊唑醇、苯醚甲环唑等喷雾。

常规防治用药:可选硫菌灵、代森锰锌等喷雾。

具体用药量及倍数,须按照作物病害危害程度及各农药品种使用说明予以确定。

毛豆花叶病毒病

【图版 22】

毛豆花叶病毒病（Soybean mosaic virus，简称 SMV）属马铃薯Y病毒组，全国各地均有发生，是毛豆上的重要病害；还危害蚕豆、豌豆、紫云英等豆科作物。

【简明诊断特征】 毛豆花叶病毒病是系统性侵染病害，症状表现类型较多，可分为花叶型、皱缩花叶型和皱缩矮化型。

花叶型，病株不矮化，叶片表现为黄绿相间的斑驳，可正常结荚，一般多为抗病品种或在植株生长中后期染病的症状。

皱缩花叶型，病株比健株略有矮化，叶片皱缩，叶脉褐色弯曲，叶肉呈泡状突起，暗绿色，整个叶缘向后卷，后期叶脉坏死。

皱缩矮化型：病株节间缩短，明显比健株矮化，叶片严重皱缩，叶脉组织变褐色或坏死，叶片歪扭向下卷曲，结荚少或不结荚。

籽粒染病：受感染的植株，籽粒种皮上产生放射状或带状的褐色或黑色的斑纹（褐斑粒），颜色与脐色一致或稍深；重病籽粒斑纹可波及整个表面。

【侵染循环】 致病的病毒潜伏在病株的种子上越冬，也可在冬季生长的豆科植株上越冬。在新病区，带毒种子是田间发生病毒的初次侵染源。长江流域以南地区，多数地区则由冬季田间生长的豆科植株上带毒越冬；当适宜传毒的桃蚜、豆蚜、大豆蚜等发生时期，由有翅蚜迁飞进行传播和再侵染。

【发生规律】 上海及长江中下游地区毛豆花叶病毒病的主要发病盛期在 4～9 月间。年度间春季温度特别偏高、少雨、光照时数多的年份发病重；田块间与有传毒虫媒发生偏重的田块相邻，发病较早较重；栽培上种植过密、通风透光差、预防传毒虫媒不力、偏施氮肥的田块发病重。

【病菌生态】 病毒传媒喜温暖较干的环境。适宜发病的温度范围为 10～35 ℃;最适发病环境,温度为 20～27 ℃,相对湿度 85％以下;最适感病生育期为苗期至成株期。发病潜育期 5～15 天。

【防治措施】

(1)应用抗病品种:引进选栽抗、耐病毒病的品种。

(2)留种与种子处理:从无病留种株上采收种子,选用无病种子;引进商品种子播种前,先用清水浸泡种子 3～4 小时,再放入 10％磷酸三钠溶液中浸 20～30 分钟,捞出洗净后催芽。

(3)加强栽培管理:适时播种,豇豆生长期间,合理浇灌肥水,促进植株生长健壮,提高抗病能力。

(4)防止传毒:在蚜虫发生初期,及时用药防治,防止蚜虫传播病毒;农事操作中,接触过病株的手和农具,应用肥皂水冲洗,防止接触传染。

(5)化学防治:出苗后 3～5 叶期开始防病,每隔 7～10 天喷 1 次药,连续防治 2～3 次,能减少感染,增强植株抗性,起到预防作用。在发病始见期,每隔 5～7 天喷 1 次,连续防治 2～3 次,能减轻病害的发生程度。

高效、低毒、低残留防治用药:可选宁南霉素喷雾。

常规防治用药:可选病毒 A 喷雾。

具体用药量及倍数,须按照作物病害危害程度及各农药品种使用说明予以确定。

毛豆荚枯病

毛豆荚枯病(*Macrophoma mame*)由半知菌亚门真菌豆荚大茎点菌侵染所致,是毛豆重要病害,在生育中后期发生,常造成豆荚空瘪。

【简明诊断特征】 毛豆荚枯病主要危害豆荚,也能危害茎秆。

豆荚染病,发病初始在豆荚上产生暗褐色病斑,后扩大成白色凹陷斑,上轮生小黑点,幼荚染病常脱落,老荚染病萎垂不脱落。发病轻的虽能结荚,但粒小易干缩,味苦。

茎秆染病,产生灰褐色不规则形病斑,后期病部以上干枯,病斑生有小黑粒点,即病菌的分生孢子器。

【侵染循环】 病菌以分生孢子器随病株残余组织遗留在田间越冬。在环境条件适宜时,分生孢子器产生的分生孢子通过气流传播或雨水反溅至寄主植物上,从寄主表皮直接侵入,引起初次侵染,并在受害的部位产生新生代分生孢子,飞散传播,进行多次再侵染,加重危害。

【发生规律】 上海及长江中下游地区毛豆荚枯病的主要发病盛期在5~10月。年度间早春温度偏高、多雨或梅雨期间多雨的年份发病重;秋季多雨、多露雾的年份发病重;田块间连作田、地势低洼、排水不良的田块发病较重;栽培上种植过密、通风透光差、长势偏旺易诱发病害。

【病菌生态】 病菌喜温暖潮湿的环境。适宜发病的温度范围15~30 ℃;最适宜的发病环境,日均温度为22~28 ℃,相对湿度95%以上;最适感病生育期为结荚期至采收期。发病潜育期5~10天。

【防治措施】

(1)茬口轮作:实行与非豆科蔬菜2年以上轮作,以减少田间病菌来源。

(2)加强田间管理:开好排水沟系,防止土壤过湿和雨后积水引发病害,精耕细作,合理密植,科学施肥,控制浇水。

(3)化学防治:在发病初期开始喷药,每隔7~10天喷1次,连续喷2~3次。

高效、低毒、低残留防治用药:可选苯醚甲环唑、丙环唑、戊唑醇等喷雾。

常规防治用药:可选异菌脲、硫菌灵、代森锰锌等喷雾。

具体用药量及倍数,须按照作物病害危害程度及各农药品种使用说明予以确定。

毛豆白粉病

毛豆白粉病（*Erysiphe polygoni*）由子囊菌亚门真菌蓼白粉菌侵染所致，全国各地均有发生。毛豆白粉病主要危害毛豆、豇豆、豌豆、扁豆、蚕豆、菜豆、甘蓝、芹菜、番茄等蔬菜，发病严重时对产量影响较大。

【简明诊断特征】 毛豆白粉病主要危害叶片，也可侵害枝茎和荚。

叶片染病，发病初始叶背产生黄褐色小斑，扩大后为不规则形，紫色或褐色病斑，并在叶背或叶面产生白粉状霉层，粉层厚密，边缘不明显，白色粉状物即为病菌的分生孢子梗和分生孢子及无色透明的菌丝体。发生严重时，多个粉斑可连接成片，可布满整张叶片，使叶片迅速枯黄，并引起大量落叶。

枝茎和荚染病，生出白色粉状霉层；发生严重时，可布满枝茎和荚，使枝茎干枯，荚干缩。

侵染后期，病部白色粉状霉层老熟，呈灰褐色，霉层间产生黑色小点，即病菌的闭囊壳。

【侵染循环】 病菌以菌丝体和分生孢子随病株残余组织遗留在田间越冬。在环境条件适宜时，分生孢子通过气流传播或雨水反溅至寄主植物上，从寄主表皮直接侵入，引起初次侵染。出现病斑后，在受害部位产生新生代分生孢子，借气流飞散传播，进行多次再侵染，加重危害。

【发生规律】 上海及长江中下游地区毛豆白粉病的主要发病盛期在5～11月。年度间早春温度偏高、多雨或梅雨期间多雨的年份发病重；秋季温度偏高入冬偏迟的年份发病重；田块间连作地、排水不良、近邻田有重病的田块发病较早较重；栽培上种植过密、通风透光差、肥力不足早衰的田块发病重。

【病菌生态】 病菌喜温暖潮湿的环境。发病温度范围15～35 ℃；最适宜的发病环境，温度为20～30 ℃，相对湿度40%～

95％;最适感病生育期为开花结荚中后期。发病潜育期 3～7 天。分生孢子萌发温度范围 10～30 ℃。

【防治措施】

（1）加强栽培管理：高畦种植,合理密植,有利于通风透光,同时开好排水沟,降低田间湿度,增强植株生长势,提高抗病力。

（2）清洁田园：及时打去病叶、老叶,以利通风透光,降低湿度,减少田间菌源。收获后及时清除病残体,带出田外深埋或烧毁,深翻土壤,加速病残体的腐烂分解。

（3）化学防治：在发病初期开始喷药,每隔 7～10 天喷 1 次,连续喷 2～3 次;重病田视病情发展,必要时还要增加喷药次数,注意药剂的交替使用。

高效、低毒、低残留防治用药：可选苯醚甲环唑、戊唑醇、吡萘·嘧菌酯等喷雾。

常规防治用药：可选氟硅唑、腈菌唑·锰锌、代森锰锌等喷雾。

具体用药量及倍数,须按照作物病害危害程度及各农药品种使用说明予以确定。

毛豆菟丝子

我国常见的菟丝子有中国菟丝子（*Cuscuta chinensis*）和日本菟丝子（*Cuscuta japonica*）等 10 多种,属旋花科菟丝子属,是植物检疫对象之———寄生性植物,俗称无根草、黄丝藤、黄金狗丝草。危害毛豆的菟丝子主要是中国菟丝子、亚麻菟丝子和田菟丝子。一旦受到菟丝子危害,可造成大豆的严重减产。

【简明诊断特征】 菟丝子仅危害植株的地上部分。

植株地上部分茎、叶被菟丝子以茎回旋缠绕后,其形成的吸盘伸入植株茎内吸收所需的水分和养分,使生长受到抑制,植株矮小,叶色变黄,结荚很少,籽粒瘦秕。由于菟丝子的茎生长迅速,不断从叶腋处生出新茎,最后缠绕在植株上的茎像乱麻一样,病株成片枯死,甚至早期死亡。

【形态特征】 危害毛豆的菟丝子主要有中国菟丝子、亚麻菟丝子及田菟丝子。

菟丝子成株后无根,叶片退化成鳞片状,无叶绿素,茎藤细长呈丝状,黄白色或稍带紫红色,故俗称黄丝藤;花白色、黄色或淡红色,为球状花序;球状蒴果不定形开裂,内有种子2~4粒;胚乳肉质,内有弯曲的线状体种胚,无子叶和胚根。

中国菟丝子,茎细弱,直径在1毫米以内,黄化,无叶绿素,其茎与寄主的茎接触后产生吸器,附着在寄主表面吸收营养,花少数,白色,花柱2条,头状,萼片具脊,脊纵行,使萼片出现棱角;种子比较小,主要寄生在豆科和茄科的草本植物上。

亚麻菟丝子,主要危害亚麻、芝麻和毛豆等作物和其他杂草。

田菟丝子,主要寄生于三叶草、毛豆、豌豆、马铃薯、甜菜、胡萝卜等植物上。

【侵染循环】 菟丝子成熟后,以种子遗留在田间、肥料中或混杂在豆种内休眠,到下一年萌发。种子在土中萌发时,种胚形成的线状菟丝,在空中四周旋转,遇适当的寄主即紧密地与其茎缠绕,自萌芽出土到缠绕寄生需3天左右,并在接触处形成吸盘伸入寄主茎内,分化出的导管、筛管和寄主的导管、筛管相结合,并以此吸取养分和水分。建立寄生关系后,菟丝子的地下部分的根茎便凋萎脱离。

种子在正常条件下可存活数年,随着种子的调运,即可作远距离传播。经牲畜肠道随粪便排出体外后还可发芽,但遇长期浸水则失去活力。

【发生规律】 上海及长江中下游地区在4月中下旬至10月下旬都可发生危害,以7~8月间,雨水较多、土壤湿润时,危害严重。通常地势低洼,排水不良,植株茂密郁蔽的田块发生较重。菟丝子在整个生长期内蔓延迅速,凡与寄主茎紧密相接的部位,均可产生吸盘侵入,建立寄主关系,每一菟丝子可缠绕毛豆100株以上,切断其茎后能进行营养繁殖。毛豆被菟丝子寄生后,由于养料被逐步吸取,出现植株生长不良,主要表现为生长矮小和黄化,发生严重时在田间引起大片枯黄或死亡。

【病菌生态】 中国菟丝子种子在 10 ℃以上、土壤含水量 15％以上即可萌芽,种子萌发的土层在 0～1 厘米,土层 3 厘米以下的种子很少出芽,在 20～30 ℃范围内温度愈高,萌芽率愈高,萌芽也快。

【防治措施】

(1) 选种:播种前清除大豆种子内菟丝子种子。

(2) 实行轮作:受害地块实行与禾本科作物或水生蔬菜及非豆类蔬菜轮作 2～3 年,如大豆与玉米间作,可显著减轻受害。

(3) 加强田间管理:合理密植,使用经高温发酵处理的肥料,使菟丝子种子腐烂而失去萌芽能力,掌握在菟丝子幼苗未缠绕作物前锄地,发现少量病株时及时拔除菟丝子藤蔓,并彻底清除。

(4) 清洁田园:收获后及时清除病株,带出田外深埋或烧毁;深翻土壤,将菟丝子种子深埋,抑制种子萌发。

(5) 生物防治:菟丝子出土不久,即为施药适期,每 5～7 天喷 1 次,连续喷 2～3 次。

用"鲁保一号"菌稀释液 250～400 毫升(30 亿以上/克活孢子)加水 100 升喷雾。施药时在药液中可加入少量中性皂粉,提高黏着度。避免在炎热中午和干旱情况下施药,药液应喷洒于菟丝子端部或先弄断其茎再施药,利于孢子侵入,提高防治效果。

扁豆花叶病毒病

扁豆花叶病毒病的毒源主要来自大豆花叶病毒(Soybean mosaic virus,简称 SMV)、黄瓜花叶病毒(Cucumber mosaic virus,简称 CMV),全国各地产区均有分布,是扁豆的常见病害;主要发生在夏秋季的露地,对产量有明显影响。

【简明诊断特征】 扁豆花叶病毒病为系统性病害,表现症状主要在花前或花后的生育期。

病株叶片表现为微淡黄绿相间的斑驳,叶片变小或明脉,心叶不舒展或节间缩短,病株比正常植株矮小。

【侵染循环】 病毒主要吸附在种子上越冬,并成为翌年初侵染源。播种带病毒的种子,出苗后幼苗即可发病,并通过蚜虫、汁液接触或整枝打杈等田间农事操作传播至寄主植物上,从寄主伤口侵入,进行多次再侵染。

【发生规律】 上海及长江中下游地区扁豆花叶病毒病的主要发病盛期在 5 月下旬至 10 月。年度间早春温度偏高、少雨、蚜虫发生量大的年份发病重;秋季入秋迟、温度偏高、少雨、蚜虫多发的年份发病重;田块间连作地、周边毒源寄主多的田块发病较早较重;栽培上种植过密、田间农事操作不注意防止传毒、肥水不均、偏施氮肥的田块发病重。

【病菌生态】 病毒喜高温干旱的环境。适宜发病的温度范围 15～38 ℃;最适宜的发病环境,温度为 20～35 ℃,相对湿度 80％以下;最适感病生育期为五叶期至座果中后期。发病潜育期 10～25 天。一般持续高温干旱天气,有利于病害发生与流行。

【防治措施】

(1)选栽抗病品种:对扁豆花叶病毒病较为抗病、耐病的品种有青扁豆等。

(2)选留种和种子消毒:建立无病留种田,及时拔除病株。从无病留种株上采收种子。

(3)种子消毒:引进商品种子,要实施种子消毒。将干种子放入70 ℃的恒温箱中,干热处理 72 小时,经检查发芽率正常后备用。或播前用清水浸泡种子 3～4 小时,再放入 10％磷酸三钠溶液中浸 20～30 分钟,捞出洗净后催芽。

(4)加强栽培管理:适时播种、培育壮苗,不移栽病苗、弱苗,合理密植。适时调控水肥、增施磷钾肥,促进植株生长健壮,提高抗病能力。

(5)防止传毒:在蚜虫发生初期,及时用药防治,防止传病虫媒传播病毒。农事操作中,接触过病株的手和农具,应用肥皂水冲洗,防止接触传染。

(6)化学防治:在育苗期就要注意防病,出苗二叶一心期至株高 50 厘米是预防侵染感病的关键时期,每隔 7～10 天定期用药一次,连续喷雾防治 3～5 次;苗期长、传毒媒介发生重还需视苗情增加喷药次数,能减少感染,增强植株抗性。

高效、低毒、低残留防治用药:可选宁南霉素喷雾。

常规防治用药:可选病毒 A 喷雾。

具体用药量及倍数,须按照作物病害危害程度及各农药品种使用说明予以确定。

扁豆红斑病

扁豆红斑病(*Cercospora canescens*)由半知菌亚门真菌变灰尾孢侵染所致,全国均有发生,是扁豆上的常见病害。

【简明诊断特征】 扁豆红斑病主要危害叶片,也能危害豆荚。

叶片染病,病斑圆形、近圆形或不规则形,红色至红褐色,边缘明显;潮湿时,病斑背面密生灰色霉层,即病菌的菌丝体。发病严重时,叶片布满病斑,致使叶片早枯。

豆荚染病,呈不规则形红褐色病斑,中央褐色,病斑较大,后期密生灰黑色霉层。

【侵染循环】 病菌以菌丝体随病株残余组织遗留在田间越冬,也能以菌丝体附着在种子上越冬。在环境条件适宜时,形成的分生孢子,通过气流、雨水或农事操作传播,引起初侵染。播种带菌种子,开春后直接危害幼苗,使幼苗发病,并在受害的部位产生新生代分生孢子,由气孔或直接穿透表皮侵入,引起再侵染,加重危害。

【发生规律】 上海及长江中下游地区扁豆红斑病的主要发病盛期在 5～10 月。年度间梅雨期多雨、夏秋高温、多雨的年份发病重;田块间连作地、排水不良的田块发病较重;栽培上种植过密、通风透光差、偏施氮肥的田块发病重。

【病菌生态】 病菌喜高温高湿的环境。适宜发病的温度范围18～35 ℃;最适发病环境,温度为 25～32 ℃,相对湿度 85％以上;最适感病生育期为开花结荚期。多雨有利于病害迅速扩展蔓延,尤其连续阴雨或雨后高温暴晴,易引发病害。

【防治措施】

(1)种子消毒:从无病株采留种子。商品种子在播种前,干种子用 2.5% 咯菌腈悬浮种衣剂(适乐时)包衣,包衣使用剂量为千分之 3～4,包衣后晾干播种。

(2)茬口轮作:重病地与非豆科作物进行 2～3 年的轮作。

(3)清洁田园:定期整枝、打老叶、摘除病叶病荚,带出田外深埋。收获后及时清除病残体,深翻土壤。

(4)加强田间管理:合理密植,科学施肥,高畦栽培,定期清理排水沟系,防止雨后积水引发病害。

(5)化学防治:在发病初期开始喷药,用药间隔期 7～10 天,连续防治 2～3 次。

高效、低毒、低残留防治用药:可选苯醚甲环唑、丙环唑、戊唑醇等喷雾。

常规防治用药:可选异菌脲、恶霜·锰锌、代森锰锌等喷雾。

具体用药量及倍数,须按照作物病害危害程度及各农药品种使用说明予以确定。

扁豆炭疽病

扁豆炭疽病(*Colletotrichum lindemuthianum*)由半知菌亚门真菌豆刺盘孢侵染所致,在全国各地均有发生。除在扁豆上发生外,还危害大豆、豇豆、蚕豆、豌豆、绿豆、菜豆等多种豆类作物。

【简明诊断特征】 扁豆炭疽病苗期和成株期均可染病,主要侵染扁豆的叶片、叶柄、茎蔓、豆荚和种子。

苗期染病,苗期子叶上即可见病斑,子叶边缘出现浅褐色至红褐色的凹陷斑,田间湿度高时,病斑上长出粉红色黏稠物。

叶片染病,发病初期叶片出现黑褐色小点,后病斑沿脉扩大成赤褐色至黑色不规则形小条斑。

叶柄和茎蔓染病,出现凹陷状褐色至红褐色病斑。

豆荚染病,初生褐色小点,扩大后为近圆形至长圆形凹陷斑,黑褐色至黑色,边缘明显。

种子染病,病斑呈黄褐色至暗褐色。

【侵染循环】 病菌主要以菌丝在种子上越冬,也能以菌丝体随病株残余组织遗留在田间越冬。播种带菌的种子,幼苗即可发生染病,产生的分生孢子借雨水和昆虫进行传播。越冬菌丝体在环境条件适宜时,菌丝体产生分生孢子,通过雨水反溅至寄主植物上,从寄主表皮直接侵入,引起初次侵染。经潜育后出现病斑,在病斑上就会产生新生代分生孢子,进行多次再侵染。

【发生规律】 上海及长江中下游地区扁豆炭疽病的主要发病盛期在5月中旬至9月上旬。年度间闷热多雷阵雨的年份发生偏重。田块间地势低洼、地面潮湿的发病重。栽培上种植过密、通风差、不透光、偏施氮肥的易诱发病害。

【病菌生态】 病菌适宜温暖高湿的环境。适宜发病的温度范围6～35 ℃;最适发病环境,日均温度为21～30 ℃,相对湿度100%;最适感病生育期为苗期及结荚至采收期。

【防治措施】

(1)留种与种子消毒:从无病留种株上采收种子。引进商品种子,干种子用2.5%咯菌腈悬浮种衣剂(适乐时)包衣,包衣使用剂量为千分之3～4,包衣后晾干播种。

(2)茬口轮作:实行与非豆科蔬菜2年以上轮作,以减少田间病菌来源。

(3)加强田间管理:开好排水沟系,防止土壤过湿和雨后积水引发病害,精耕细作,合理密植,科学施肥,控制浇水。

(4)清洁田园:苗期发现病株,立即拔除;收获后及时清除病残体,深翻土壤,加速病残体的腐烂分解,减少田间残留菌源。

(5)化学防治:在发病初期开始喷药,用药间隔期7～10天,连续防治2～4次;重病田视病情发展,必要时还可增加喷药次数。

高效、低毒、低残留防治用药:可选咪鲜胺、苯醚甲环唑、丙环唑、戊唑醇等喷雾防治。

常规防治用药：可选异菌脲、甲基托布津、代森锰锌等喷雾防治。

具体用药量及倍数，须按照作物病害危害程度及各农药品种使用说明予以确定。

扁豆轮纹病

扁豆轮纹病（*Ascochyta phaseolorum*）由半知菌亚门真菌小豆壳二孢菌侵染所致，别名扁豆褐斑病，全国各地均有发生；是豆类上常见的次要病害。

【简明诊断特征】　扁豆轮纹病主要危害叶片。

叶片染病，初发病在叶片产生水渍状斑点，逐渐扩大为大小4～10毫米的圆形或近圆形、中央褐色、边缘暗褐色的病斑，开始轮纹不明显，后期渐趋明显，病部生出黑色小粒点。

【侵染循环】　病菌以菌丝体和分生孢子器在病部或随病残体遗落土中越冬或越夏；以分生孢子借雨水溅射传播，进行初侵染和再侵染。

【发生规律】　上海及长江中下游地区扁豆轮纹病的主要发病盛期在6月至9月间。年度间入夏早、温度偏高、多阴雨、光照时数少的年份发病重；田块间连作地、低洼地、排水不良的田块发病较早较重；栽培上种植过密、通风透光差、偏施氮肥的田块发病重。

【病菌生态】　病菌喜温暖高湿的环境。适宜发病的温度范围为15～32 ℃；最适发病环境，温度为22～30 ℃，相对湿度90%以上；最适感病生育期为成株期至结荚期。发病潜育期5～10天。

【防治措施】

（1）茬口轮作：重病地与非豆科作物进行2～3年的轮作。

（2）加强田间管理：合理密植，科学施肥，高畦栽培，定期清理排水沟系，防止雨后积水引发病害。

（3）清洁田园：定期整枝、打老叶、摘除病叶病荚，带出田外深埋。收获后及时清除病残体，深翻土壤。

（4）化学防治：在发病初期开始喷药，用药间隔期 7～10 天，连续防治 2～3 次。

高效、低毒、低残留防治用药：可选苯醚甲环唑、戊唑醇等喷雾。

常规防治用药：可选异菌脲、恶霜·锰锌、代森锰锌等喷雾。

具体用药量及倍数，须按照作物病害危害程度及各农药品种使用说明予以确定。

扁豆日灼病

扁豆日灼病是生理性非侵染性病害。

【简明诊断特征】　扁豆日灼病主要发生在叶片上。

叶片发病，主要在高温、强光直射下，初为叶片斑块褪绿，发展成叶肉组织失水呈漂白状斑块或叶缘枯焦。与其他叶斑性病害的区别是叶片薄、离叶脉远的叶肉组织及发生灼伤，发病几天后，病情相对稳定不再扩散，生长出的新叶表现正常。

【发病原因】　扁豆日灼病的发生，一般发病前二三天内有强光照或高温天气出现，使叶面温度上升，蒸腾作用加快，蒸发消耗水分过多，离叶脉远的向阳叶表面局部温度过高灼伤表皮细胞引发日灼。

【发生规律】　露地栽培 7～8 月或中管棚和连栋大棚保护地栽培 5～9 月，遇高温、烈日和干旱，或闷棚温度过高、时间过长，易发生病害；天气干热，土壤缺水或雨后暴热，易引发此病。

【防治措施】

（1）设施栽培：高温季节覆盖遮阳网降低棚温，加强中管棚及连栋大棚保护地调节温度管理，适时排气通风，降低叶面温度。采用地膜覆盖，提高土壤保水能力。

（2）加强田间管理：合理密植，适时的肥水浇灌，促使植株生长旺盛，防止作物缺水、叶片萎蔫受害。

（3）改良土质：增施有机肥，改良土壤结构，增加土壤蓄水供水能力，满足植株蒸腾作用所需水分。

第六章　根菜类(萝卜)病害

萝卜霜霉病

【图版 23】

萝卜霜霉病(*Peronospora parasitica*)，由鞭毛菌亚门真菌寄生霜霉菌侵染所致，全国各地均有发生；是萝卜生产上的重要病害。

【简明诊断特征】　萝卜霜霉病主要危害叶片，也能危害茎。苗期至成株期均可发病。

叶片染病，一般先从下部叶片起发病，发病初始叶片产生淡绿色水浸状小斑点，后扩大成多角形或不规则形的病斑，淡黄色至黄褐色。湿度大时，叶背或叶两面长出白霉，即病菌的孢囊梗和孢子囊。发病严重时，病斑连片可引起叶片干枯。

【侵染循环】　病菌以卵孢子随病株残余组织遗留在田间越冬或越夏，也能以菌丝体在田间病株或留种株种子内越冬。条件适宜时，卵孢子萌发形成芽管侵染幼苗，引起初侵染，并形成孢子囊借风雨传播行再次侵染。播种带菌种子，直接危害幼苗，使幼苗发病。

【发生规律】　上海及邻近地区萝卜霜霉病主要发病盛期在4～6月及9～12月。早晚温差大、多雾重露、晴雨相间相对湿度较高的年度发病重；秋季台风等雨水偏多、晚秋多雾、重露、气温偏高的年份发生重；田块间连作地、地势低洼积水、沟系少、湿度大、排水不良的田块发病较早较重；栽培上播种期过早、种植过密、通风透光差的、肥水不足或氮肥施用过多的田块发病重。

【病菌生态】 病菌喜温暖潮湿的环境。适宜发病的温度范围7~28 ℃;最适发病环境,日平均温度为 14~20 ℃,相对湿度 90％以上。

【防治措施】

(1) 留种与种子消毒:从无病留种株上采收种子,选用无病种子。引进商品种子在播前要用 2.5％咯菌腈悬浮种衣剂(适乐时)拌种后播种,使用剂量为干种子重量的千分之 3~4,或用 50 ℃温汤浸种 20 分钟后,立即移入冷水中冷却,晾干后催芽播种。

(2) 茬口轮作:重发病田块,提倡与非十字花科蔬菜 2 年以上轮作,以减少田间病菌来源。

(3) 茬口轮作:收获后及时清除病残体,带出田外深埋或烧毁,深翻土壤,加速病残体的腐烂分解。

(4) 加强田间栽培管理:施足基肥,适时播种,雨后及时排水,适当增施磷钾肥,以降低地下水位,促使植株健壮,提高植株抗病能力。

(5) 化学防治:肉质根形成期起是感病生育期,加强田间病情调查,根据病菌孢子和田间病害发生情况使用化学农药进行保护性防治,防治适期在 9 月上中旬起,多晴少雨天气时,每 7~10 天防治 1 次,连续防治 3~4 次;多阴雨、多重雾天气时,每 5~7 天防治 1 次,连续防治 4~6 次。防治时应注意多种不同类型农药的合理交替使用。

高效、低毒、低残留防治用药:可选氟菌•霜霉威、丙森•霜脲氰、烯酰吗啉、噁酮•霜脲氰等喷雾防治。

常规防治用药:可选霜脲氰锰锌、霜霉威、代森锰锌、甲霜灵•锰锌等喷雾防治。

具体用药量及倍数,须按照作物病害危害程度及各农药品种使用说明予以确定。

萝卜软腐病

【图版 23】

萝卜软腐病(*Erwinia carotovora*)由细菌胡萝卜软腐欧氏杆菌

侵染所致,俗称烂萝卜,全国各地均有发生;除危害萝卜外,还危害大白菜、青菜、甘蓝、胡萝卜、莴苣、番茄、马铃薯、辣椒、洋葱、黄瓜等20多种蔬菜瓜果。

【简明诊断特征】 萝卜软腐病主要危害根茎、叶柄和叶片。

根茎染病,发病初始在根尖产生水浸状,扩大后根部呈褐色软腐,并逐渐向上部根茎蔓延,使根茎内部组织坏死,软腐腐烂,在病部有褐色黏液溢出。

叶柄和叶片染病,初始产生水浸状斑,扩大后病斑边缘明显,呈褐色腐烂,田间湿度高时,病情发展迅速,干旱时病害停止扩展。

【侵染循环】 病菌主要随病株残余组织遗留在田间或堆肥中越冬。在环境条件适宜时,病菌借雨水、灌溉水及传病昆虫如黄条跳甲、小菜蛾、菜青虫等传播,从植株根部自然裂口、机械伤口、虫伤口侵入,并进入导管潜伏繁殖,引起初、再次侵染。

【发生规律】 上海及长江中下游地区萝卜软腐病的主要发病盛期在4～11月。年度间春、夏、秋季温度偏高、多雨的年份发病重;田块间连作地(土壤中病原细菌积累多)、地势低洼、排水不良的田块发病较重;栽培上有机肥不足、播种过早、病虫危害严重,均易诱发软腐病发生。

【病菌生态】 病菌喜高温潮湿的环境。适宜发病的温度范围为2～40 ℃;病菌耐酸碱度范围 pH 5.3～9.2;最适发病环境,温度为25～32 ℃,土壤 pH 7.2;最适感病生育期为根茎膨大期;发病潜育期3～10 天。高温高湿有利于病菌繁殖与传播。

【防治措施】

(1)提倡轮作:重发病地块提倡与非十字花科蔬菜轮作 2～3 年。

(2)加强栽培管理:采取深沟高畦短畦栽培,适时播种,雨后及时排水,降低地下水位,肥水做到小水勤浇,减少病菌随水传播的机会,施足底肥,增施充分腐熟的有机肥。

(3)虫害防治:及时防治传病害虫如黄条跳甲、小菜蛾、菜青虫、甜菜夜蛾、斜纹夜蛾等,减少害虫危害所造成的伤口;田间操作防止人为机械损伤给病菌的入侵创造机会。

（4）清洁田园：收获后及时清除病株残体，并携出田外深埋或烧毁，可减轻发病，深翻土壤，加速病残体的腐烂分解。

（5）化学防治：在发病初期开始喷药，每隔 7～10 天喷 1 次，连续喷 2～3 次。

高效、低毒、低残留防治用药：可选噻菌铜、春雷霉素、春雷·王铜等浇根。

常规防治用药：可选农用链霉素、氢氧化铜、霜霉威等浇根。

具体用药量及倍数，须按照作物病害危害程度及各农药品种使用说明予以确定。

萝卜菌核病

【图版 23】

萝卜菌核病（*Sclerotinia sclerotiorum*）由子囊菌亚门真菌核盘菌侵染所致，全国各地均有发生；主要危害萝卜、甘蓝、花椰菜、大白菜、青菜等十字花科蔬菜，还能危害黄瓜、番茄、辣椒、莴苣、菠菜、菜豆和油菜等多种植物。

【简明诊断特征】 萝卜菌核病主要危害植株的茎基部，也可危害叶片，苗期和成株期均可染病。

苗期染病，在茎基部出现水渍状的病斑，而后腐烂或猝倒。

根茎染病，主要发生在茎基部或分枝的叉口处，产生水浸状不规则形病斑，扩大后环绕根茎一周，淡褐色，边缘不明显，病部长出一层白色棉絮状菌丝体，后期病部可见黑色鼠粪状菌核。

叶片、叶球或叶柄染病，发病初始产生水浸状，扩大后病斑呈不规则形，淡褐色，边缘不明显，呈湿腐状。田间湿度高时，病部产生一层白色棉絮状菌丝体及黑色鼠粪状菌核。

【侵染循环】 病菌以菌核在土壤中、病残株组织内及混杂在种子中越冬或越夏。在环境条件适宜时，菌核萌发产生子囊盘；子囊盘散放出的子囊孢子借气流传播蔓延，侵染衰老叶片或未脱落的花瓣,穿过角质层直接侵入,引起初次侵染。侵入后病菌破坏寄主的细胞和组织,扩散和破坏邻近未被病原物侵染的组织,并通过病健株间的接触,进行重复侵染。病叶与健叶或茎杆接触,病菌就可以使健全的茎叶发病。

【发生规律】 上海及长江中下游地区萝卜菌核病的主要发病盛期在2~6月。年度间早春低温、连续阴雨或多雨,梅雨期间多雨的年份发病重;田块间连作地、地势低洼、排水不良的田块发病较早较重;栽培上种植过密、通风透光差、因寒流作物受冻、氮肥施用过多的田块发病重。

【病菌生态】 病菌喜温暖潮湿的环境。适宜发病温度范围0~30 ℃;最适发病环境,温度为 20～25 ℃左右、相对湿度高于90％以上;最适感病的生育期为生长中后期。子囊孢子萌发最适温度5~10 ℃;相对湿度低于70％病害扩展明显受阻;发病潜育期5~15 天。

【防治措施】

(1)清洁田园:收获后及时清除病残体,带出田外深埋或烧毁,深翻土壤,加速病残体的腐烂分解。

(2)加强田间栽培管理:高畦种植,合理密植,有利于通风透光,同时开好排水沟,降低田间湿度,增强植株生长势,合理使用氮肥,增施磷钾肥,提高抗病力。

(3)留种与种子处理:从无病留种株上采收种子,选用无病种子。引进的商品种子在播前要做好种子处理。清除混杂在种子内的菌核。

(4)化学防治:在发病初期开始喷药,防治间隔期7~10 天,连续喷雾 2~3 次。

高效、低毒、低残留防治用药:可选嘧霉胺、啶酰菌胺、春雷霉素等喷雾。

常规防治用药:可选乙烯菌核利、腐霉利、托布津等喷雾。

具体用药量及倍数,须按照作物病害危害程度及各农药品种使用说明予以确定。

萝卜病毒病

【图版 23】

萝卜病毒病由芜菁花叶病毒（Turnip mosaic virus，简称 TuMV）、黄瓜花叶病毒（Cucumber mosaic virus，简称 CMV）、烟草花叶病毒（Tobacco mosaic virus，简称 TMV）等三种病毒侵染所致；可单独侵染危害，也可两种或两种以上病毒复合侵染，俗称毒素病，在全国各地均有发生；危害萝卜、大白菜、青菜、甘蓝、花椰菜、芜菁、荠菜、菠菜、榨菜、雪菜、塔菜等蔬菜，是十字花科蔬菜上三大重要的病害之一。

【简明诊断特征】 萝卜病毒病从苗期至成株后期均能发病。

苗期染病，发病初始先在心叶上表现明脉或沿脉失绿，进而产生淡绿与浓绿相间的花叶或斑驳症状，最后在叶脉上表现出褐色坏死斑点或条斑，重病株还会出现心叶扭曲、皱缩畸形，植株生长严重矮缩。

成株期染病，轻病株表现出不同程度的花叶。重病株出现皱缩、矮化或半边皱缩，叶片的叶脉和叶柄上有小褐色斑点。

【侵染循环】 萝卜病毒病在上海地区可周年发生，病毒病的田间传播主要是桃蚜、棉蚜、萝卜蚜、甘蓝蚜等媒介，还可病健株接触磨擦、农事操作等途径进行传播。

【发生规律】 上海及长江中下游地区萝卜病毒病的主要发病盛期在 4～6 月及 9～12 月。年内下半年发生重于上半年；年度间早春温度偏高、雨量偏少的年份发病重；秋季干旱少雨、晚秋温度偏高、伴有阶段性阵雨的年份发病重；田块间连作地、地势低洼、排水不良的田块发病较重；栽培上秋季播期过早、耕作管理粗放、缺有机基肥、缺水、氮肥施用过多的田块发病重。

【病菌生态】 病害发生与寄主生育期、品种、气候、栽培制度、播种期等因素密切相关。萝卜苗期易感病，一般六七叶期前的幼苗最感病。植株在此前感染，特别是苗期遇高温干旱，有利于蚜虫、粉虱的繁殖和迁飞,传毒频繁,同时高温干旱不利于萝卜的秧苗生长发育,植株抗病力下降,温度高,病害的潜育期也短,有利于病害的早发、重发。

【防治措施】

(1) 严格选用非十字花科蔬菜连作地育苗和种植,最好选前茬种植葱、蒜、豆类、水稻、玉米、瓜类等作物的地育苗和种植。

(2) 选用抗病、耐病品种:病毒病的发生轻重还与选用品种有很大的关系,同一品种不同植株间也存在抗病性差异,在发病盛期内通过不断选择抗病性强的单株留种,是最经济有效的防病措施。

(3) 种子消毒:先用清水浸泡种子3～4小时,再放入10%磷酸三钠溶液中浸20～30分钟,捞出洗净后催芽;或将干种子放入70℃的恒温箱中,干热处理72小时,经检查发芽率正常后备用。

(4) 适时播种:一般早秋高温干旱天气以适当晚播3～5天为好,出苗后要及时加强田间管理,尽早间苗,争取培育健壮秧苗。

(5) 防治传病害虫:在蚜虫、粉虱发生初期,及时用药防治,同时使用黄板诱捕(25～30张/667平方米)减少虫口基数,防止传播病毒。推广应用银灰膜避蚜防病,效果明显。

(6) 加强肥水栽培管理:秋季遇高温干旱天气应及时浇水,保持土壤湿润,增施有机肥作基肥,以促进萝卜根系生长和提高抗病力。

(7) 化学防治:在秧苗期始见病害开始用药,每隔7～10天喷1次,连续喷2～3次,有较明显的抑制病害扩展的效果。

高效、低毒、低残留防治用药:可选宁南霉素喷雾。

常规防治用药:可选盐酸吗啉胍、病毒灵等喷雾。

具体用药量及倍数,须按照作物病害危害程度及各农药品种使用说明予以确定。

萝卜炭疽病

萝卜炭疽病(*Colletotrichum higginsianum*)由半知菌亚门真菌

希金斯刺盘孢侵染所致,全国各地均有发生,是萝卜生产上的重要病害。

【简明诊断特征】 萝卜炭疽病主要危害叶片,也能危害叶柄。从苗期至成株期均有发生。

叶片染病,发病初始出现针尖大小的水浸状小斑点,扩大后成褐色小斑,小斑间相互融合形成深褐色大病斑,叶片病斑会开裂或穿孔,引起叶片黄枯。

叶柄染病,病斑近圆形或梭形,稍凹陷。

在潮湿情况下,病斑上能产生淡红色黏质物,即为病菌的分生孢子盘和分生孢子。

【侵染循环】 病菌以菌丝体或分生孢子随病残体遗留在田间越冬;也能以菌丝体潜伏在种皮内或以分生孢子附着在种子表面越冬。在环境条件适宜时,菌丝体产生分生孢子,通过雨水反溅至寄主植物上,从寄主表皮直接侵入。经潜育后出现病斑,并在受害的部位产生新生代分生孢子,进行多次再侵染,加重危害。播种带菌种子,开春后直接危害幼苗,使幼苗发病。

【发生规律】 上海及长江中下游地区萝卜炭疽病的主要发病盛期在5~11月。年度间夏秋闷热、温度偏高、多雨、多雾的年份发病重;田块间连作地、地势低洼、排水不良的田块发病较早较重;栽培上种植密度过高、通风透光差、氮肥施用过多的田块发病重。

【病菌生态】 病菌喜高温潮湿的环境。适宜发病的温度范围15~38 ℃;最适发病环境,温度为25~32 ℃,相对湿度90%以上;最适感病期为苗期至成株期。发病潜育期3~5天。夏秋高温暴雨后转晴易引发病害。

【防治措施】

(1)留种与种子消毒:从无病留种株上采收种子,选用无病种子。引进商品种子在播前,干种子用2.5%咯菌腈悬浮种衣剂(适乐时)包衣,包衣使用剂量为千分之3~4,包衣后晾干播种。

(2)茬口轮作:提倡与非十字花科蔬菜隔年轮作,以减少田间病菌来源。

(3)适期播种:重病区适期晚播,避开高温多雨季节,上海菜区以 8 月底 9 月初播种为宜。

（4）加强田间管理：合理密植，科学施肥，开好排水沟系，防止雨后积水引发病害。

（5）清洁田园：收获后及时清除病残体，深翻土壤，加速病残体的腐烂分解。

（6）化学防治：在发病初期开始喷药，每隔 7～10 天喷 1 次，连续喷 2～3 次；重病田视病情发展必要还要增加喷药次数。

高效、低毒、低残留防治用药：可选嘧菌酯、戊唑醇、苯醚甲环唑、吡萘·嘧菌酯等喷雾防治。

常规防治用药：可选咪鲜胺、霜霉威、代森锰锌、甲基托布津、异菌脲等喷雾防治。

具体用药量及倍数，须按照作物病害危害程度及各农药品种使用说明予以确定。

萝卜黑腐病

【图版 23】

萝卜黑腐病（*Xanthomonas campestris* pv. *campestris*）由黄单胞杆菌野油菜黑腐病致病型侵染所致，俗称黑心病、烂心病，全国各地均有发生；是萝卜生产上的常见病害，还可危害大白菜、青菜、芹菜、芥菜、芜菁、油菜等十字花科作物。

【简明诊断特征】 萝卜黑腐病主要危害叶和根。

叶片染病，发病初始叶缘产生黄色斑，后变"V"字形向内发展，叶脉变黑呈网纹状，逐渐整叶变黄干枯。发病严重时病菌沿叶脉和维管束向短缩茎和根部发展，最后使全株叶片变黄枯死。幼苗期就可开始发病，子叶呈水浸状，根髓变黑腐烂。

根染病，萝卜肉质根受侵染后，透过日光可看出暗灰色病变，横切面看，维管束呈放射线状变黑褐色，并溢出菌脓。重病株可烂尽肉质根，只留呈干缩的空洞根皮。这是与萝卜软腐病区别的最简便的方法。

【侵染循环】 病原菌以带病种子越冬,或随病株残余组织遗留在田间越冬。雨水反溅、灌溉及虫伤或农事操作是植物病原细菌的传染途径,将田间病株残余组织内的病菌,传播至寄主植物上,从叶缘处水孔或叶面伤口侵入,引起初次侵染,并在受害的部位产生菌脓,进行多次再侵染。播种带菌种子,种子发芽后直接侵入子叶,产生病斑,引起幼苗发病。

【发生规律】 上海及长江中下游地区萝卜黑腐病的主要发病盛期在 4～11 月。年度间春、夏、秋季温度偏高、多雨、结露时间长的年份发病重;田块间连作地、地势低洼、排水不良的田块发病较重;栽培上有机肥不足、播种过早、病虫害严重,均易诱发软腐病发生。

【病菌生态】 病菌喜温暖潮湿的环境。适宜病菌生长发育的温度范围 5～39 ℃,最适环境温度为 25～30 ℃;最适发病环境,温度为 15～21 ℃,相对湿度 90％以上;最适感病生育期为苗期至采收期。发病潜育期 3～7 天。

【防治措施】

(1) 留种与种子消毒:从无病留种株上采收种子,选用无病种子。引进商品种子在播前,要用 2.5％咯菌腈悬浮种衣剂(适乐时)拌种后播种,使用剂量为干种子重量的千分之 3～4;或用 50 ℃温汤浸种 20 分钟后,立即移入冷水中冷却,晾干后催芽播种。

(2) 茬口轮作:重发病田块,提倡与非十字花科蔬菜 2 年以上轮作,以减少田间病菌来源。

(3) 加强栽培管理:采取深沟高畦短畦栽培,适时播种,雨后及时排水,降低地下水位,肥水做到小水勤浇,减少病菌随水传播的机会,施足底肥,增施充分腐熟的有机肥。

(4) 清洁田园:收获后及时清除病株残体,并携出田外深埋或烧毁,可减轻发病,深翻土壤,加速病残体的腐烂分解。

(5) 虫害防治:及时防治传病害虫,减少害虫危害所造成的伤口;田间操作防止人为的机械损伤给病菌的入侵创造机会。

(6) 化学防治:在发病初期开始喷药,每隔 7～10 天喷 1 次,连续喷 2～3 次。

高效、低毒、低残留防治用药：可选噻菌铜、春雷霉素、春雷·王铜等喷雾。

常规防治用药：可选霜霉威盐酸盐、新植霉素、农用链霉素、氢氧化铜等喷雾。

具体用药量及倍数，须按照作物病害危害程度及各农药品种使用说明予以确定。

萝卜黑根病

萝卜黑根病（*Aphanomyces raphani*）由鞭毛菌亚门真菌萝卜丝囊霉侵染所致；主要危害萝卜，肉质根染病后丧失食用和商品价值。

【简明诊断特征】 萝卜黑根病主要危害肉质根。

根部染病，发病初始在侧根生长处产生水渍状斑，扩大后病部表皮呈紫色至黑褐色，似辐射状条纹大斑，病、健部分界不明显，肉质根病部开裂、稍缢缩，并向内部扩展，侵染肉质根，使内部组织变僵硬。

【侵染循环】 病菌以藏卵器和菌丝体在土壤中越冬。来年环境条件适宜时，特别是土壤中水分充足时，产生的孢子囊释放大量游动孢子，通过雨水反溅或灌溉水的传播，从根部的表皮直接侵入，引起初次浸染。经潜育发病后，在受害的部位产生新生代游动孢子，进行多次再侵染，加重危害。

【发生规律】 上海及长江中下游地区萝卜黑根病的主要发病盛期在 4～6 月及 9～11 月。年内秋季发病重于春季，年度间早春多雨或梅雨期间多雨的年份发病重；秋季多雨的年份发病重；田块间连作地、地势低洼、排水不良、土质黏性田块发病较重。

【病菌生态】 病菌喜温暖潮湿的环境。适宜发病的温度范围 10～30 ℃；最适发病环境，土温为 20 ℃左右，较高的土壤含水量；最适感病生育期为根茎膨大期，发病潜育期 10～20 天。

【防治措施】

（1）茬口轮作：发病地块实行 2 年以上轮作，收获后及时清除病残体，深翻土壤，减少越冬病菌。

（2）加强田间管理：特别加强苗期管理，提倡高畦松土深沟栽培，适时播种，适当密植，注意通风透光，合理施肥，不大水漫灌，雨后及时排水，降低地下水位。

（3）化学防治：在发病初期开始用药液灌根，每株浇灌药液量 250 克左右，每隔 7～10 天 1 次，共用药 1～2 次。

高效、低毒、低残留防治用药：可选噻菌铜、春雷霉素、春雷·王铜等浇根。

常规防治用药：可选霜霉威、新植霉素、氢氧化铜、噁霉灵液等浇根。

具体用药量及倍数，须按照作物病害危害程度及各农药品种使用说明予以确定。

萝卜黑斑病

萝卜黑斑病（*Alternaria raphani*）由半知菌亚门真菌萝卜链格孢侵染所致，全国各地均有发生；是萝卜生产上的常见病害。

【简明诊断特征】　萝卜黑斑病主要危害叶片。

叶片染病，发病初始产生黑褐色至黑色稍隆起小斑，病斑扩大后呈圆形或近圆形，暗褐色，有明显的同心轮纹，外围有黄色晕圈，上生黑色霉状物，即病菌的分生孢子梗和分生孢子。病部易破裂穿孔。

【侵染循环】　病菌以菌丝体和分生孢子盘随病株残余组织遗留在田间越冬，以分生孢子附着在种子内越冬。在环境条件适宜时，产生的分生孢子通过气流传播或雨水反溅至寄主植物上，从寄主表皮直接侵入，引起初次侵染。后在受害的部位产生新生代分生孢子，飞散传播，进行多次再侵染，加重危害。播种带菌种子直接危害幼苗,使幼苗发病。

【发生规律】 上海及长江中下游地区萝卜黑斑病的主要发病盛期在 4～11 月。年度间春、夏、秋季温度偏高、多雨的年份发病重;田块间连作地、地势低洼、排水不良的田块发病较重;栽培上种植过密、通风透光差、氮肥施用过多的田块发病重。

【病菌生态】 病菌喜温暖潮湿的环境。适宜发病的温度范围15～40 ℃;最适发病环境,温度为 15～25 ℃,相对湿度 90％以上;最适感病肉质根膨大期至采收期。发病潜育期 5～10 天。

【防治措施】

(1)提倡轮作:重发病地块提倡与非十字花科蔬菜轮作 2～3 年。

(2)加强栽培管理:采取深沟高畦短畦栽培,适时播种,雨后及时排水,降低地下水位,肥水做到小水勤浇,减少病菌随水传播的机会,施足底肥,增施充分腐熟的有机肥。

(3)清洁田园:收获后及时翻晒土地,清洁田园,减少田间菌源。

(4)化学防治:在发病初期开始喷药,用药间隔期 7～10 天,连续防治 2～3 次。

高效、低毒、低残留防治用药:可选用苯醚甲环唑、戊唑醇等喷雾。

常规防治用药:可选用代森锰锌、异菌脲等喷雾防治。

具体用药量及倍数,须按照作物病害危害程度及各农药品种使用说明予以确定。

萝卜根肿病

萝卜根肿病(*Plasmodiophora brassicae*)由鞭毛菌亚门真菌芸薹根肿菌侵染所致,全国各地均有发生,是萝卜的常见病害。

【简明诊断特征】 萝卜根肿病仅危害根部。

主要发生在侧根上,也有发生在主根部。初发病时,根部形成肿瘤,肿瘤表皮光滑,圆球形或近球形,后表面粗糙,出现龟裂。病原物主要在根的皮层中蔓延,使被直接侵染的细胞增大,并刺激周围的组织细胞不正常分裂,而使根部肿大,形成形状和大小不同的肿瘤。

肉质根受害多发生于根尖部,也可在肉质根的部位产生大小不同的肿块。

【侵染循环】 病菌以休眠孢子囊随病株根部残余组织遗留在田间或散落在土壤中越冬。散落到土中的休眠孢子,对环境的抵抗能力强,可以在土壤中存活 7～8 年;在次春环境条件适宜时,休眠孢子囊产生游动孢子,借雨水、灌溉水、地下害虫及农事操作传播,从植株根部表皮侵入,引起初次浸染。病菌侵入后在根部开始形成肿瘤,并产生游动孢子扩大危害。

【发生规律】 上海及长江中下游地区萝卜根肿病的主要发病盛期在 5～11 月。年度间夏秋多雨或梅雨期间多雨的年份发病重;田块间连作地、地势低洼、排水不良的田块发病较重;栽培上地下害虫发生重的田块发病重,病田操作过的农具要注意消毒。

【病菌生态】 病菌喜温暖潮湿的环境。适宜发病的温度范围 9～30 ℃;最适发病环境,温度为 19～25 ℃,相对湿度 70～98％,土壤 pH 5.4～6.4;最适感病生育期为苗期至成株期,发病潜育期 10～25 天。

【防治措施】

(1) 种子消毒:萝卜种子内部不带菌,但随附在种子表面的泥土可带菌传病,采种时不在病区留种,不从病区调运种苗。引进商品种子在播种前,干种子用 2.5％咯菌腈悬浮种衣剂(适乐时)包衣,包衣使用剂量为千分之 3～4,包衣后晾干播种。

(2) 实施科学轮作和避病茬口栽培:根据病菌的残留存活期对病田实施水旱轮作和非十字花科蔬菜轮作 4～5 年以上,或在十字花科根肿病的盛发期 5～11 月回避种植易感病的十字花科作物。

(3) 清洁田园:发现病株及时拔除,带出田外深埋或烧毁,并在病穴四周撒生石灰,防止病菌蔓延。在 5～11 月对病田换茬,及时清除十字花科根肿病病残体,带出田外烧毁或深埋,并耕翻土壤,加速病残体的腐烂分解,减少田间菌源。

(4)深沟高畦栽培,推广应用滴灌浇水抗旱:深沟高畦栽培、雨后及时清理沟系,降低地下水位,抗旱小水勤浇有利于减轻病害的发生,大水漫灌有利于病害的传播。

(6)施用碱性物、调节土壤酸碱度:对重病田适当施用草木灰、氯化钾等碱性肥料,或每667平方米用粉石灰30~35千克调节土壤酸碱度,减轻病害(施用粉石灰有利又有弊,不可多用,主要是增施粉石灰会破坏土壤团粒结构,对控制病害有利,但对蔬菜生长无好处)。

(7)化学农药土壤消毒:在夏秋季对重病田块,在播种前10天用50%氰氨化钙进行土壤处理(消毒),适宜剂量为每平方米150克左右,每667平方米用量在100千克。

第二部分　蔬菜主要害虫及其防治

❋

小菜蛾

【图版 24】

小菜蛾（*Plutella xylostella*）属鳞翅目菜蛾科，别名菜蛾、二头尖，全国各地均有发生，以长江流域以南各地发生偏重；主要危害甘蓝、花椰菜、大白菜、萝卜、青菜等，是十字花科蔬菜的重要害虫。

【简明诊断特征】

（1）成虫：体长 6～7 毫米，翅展 12～15 毫米，为灰褐色小型蛾子。雄蛾前翅后缘从翅基至外缘有一呈淡黄白色波状色带，雌蛾的波状带灰黄色，雄蛾比雌蛾鲜艳；蛾子停息时两翅覆盖于体背成屋脊状，接合处形成 3 个连串的斜方块（从背面看）。前翅缘毛较长，特别是靠近外缘处；后翅银灰色，缘毛也很长。雄蛾腹部末端左右分裂，雌蛾不分裂，呈管状。

（2）卵：椭圆形，扁平，淡黄色，有光泽，长约 0.5 毫米，宽约 0.3 毫米，多数为单粒产，大多产在叶背靠叶脉的凹处，少数产在叶面凹陷处。

（3）幼虫：共 4 龄，老熟幼虫长 8～11 毫米，淡黄绿色或深绿色，纺锤形，体上有稀疏、长而黑的毛。头部褐色，前胸背板上有淡褐色无毛斑纹排列成 2 个"U"字形纹。臀足后伸，超过腹末，形成头小、尾小的特殊形态，由此俗称为"二头尖"。

（4）蛹：长5～8毫米,老熟幼虫常在叶背吐丝编织的稀薄灰白色网状虫茧中化蛹,初化的蛹呈水绿色,逐渐转为淡黄绿色、淡黄褐色,即将羽化的蛹为灰褐色。

【发生与危害】 小菜蛾在上海地区年发生12～14代,世代重叠现象严重,露地以蛹在田间十字花科作物上越冬,保护地内可周年危害。

小菜蛾在长江流域及其以南地区的危害最为严重,上海地区年内发生盛期在5～6月(2～4代危害最重)及9～10月(9～11代危害中等)(图12)。苗期受害可引起毁苗,秧苗移栽后受集中心叶危害而使新叶无法正常生长,导致毁种,生长后期严重受害可影响包心,引发软腐病等,造成大幅度减产。在留种蔬菜上还取食嫩茎,钻食幼嫩的种荚,影响留种菜株的采制种。

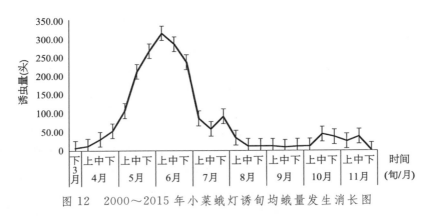

图12 2000～2015年小菜蛾灯诱旬均蛾量发生消长图

【害虫习性】 成虫有趋光性习性,夜间午夜前对黑光灯、日光灯有较强的趋性。白天躲在植株的隐蔽处,在受惊时可短距离低飞。越冬代成虫寿命最长可达60多天,产卵期长达40余天,平均每头雌蛾产卵量200多粒。以后各代成虫寿命5～10天,产卵期4～7天,平均每头雌蛾产卵量50～100粒。成虫产卵对寄主有选择性,趋于生长旺盛、含芥子油较高的蔬菜作物上产卵,特别是甘蓝、花椰菜、大白菜受卵量高、危害重。卵多数散产于作物的叶背近叶脉的凹陷处,少数在叶片正面和叶柄上。初龄幼虫有半潜叶钻食叶肉的危害习性,二龄以上幼虫主要取食叶肉,残留上表皮,成为透明的斑块。低、高龄幼虫喜在寄主的心叶或叶背危害,一遇惊动就扭动身体,倒退、吐丝下垂狡猾逃避。幼虫老熟后在叶脉附近或落叶上结茧化蛹。

适宜小菜蛾生长发育的温度范围为 8~40 ℃;最适环境,温度为 20~30 ℃,相对湿度 70% 以下。对环境的适应性较强,在 12~35 ℃ 温度下都可正常生长、发育、繁殖,在 35~40 ℃ 的高温区仍能生存,但种群繁殖受到明显的抑制。卵的发育起点温度 9.4 ℃,有效积温 50 日度;幼虫的发育起点温度 7.4 ℃,有效积温 173 日度;蛹的发育起点温度 7.7 ℃,有效积温 72 日度;在盛发期内完成一个世代发育历期为 15~20 天。

【灾变要素】 经汇总 2000~2015 年小菜蛾虫情发生动态系统调查,与环境要素用多元互作项逐步回归法的数理统计学,通过相关性检测,满足利于小菜蛾在上半年重发生的主要灾变要素是越冬与早春虫口密度(3~4 月灯下蛾量)高于 100 头;3~4 月旬均温度高于 12.5 ℃;3~5 月上旬累计雨量少于 160 毫米;3~5 月上旬累计日照时数多于 400 小时;其灾变的复相关系数为 $R^2 = 0.953\ 1$。下半年小菜蛾的发生多数年份比上半年轻,通常与夜蛾的防治兼治。

【防治措施】

(1)农业防治:十字花科蔬菜收获后及时翻耕灭茬,防止残存虫源在收获后的残菜叶上繁殖,减少田间虫口基数,并在茬口安排中尽量避免十字花科蔬菜周年连作栽培。重发生地区可在盛发期选择瓜类、豆类等作物茬口轮作,实施栽培避虫。

(2)喷灌法:合理利用小菜蛾怕雨水的特点,在干旱时改浇水灌溉为喷灌方式,通过人工造雨措施可减轻小菜蛾的发生与危害。

(3)应用植物源诱剂诱杀成虫:应用植物源诱小菜蛾成虫的黄色诱虫黏胶板可诱杀成虫,减少田间卵量。

(4)性诱剂迷向法防治:在春季平均温度回升到 15 ℃ 时起,在田间应用迷向型小菜蛾诱芯,每 60 平方米左右设 1 个诱芯,干扰小菜蛾成虫的交配,减少田间有效卵量控制危害,每 60~80 天换一次诱芯,防治效果可达45%~60%。

（5）生物农药防治：应用以苏云金杆菌（简称 BT）为主的系列生物农药防治，如高含量菌粉 8 000～16 000 国际单位 BT 500～1 000 倍液喷雾；或 BT 乳剂 300～500 倍液喷雾；20 亿 PIB/毫升甘蓝夜蛾核型多角体病毒悬浮剂 800～1 000 倍液喷雾；0.5％印楝素乳油（世宽）700～800 倍；60 克/升乙基多杀菌素悬浮剂（艾绿士）1 500～2 000 倍；0.5％苦参碱水剂（神雨）1 000～1 200 倍均匀喷雾。

（6）化学农药防治：在幼虫卵孵盛期至一二龄幼虫高峰期施药。该虫有很强的抗药性，因此在选用农药时要注意交替用药。

可选用 5％氯虫苯甲酰胺悬浮剂（普尊）800～1 000 倍液；或 150 克/升茚虫威乳油（凯恩）2 000～3 000 倍液；或 10％虫螨腈悬浮剂（除尽）1 000～1 500 倍液。

菜粉蝶

【图版 24】

菜粉蝶（*Plutella xylostella*）属鳞翅目粉蝶科，俗称白粉蝶、菜白蝶，幼虫称青虫或菜青虫，全国各地均有发生；主要危害十字花科植物，尤其偏食甘蓝、花椰菜、白菜、青菜、萝卜等，是菜区的主要害虫。

【简明诊断特征】

（1）成虫：体长 12～20 毫米，翅展 45～50 毫米。雄成蝶乳白色，雌成蝶淡黄白色，雌蝶前翅正面基部灰黑色，约占翅面的 1/2，前翅顶角有 1 个三角形黑斑，沿此黑斑下方有两个圆形黑斑。雄虫前翅正面基部灰黑色部分较小，仅限于翅基及近翅基的前缘部分，前翅顶角三角形黑斑下方的 2 个圆形黑斑颜色深浅不一致。

（2）卵：枪弹形，表面有规则的纵横隆起线。初产时淡黄色，孵化前为橘黄色，单粒产于叶面或叶背上。

（3）幼虫：体长 25～35 毫米，青绿色，体背密布细小毛瘤，背中线黄色,两侧气门黄色。

(4)蛹:体长 15～20 毫米,纺锤形,体背有 3 条纵脊,常有一丝吊连在化蛹场所的物体上。化蛹初期为青绿色,逐渐转变灰褐色。

【发生与危害】 菜粉蝶上海年发生 8～9 代,以蛹越冬,越冬场所大多数在田块附近的屋檐、墙脚、枯枝残叶、篱笆、树干、砖石、杂草及残余落叶间,田间过冬作物如花椰菜、甘蓝等也是此虫越冬场所。一般在较干燥、阳光不直接照射、昼夜温差小的环境分布最多。由于越冬蛹所在环境条件不同,温度也不同,羽化进度差异大,越冬蛹羽化为成虫的时间也拖得较长,世代重叠现象严重,常年在 3 月前后越冬蛹陆续羽化。在 11 月中旬起以蛹越冬;入冬迟的年份,可延时到 12 月中下旬田间还可以见到少量幼虫。该世代有部分虫源不能完成发育进度,为不完全世代。

菜粉蝶在上海地区的盛发期以 5～6 月(2～3 代)发生最重,秋季 9～10 月(7～8 代)次之,其余各代发生都较轻(图 13)。以幼虫危害作物,将菜叶咬成孔洞或吃成缺刻;虫口密度高时,可将叶片吃光,只剩粗叶脉和叶柄;秧苗被害,常造成无心秧苗,影响包心;幼虫除食叶危害外,排出粪便污染菜心,取食的伤口容易引发软腐病菌侵入,引起整株发病腐烂。

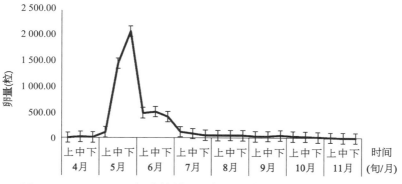

图 13 1996～2015 年菜粉蝶 10 株甘蓝着卵量旬均发生消长图

【害虫习性】　菜粉蝶成虫具日出性,在晴天上午9时到下午4时活动最盛,有补充营养的习性,喜于开花植物上吸蜜,上海地区在4月底、5月初,正是油菜、十字花科留种菜的盛花季节,菜花蜜源多,第二、第三代成虫产卵量较高,幼虫发生量较大。成虫寿命5～15天,喜欢在芥籽油含量高的植物上产卵,卵单产,一头雌成虫平均产卵量达150粒左右。

【害虫生态】　适宜菜青虫幼虫生长发育的温度范围10～34℃;最适环境温度为20～25℃,相对湿度70%～90%;在32～34℃时,幼虫自然死亡率高;卵发育起点温度为8.4℃,有效积温56.4日度;幼虫发育起点温度为6℃,有效积温217日度;蛹发育起点温度为7℃,有效积温150日度;全生育期有效积温423.5日度。

【灾变要素】　经汇总1996～2015年的10株甘蓝着卵量虫情发生动态系统调查,与环境要素用多元互作项逐步回归法的数理统计学通过相关性检测,满足利于菜青虫在上半年重发生的主要灾变要素是早春着卵量(4月卵量)高于50粒;3～4月旬均温度高于12.8℃;4～5月上旬累计雨量少于90毫米;3～5月上旬累计日照时数多于420小时;其灾变的复相关系数为$R^2 = 0.893\ 9$。下半年的发生多数年份比上半年轻,通常与夜蛾的防治兼治。

【防治措施】

(1)农业防治:十字花科蔬菜收获后及时翻耕灭茬,防止残存虫源在收获后的残菜叶上繁殖,减少田间虫口基数。

(2)应用植物源诱剂诱杀成虫:应用植物源诱菜粉蝶成虫的黄色诱虫黏胶板可诱杀成虫,减少田间卵量。

(3)微生物防治:菜青虫对苏云金杆菌(简称BT)系列生物农药非常敏感,且不易产生抗性。生物农药对人畜无毒,值得推广,高含量菌粉8 000～16 000国际单位BT每667平方米用量100～200克或500～1 000倍液,BT乳剂每667平方米用量250～400毫升或300～500倍液,防效好、成本低。

(4)化学防治:在幼虫二龄发生盛期防治,用药间隔期7～10天,连续防治2次左右,由于菜青虫抗性较差,可兼治菜青虫的农药较多,春季常与防治小菜蛾兼治,秋季常与防治甜菜夜蛾、斜纹夜蛾、小菜蛾等兼治。

甜菜夜蛾

【图版 25】

甜菜夜蛾（*Laphygma exigua*）属鳞翅目夜蛾科,别名夜盗蛾、菜褐夜蛾、玉米夜蛾,全国各地均有发生;以黄河流域以南地区发生偏重,是多食性害虫,在国内已知的寄主有 78 种。危害蔬菜种类主要有甘蓝、花椰菜、芦笋、大葱、豇豆、大白菜、青菜、苋菜、萝卜、蕹菜、胡萝卜、莴苣、番茄、辣椒、茄子、黄瓜等 30 余种。由于南方冬季弃种麦类,种植经济作物面积逐年扩大,甜菜夜蛾已成为常发性的主要害虫种类之一,寄生范围广、幼虫抗药性强、防治难度大,是生产上影响蔬菜食品安全障碍性害虫。

【简明诊断特征】

（1）成虫:体长 10～14 毫米,灰褐色,前翅中央近前缘外方有肾状纹一个,内方有环形纹一个,肾状纹大小为环形纹 1.5～2 倍。

（2）卵:馒头状,块产,表面有白色鳞片状的覆盖物。

（3）幼虫:有 5 个龄期,少数幼虫有 6 龄。体长 20～24 毫米,体色多变,体背上线条斑纹不明显,但气门下有一条黄白色体线,各节气门后方有一个白色斑纹。

（4）蛹:体长约 10 毫米,有一对臀刺,在臀刺的基部有两根刚毛。

【发生与危害】 甜菜夜蛾是迁飞性害虫,在上海和长江流域年发生 5～6 代,多数年份第六代为不完全世代,世代重叠现象严重。对于越冬,国内有较多的争议。据在本市多年的越冬调查,认为在保护地栽培条件下,能以低龄幼虫在植株根系附近的土中休眠越冬,但不是影响翌年发生基数的主要虫源,当环境温度达到 20 ℃以上,土中越冬的幼虫就可出土活动危害。在保护地栽培最早的成虫始见期在 2～3 月、露地最早成虫始见期可在 4 月上中旬,到 10 月中下旬起有成虫迁飞到南方,11月下旬至12月上旬终见本地成虫。

上海地区甜菜夜蛾的发生盛期在7～10月(2～4代)(图14),以幼虫食害叶片,严重时可吃光叶片;四龄以上幼虫还可钻食甘蓝、大白菜等菜球和甜椒、番茄果实,造成烂菜、落果、烂果等,取食叶片造成的伤口和污染,使植株易感染软腐病。

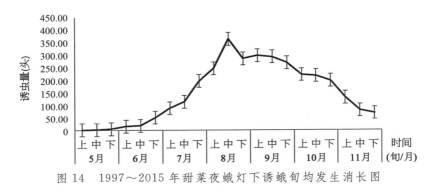

图 14　1997～2015 年甜菜夜蛾灯下诱蛾旬均发生消长图

【害虫习性】　成虫夜出活动,对黑光灯有趋光性,趋化性较弱。白天隐蔽,从黄昏至整个上半夜是成虫活动、取食、产卵的高峰期,寿命5～12天,平均每头雌蛾可产卵4～5块,200～600粒。卵多产于植株下部叶片的反面,多数单层排列,卵块上覆盖白色鳞毛。初孵化的幼虫在卵块附近昼夜取食叶肉,留下叶片的表皮,将叶食害成不规则的透明白斑;二三龄幼虫开始逐渐四处爬散,或吐丝下坠分散转移危害,取食叶片的危害状成小孔;四龄后食量骤增,生活习性改变为昼伏夜出,晴天在植株周围的阴暗处或土缝里潜伏,但在阴雨天气,白天有少量的个体也会爬上植物取食,多数仍在傍晚后出来危害;虫口密度大时,可将叶片吃光,并侵害幼嫩茎秆或取食植株生长点等,也可钻入菜球内取食,造成腐烂。幼虫在虫口密度过高、又缺食料的条件下,有自相残杀现象。幼虫老熟后,入土1～3厘米,作土室化蛹。

【害虫生态】　适宜甜菜夜蛾生长发育的温度范围为15～42℃;最适环境温度为25～35℃,相对湿度80%～95%,土壤含水量20%～30%,卵的发育起点温度10.9℃,有效积温42.5日度;幼虫的发育起点温度 10.9 ℃,有效积温 243 日度;蛹的发育起点温度 12.2 ℃,有效积温 106 日度。

【灾变要素】 经汇总 1997～2015 年甜菜夜蛾灯下诱蛾虫情发生动态系统调查,与环境要素用多元互作项逐步回归法的数理统计学通过相关性检测,满足利于甜菜夜蛾重发生的主要灾变要素是 5 月至 7 月上旬累计诱蛾量高于 85 头,5～7 月上旬的旬均温度高于 23.3 ℃,5～7 月上旬累计雨量 380～420 毫米,5～7 月上旬累计日照时数少于 350 小时,其灾变的复相关系数为 $R^2 = 0.895\,5$。

【防治措施】

(1) 性诱成虫防治:在每年发生初期,应用甜菜夜蛾性诱剂,每 1 334 平方米(2 亩)1 个,每 2～3 天清除诱捕到的成虫,高效诱芯的防治效果可达到 50%～70%,可大幅减少化学农药的应用。

(2) 农业防治措施:甘蓝、花椰菜、萝卜等十字花科类蔬菜采收,要及时清除残茬,减少虫源。全田换茬时要深耕灭蛹。

(3) 化学防治:掌握在幼虫卵孵盛期至一二龄幼虫高峰期施药,在发生高峰期,一个代次根据虫口密度防治 1～2 次。防治间隔期 7～10 天。该虫抗药性强,因此所选用的农药要注意交替轮换用药。

高效、低毒、低残留防治用药:可选用 60 克/升乙基多杀菌素悬浮剂(艾绿士)1 000～1 500 倍液;5%氯虫苯甲酰胺悬浮剂(普尊)300～400 倍液;24%甲氧虫酰肼悬浮剂(农首定)800～1 000 倍液;150 克/升茚虫威乳油(凯恩)2 000～3 000 倍液;10%虫螨腈悬浮剂(除尽)1 000～1 500 倍液;300 亿甜菜夜蛾核型多角体病毒颗粒剂 6 000～15 000 倍液;3.4%甲氨基阿维菌素苯甲酸盐微乳剂(奥翔)2 500～3 500 倍液;50 克/升虱螨脲乳油(美除)1 000～1 500 倍液等喷雾防治。

常规防治用药:可选氟虫脲类农药(使用参照登记用量)喷雾防治。

(4) 防治技巧:甜菜夜蛾的幼虫昼伏夜出,白天潜伏在植株根基或表土层内,晴天傍晚 6 点以后逐步向植株上部迁移。针对这种习性,在防治上实行傍晚喷药。一般在晚上 6～7 点以后,最好在晚上 8～9 时(太阳下山以后 2 小时左右),害虫全部上叶取食时施药,使药剂能直接喷到虫体和食物上,触杀、胃毒并进,增强毒杀效果。

斜纹夜蛾

【图版 25】

斜纹夜蛾(*Spodoptera litura*)属鳞翅目夜蛾科,又称斜纹夜盗蛾,俗称花虫,全国各地均有发生,以黄河流域以南地区发生偏重。该虫食性杂,寄主多达 99 个科,290 多种植物。在蔬菜上主要危害甘蓝、花椰菜、萝卜、芦笋、大葱、青菜、大白菜、生菜、茄子、辣椒、番茄、豆类、瓜类、菠菜、香葱、空心菜、米苋、土豆、藕、芋等,是我国夏秋蔬菜上常发的主要害虫。

【形态特征】

(1)成虫:体长 14～20 毫米,翅展 30～40 毫米,深褐色。前翅灰褐色,从前缘基部斜向后方臀角有一条白色宽斜纹带,其间有两条纵纹。雄蛾的白色斜纹不及雌蛾明显。

(2)卵:馒头状、块产,表面覆盖有棕黄色的疏松绒毛。

(3)幼虫:共 6 龄,体长 35～47 毫米,体色多变,从中胸到第九腹节上有近似三角形的黑斑各一对,其中第一、第七、第八腹节上的黑斑最大。

(4)蛹:体长 15～20 毫米,腹部背面第四至第七节近前缘处有一小刻点,有一对强大的臀刺。

【发生与危害】 斜纹夜蛾是迁飞性害虫,在上海、长江流域年发生 5～6 代,世代重叠,在华南地区可终年危害。对于越冬,国内有较多的争议。据在本市多年的越冬调查,认为在保护栽培条件下,能以低龄幼虫在植株根系附近的土中休眠越冬,但不是影响下年发生基数的主要虫源;当环境旬均温度达到 20 ℃以上时,越冬的幼虫可出土活动危害。在保护地栽培最早的成虫始见期在 2～3月、露地的成虫始见期最早可在 4 月上中旬,到 10 月中下旬有成虫返迁到南方,11 月下旬至 12 月上旬本地终见成虫。

上海地区斜纹夜蛾的发生盛期在 7～10 月(2～4 代)(图 15),常与甜菜夜蛾同期发生,也以幼虫食害叶片,严重时可吃光叶片,四龄以上幼虫还可钻食甘蓝、大白菜等菜球、茄子等多种作物的花和果实,造成烂菜、落花、落果、烂果等。取食叶片造成的伤口和污染,使植株易感染软腐病。

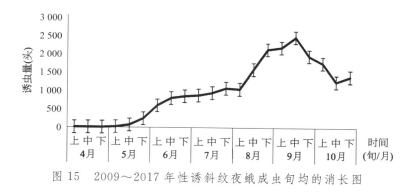

图 15　2009～2017 年性诱斜纹夜蛾成虫旬均的消长图

【害虫习性】　成虫夜间活动,对黑光灯有趋光性,还对糖、醋、酒及发酵的胡萝卜、麦芽、豆饼、牛粪等有趋化性,产卵前需取食蜜源补充营养,白天躲藏在植株茂密的叶丛中,黄昏时飞回开花植物,寿命 5～15 天,平均每头雌蛾产卵 3～5 块,400～700 粒。卵多产于植株中、下部叶片的反面,多数多层排列,卵块上覆盖棕黄色绒毛。初孵化的幼虫先在卵块附近昼夜取食叶肉,留下叶片的表皮,将叶食害成不规则的透明白斑,但遇惊扰后四处爬散或吐丝下坠或假死落地。二三龄幼虫开始逐渐四处爬散,或吐丝下坠分散转移危害,取食叶片的危害状成小孔;幼虫四龄后食量骤增,有假死性及自相残杀现象,生活习性改变为昼伏夜出,晴天在植株周围的阴暗处或土缝里潜伏,但在阴雨天气的白天有少量的个体也会爬上植物取食,多数仍在傍晚后出来危害,至黎明前又躲回阴暗处。虫口密度大时,可将叶片吃光,并侵害幼嫩茎杆或取食植株生长点等,也可钻入菜球内取食,造成腐烂。在虫口密度过高、大发生时,幼虫有成群迁移的习性。幼虫老熟后,入土 1～3 厘米,作土室化蛹。

【害虫生态】　适宜斜纹夜蛾生长发育的温度范围为 20～40 ℃;最适环境温度为 28～32 ℃,相对湿度 75％～95％,土壤含水量 20％～30％。在 28～30 ℃下卵历期 3～4 天,幼虫期 15～20 天,蛹历期 6～9 天。据室内用不同食料饲养幼虫,在相同的湿度下历期长短有一定的差异。

【灾变要素】　经汇总 2009～2017 年的斜纹夜蛾性诱蛾量虫情发生动态系统调查,与环境要素用多元互作项逐步回归法的数理统计学通过相关性检测,满足利于斜纹夜蛾重发生的主要灾变要素是 4 月至 7 月累计诱蛾量高于 3 200 头;4～7 月的旬均温度高于 20.2 ℃;4～7 月累计雨量超过 450 毫米;4～7 月累计日照时数少于 450 小时;其灾变的复相关系数为 $R^2=0.980\ 6$。

【防治措施】

(1) 性诱成虫防治:在每年发生初期,应用斜纹夜蛾性诱剂,每 1 334 平方米(2 亩)1 个,每 2～3 天清除诱捕到的成虫,高效诱芯的防治效果可达到 60％～80％,可大幅减少农药的应用。

(2) 农业防治措施:甘蓝、花椰菜、萝卜等十字花科类蔬菜采收,要及时清除残茬,减少虫源。全田换茬时要深耕灭蛹。

(3) 生物防治:斜纹夜蛾幼虫对病毒制剂极敏感,应用 300 亿 PIB/克甜菜夜蛾核型多角体病毒水分散粒剂 8 000～10 000 倍液(667 平方米用量 4～6 克)可以得到较好的防治效果。

(4) 化学防治:掌握在幼虫卵孵盛期至一二龄幼虫高峰期施药。该虫有较强的抗药性,常与甜菜夜蛾同时混发,因此在选用农药时要注意交替用药。

高效、低毒、低残留防治用药:可选 5％氯虫苯甲酰胺悬浮剂(普尊)800～1 000 倍液;夜蛾核型多角体病毒、乙基多杀菌素、甲氧虫酰肼、茚虫威、虱螨脲、阿维菌素类农药(使用参照登记农药)等喷雾防治。

常规防治用药:可选氰氟虫腙、氟啶脲、特氟脲类农药(使用参照登记农药)喷雾防治。

(5) 防治技巧:斜纹夜蛾的幼虫昼伏夜出,白天潜伏在植株根基或表土层内,晴天傍晚 6 点以后逐步向植株上部迁移。针对这种习性,在防治上实行傍晚喷药。一般在晚上 6～7 点以后,最好在晚上 8～9 时(太阳下山以后 2 小时左右),害虫全部上叶取食时施药,使药剂能直接喷到虫体和食物上,触杀、胃毒并进,增强毒杀效果。

菜　蚜

【图版 26】

危害十字花科的蚜虫主要有三种,桃蚜(*Myzus persicae*)、萝卜蚜(*Lipaphis erysimi*)、甘蓝蚜(*Brevicoryne brassicae*)。三种蚜虫属同翅目蚜科,别名有桃赤蚜、菜蚜、油虫,全国各地均有发生,是十字花科蔬菜生产中极重要的害虫之一。

【简明诊断特征】

1. 桃蚜

(1)有翅雌蚜:体长 1.8～2.2 毫米。头部黑色,额瘤发达且显著,向内倾斜,复眼赤褐色,胸部黑色,腹部体色多变,有绿色、淡暗绿色、黄绿色、褐色、赤褐色,腹背面有黑褐色的方形斑纹一个。腹管较长,圆柱形,端部黑色,触角黑色,共有 6 节,在第三节上有 1 列感觉孔,9～17 个。尾片黑色,较腹管短,着生 3 对弯曲的侧毛。

(2)有翅雄蚜:体长 1.5～1.8 毫米,基本特征同有翅雌蚜,主要区别是腹背黑斑较大,在触角第三、五节上的感觉孔数目很多。

(3)无翅雌蚜:体长约 2 毫米,近卵圆形,体色多变、有绿色、黄绿色、樱红色、红褐色等,低温下颜色偏深,触角第三节无感觉圈,额瘤和腹管特征同有翅蚜。

(4)若蚜:共 4 龄,体形、体色与无翅成蚜相似,个体较小,尾片不明显,有翅若蚜三龄起翅芽明显,且体形较无翅若蚜略显瘦长。

(5)卵:长椭圆形,长约 0.5 毫米,初产时淡黄色,后变黑褐色,有光泽。

2. 萝卜蚜

(1)有翅雌蚜:体长 1.6～1.8 毫米,头胸部为黑色,复眼赤褐色,额瘤不显著,腹部黄绿色至绿色,第一二节背面及腹管后各节有2条淡黑色横带斑纹,腹管前各节两侧有黑斑,有时身体上有稀少的白色蜡粉。触角第三四节淡黑色,第三节有感觉圈16～26个,排列不规则;第四节有感觉圈2～6个,排列成一行;第五节有感觉圈0～2个。腹管暗绿色,顶端收缩,长度约与触角第五节等长,尾片有长毛4～6根。

(2)无翅雌蚜:体长约1.8毫米,全身黄绿色稍有白色蜡粉,触角第三四节无感觉圈,第五六节各有一个感觉圈,胸部各节中央隐约有1黑色横斑纹,腹管和尾片同有翅蚜。

(3)若蚜:共4龄,体形、体色似无翅成蚜,仅个体较小,有翅若蚜三龄起可见翅芽,体形略显瘦长。

3. 甘蓝蚜

(1)有翅雌成蚜:体长2～2.2毫米,头、胸部黑色,复眼赤褐色,腹部黄绿色,有数条隐约可辨的暗绿色横斑纹,两侧各有5个黑点,全身覆有明显的白色蜡粉,无额瘤。触角第三节有37～49个排列不规则的感觉圈,腹管很短,中部稍膨大。尾片短,呈圆锥形,基部稍凹陷,两侧有2～3根长毛。

(2)无翅雌成蚜:体长2.2～2.5毫米。全身暗绿色,特征同有翅蚜,触角第三节无感觉圈。

(3)若蚜:共4龄,体形、体色类似无翅成蚜,仅个体略小。有翅若蚜三龄起可见到幼小的翅芽,体形比无翅若蚜略显瘦长。

【发生与危害】 蚜虫在长江流域地区年发生20～30代,华北地区年发生10～20代,华南地区年发生可达30～40代,世代重叠严重。桃蚜以卵在枝条的芽腋内、分枝或枝梢的裂缝中越冬,还可以无翅胎生雌蚜在风障地菠菜或作物根际处越冬;越冬卵翌年3～4月孵化,在越冬寄主上繁殖几代后再产生有翅蚜迁回蔬菜田危害。萝卜蚜、甘蓝蚜在长江流域及其以南地区(或北方的加温温室内),则终年可营孤雌生殖,没有越冬虫态。

在上海、江苏、浙江地区,十字花科蔬菜上的菜蚜年发生呈春秋双峰型,分别出现在5～6月和10～11月前后(图16),隆冬低温季节和盛夏高温季节发生量都较低。由于桃蚜比萝卜蚜耐低温,而萝卜蚜比桃蚜耐高温,故每年 12 月下旬至次年 5 月,田间发生的菜蚜优势种主要是桃蚜;7～10 月上旬田间发生的主要是萝卜蚜;每年6～7 月及 11～12 月是两种蚜虫的比例结构的变换时期。在华南地区则秋冬季发生较重,而且都与萝卜蚜混合发生。在北方,桃蚜还与甘蓝蚜混合发生。在发生盛期以成蚜和若蚜在菜叶上刺吸汁液,可造成叶片卷缩变形、植株生长不良和萎缩,严重时全株枯死,蚜虫的分泌物蜜露还影响作物的光合作用,引发煤污病,污染蔬菜,且可传播多种病毒病。

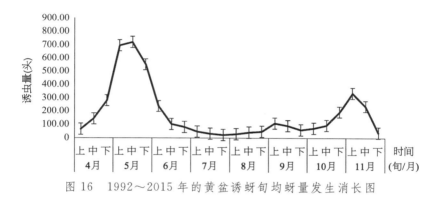

图 16　1992～2015 年的黄盆诱蚜旬均蚜量发生消长图

【害虫习性】　蚜虫的有翅虫态对黄色有较强的趋性,对银灰色有忌避习性,且具较强的迁飞和扩散能力。在适宜的条件下,寿命可长达 10 天以上,平均每头有翅和无翅雌蚜胎生仔蚜 40～60 头。

【害虫生态】　适宜桃蚜生长发育的温度范围为 5～29 ℃;最适环境温度为 16～25 ℃。桃蚜有翅型和无翅型的发育起点温度分别为 4.3 ℃和 3.9 ℃,自胎生至羽化为成蚜的有效积温分别为 133 日度和 120 日度。在日均温 17～20 ℃的条件下,胎生至羽化为成蚜的历期为 7～12 天;在 26 ℃下,整个若虫期只需 5～6 天。适宜萝卜蚜生长发育的温度范围为 10～30 ℃;最适温度为 15～26 ℃。有翅蚜发育起点温度为 6.4 ℃,自胎生至成蚜的有效积温为 116 日度;无翅蚜发育起点温度为 5.7 ℃,自胎生至成蚜的有效积温为111.4 日度。在日均温度 17～22 ℃的条件下,自胎生发育至成蚜的历期为 6～12 天,在 26～29 ℃仅 4～5 天。适宜甘蓝蚜生长发育温度的范围为 10～25 ℃;最适环境温度为 15～22 ℃,相对湿度 45%～70%。发育起点温度为 4.5 ℃,从出生至羽化为成蚜,有翅蚜有效积温为 148.6 日度,无翅蚜为 134.5 日度;日均温度 20 ℃ 左右,从出生发育至成蚜的平均发育历期,有翅蚜发育历期 9～10 天,无翅蚜 8～9 天。当日平均温度高于 25 ℃时田间几乎见不到踪影。

【灾变要素】 经汇总 1992～2015 年的黄盆诱蚜虫情发生动态系统调查,与环境要素用多元互作项逐步回归法的数理统计学通过相关性检测,满足利于蚜虫重发生的主要灾变要素是 4 月累计黄盆诱虫量高于 520 头,3 月中旬至 4 月的旬均温度高于 13.5 ℃,3 月中旬至 4 月累计雨量少于 120 毫米,3 月中旬至 4 月累计日照时数多于 280 小时,其灾变的复相关系数为 $R^2＝0.938$。

【防治措施】

(1)物理防治:银灰色薄膜避蚜苗床四周铺 17 厘米宽银灰色薄膜,苗床上方每隔 60～100 厘米拉 3～6 厘米宽银灰色薄膜网格,避蚜防传病毒效果好。夏季可不种或少种十字花科蔬菜,以切断或减少秋菜的蚜源和毒源。

(2)农业防治:有条件的地区,在菜田内间作种植玉米等高秆作物,阻挡蚜虫的迁飞扩散。

(3)生物防治:保护地可在桃蚜发生初期释放蚜茧蜂。

(4)化学防治:在田间蚜虫点片发生阶段用药,防治间隔期 10～25 天,连续用药 2～3 次。

高效、低毒、低残留防治用药:可选 0.5%苦参碱水剂(神雨) 300～500 倍液;20%烯啶虫胺水分散粒剂(刺袭)3 000～4 000 倍液;1.5%除虫菊素水剂(三保奇花)150～250 倍液;10%氯噻啉可湿性粉剂(江山)1 500～3 000 倍液;螺虫乙酯、噻虫嗪、啶虫脒类农药(使用参照登记用药)等喷雾防治。

常规防治用药:吡虫啉类农药(使用参照登记用量)等喷雾防治。

黄条跳甲

【图版 26】

黄条跳甲(*Phyllotreta striolata*)属鞘翅目叶甲科,俗称黄条跳蚤、菜蚤子等,幼虫俗称白蛆,是寡食性害虫,只危害萝卜、甘蓝、花椰菜、青菜、大白菜、油菜及芥菜等十字花科蔬菜,国内多数菜区均有发生,有 4 个近似种,上海地区发生的主要是黄曲条跳甲。

【简明诊断特征】

(1)成虫:黑色有光泽,体长 2.0~2.5 毫米,前胸背板及鞘翅上有许多点刻,成纵行排列,鞘翅中央有左右对称的两端大、中央狭、其外侧中部凹曲、内侧中部直形、仅前后两端向内弯曲的黄色曲条斑纹,后足腿节膨大,为跳跃足。

(2)卵:椭圆形,长径约 0.3 毫米,淡黄色,半透明。

(3)幼虫:共 3 龄,体乳白色或黄白色,长圆筒形,老熟幼虫体长约 4 毫米,尾部稍细,各节都有不显著的肉瘤,上生有细毛。

(4)蛹:乳白色,椭圆形,体长约 2 毫米,头部隐藏在翅芽下面,翅芽和足达第五腹节,腹末有一对叉状突起。

【发生与危害】 黄条跳甲在上海、苏、浙一带年发生 6~7 代,世代重叠。以成虫在过冬蔬菜的老叶下、残叶和杂草中、田间及四周的土缝中越冬,无滞育现象,长江以南至南岭以北地区冬季温度较高的中午可见越冬成虫活动。常年在 3 月中下旬,当温度稳定上升到 10 ℃左右时,成虫即开始活动取食,11 月中下旬在过冬蔬菜作物田中越冬。

上海地区黄条跳甲的发生盛期,在 4 月中下旬至 7 月上旬及 9~10 月(图 17)。有两个虫态对作物有较大的危害性,幼虫栖息土中,初孵幼虫啃食根部表皮,低龄幼虫剥食根皮,高龄幼虫可深入主根皮层内危害成虫道,造成菜株腐烂,由于幼虫在根部危害,对十字花科作物的秧苗危害性极大,常造成大批倒苗翻耕重播。成虫在地上部危害十字花科蔬菜的叶片,严重时可使被害叶片出现无数的孔

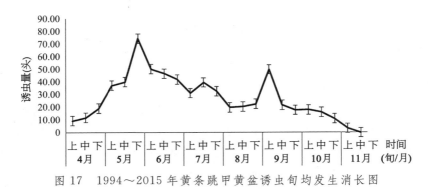

图 17　1994～2015 年黄条跳甲黄盆诱虫旬均发生消长图

洞,使叶菜的品质严重下降。黄条跳甲也是引起菜株感染软腐病的媒介。

【害虫习性】　成虫活泼,善跳跃,有趋光性,对黑光灯敏感,对黄色也有较强的趋性。春秋季早晚或阴天躲藏在叶背或土块下,在中午前后活动最盛,夏季多在早晨和傍晚活动,喜危害深绿色的鸡毛菜类蔬菜。喜栖息在湿润环境中,常在两叶交接处、菜心内或贴地菜叶背面取食,耐饥力差。成虫寿命长,平均 30～50 天,产卵期可持续 25～45 天,平均每头雌虫产卵量 200 粒左右,由于超长的产卵期超过了卵至成虫羽化的历期,是世代重叠现象极严重的主要根源。卵散产在作物根部附近的土壤中,幼虫孵化后,爬至根部沿须根向主根方向危害,剥食根的表皮,三龄幼虫可蛀入寄主主根危害,幼虫老熟后多在 2～7 厘米深的土中作土室化蛹。

【害虫生态】　适宜黄条跳甲生长发育的温度范围为 15～35 ℃;最适环境温度为 21～27 ℃,相对湿度为 80%～100%;特别是卵的孵化要求有 100% 的相对湿度。卵发育起点温度为 11.2 ℃,有效积温为 55.2 日度;幼虫发育起点温度为 11.9 ℃,有效积温为 134.8 日度;蛹发育起点温度为 9.3 ℃,有效积温为 86.2 日度。在 24～28 ℃ 温度下,卵发育历期为 3～4.5 天,幼虫发育历期为 9～12 天,蛹发育历期为 7～11 天。南方春季多雨潮湿,黄条跳甲的发生比北方重。

【灾变要素】　经汇总 1994～2015 年的黄盆诱虫虫情发生动态

系统调查,与环境要素用多元互作项逐步回归法的数理统计学通过相关性检测,满足利于黄条跳甲重发生的主要灾变要素是 4 月累计黄盆诱虫量高于 55 头,3～4 月上旬的旬均温度高于 12.8 ℃,3～4 月上旬累计雨量 160～190 毫米,3～4 月上旬累计日照时数多于 320 小时,其灾变的复相关系数为 $R^2=0.7151$。

【防治措施】

(1)农业防治:清洁田园,铲除杂草,清除菜地残株落叶,消除其越冬场所和食料基地,压低虫源。

(2)合理轮作:黄条跳甲属寡食性害虫,在重发生期,建议与非十字花科蔬菜轮作,可明显减轻危害。

(3)诱杀成虫:可用植物诱源黄板诱杀黄条跳甲成虫。

(4)灌水灭虫:对虫情发生重的田块,可采用灌水深 3～5 厘米,保持 7 天左右淹毙土中的虫卵,再整地播种。最好再在田四周用废旧农膜围 50 厘米高防虫围栏,防止周边的成虫跳入田内。

(5)颗粒剂防治幼虫:在播种前,每 667 平方米使用 5% 辛硫磷颗粒剂 3 200～4 000 克土壤处理。该方法省工,高效,成本低,但农药使用量大,不适宜在生长期短的作物上使用。

(6)化学防治:在成虫发生盛期进行,每间隔 5～7 天用药一次,根据作物生长、采收情况,连续用药数次。

高效、低毒、低残留防治用药:可选啶虫脒、阿维菌素类农药(使用参照登记用量)喷雾防治。

常规防治用药:可选氰氟虫腙类农药(使用参照登记用量)喷雾防治。

菜 螟

【图版 26】

菜螟(*Hellula undalis*)属鳞翅目螟蛾科,俗称菜心野螟、萝卜螟、白菜螟、钻心虫,主要寄主有甘蓝、花椰菜、萝卜、生菜、青菜、大白菜、芜菁等十字花科蔬菜；国内各菜区普遍发生，也是传播十字花科蔬菜软腐病的重要媒介。

【简明诊断特征】

（1）成虫：体长约7毫米，翅展15毫米左右，为灰褐色或黄褐色小型蛾类；前翅有2条波状横纹，近翅中央有一灰黑色肾形纹，后翅灰白色。

（2）卵：椭圆形，扁平，长约0.3毫米，表面有不规则网状纹，初产时淡黄色，孵化前橙黄色。

（3）幼虫：共5龄，体长12～14毫米，淡黄绿色，体背有较模糊的5条褐色背线，各节体背长有毛瘤，中、后胸各6对，腹部各节前排8个，后排2个。

（4）蛹：体长7～9毫米，黄褐色，翅芽长达第四腹节后缘。

【发生与危害】　菜螟在上海地区以夏、秋季危害较重。年发生代数各地不一，长江流域6～7代，南方7～9代，华北地区3～4代，以幼虫在土中吐丝附于土粒、枯残落叶，作襄状丝囊越冬（少数以蛹越冬）。翌年春天越冬幼虫在6～10厘米的土中做茧化蛹，也有在地面的枯残落叶上化蛹。

上海地区菜螟的发生盛期在6～10月（图18）；钻蛀危害蔬菜幼苗期的心叶及叶片，造成植株萎蔫死亡甚至缺苗断垄。甘蓝、大白菜受害后则不能结球或包心，花椰花受害无花球。

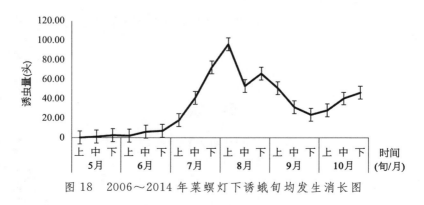

图18　2006～2014年菜螟灯下诱蛾旬均发生消长图

【害虫习性】　成虫夜出活动,对黑光灯的趋光性弱,每年在 5 月下旬至 6 月上旬始见,卵散产在嫩菜叶和茎上,以心叶上最多,每头雌蛾平均产卵量可达约 200 粒,繁殖系数极高。幼虫孵化后,大多潜入叶面表皮下,啃食叶肉;二龄后又钻出叶面,在叶上活动;三龄后多钻入菜心,吐丝将心叶缠结,藏身其中,食害心叶;高龄幼虫蛀入茎髓危害。幼虫有较强的转株危害习性,1 头幼虫最多可转株危害 4～5 株。幼虫期 9～40 天,老熟幼虫多在菜根附近土表或裂缝中,少数在被害菜心内吐丝结茧化蛹,预蛹期 1～2 天,蛹期 5～10 天。

【害虫生态】　适宜菜螟生长发育温度范围在 15～38 ℃;最适环境温度为 26～35 ℃,相对湿度 40%～70%,高温偏干。秋季干旱少雨的年份一般发生偏重,长江中下游地区 8～9 月播种的甘蓝、萝卜受害较重。

【灾变要素】　经汇总 2006～2014 年的菜螟灯下诱蛾虫情发生动态系统调查,与环境要素用多元互作项逐步回归法的数理统计学通过相关性检测,满足利于菜螟重发生的主要灾变要素是 5 月至 7 月上旬累计诱蛾量高于 40 头,6～7 月上旬的旬均温度高于 25.5 ℃,6～7 月上旬累计雨量少于 180 毫米,6～7 月上旬累计日照时数多于 560 小时,其灾变的复相关系数为 $R^2 = 0.985\,4$。

【防治措施】

(1)清洁田园:及时春耕灭茬,可消灭部分越冬虫源。

(2)适期播种:秋旱年份适当调节播期,使作物 3～5 片真叶期错开菜螟盛发期,并利用喷灌等设施勤浇水,增加田间湿度,创造利于秧苗生长、不利于害虫生长发育的生态环境,抑制虫害的发生与危害。

(3)化学防治:宜掌握在幼虫孵化始盛期施药,菜苗初见心叶被害时,施药部位尽量喷到菜心叶上,防治间隔期 7～10 天,连续喷雾防治 1～3 次,并注意药剂的交替使用。

高效、低毒、低残留防治用药:可选氯虫苯甲酰胺、多杀霉素、乙基多杀菌素、甲氧虫酰肼、茚虫威、阿维菌素类农药(使用参照登记用量)等喷雾防治。

烟粉虱

【图版 27】

烟粉虱（*Bemisia tabaci*）属同翅目粉虱科小粉虱属，是世界性主要新害虫种类之一，分布于五大洲的 60 多个国家和地区，寄主范围十分广泛，可危害 74 科 500 多种植物。该虫在蔬菜上主要危害十字花科类、茄果类、瓜类、豆类等数十种蔬菜。

【简明诊断特征】

（1）成虫：体淡黄白色，体长 0.8～1 毫米，翅白色较尖细似香蕉状，无斑点披蜡粉，前翅脉一条无分叉，静止时左右翅合拢呈屋脊状。

（2）卵：长梨形、有小柄，大多散产，直立于叶片背面；初产时淡黄绿色，孵化前颜色加深，呈深褐色。

（3）若虫：共三龄，淡绿至黄色。初龄若虫有触角和足，能迁移爬行；二龄后，触角及足退化，固定在植株上取食；三龄脱皮后形成蛹。

（4）蛹：椭圆形，长 0.5～0.8 毫米，有时边缘凹入，呈不对称状。管状孔三角形，长大于宽。舌状器匙状，伸长盖瓣之外。

【发生与危害】 在上海地区，烟粉虱年发生 10～12 代，多以伪蛹在保护地作物上越冬。早春在保护地作物上越冬的蛹羽化为成虫后，在保护地栽培作物上生长、繁殖、危害，气温转暖后，有一部分烟粉虱成虫外迁扩散至露地作物上繁殖、危害。入夏后，大多逐步外迁至露地作物上繁殖、危害；部分留在使用遮阳网的保护地内作物上危害，直至晚秋在露地作物上的烟粉虱又逐步迁回保护地作物上危害，直到越冬。烟粉虱的主要危害期为晚春至初夏及初秋至晚秋 2 个时间段。

上海地区烟粉虱的发生盛期 5～10 月（图 19），年度间多晴少雨的年份发生偏重。成虫和若虫群集叶背吸食植物汁液，被害叶片褪绿、变黄、萎蔫，甚至全株枯死，并且由于分泌蜜露，严重污染叶片和

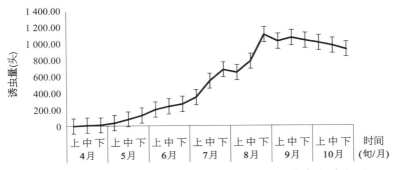

图 19 2005～2012 年烟粉虱成虫黄板诱虫旬均发生消长图

果实,往往引起煤污病的发生,使蔬菜失去商品价值。此外还可传播 100 多种植物病毒病。

【害虫习性】 烟粉虱成虫对黄色有较强的趋性,并具趋嫩习性,总是随着植株生长不断追逐顶部嫩叶的叶背产卵;虫态的分布总是形成最上部嫩叶以成虫和初产的淡黄色卵为最多,稍下部的叶片多为变黑色的卵,下部叶片多为初龄若虫,再下为中、老龄若虫,最下部则以蛹为最多的垂直分布。卵散产,每头雌虫可产卵 200 多粒,产下的卵柄从气孔插入叶片组织中,与寄主作物保持水分平衡,不易脱落。孵化后的初龄若虫可在叶背做短距离移动,也有迁居到其他叶片上寻找合适的寄生点;进入二龄后便开始营定居生活,直至成虫。

【害虫生态】 适宜烟粉虱生长发育的温度范围为 15～35 ℃;最适环境温度为 22～30 ℃,相对湿度为 70% 以下。成虫寿命、发育历期、产卵量等与温度有密切关系,当温度超过 35 ℃时,成虫活动能力显著下降。

【灾变要素】 经汇总 2005～2012 年烟粉虱黄板诱虫虫情发生动态系统调查,与环境要素用多元互作项逐步回归法的数理统计学通过相关性检测,满足利于烟粉虱重发生的主要灾变要素是始见至 8 月累计黄板诱虫量高于 2 000 头,5～8 月中旬的旬均温度 24～25 ℃,5～8 月中旬累计雨量少于 380 毫米,5～8 月中旬累计日照时数多于 420 小时,其灾变的复相关系数为 $R^2 = 0.9995$。

【防治措施】 控制烟粉虱发生危害要着重抓好以下几点:

(1)培育无虫壮苗:用于育苗的棚室应和生产大棚分开,并注意在育苗前和移栽前先用蚜虱净等烟剂熏除残余成虫,露地育苗最好采用防虫网小弓棚覆盖栽培;

(2)清洁田园:在生产过程中和换茬时要及时、彻底清除田间杂草和残枝落叶,以减少虫源;

(3)避虫轮作:要尽量避免茄科、葫芦科、豆科、十字花科蔬菜间的连茬、连作,并在重发地区实施与葱、蒜、韭菜、生菜、芹菜、菠菜等烟粉虱不喜欢的作物轮茬、轮作,以降低种群发生量。尤其是秋冬茬轮作,对压低越冬基数,减轻来年烟粉虱的发生危害具有显著效果。

(4)黄板诱杀成虫:应用含植物诱源的黄板,每 20～30 平方米 1 块,诱杀烟粉虱。

(5)防虫网覆盖栽培:冬春大棚栽培蔬菜等作物可在棚室四周及门口增设 40～60 目防虫网于薄膜内侧,以防掀膜通风时害虫侵入;夏秋可采用防虫网大棚全网覆盖栽培,或顶膜裙网法栽培,以阻隔烟粉虱入侵危害。

(6)生物防治:在有条件的地方,对棚室栽培的作物可设法引进丽蚜小蜂(*Encarsia formosa*)、桨角蚜小蜂(*Eretmocerus* sp.)、蜡蚧轮枝菌(*Verticillium lecanii*)等天敌进行防治,虫蜂比例控制为 1：2～3。

(7)化学防治:在发生初期进行防治,每隔 10～25 天用药一次,连续数次。烟粉虱极易产生抗药性,选用农药时要注意选取不同类型、不同作用机理的农药品种轮换使用,一般每茬作物施用同类农药不宜超过 2 次。要讲究施药技术,喷足药液量,以喷施叶片背部为主。

高效、低毒、低残留防治用药:可选 22% 氟啶虫胺腈悬浮剂(特福力)1 200～2 000 倍液(667 平方米用量 15～25 毫升);螺虫乙酯、噻虫嗪、阿维菌素类农药(使用参照登记用量)等喷雾防治。

常规防治用药:可选吡虫啉类农药(使用参照登记农药)等喷

雾防治。

银纹夜蛾

【图版 27】

银纹夜蛾(*Autographa nigrisigna*)属鳞翅目夜蛾科,俗称造桥虫,又称黑点银纹夜蛾、步曲虫,全国各地均有发生;田间常有 2～4 种近似种。银纹夜蛾主要危害十字花科的甘蓝、萝卜、花椰菜、白菜、芜菁、豌豆、莴苣等蔬菜;也是传播十字花科蔬菜软腐病的媒介之一。

【形态特征】

(1)成虫:体长 15～18 毫米,翅展 30～36 毫米,黑褐色,后胸及第一、第三腹节背面有褐色毛块。前翅中央具显著的 U 形银纹及银色斑点,后翅淡褐色,外缘黑褐色。

(2)卵:半球形,黄绿色,表面具纵横网格。

(3)幼虫:银纹夜蛾幼虫共五龄,老熟幼虫体长 30～32 毫米,体色黄绿色,第一、第二对腹足退化。头部褐色,两颊具黑斑;胸部黄绿色,背面有 8 条淡色纵纹,气门线淡黄色。幼虫行走时身体拱成桥形。

(4)蛹:长 15～20 毫米,体褐色,有薄虫茧,臀棘具分叉钩刺,其周围有 4 个小钩。

【发生与危害】 银纹夜蛾在上海年发生 3～4 代,在我国北方地区年发生 2～3 代。常年越冬代成虫在 6 月中下旬出现,10～11 月终见,以蛹越冬。

上海地区银纹夜蛾的盛发期在 6～10 月。危害作物的叶片,造成植株叶片孔洞、缺刻,影响作物生长,还能传播十字花科蔬菜软腐病。

【害虫习性】 成虫夜出活动,对黑光灯的趋光性弱,幼虫有假死性。每年在 6 月中下旬始见,卵散产在叶背上,每头雌蛾平均产卵量 40～100 粒。幼虫孵化后，大多在叶背取食叶肉，残留上表皮，三龄后取食叶片及嫩荚，有转株危害习性。幼虫老熟后在植株上结薄茧化蛹。

【害虫生态】　适宜银纹夜蛾生长发育温度范围在 15～35 ℃；最适环境，温度为 20～30 ℃，相对湿度 60％～80％。夏秋季少雨的年份发生偏重，长江中下游地区 7～9 月是发生盛期。

【防治措施】

（1）清洁田园：及时春耕灭茬，清除残枝落叶，可消灭部分越冬虫源。

（2）化学防治：宜在幼虫一二龄始盛期施药，防治间隔期 7～10 天，喷雾防治 1～2 次。多数年份与甜菜夜蛾、斜纹夜蛾等同期发生，可兼治。

高效、低毒、低残留防治用药：可选氯虫苯甲酰胺、甜菜夜蛾核型多角体病毒、乙基多杀菌素、甲氧虫酰肼、茚虫威、虱螨脲、阿维菌素类农药（使用参照登记农药）等喷雾防治。

常规防治用药：可选氰氟虫腙、氟啶脲、特氟脲类农药（使用参照登记农药）等喷雾防治。

甘蓝夜蛾

【图版 27】

甘蓝夜蛾（*Mamestra brassicae*）属鳞翅目夜蛾科，别名甘蓝夜盗蛾、夜盗虫，全国各地均有发生，长江流域以北地区比南方发生偏重；是杂食性害虫，主要危害甘蓝、花椰菜、萝卜、白菜、油菜、甜菜、瓜类、茄果类、豆类等 45 科 100 余种蔬菜。

【简明诊断特征】

（1）成虫：灰褐色，体长 15～25 毫米，翅展 30～50 毫米。前翅从前缘向后缘有许多不规则的黑色曲纹，亚外缘线白色，翅中央部位有明显似圆形斑 1 个，圆形斑内下方还附有一楔形斑，在圆形斑外侧还有 1 个肾形斑,肾形斑外缘白色,后翅灰白色。

(2)卵:块产,馒头形,初产时黄白色,孵化前紫黑色,直径 0.6～0.7 毫米,顶部有一棕色乳突,表面有放射状纵脊和横带隔成许多方格状网纹。

(3)幼虫:共 6 龄,体色多变,老熟幼虫体长 30～50 毫米,灰黑色或黑褐色。幼虫一二龄时只有 2 对腹足,到三龄后才长齐 4 对腹足。体背各节具一对倒八字纹,气门线和气门下线形成明显的灰黄色带,直达臀足上。

(4)蛹:长约 20 毫米,体褐色,臀棘末端生 2 根长刺,端部膨大。

【发生与危害】 甘蓝夜蛾上海地区年发生 3～4 代,以蛹在 7～10 厘米土中越冬,夏天以蛹滞育越夏。越夏蛹期约 2 个月,越冬蛹期可达半年以上。春天当气温回升到 15 ℃ 以上时羽化出土,越冬代成虫常在 4～6 月前后出现,发生期由北向南逐渐提早。11 月起陆续进入越冬。

上海地区甘蓝夜蛾的发生盛期在 9～10 月(3 代)。对蔬菜的危害是幼虫食害叶片,严重时仅留叶柄,并能钻入叶球危害和污染蔬菜,在豌豆上发生还取食豌豆嫩荚,在胡萝卜上发生还危害胡萝卜根茎。

【害虫习性】 成虫夜出活动,有趋光性,对糖、蜜的气味有较强趋化性。从黄昏至上半夜是成虫取食、产卵的活动盛期,成虫寿命 5～10 天。在甘蓝、大白菜等结球类蔬菜上,卵块一般产于外层未包裹的老叶反面,在其他作物上卵块产于植株中下部叶片的反面。

初孵幼虫在卵块附近群集取食,二三龄后渐分散,昼夜食叶或钻入叶球危害,四龄后为暴食期,昼伏夜出,六龄幼虫食量占总食量的 80% 左右。幼虫老熟后入土 7～10 厘米做土室化蛹,化蛹所需土壤的适宜湿度为含水量 20%。

【害虫生态】 适宜甘蓝夜蛾生长发育的温度范围为 10～30 ℃;最适生长环境温度为 18～25 ℃,相对湿度 70%～80%。适温下,卵历期 4～5 天,幼虫历期 40 天左右,蛹历期 10 天左右。卵发育起点温度为 12 ℃,有效积温为 58.4 日度;幼虫发育起点温度为 15 ℃,有效积温为 124.3 日度;蛹发育起点温度为 6 ℃左右,有效积温为 61.6 日度。甘蓝夜蛾的盛发期在春、秋两季,春、秋季雨水多的年份发生危害重,且具间歇性和局部成灾的特点。

【防治措施】

(1) 农业防治:结合农事操作,可及时摘除卵块及低龄幼虫未分散前的危害叶;菜田收获后及时耕翻灭茬,消灭部分虫蛹。

(2) 诱杀成虫:可选用甘蓝夜蛾性诱剂诱杀成虫,也可设杀虫灯或用糖醋液加敌百虫液诱杀。

(3) 化学防治:在幼虫盛孵至一二龄幼虫高峰期施药,并可结合防治甜菜夜蛾等兼治较为经济。

高效、低毒、低残留防治用药:可选氯虫苯甲酰胺、甜菜夜蛾核型多角体病毒、乙基多杀菌素、甲氧虫酰肼、茚虫威、虱螨脲、阿维菌素类农药(使用参照登记农药)等喷雾防治。

常规防治用药:可选氰氟虫腙、氟啶脲、特氟脲类农药(使用参照登记农药)等喷雾防治。

猿叶甲

【图版 27】

猿叶甲有两种,小猿叶甲(*Phaedon brassicae*)以南方地区发生偏重、大猿叶甲(*Colaphellus bowringi*)以北方地区发生偏重,同属鞘翅目叶甲科,成虫别名黑壳虫、乌壳虫,幼虫别名肉虫,全国各地均有发生;两种猿叶甲都是寡食性害虫,主要危害十字花科蔬菜,其中以大白菜、白菜、萝卜等受害重,偶尔危害甘蓝、花椰菜、甜菜、水芹、圆葱、胡萝卜等。

【简明诊断特征】

1. 小猿叶甲

(1) 成虫:体长 3～4 毫米,近圆形蓝黑色,有强的金属光泽,小盾片近圆形,有小刻点,鞘翅上有细密的刻点排列成 11 行,后翅退化,不能飞翔。

(2)卵:1.2～1.8毫米,长椭圆形,初产时鲜黄,后变暗黄色。

(3)幼虫:老熟幼虫体长6～7毫米,初孵幼虫淡黄,后变褐色,头黑,有光泽,肛上板有黑色肉瘤并生有黑色刚毛,各体节具黑色肉瘤8个并生有刚毛,沿亚背线的一行肉瘤最大,愈向下愈小。

(4)蛹:4.0毫米左右,半球形,淡黄色,体上生褐色短毛,尾端不分叉。

2. 大猿叶甲

(1)成虫:体长5毫米左右,体椭圆形,暗蓝黑色,小盾片三角形,光滑无点刻,鞘翅上散生不规则大而深的刻点,后翅发达,能飞翔。

(2)卵:1.5毫米左右,椭圆形,橙黄色。

(3)幼虫:老熟幼虫体长7.5毫米,体灰黑略带黄色,头部漆黑有光泽,各体节有大小不等的肉瘤,气门下线及基线上的肉瘤最显著,腹部末节的肛上板颇坚硬。

(4)蛹:6.5毫米左右,略被刚毛,黄褐色,尾端分叉,微紫色。

【发生与危害】 小猿叶甲在长江流域年发生3代,以成虫在根隙或叶下群集越冬;2月底至3月初开始活动,3月中旬产卵,3月底孵化,4月份是成、幼虫混发危害严重时期,4月下旬起化蛹、羽化;5月中旬气温渐高,成虫蛰伏越夏,8月下旬成虫开始恢复出外活动,9月上旬产卵,9～11月各虫态混发危害,12月中下旬开始越冬。

大猿叶甲在长江流域年发生2～3代,以成虫在5厘米左右表土层中休眠越冬为主,少数在枯叶、砖石块下越冬;在3月上中旬开始活动,3月中下旬产卵,4月初至5月幼虫盛发,5月上旬至下旬成虫陆续羽化;第一代成虫当遇到平均气温达25℃左右时,即潜入16厘米左右深的土表层中蛰伏夏眠,或在杂草丛中的阴凉处夏眠,夏眠期一般3个月左右,到8月下旬或9月初,当平均温度下降到27℃左右,又陆续出土恢复活动与危害、繁殖;9月中下旬至11月中旬是第二至三代幼虫盛发,12月上中旬以成虫越冬。

上海地区猿叶甲的发生盛期在4～5月及9～11月。成虫和幼虫均可危害叶片,昼夜取食,形成许多小凹斑痕、孔洞或缺刻,严重时,仅留叶脉,造成减产、品质下降。

【害虫习性】 小猿叶甲成虫有假死习性,耐饥力强,不会飞翔,无明显的休眠现象。在南方地区冬季温暖晴朗天气,仍可出外取食活动,在阴凉的夏天可缩短越夏期或无越夏期。成虫平均寿命2～3个月。平均每头雌虫可产卵200～300粒,最多可产400多粒,卵块产,排列不整齐,每块10～20粒,多产在近根际土表、土隙间,或产在植株心叶。初孵幼虫和低龄幼虫只能在叶背啃食叶肉,在叶片上形成许多小凹斑痕和透明斑点,高龄幼虫的危害可食叶成孔洞,幼虫老熟后即爬入枯叶、土隙,石块下化蛹。

大猿叶甲成虫有假死习性,耐饥力强,在南方地区冬季温暖晴朗天气,仍可出外取食活动,无真正休眠现象。在阴凉的夏天可缩短越夏期或无越夏期。成虫平均寿命3个月左右,最长可达160多天;平均每头雌虫可产卵300～400粒,最多可产700粒,卵块产,排列不整齐,每块约20粒左右,多产在近根际土表、土隙间,或产在植株心叶。初孵幼虫和低龄幼虫只能在叶背啃食叶肉,在叶片上形成许多小凹斑痕和透明斑点,高龄幼虫的危害可食叶成孔洞,幼虫老熟后即爬入枯叶、土隙,石块下化蛹。

【害虫生态】 适宜小猿叶甲生长发育的温度范围为12～30 ℃;最适生长温度为15～27 ℃,相对湿度85%～95%。在适温下,卵历期3～5天,幼虫历期15～20天,蛹历期7～12天。年内主要危害时期在4～6月和9～11月。

适宜大猿叶甲生长发育的温度范围为8～27 ℃;最适生长温度为15～23 ℃,相对湿度85%～95%。在适温下,卵历期3～6天,幼虫历期18～25天,蛹历期10～14天。年内主要危害时期在3～5月和9～11月,且一般秋季重于春季。

【防治措施】

(1)农业防治:秋冬季节,定期清除枯叶残株,减少越冬虫口。也可利用成虫在枯叶下越冬习性,先铲除菜地附近杂草,再在田间或田边堆集杂草,诱集越冬成虫,然后收集灭杀。

(2)化学防治:在春秋两季各代幼虫发生始盛期开始,每7天防 1 次,连续防治 2 次。

高效、低毒、低残留防治用药：可选啶虫脒、阿维菌素类农药（使用参照登记用量）喷雾防治。

常规防治用药：可选氰氟虫腙类农药（使用参照登记用量）等喷雾防治。

甘薯麦蛾

【图版 28】

甘薯麦蛾(*Brachmia macroscopa*)属鳞翅目麦蛾科,俗称卷叶蛾,全国大多数地区都有发生;主要危害旋花科植物,在蔬菜上主要危害蕹菜等。

【简明诊断特征】

（1）成虫：体长 12 毫米左右,翅展 18 毫米左右,体棕黑色。头顶与额面紧贴深褐色鳞片,唇须镰刀形,前翅黑褐色,在中室中部和端部各有一个淡黄色环状斑纹,外缘有 5 个横列的小黑点,后翅暗灰白色。

（2）卵：椭圆形,长约 0.6 毫米,初产乳白色,渐变黄褐色。

（3）幼虫：共 4 龄,体长 10～12 毫米,头稍扁平,虫体前半部黑褐色,后半部淡绿色,体背有 2 条黑纵线,两侧各有 4 条斜线。

（4）蛹：体长 7～9 毫米,头钝尾尖。

【发生与危害】 甘薯麦蛾在上海地区或长江中下游地区年发生 3～4 代,以蛹在残枯叶中越冬。越冬代成虫在 5 月中下旬羽化,10 月底前后以蛹越冬。

上海地区甘薯麦蛾的发生盛期在 6～9 月,以幼虫卷叶食害叶片,造成点片卷叶发白,重发生时可将叶片吃光仅剩网状叶脉。

【害虫习性】 成虫有趋光性,寿命 10 天左右,羽化后当晚即交配,次晚产卵。卵散产于嫩叶背中脉或叶脉间,也产于新芽、嫩茎上,每头雌蛾平均产卵量 80 粒左右。孵化后初龄幼虫即取食危害叶片,二三龄开始卷叶危害,有转移危害习性,有时一生食害多张叶片。幼虫相当活泼,一有触动即跳跃逃出卷叶落地躲藏,老熟后在卷叶中化蛹。

【害虫生态】 适宜甘薯麦蛾生长发育温度的范围为 15～35 ℃;最适生长环境温度为 20～30 ℃,相对湿度 70%～80%。适温下,第一代发生历期约 40 天,第二至四代发生历期 25～35 天。在适温下卵历期 3～7 天,幼虫历期 7～15 天,蛹历期 10～18 天。

【防治措施】

(1)农业防治:秋冬清洁田园,烧毁枯枝落叶,消灭越冬虫源。

(2)诱杀成虫:应用甘薯麦蛾性诱剂诱杀成虫。

(3)化学防治:在低龄幼虫发生期,尚未卷叶时进行药剂防治,下午 4～5 时喷洒,用药间隔期 7 天。

高效、低毒、低残留防治用药:可选用氯虫苯甲酰胺、多杀霉素、甲氧虫酰肼、虫螨腈、茚虫威、阿维菌素类农药(使用参照登记用量)等喷雾。

常规防治用药:可选氰氟虫腙类农药(使用参照登记用量)等喷雾。

甜菜螟

【图版 28】

甜菜螟(*Hymenia recurualis*)属鳞翅目螟蛾科,别名甜菜白带野螟、甜菜叶螟,全国各地均有发生;主要危害甜菜、苋菜、黄瓜、青椒、大豆、玉米等多种蔬菜。

【简明诊断特征】

(1)成虫:体长 10～12 毫米,翅展 24～26 毫米。体棕褐色;头部白色,腹部环节白色,翅暗棕褐色,前翅中室有一条斜波纹状的黑线宽白带,外线有一排细白斑点,后翅也有一条黑线白带,双翅展开时,白带相接是倒八字形。

（2）卵：扁椭圆形，长 0.6～0.8 毫米，淡黄色透明，表面有不规则网纹。

（3）幼虫：共 5 龄，老熟幼虫体长约 17 毫米，宽约 2 毫米，淡绿色，近似纺锤形。

（4）蛹：黄褐色，体长 9～11 毫米，有 6～8 根臀刺。

【发生与危害】 甜菜螟在上海地区及长江流域年发生 2～4 代，有世代重叠现象；以老熟幼虫吐丝做土茧化蛹，在田间杂草、残叶或表土层中越冬。常年越冬代成虫在 6 月下旬开始羽化，10～11 月为越冬代。

上海地区甜菜螟的发生盛期在 7～9 月，以幼虫危害蔬菜作物的叶片，造成植株叶片孔洞、缺刻，影响作物生长，重发生时可使叶片只剩叶脉。

【害虫习性】 成虫飞翔力弱，白天隐蔽在生长茂盛的植株间，受惊时可作短距离飞翔。成虫寿命 5～10 天，每头雌蛾平均产卵量 60～90 粒，卵散产于叶脉处，多数为 2～5 粒一处。幼虫孵化后昼夜取食，幼龄幼虫在叶背啃食叶肉，留下上表皮成天窗状，三龄后可吐丝卷叶，将叶片食成网状、缺刻，幼虫老熟后多在表土层做茧化蛹，也有的在枯枝落叶下或叶柄基部的间隙中化蛹。

【害虫生态】 适宜甜菜螟生长发育温度范围在 20～35 ℃，最适生长环境，温度为 25～33 ℃、相对湿度 70％～85％。卵历期 3～8 天，幼虫历期 11～25 天，蛹历期 9～15 天。

【防治措施】

（1）清洁田园：蔬菜收获后，及时清除残株、枯叶，压低虫口基数。

（2）化学防治：一般发生年只需结合防治主要害虫时兼治，重发生时在二龄幼虫发生始盛期防治。

高效、低毒、低残留防治用药：可选多杀霉素、甲氧虫酰肼、茚虫威、阿维菌素类农药（使用参照登记用量）喷雾。

常规防治用药：可选氰氟虫腙类农药（使用参照登记用量）等喷雾。

棉大卷叶螟

棉大卷叶螟(*Sylepta derogata*)属鳞翅目螟蛾科,别名棉卷叶螟、棉大卷叶虫、包叶虫、棉野螟蛾、棉卷叶野螟,我国的华北、华南、长江流域均有发生;主要危害苋菜、黄秋葵、棉花、蜀葵、黄蜀葵、苘麻、芙蓉、木棉等。

【简明诊断特征】

(1) 成虫:体长 10~14 毫米,翅展 22~30 毫米,体淡黄色,头、胸部背面有 4 行棕黑色小点,腹部各节有黄褐色带。触角丝状,前、后翅外横线、内横线褐色,呈波纹状,外缘线和亚外缘线波纹状,缘毛淡黄色。

(2) 卵:椭圆形,扁平,长约 0.12 毫米,初产时乳白色,孵化前浅绿色。

(3) 幼虫:共 5 龄,体长约 25 毫米,淡青绿色,化蛹前变成桃红色,全身具稀疏长毛,胸足、臀足黑色,腹足半透明。

(4) 蛹:体长 13~14 毫米,红褐色。

【发生与危害】 棉大卷叶螟在长江流域地区年发生 4~5 代,黄河流域 4 代,华南 5~6 代;以老熟幼虫在枯枝落叶、树皮缝、田间杂草根际处越冬,翌年春天越冬幼虫 4~5 月份化蛹。成虫于 4 月中下旬至 5 月中旬始见,10 月下旬终见。

上海地区棉大卷叶螟的发生盛期在 6~10 月,年度间 8~10 月秋雨多的年份发生最重。以幼虫食害叶片,发生严重时成片植株的叶片全部被卷受害。

【害虫习性】 棉大卷叶螟成虫夜出活动,有较强的趋光性。卵散产在叶片背面,每头雌蛾平均产卵量可达 70~250 多粒。幼虫孵化后在叶背面蚕食叶片,有吐丝下垂随风飘移的习性,常常随风飘移转移危害,高龄幼虫将叶片卷成筒状,藏身其中食叶成缺刻或孔洞。

【害虫生态】 适宜棉大卷叶螟生长发育温度范围在 18~

37 ℃;最适生长环境,温度为 20～32 ℃,相对湿度 70%～85%。世代发育起点温度为 12.08 ℃,有效积温为 436.2 日度。在 17～35 ℃温度范围内,在 26 ℃下存活率最高,其他温度下的存活率随温度的升高或降低而降低。世代平均历期随着温度的升高而缩短,在 17 ℃下最长为 80 多天,在 35 ℃下最短为 28 天。

【防治措施】

(1) 清洁田园:及时春耕灭茬,清除和烧毁枯枝落叶,可消灭部分越冬虫源。

(2) 灯光诱蛾:在盛发期使用杀虫灯诱杀成虫,减少虫口基数。

(3) 化学防治:在幼虫二龄盛期用药,防治间隔期 7～10 天。

高效、低毒、低残留防治用药:可选氯虫苯甲酰胺、茚虫威、阿维菌素类农药(使用参照登记用量)喷雾。

芹菜蚜

【图版 28】

芹菜蚜(*Semiaphis heraclei*)属同翅目蚜科,又名胡萝卜微管蚜,全国各地均有发生;除危害芹菜外,还危害茴香、香菜、胡萝卜、白芷、当归、香根芹、水芹等多种伞形花科植物。

【简明诊断特征】

(1) 有翅蚜:黄绿色,有薄粉;体长 1.5～1.8 毫米,宽 0.6～0.8 毫米;头和胸黑色,腹部淡色;第 2～6 腹节均有黑色缘斑。触角黑色,腿节端部 4/5 黑色,中额瘤突起。

(2) 无翅蚜:黄绿至土黄色,有薄粉;体长 2.1 毫米,宽 1.1 毫米;头部灰黑色,胸、腹部淡色;前胸背有皱纹,缘瘤部明显。

【发生与危害】 芹菜蚜在上海及长江流域地区年发生 12～20 代,以卵在忍冬属植物金银花等枝条上越冬;翌年 3 月中旬至 4 月上旬越冬卵孵化,4 月中下旬至 6 月间是发生危害盛期,7 月起迁移至其他伞形花科蔬菜危害;10 月前后产生有翅性蚜和雄蚜,由伞形花科植物向忍冬属植物上迁飞；10～11 月雌、雄蚜交配，产卵越冬。

芹菜蚜的发生盛期在 4～6 月、9～10 月，以成、若蚜主要危害伞形花科植物的嫩梢，使幼叶卷缩，抑制生长，影响产量；还是传播病毒病虫媒。

【害虫习性】 芹菜蚜对黄色有较强的趋性，对银灰色有忌避习性，且具较强的迁飞和扩散能力。每头孤雌蚜平均可胎生若蚜 60～80 头。

【害虫生态】 适宜芹菜蚜生长发育的温度为 10～27 ℃；最适生长环境，温度为 15～24 ℃，相对湿度为 80％以上。

【防治措施】

（1）黄板诱杀：利用有翅蚜趋黄的特性，在有翅蚜迁飞期于田间设置含有植物源诱剂的黄板，每 20～30 平方米 1 张，诱杀有翅蚜。

（2）化学防治：要重视早期防治，在田间蚜虫点片发生阶段，连续用药 2～3 次，用药间隔期 10～15 天。

高效、低毒、低残留防治用药：可选螺虫乙酯、噻虫嗪、苦参碱、烯啶虫胺、除虫菊素、氯噻啉类农药（使用参照登记用量）喷雾防治。

常规防治用药：啶虫脒、吡虫啉类农药（使用参照登记用量）喷雾防治。

生菜桃蚜

【图版 28】

生菜桃蚜（*Myxus persicae*）属同翅目蚜科，别名桃赤蚜、烟蚜、菜蚜、腻虫，全国各地均有发生，是危害生菜的常见害虫。

【简明诊断特征】

（1）有翅雌蚜：体长 1.8～2.2 毫米。头部黑色，额瘤发达且显著，向内倾斜，复眼赤褐色，胸部黑色，腹部体色多变，有绿色、淡暗绿色、黄绿色、褐色、赤褐色，腹背面有黑褐色的方形斑纹一个。腹管较长,圆柱形,端部黑色,触角黑色,共有 6 节,在第三节上有 1 列感觉孔,9～17 个。尾片黑色,较腹管短,着生 3 对弯曲的侧毛。

（2）有翅雄蚜:体长 1.5～1.8 毫米,基本特征同有翅雌蚜,主要区别是腹背黑斑较大,在触角第三、五节上的感觉孔数目很多。

（3）无翅雌蚜:体长约 2 毫米,近卵圆形,体色多变、有绿色、黄绿色、樱红色、红褐色等,低温下颜色偏深,触角第三节无感觉圈,额瘤和腹管特征同有翅蚜。

（4）若蚜:共 4 龄,体型、体色与无翅成蚜相似,个体较小,尾片不明显,有翅若蚜三龄起翅芽明显,且体型比无翅若蚜略显瘦长。

（5）卵:长椭圆形,长约 0.5 毫米,初产时淡黄色,后变黑褐色,有光泽。

【发生与危害】 生菜桃蚜在长江流域地区年发生 20～30 代,世代重叠严重。以卵在菜心中越冬,或以无翅胎生雌蚜在近地面的叶片背面越冬。越冬卵翌年 3 月下旬至 4 月中旬孵化,4 月下旬开始产生有翅蚜迁入生菜田;10 月产生有翅蚜陆续迁回越冬寄主,继续危害繁殖,产生有性蚜交尾产卵,以卵越冬。

上海地区生菜桃蚜的发生盛期在 5～6 月、9～11 月,以成蚜和若蚜在嫩叶上刺吸汁液,可造成叶向背面不规则的卷曲皱缩,使植株生长不良。蚜虫的分泌物蜜露还影响作物的光合作用,引发煤污病,还可传播多种病毒病。

【害虫习性】 生菜桃蚜有翅蚜对黄色有较强的趋性,对银灰色有忌避习性,且具较强的迁飞和扩散能力。

【害虫生态】 适宜生菜桃蚜生长发育的温度为 10～30 ℃;最适宜生长温度为 15～27 ℃;高于 28 ℃起不利于桃蚜的生长繁殖;春秋两季呈 2 个发生高峰,盛发期的世代历期 7～12 天。年度间春秋两季多晴、雨水少的年份发生偏重;田块间偏施氮肥、种植密度高的田块发生偏重。

【防治措施】

（1）物理防治:使用银灰色薄膜避蚜防传病毒病,或用含植物诱源的黄板每 20～30 平方米诱杀有翅蚜。

（2）农业防治:有条件的地区,在菜田内间作种植玉米等高秆作物,阻挡蚜虫的迁飞扩散。

（3）生物防治：保护地可在生菜桃蚜发生初期释放瓢虫、草蛉、食蚜蝇等天敌。

（4）化学防治：在田间蚜虫点片发生阶段用药,防治间隔期10～15天,连续用药2～3次。

高效、低毒、低残留防治用药：可选噻虫嗪、苦参碱、烯啶虫胺、除虫菊素、氯噻啉类农药（使用参照登记用量）喷雾防治。

常规防治用药：啶虫脒、吡虫啉类农药（使用参照登记用量）喷雾防治。

莴笋指管蚜

莴笋指管蚜（*Uroleucon formosanum*）属同翅目蚜科,我国华东、华南、华北、东北等地区有发生;主要危害生菜、莴笋、苦荬菜等蔬菜。

【简明诊断特征】

（1）有翅胎生雌蚜：纺锤状,头胸部黑色,腹部色浅。触角第三节具次生感觉圈121～148个,腹部各背片有毛基斑和大型缘斑,第七、八节各有横带纹1条。

（2）无翅胎生雌蚜：体长约3.3毫米,宽1.4毫米,纺锤状,头胸部黑色,腹部色浅,触角第三节具突起的次生感觉圈76～123个;体表光滑,腹部毛基斑黑色,腹管前后有大型黑色斑。腹管长管状,黑色;尾片长锥形,具毛18～25根。

【发生与危害】 莴笋指管蚜在上海地区年发生15～20代,世代重叠。以无翅成、若蚜在生菜、莴苣、苦荬菜等蔬菜上越冬,冬季晴暖天气下仍可活动取食。在春季至秋季发生,群集在心叶和叶背栖息取食,环境条件不适时发生有翅雄蚜和雌蚜,交尾后迁移至环境适宜地繁殖后代。

上海地区莴笋指管蚜危害期在3～6月及9～12月,以成蚜和若蚜群集在心叶、花序和叶背栖息取食,使叶片畸形扭曲,遇震动,易落地。分泌物蜜露还影响作物的光合作用,引发煤污病,还可传播病毒病。

【害虫习性】 莴笋指管蚜对黄色有较强的趋性,对银灰色有忌避习性,且具较强的迁飞和扩散能力。每头孤雌蚜平均可胎生若蚜60~80头。

【害虫生态】 适宜莴笋指管蚜生长发育环境温度为 3~30 ℃;最适生长温度为 15~25 ℃,相对湿度为 60%~80%;发生盛期完成一个世代只需 4~7 天。

【防治措施】

(1)物理防治:银灰色薄膜避蚜防传病毒效果好;或采用含植物诱源的黄板,每 20~30 平方米 1 块,诱杀有翅蚜。

(2)生物防治:保护地利用天敌,可在莴笋指管蚜发生初期释放瓢虫等,以控制蚜虫的发生。

(3)化学防治:在田间蚜虫点片发生阶段用药,防治间隔期10~15 天,连续用药 2~3 次。

高效、低毒、低残留防治用药:可选噻虫嗪、苦参碱、烯啶虫胺、除虫菊素、氯噻啉类农药(使用参照登记用量)喷雾防治。

常规防治用药:啶虫脒、吡虫啉类农药(使用参照登记用量)喷雾防治。

南美斑潜蝇

南美斑潜蝇(*Liriomyza huidobrenisis*)属双翅目潜蝇科,别名斑潜蝇、拉美斑潜蝇,我国黄河流域以南地区大多有发生;主要危害辣椒、芹菜、菠菜、生菜、黄瓜、蚕豆、豌豆、马铃薯、小麦、大麦、油菜、菊花、鸡冠花、香石竹等花卉和药用植物及烟草等 19 科 84 种植物。

【简明诊断特征】

(1)成虫:翅长 1.7~2.25 毫米、翅展 1.3~1.7 毫米的小型蝇类,深灰黑色,胸背板亮黑色,体腹面黄色。膜质翅的中室较大,M3＋4 末端长为次生端长 2～2.5 倍。额明显突出于眼,橙黄色,上眶稍暗,内外顶鬃着生处暗色,上眶鬃 2 对,下眶鬃 2 对,颊长为眼高的 1/3,中胸背板黑色稍亮。后角具黄斑,背中鬃 2＋1,中鬃散生呈不规则 4 行,中侧片下方 1/2～3/4 甚至大部分黑色,仅上方黄色。足基节黄色具黑纹,腿节基本黄色,但具黑色条纹直到几乎全黑色,胫节、跗节棕黑色。

（2）幼虫:体白色,后气门突具 6～9 个气孔开口。雄性外生殖器:端阳体与骨化强的中阳体前部体之间以膜相连,呈空隙状,中间后段几乎透明。黑褐色,柄短,叶片小,背针突具 1 齿。幼虫的危害状常沿叶脉形成潜道,嗜食中肋、叶脉,食叶成透明空斑;幼虫还取食叶片下层的海绵组织,从叶面看潜道常不完整。

（3）蛹:初期呈黄色,逐渐加深直至呈深褐色,比美洲斑潜蝇颜色深且体形大。后气门突起与幼虫相似。

注意该虫与美洲斑潜蝇混发,成虫形态十分相近,危害状的主要区别是虫道。美洲斑潜蝇的虫道基本上不跨越叶脉,潜叶虫道蛇形弯曲,由细渐变到粗,较对称;而南美斑潜蝇常有沿叶脉或跨越叶脉危害,潜叶虫道盘绕弯曲度少,终端变宽,有时呈白色块状。

【发生与危害】 南美斑潜蝇在上海地区年发生约 9 代,以蛹越冬,世代重叠现象严重。常年 4 月越冬蛹羽化开始活动,11 月前后以蛹越冬。

上海地区南美斑潜蝇的发生盛期在 5～7 月上旬、9～10 月。成虫以雌虫飞翔,用产卵器刺伤叶片,取食汁液;雄虫不刺伤叶片,以取食雌虫刺伤点中的汁液。卵孵化后的幼虫即潜叶危害植物叶片。植物受害严重时,被害叶片可脱落。幼苗被害可显著延迟生育进程。

【害虫习性】 成虫活泼,对黑光灯无趋光性,对黄色光谱敏感,有较强的趋性,可短距离飞翔。主要活动在白天,晚上在植株的叶背栖息。成虫寿命 7～15 天,在植株间的活动区域以中部为多,雌成虫用产卵器刺伤叶片,将卵散产于叶肉内;多数雌虫产卵量可超过 200 粒以上,繁殖率极强。卵孵化后的幼虫即潜叶危害植物叶片,造成蛇形不规则的白色虫道,破坏叶绿素,影响光合作用,经过3个龄期的发育,幼虫老熟后爬出潜叶虫道,在叶片上或土缝中化蛹。

【害虫生态】 适宜南美斑潜蝇生长发育的温度范围 10～28 ℃;最适生长发育的环境,温度为 18～22 ℃,相对湿度 80% 左右。8 ℃ 以下、30 ℃ 以上的温度,个体发育进度异常,出现自然死亡率高等现象。

【防治措施】

(1)诱杀成虫:在发生始期,利用南美斑潜蝇成虫有趋黄色的习性,用植物诱源的黄板诱杀成虫,每 667 平方米用量 20～30 张。

(2)抗旱灭蛹:在化蛹高峰期,科学抗旱,可利用大水漫灌灭杀表土的虫蛹。

(3)高温闷棚换茬:保护地栽培在春夏、或夏秋换茬时,临时密封棚室,高温闷棚 3～5 天,杀灭田间和植株上残存的虫源,防止因换茬转移寄主危害,压低虫口基数。

(4)化学防治:在南美斑潜蝇成虫羽化始盛开始防治,每间隔5～7 天防治 1 次,共 2～3 次。用药最佳时机应选择在晴天早上露水干后至午后 2 时前的成虫活动盛期。

高效、低毒、低残留防治用药:可选灭蝇胺、阿维菌素类农药(使用参照登记农药)等喷雾。

霜天蛾

霜天蛾(*Psilogramma menephron*)属鳞翅目天蛾科,别名泡桐灰天蛾,我国华北、华南、华东、华中、西南各地都有发生;幼虫食性较杂,取食空心菜叶片表皮,使受害叶片出现缺刻、孔洞,甚至将全叶吃光。

【简明诊断特征】

(1)成虫:体长 45～50 毫米,翅展 90～130 毫米,胸部背板有棕黑色似半圆形条纹,腹部背面中央及两侧各有一条灰黑色纵纹。前翅中部有 2 条棕黑色波状横线,中室下方有两条黑色纵纹。翅顶有 1 条黑色曲线。后翅棕黑色,前后翅外缘由黑白相间的小方块斑连成。

(2)卵:球形,初产时翠绿色,晶亮透明,渐变黄绿色,近孵化时灰褐色。

(3)幼虫:共 5 龄,老熟幼虫长 90～110 毫米,初孵幼虫淡黄色,后呈淡绿色,至老熟幼虫体绿色。老熟幼虫背有横排列的白色颗粒 8～9 排,体侧有白色斜带 7 条,尾角褐绿,上面有紫褐色颗粒。

(4)蛹:长 50～60 毫米,红褐色,纺锤形。

【发生与危害】 霜天蛾在上海地区年发生 2～3 代,世代重叠,以蛹在土室中越冬。4 月下旬越冬蛹羽化,第一代 5 月上中旬至 7 月中下旬,第二代 7 月中下旬至 9 月中下旬,早期羽化成虫可年发生三代,10 月中旬后的蛹不再羽化,进入越冬期。

霜天蛾初孵幼虫在叶背取食叶肉,三龄后多沿叶缘取食,造成缺刻;高龄幼虫食量最大,每虫昼夜食叶量 10 克以上,发生严重时能吃尽叶片,只剩枝条;以晚上、阴天取食最多。

【害虫习性】 霜天蛾成虫有较强趋光性,有极强的飞翔力。成虫白天在树丛、枝叶、杂草或房屋等建筑物暗处隐藏,黄昏飞出活动,以晚 8 时、晨 5 时前后最为活跃,雌雄追逐、交尾、产卵。平均每头雌蛾产卵量 260 多粒,卵产于叶背、叶柄等处,散产,每处 1 粒。初孵幼虫取食叶表皮,稍大啃食叶片成缺刻、孔洞,甚至将全叶吃光,老熟幼虫入土化蛹。

【害虫生态】 适宜霜天蛾生长发育的温度范围 15～35 ℃;最适生长环境,温度为 24～30 ℃,相对湿度 70%～95%。卵期 8～11天,幼虫期 23～35 天,蛹期 14～22 天。世代历期 60～75 天。越冬代历期 180～200 天。

【防治措施】

(1)清洁田园:冬季翻土,杀死越冬虫蛹。

(2)人工除虫:结合田间管理,根据地面虫粪和碎叶,追踪幼虫,人工捕杀。

（3）灯光诱蛾：在盛发期使用杀虫灯诱杀成虫，减少虫口基数。

（4）保护天敌：保护螳螂、胡蜂等有益天敌以捕食幼虫。

（5）化学防治：在二龄幼虫盛发期用药，防治间隔期 7～10 天。每代次防治 1～2 次。

高效、低毒、低残留防治用药：可选茚虫威、虫螨腈悬浮剂、阿维菌素类农药（使用参照登记用量）等喷雾。

常规防治用药：可选氰氟虫腙类农药（使用参照登记用量）喷雾。

短额负蝗

短额负蝗（*Atractomorpha sinensis*）属直翅目蝗科，别名中华负蝗、尖头蚱蜢，全国各地均有发生，是常见害虫；主要危害白菜、甘蓝、萝卜、豆类、茄子、马铃薯等多种蔬菜。

【简明诊断特征】

（1）成虫：体长 20～30 毫米，体色草绿色或褐色（冬型）。头额前冲，尖端着生一对触角，绿色型自复眼起向斜下有一条粉红纹，与前、中胸背扳两侧下线的粉红纹衔接。体表有浅黄色瘤状突起，后翅基部红色，端部淡绿色，前翅长度超过后足腿节端部约三分之一。

（2）卵：长椭圆形，长 2.9～3.8 毫米，黄褐色至深黄色，中间稍凹陷，一端较粗钝，卵壳表面有鱼鳞状花纹。卵粒倾斜排列成 3～5 行。

（3）若虫：共 5 龄；体色草绿色或稍带黄色，形态基本同成虫，只是翅芽由发育不全过渡到翅芽发育逐步健全。

【发生与危害】　短额负蝗在上海及长江流域年发生 1 代，以卵在沟边土中越冬。常年在 5 月中下旬至 6 月中旬左右孵化，7～8 月发育羽化为成虫。10 月左右产卵越冬。

上海地区短额负蝗的发生盛期在 7～9 月，以成虫及若虫危害多种蔬菜作物的叶片，影响光合作用和传播细菌性软腐病，降低蔬菜商品价值。

【害虫习性】 成、若虫日出活动,喜栖于地被多、湿度大、双子叶植物茂密的环境中生活,在灌渠两侧发生偏多。成虫寿命长达30天以上,每头雌虫产卵量150～350粒,卵块产于土中。初孵若虫先取食幼嫩杂草,三龄后扩散危害十字花科蔬菜或豆类等作物。

【防治措施】

(1) 冬耕晒垡:在冬前发生量多的沟、渠边,利用冬闲深耕晒垡,破坏越冬虫卵的生态环境,减少越冬虫卵。

(2) 保护天敌:青蛙、蟾蜍等是短额负蝗的捕食性天敌,每头成年青蛙、蟾蜍平均每天可捕食短额负蝗若虫20～30多头,一般发生年均可基本抑制该虫发生量。

(3) 化学防治:发生较重的年份,可在7月初至中下旬进行喷药防治,用药间隔期7～10天。

高效、低毒、低残留防治用药:可选用氯虫苯甲酰胺、虫螨腈、茚虫威、阿维菌素类农药(使用参照登记用量)等喷雾。

常规防治用药:可选氰氟虫腙类农药(使用参照登记用量)等喷雾。

菠菜潜叶蝇

菠菜潜叶蝇(*Pegomya exilis*)属双翅目花蝇科,别名甜菜藜泉蝇,我国以北方发生偏重;主要危害甜菜、菠菜、萝卜。

【简明诊断特征】

(1) 成虫:体长4～6毫米。雄蝇间额狭于前单眼的宽,无间额鬃,腋瓣下肋无鬃;前缘脉下面有毛;腿节、胫节黄灰色,跗节黑色,后足胫节后鬃3根。尾叶后面观,侧尾叶长度与肛尾叶长度相仿,肛尾叶末端尖,侧尾叶后枝侧面观,末端具极尖细的爪。雌蝇第八腹板中央骨片小,其长度不及第七腹板长的1/3,后者着生短小而密的毛。

（2）卵：椭圆球形，0.9×0.3（毫米），白色，表面具六角形网纹。

（3）幼虫：共 3 龄，老熟幼虫长 7.5 毫米，污黄色，有许多皱纹，腹部后端围绕后气门有 7 对肉质突起。

（4）蛹：长 4～5 mm，暗褐色。

【发生与危害】 菠菜潜叶蝇在上海地区年发生 3～4 代，以蛹在土中越冬。越冬代蛹期达数月。常年保护地栽培条件下 3 月有越冬代成虫发生，露地至 4 月才有越冬代成虫发生，年内以春季第一代发生量最大，二三代发生期因夏季高温干旱（特别是第三代发生期），虫口发生密度大大降低，也是南方地区发生偏轻的主要原因。菠菜潜叶蝇在找不到适宜寄主时，可在粪肥或腐殖质上完成发育。下半年秋季 9～10 月在秋波菜上发生，11 月进入越冬。

上海地区菠菜潜叶蝇的发生盛期在 3～10 月，以幼虫在叶片内潜食叶肉，留下表皮，在叶面上呈现不规则形的白色膜状斑块。

【害虫习性】 成虫多在清晨气温低、湿度大的时刻羽化，产卵前期约 4 天，卵产在寄主叶背，4～5 粒呈扇形排列在一起，每头雌虫可产 40～100 粒，卵孵多于傍晚孵化，初孵幼虫可随即潜入叶肉危害，幼虫发育老熟后，一部分在叶内化蛹，一部分从叶中脱出入土化蛹。

【害虫生态】 适宜菠菜潜叶蝇生长发育温度范围在 10～25 ℃；最适生长环境，温度为 14～22 ℃，相对湿度 70%～85%。在盛发期内，卵期 3～6 天，幼虫历期 10～15 天，蛹期 14～20 天。一般夏季温度偏低、多雨年份秋季发生偏重。

【防治措施】
（1）清洁田园：收获后及时翻耕灭茬，减少虫源。
（2）化学防治：在越冬代成虫发生始盛期开始用药 2～3，防治间隔期 10～15 天。

高效、低毒、低残留防治用药：可选灭蝇胺、阿维菌素类农药（使用参照登记农药）等喷雾。

中华蝗

中华蝗(*Oxya chinensis*)属直翅目蝗科,别名中华稻蝗,全国大多数地区都有发生;主要危害豆科、旋花科、茄科等多种蔬菜作物。

【简明诊断特征】

(1)成虫:体长 15～40 毫米,黄绿、绿色、褐绿色等。前翅前缘绿色,头宽大卵圆形,颜面隆起宽,头顶向前伸,复眼卵圆形,触角丝状,前胸背板后横沟位于中部之后,前胸腹板突圆锥形,略向后倾斜,翅长超过后足腿节末端。

(2)卵:香蕉形,长约 3.5 毫米,宽 1 毫米,深黄色,胶质卵囊褐色,包在卵外面,囊内卵粒斜列 2 纵行变。

(3)若虫:6 龄,少数 7 龄。体型似成虫,低龄无翅芽,至高龄翅芽逐渐发育成熟。

【发生与危害】 中华蝗在上海、浙江、江苏以北年发生 1 代,以卵块在田埂、荒滩、堤坝等土中 1.5～4 厘米深处或杂草根际越冬,5 月中下旬至 6 月中旬越冬卵孵化,10 月前后成虫产卵越冬。

上海地区中华蝗的发生盛期在 7～9 月,以成、若虫食害叶片,造成缺刻,严重时吃光全叶,仅残留主脉。

【害虫习性】 成虫日出活动,夜晚闷热时有扑灯习性。寿命50～120 天;喜在早晨羽化,羽化后 15～45 天开始交配,一生可交配多次;产卵前期 25～65 天,卵成块产在土下、田埂上居多,每头雌虫产卵 1～3 块,100～250 粒。初孵若虫先取食幼嫩杂草,三龄后扩散危害。

【害虫生态】 适宜中华蝗生长发育温度范围在 18～35 ℃;最适生长环境,温度为 20～30 ℃,相对湿度 80%～95%。卵期 6 个月左右,若虫期 40～65 天。

【防治措施】

(1)农业防治:发生重的地区组织人力在田埂、地头、渠旁耕翻杀灭蝗卵,压低发生基数,具明显效果。

（2）利用天敌：保护青蛙、蟾蜍、鸟类，可有效抑制该虫发生。

（3）化学防治：宜掌握在若虫二三龄群集在田埂、地边、渠旁的始盛期挑治，防治间隔期 7～10 天，连续喷雾防治 1～2 次。大田防治以百株有虫 10～15 头时，及时喷药。

高效、低毒、低残留防治用药：可选用氯虫苯甲酰胺、虫螨腈、茚虫威、阿维菌素类农药（使用参照登记用量）等喷雾。

常规防治用药：可选氰氟虫腙类农药（使用参照登记用量）等喷雾。

美洲斑潜蝇

【图版 28、29】

美洲斑潜蝇（*Liriomza sativae*）属双翅目潜蝇科，别名蔬菜斑潜蝇、蛇形斑潜蝇、豆潜叶蝇；主要危害刀豆、豇豆、扁豆、黄瓜、冬瓜、丝瓜、甜瓜、番茄、茄子等 40 多种蔬菜，已成为蔬菜上的主要蝇类害虫。

【简明诊断特征】

（1）成虫：体长 1.3～2.3 毫米，翅展 1.3～1.7 毫米，小型蝇类，淡灰黑色，胸背板亮黑色，体腹面黄色，雌虫比雄虫稍大。

（2）卵：(0.2～0.3)毫米×(0.1～0.15)毫米，米色，半透明。

（3）幼虫：共 3 龄，长约 3 毫米，蛆状；初孵无色，渐变淡橙黄色，后期变为橙黄色，后气门突呈圆锥状突起，顶端三分叉，各具一开口。

（4）蛹：椭圆形，腹面稍扁平，(1.7～2.3)毫米×(0.5～0.75)毫米，橙黄色。

【发生与危害】 美洲斑潜蝇上海地区年发生 9～11 代，保护地内可周年发生，世代重叠现象严重。露地以蛹在表浅土或残叶下越冬，3 月下旬到 4 月上中旬越冬蛹羽化，11 月前后以蛹越冬。

上海地区美洲斑潜蝇的盛发期在 5～6 月及 8 月下旬至 10 月

（图 20）。以成虫的雌虫飞翔中用产卵器刺伤叶片,取食汁液;雄虫不刺伤叶片,以取食雌虫刺伤点中的汁液。卵孵化后的幼虫即潜叶危害植物叶片,造成蛇形不规则的白色虫道,破坏叶绿素,影响光合作用;受害严重时,被害叶片可脱落。幼苗被害可显著延迟生育进程。幼虫老熟后爬出潜叶虫道,在叶片上或土缝中化蛹,蛹很易被风吹落地表缝隙。在地膜栽培时,可在地膜上收集到较多的蛹,在蔬菜采收过程中,蛹很容易随盛菜的包装和长途运菜,人为地、不知不觉地将害虫作远距离传播。

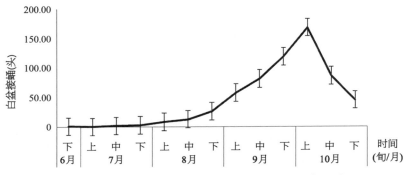

图 20　1999～2012 年美洲斑潜蝇白盆接蛹旬均发生消长图

　　【害虫习性】　成虫活泼,对黑光灯无趋光性,对黄色光谱敏感,有较强的趋性,可短距离飞翔。主要的活动在白天,以早上至 11 时活动最盛,下午 2 时以后活动减弱,晚上在植株的叶背栖息。在植株间的活动区域以中部为多,高度在 60～90 厘米。成虫寿命 7～15 天,雌成虫在飞翔中用产卵器刺伤叶片,将卵散产于其中(叶片伤孔呈扇形,多为产卵孔,有 15% 含有活卵),每头雌虫产卵量在 200～600 粒,繁殖率极强。卵孵化后的幼虫即潜叶危害植物叶片,经过 3 个龄期的发育,幼虫老熟后爬出潜叶虫道,在叶片上或土缝中化蛹。

　　【害虫生态】　适宜美洲斑潜蝇生长发育的温度范围 15～35 ℃;最适生长发育的环境,温度为 20～30 ℃,相对湿度 80%～85%。各虫态的发育起点温度在 10 ℃ 左右,20 ℃ 以下的世代全代历期约需 30 天以上,30 ℃ 以上最短的世代全代历期在 12～15 天,

15 ℃以下、30 ℃以上的温度，个体发育进度异常，出现自然死亡率高等现象。

【灾变要素】 经汇总 1999～2012 年美洲斑潜蝇白盆接蛹虫情发生动态系统调查，与环境要素用多元互作项逐步回归法的数理统计学，通过相关性检测，满足利于美洲斑潜蝇重发生的主要灾变要素是始见至 8 月中旬累计白盆接蛹量高于 35 头，7～8 月中旬的旬均温度 24～27 ℃，7～8 月中旬累计雨量少于 180 毫米（没有台风影响），7～8 月中旬累计日照时数多于 370 小时，其灾变的复相关系数为 $R^2 = 0.812\ 1$。

【防治措施】

（1）诱杀成虫：在发生始期，利用美洲斑潜蝇成虫有趋黄色的习性，用植物诱源的黄板诱杀成虫，667 平方米用量 20～30 张。

（2）抗旱灭蛹：在化蛹高峰期，科学抗旱，可利用大水漫灌灭杀表土的虫蛹。

（3）高温闷棚换茬：保护地栽培，在春夏或夏秋换茬时，临时密封棚室，高温闷棚 3～5 天，杀灭田间和植株上残存的虫源，防止因换茬转移寄主危害，压低虫口基数。

（4）化学防治：在美洲斑潜蝇成虫羽化始盛开始防治 2～3 次（选用常规防治用药品种），每间隔 5～7 天防治 1 次。防治成虫用药最佳时机应选择在晴天早上露水干后至午后 2 时前的成虫活动盛期。防治幼虫适宜在卵孵高峰期。

高效、低毒、低残留防治用药：可选 60％灭蝇胺水分散粒剂（网蝇）2 000～2 500 倍液；或 75％灭蝇胺可湿性粉剂（潜克）2 000～3 000 倍液喷雾。

番茄斑潜蝇

【图版 29】

番茄斑潜蝇（*Liriomza bryoniae*）属双翅目潜蝇科，别名蔬菜斑潜蝇,同美洲斑潜蝇是近缘种,黄河流域以南地区发生偏重;主要危害茄科、葫芦科、十字花科、豆科等多种蔬菜,是保护地蔬菜生产上的常见害虫。

【简明诊断特征】

(1)成虫:体长1毫米左右,翅展约2毫米,除复眼和单眼三角区、后头及胸、腹背面大体黑色,其余部分和小盾板基本黄色,成虫内、外顶鬃均着生在黄色区。

(2)卵:米白色,稍透明,长椭圆形,0.15~0.2毫米。

(3)幼虫:共3龄,老熟幼虫体长约3毫米,是无足的蛆,初孵无色,渐变橙黄色。

(4)蛹:长椭圆形,橙黄色,长2毫米左右,蛹后气门7~12孔。

【发生与危害】 番茄斑潜蝇在上海、长江流域地区年发生8~13代,在露地以蛹在土表层越冬,保护地内可终年发生。一般上半年发生重于下半年,露地栽培地于11月底至12月初越冬。

上海地区番茄斑潜蝇发生盛期在2~5月、10~12月。成虫以雌虫用产卵器刺伤叶片,取食汁液;雄虫不刺伤叶片,但以取食雌虫刺伤点中的汁液;卵孵化后的幼虫即潜叶危害植物叶片,造成蛇形不规则的白色虫道,破坏叶绿素,影响光合作用,受害严重时被害叶片可脱落。幼苗被害可显著延迟生育进程。幼虫老熟后爬出潜叶虫道,在叶片上或土缝中化蛹,蛹很易被风吹落地表缝隙。危害状与美洲斑潜蝇极相似,但主要危害期在早春,虫道在叶片正反面均有分布,有时初始虫道在叶片反面,二龄以后潜道转到叶片正面,或与反面交替成断断续续状。

【害虫习性】 成虫具日出性,性活泼,对黄色光谱敏感,有较强的趋性,可短距离飞翔。以早晨至11时活动最盛,下午2时以后活动减弱,晚上在植株的叶背栖息;在植株间的活动区域以叶片发育成熟中部为多。成虫寿命7~20天,雌成虫在飞翔中用产卵器刺伤叶片,将卵散产于其中,叶片伤孔中呈扇状,多为产卵孔,有15%含有活卵,每头雌虫产卵量在200粒左右,繁殖率较强。卵孵化后的幼虫即潜叶危害植物叶片,经过3个龄期的发育,幼虫老熟后爬出潜叶虫道在叶片上或土缝中化蛹。

【害虫生态】　适宜番茄斑潜蝇生长发育的温度范围 10～30 ℃;最适生长发育的环境,温度为 15～25 ℃,相对湿度 80%～85%,降雨少适合其发生。各虫态的发育起点温度在 8 ℃ 左右,20 ℃ 以下的世代全代历期需 30 天以上,30 ℃ 以上最短的世代全代历期在 12～15 天。10 ℃ 以下、30 ℃ 以上的温度,个体发育进度异常,出现自然死亡率高等现象。

【防治措施】

(1) 诱杀成虫:在发生始期,利用成虫有趋黄色的习性,用植物诱源的黄板诱杀成虫,667 平方米用量 20～30 张。

(2) 化学防治:在美洲斑潜蝇成虫羽化始盛开始防治,每间隔 5～7 天防治 1 次,共 2～3 次。用药最佳时机应选择在晴天早上露水干后至午后 2 时前的成虫活动盛期。

高效、低毒、低残留防治用药:可选灭蝇胺(参照登记用量)喷雾。

茶黄螨

【图版 29】

茶黄螨(*Polyphagotarsonemus latus*)属蜱螨目跗线螨科,长江流域以南地区发生偏重,食性极杂;危害寄主植物相当广泛,茄子、辣椒、马铃薯、番茄、菜豆、豇豆、黄瓜、丝瓜、萝卜、芹菜等蔬菜均可受其危害。随着保护地蔬菜面积的发展,推广温室、塑料大棚栽植技术,生态环境的改变将使茶黄螨对蔬菜生产的危害日趋严重。

【简明诊断特征】

(1) 雌成螨:淡黄色至橙黄色,半透明有光泽。体长约 0.21 毫米,虫体椭圆形,较宽阔,腹部末端平截,体节分节不明显,沿背中线有 1 白色条纹,假气门器向末端扩展。足 4 对,但第四对足纤细,其附节末端有端毛和亚端毛。腹面后足体有 4 对刚毛。

(2) 雄成螨:黄色至橙黄色,半透明。体长约 0.19 毫米,虫体近似六角形,末端圆锥形,前足有 3～4 对刚毛,腹面后足有 4 对刚毛。

第三和第四对足的基节相接,第四对足的胫节退化为细长的爪状。

(3)卵:椭圆形,无色透明,长约 0.1 毫米。卵有纵向排列的 5～6 行白色瘤状突起。

(4)幼螨:体椭圆形,淡绿色,头胸部和成螨很相似,没有假气门器,足 3 对,腹部末端具一对刚毛。

(5)若螨:长椭圆形,被幼螨的表皮所包围,类似于蛹的生长发育阶段。

茄子在蕾期前受害,严重者不能开花,在落花后受害幼果脐部大多呈淡黄色,随着果实的生长,逐渐变为深黄褐色;果皮龟裂严重的深达 0.5～1 厘米,种子裸露。一般圆茄品种裂果较重,灯泡形品种次之,条茄较抗虫。

辣椒受害的症状是造成植株矮小、丛生,落花落果。通常受害叶片的叶背呈油渍状,渐变黄褐色,叶缘向下卷曲,受害果实生长停滞,变硬,失去光泽。豇豆受害的症状,严重时叶片变小,扭曲畸形,嫩茎变黄褐色。

茶黄螨的危害状有时和药害、生理性病害及病毒病害症状较类似,诊断时可取植株嫩叶,放在 20 倍扩大镜下检查,即可见到微小的虫体。

【发生与危害】 茶黄螨在上海露地年发生至少有二十代,在保护地栽培条件下,可周年发生,但在冬季发生,对作物不构成严重危害。成螨通常在土缝、蔬菜冬作物或杂草的根部越冬,以两性生殖为主,也能营孤雌生殖,世代重叠发生。常年,塑料大棚内 3 月上中旬即可见到被害状,4 月底至 6 月初可出现严重受害田块。露地 4 月中下旬始见危害状,一般在梅雨季节过后至 8、9 月为盛发期,10 月以后随着气温逐渐下降,虫口数量也随之减少。冬季主要在加温温室有一定的危害。

上海地区茶黄螨的盛发期在 4～10 月,以成若虫刺吸植株汁液。叶片受害,叶背处汁液外渗,干后呈油渍状茶褐色,有光泽,叶缘反卷、畸形,造成大量落叶。顶端嫩叶和生长点受害,植株生长受阻,形成"秃顶"。花器受害,造成大量落花或不实。幼果被害,生长停滞,组织僵硬,表皮呈龟纹状,严重时造成裂果,失去商品价值。

茄子受害的症状是上部叶片僵直,叶背呈灰褐色或黄褐色,油渍状,叶缘向下卷曲,茎部、果柄、萼片及果实变灰褐色或黄褐色。

【害虫习性】 成螨活泼,趋嫩性强,适宜在温暖少雨的条件下生长繁殖,卵散产于嫩叶叶背、幼果或幼芽上。幼螨对湿度敏感,要求较高。

【害虫生态】 适宜茶黄螨生长发育的温度 10~32 ℃;最适生长发育环境,温度为 16~27 ℃,相对湿度 45%~90%;成螨对湿度的要求低,卵和幼螨对湿度的要求较高。过高的温度对成螨寿命和繁殖有较大的影响,在日均温度 15~17 ℃时完成一个世代需 10~15 天,在日均温度 18~20 ℃时完成一个世代需 8~10 天,在日均温度 22~24 ℃时完成一个世代需 6~7 天,在日均温度 25~27 ℃时完成一个世代需 5~6 天,在日均温度 28~30 ℃时完成一个世代需 4~5 天。

【防治措施】

(1) 推广应用抗性品种:历年常发或重发地区宜选用抗虫性高的条茄品系。

(2) 农业防治:冬季要清除田边杂草,减少越冬虫源。在温室、塑料薄膜栽培田,前茬作物收获后,及时清除残株落叶,集中烧毁,深翻土地并灌水沤泡 10~20 天灭虫。

(3) 防治技巧:抓早期挑治,保护地于 3 月上中旬,露地于 4 月下旬,对早发生虫情的田块抓早期挑治,压低早期虫口密度。在入梅前注意分析梅雨期间的天气预报对虫情的控制作用。在虫情早发年,必须抓好入梅前的压基数防治,控制发生基数,在出梅早的年份,掌握好防治主动攻势。重点喷植株上部嫩叶背面、嫩茎、花器和幼果,喷药要均匀周到。

(4) 化学防治:在虫害始发至盛发期内,防治间隔期 5~7 天。根据虫情发生情况需连续用药喷雾防治数次。

高效、低毒、低残留防治用药:可选甲氨基阿维菌素苯甲酸盐微乳剂(参照登记用量)喷雾。

常规防治用药:可选噻螨酮类农药、苯丁锡(参照登记用量)等喷雾。

棉　蚜

棉蚜(*Aphis gossypii*)属同翅目蚜科,别名瓜蚜、油虫、腻虫、蜜虫,全国各地均有发生;主要危害黄瓜、南瓜、西葫芦、西瓜等葫芦科蔬菜;此外,还危害茄科、豆科、菊科等多种蔬菜,是瓜类主要害虫种类之一。

【简明诊断特征】

(1)有翅胎生雌蚜:体长 1.2～1.9 毫米,体黄色至深绿色,前胸背板黑色,腹部两侧有 3 或 4 对黑斑,腹部背面时有间断的黑色横带 2～3 条。触角 6 节,第三节有感觉圈 4～10 个,多数为 6～7个,腹管圆筒形,黑色,表面具瓦状纹。尾片圆锥形,近中部收缩,具刚毛 4～7 根。

(2)无翅胎生雌蚜:体长 1.5～1.9 毫米,体色有黄绿色、墨绿色或蓝黑色,体背有斑纹,全身被有蜡粉,腹管长圆筒形,具瓦状纹,尾片同有翅胎生雌蚜。

(3)卵:椭圆形,长 0.5～0.7 毫米,初产橙黄色,后变漆黑色,有光泽。

(4)若蚜:共 4 龄,老熟若蚜体长 1.6 毫米左右,体色有黄色、黄绿色或蓝灰色,复眼红色。有翅若蚜在第三龄后可见翅芽 2 对,形同无翅若蚜。

【发生与危害】　棉蚜在长江流域年发生 20～30 代,营二性生殖或孤雌胎生繁殖。在长江流域的露地和华北一般以卵在冬寄主木槿、花椒、石榴、木芙蓉等作物的枝条上越冬。但冬季在加热温室、大棚的瓜类上可继续无性繁殖。常年当平均气温稳定到 6 ℃以上时越冬卵孵化为干母,气温达 12 ℃左右开始胎生干雌,在越冬寄主上行孤雌胎生,繁殖 2～3 代后,产生有翅胎生雌蚜,于 4 月中下旬开始迁飞到瓜地或其他寄主上不断繁殖,扩散危害。秋末初冬又产生有翅蚜迁回到越冬寄主上,并产两性蚜交尾、产卵,在冬寄主的枝条缝隙和芽腋处越冬;向冬寄主上迁飞的时期,在长江流域是 10

月下旬至 11 月。

上海地区棉蚜的盛发期在 4～6 月、9～10 月,以成蚜及若蚜在叶背和嫩茎上吸食作物汁液。瓜苗嫩叶及生长点被害后,叶片卷缩,瓜苗萎蔫,甚至整株枯死,老叶受害,提前脱落,缩短结瓜期,造成减产,此外还能传播病毒病。

【害虫习性】 棉蚜对黄色有较强的趋性,对银灰色有忌避习性,且具较强的迁飞和扩散能力。当寄主衰老,营养条件恶化时则产生大量有翅蚜迁飞转移到新寄主上。每头雌蚜寿命可长达 10 多天,平均胎生若蚜 60～70 头。

【害虫生态】 适宜棉蚜生长、发育、繁殖温度范围为 10～30 ℃;最适生长发育环境,温度为 16～22 ℃,相对湿度 40％～65％。在 15 ℃下,若虫历期 12～14 天;在 20～25 ℃下,若虫历期仅 5 天左右。高温高湿均抑制其发育和繁殖,当 5 日平均气温达 25 ℃以上,平均相对湿度达 75％以上时,棉蚜的种群数量明显下降。棉蚜的主要危害期在春末夏初,秋季一般轻于春季。一般干旱年份发生重。

【防治措施】

（1）黄板诱杀:利用有翅蚜有趋黄的特性,在有翅蚜迁飞期于田间设置含有植物源诱剂的黄板,每 20～30 平方米 1 张,诱杀有翅蚜。

（2）银灰色薄膜避蚜:在苗床上方每隔 60～100 厘米拉 3～6 厘米宽银灰色薄膜网格,避蚜防传病毒效果好;或在田间四周围银灰色遮阳网,地面铺设银灰色地膜,或拉 17～20 厘米宽银灰薄膜条,每隔 1～2 米拉条,可明显减少瓜田的蚜量和减轻病毒病的发生。

（3）生物防治:保护地栽培中,在棉蚜发生初期释放蚜茧蜂。

（4）化学防治:在田间蚜虫点片发生阶段要重视早期防治,连续用药 2～3 次,用药间隔期 10～15 天。

高效、低毒、低残留防治用药:可选 25％噻虫嗪水分散粒剂（倍乐泰）1 200～2 000 倍液,0.5％苦参碱水剂（神雨）300～500 倍液,20％烯啶虫胺水分散粒剂（刺袭）3 000～4 000 倍液,1.5％除虫菊素水剂（三保奇花）150～250 倍液,10％氯噻啉可湿性粉剂（江山）1 500～3 000 倍液等喷雾防治。

常规防治用药：20％啶虫脒乳油、70％吡虫啉水分散剂、25％扑虱灵可湿性粉剂、20％吡虫啉可溶性液剂、12.5％吡虫啉可溶剂等(参照登记用量)喷雾防治。

蓟　马

蓟马(*Thrips palmi*)属缨翅目蓟马科,别名棕榈蓟马、棕黄蓟马、节瓜蓟马,长江流域以南地区均有发生;主要危害节瓜、冬瓜、苦瓜、西瓜、番茄、茄子、菠菜和豆类等,是蔬菜上常见的蓟马类害虫。

【简明诊断特征】

(1)成虫:体长1毫米左右,黄色,前胸后缘有缘鬃6根。翅细长透明,周缘有许多细长毛,前翅上脉基鬃7条,中部至端部3条,第八腹节后缘栉毛完整。

(2)卵:长椭圆形,长0.2毫米,淡黄色。

(3)若虫:共4龄,体白色或淡黄色。

【发生与危害】　蓟马在长江流域年发生10～12代,世代重叠严重。多数以成虫在茄科、豆科、杂草上,或在土块、砖缝下及枯枝落叶间越冬,少数以若虫越冬。常年5月中下旬始见,6～7月数量上升,8月下旬至9月进入发生和危害高峰,以秋瓜受害最重,秋瓜收获后成虫逐渐向越冬寄主转移。

【害虫习性】　成虫对黄色和植株的嫩绿部位有趋性,爬行敏捷、善跳、怕强光,当阳光强烈时则隐蔽于植株的生长点及幼瓜的茸毛内,迁飞都在晚间和上午。成虫寿命7～40天,可营两性生殖或孤雌生殖。卵大多散产于寄主的生长点、嫩叶、幼瓜表皮下及幼苗的叶肉组织内,平均每头雌虫产卵量50粒左右。卵孵都在白天,近傍晚时最多,初孵若虫有群集性。一二龄若虫多数在植株上部嫩叶或幼瓜的毛丛中活动和取食,少数在叶背危害,老熟若虫有自然落地入土静伏发育为成虫的习性。

【害虫生态】　适宜蓟马生长发育的温度范围在12～32℃;最

适环境温度为 24～30 ℃;较耐高温。若虫入土到成虫羽化,以土壤含水量 8％～18％时最适宜。整个幼期(卵期加若虫期加"伪蛹"期)发育历期,在日均温度 20～22 ℃时 18～20 天,24～26 ℃时 14～16天,28～30 ℃时 10～13 天,适宜在夏、秋两季发生。

上海地区蓟马的盛发期在 5～10 月,以成虫、若虫锉吸心叶、嫩芽、幼瓜的汁液,使被害株心叶不能正常展开,生长点萎缩变黑而出现丛生现象。幼瓜受害毛茸变黑,出现畸形,严重时造成落瓜。成瓜受害后瓜皮粗糙,有黄褐色斑纹或瓜皮长满锈皮,使瓜的外观品质受损、商品性下降。

【防治措施】

(1)农业防治:清除蔬菜田杂草,加强水肥管理,使植株生长旺盛,可减轻危害。

(2)色板诱虫:于成虫盛发期内,在田间设置含有植物源诱剂的黄板,每 20～30 平方米 1 张,诱杀成虫。

(3)化学防治:秧苗二三片真叶期到成株期要经常检查,当植株心叶始见有 2～3 头蓟马时应施药防治,若虫量大时,每 7～15 天防治 1 次,连续防治 3～5 次。

高效、低毒、低残留防治用药:可选 60 克/升乙基多杀菌素悬浮剂(艾绿士)1 000～1 500 倍液,28％杀虫·啶虫脒可湿性粉剂(甲王星)1 000～1 500 倍液,25％噻虫嗪水分散粒剂(倍乐泰)1 200～2 000 倍液等喷雾防治。

常规防治用药:20％啶虫脒乳油、70％吡虫啉水分散剂、25％扑虱灵可湿性粉剂、20％吡虫啉可溶性液剂(格田)、12.5％吡虫啉可溶剂(必林)等(参照登记用量)喷雾防治。

茄二十八星瓢虫

【图版 29】

茄二十八星瓢虫(*Henosepilachna vigintioctopunctata*)属鞘翅

目瓢虫科,又名酸浆瓢虫、伪二十八星瓢虫,全国各地均有发生;主要危害茄子、马铃薯、番茄、甜椒等茄科蔬菜;果实受害后,影响产量和质量,是茄科蔬菜的常见虫害。

【简明诊断特征】

(1)成虫:黄褐色,半球形,体长 5.5~6.5 毫米。前胸背板上有 6 个黑斑,中央 2 个常连成一个横斑(有时可分为 2 个),每个鞘翅上有 14 个黑斑,后方的圆形(或纵长,与前方的相接),每侧各 2 个。鞘翅上黑斑小而略圆,鞘翅基部 3 个黑斑,后方的 4 个黑斑几乎在一直线上,鞘翅会合时,两鞘翅上黑斑不相接触。

(2)卵:长 1~1.2 毫米,淡黄色,枪弹头状,卵块中的卵粒排列较密集。

(3)幼虫:共 4 龄,老熟幼虫体长约 7 毫米;初龄幼虫淡黄色,逐步变白色,体表密生白色枝刺,枝刺基部有黑色环纹。

(4)蛹:椭圆形,长约 5.5 毫米,黄白色,背面有较浅的黑色斑纹,尾端常留有老熟幼虫的皮壳。

【发生与危害】 茄二十八星瓢虫在上海、江苏、浙江等地年发生 3~4 代,世代重叠,以成虫在田边老树皮、杂草、松土、篱笆或壁缝等间隙中越冬。常年越冬成虫于 4 月中下旬前后开始活动,10 月上中旬逐步转入茄子田附近越冬场所。

上海地区茄二十八星瓢虫的发生盛期在 7~9 月。以幼虫、成虫舔食寄主植物叶片的叶肉,轻度危害时形成许多不规则透明的凹纹,后呈现褐色斑痕,引起植株枯萎。危害严重时叶片叶肉食尽,仅残留上表皮呈网状,有时还能危害果实和嫩茎;茄子果实被害,被啃食部分变硬,带有苦味,影响品质。

【害虫习性】 成虫日出活动,有假死性和自相残杀。以晴天的上午 10 时到下午 4 时为活动盛期,进行取食、迁移、飞翔、交配、产卵等,阴雨天、大风天气时则很少活动。越冬代成虫寿命可长达 100 多天,产卵期 40 多天,平均产卵量 400 多粒,以后各代成虫寿命 25~60 天,平均产卵量约 200 粒。卵通常 10~30 粒左右块产于叶背,初孵幼虫群集危害,随后逐步分散危害,老熟幼虫常在危害处叶片或在枯叶中化蛹。

【害虫生态】 适宜茄二十八星瓢虫生长发育的温度范围为 16～35 ℃；最适生长发育环境,温度为 25～28 ℃,相对湿度在 75％～85％。温度在 18 ℃以下,幼虫活动减弱,成虫不产卵；温度超过 32 ℃以上,部分卵则自行腐败。在适温下卵历期 5～8 天,幼虫历期 15～28 天,蛹历期 4～15 天。

【防治措施】

(1) 压低越冬虫口：及时处理收获后的茄子、马铃薯残株,清除田边杂草,减少越冬虫源。

(2) 人工捕捉成虫：利用成虫的假死性,早晚拍打植株收集坠落成虫。

(3) 人工摘卵：根据新产卵块颜色鲜黄易查的特点,可在成虫产卵盛期,利用采收茄果的同时摘除卵块。

(4) 药剂防治：掌握在越冬成虫迁入作物地和幼虫孵化盛期喷药防治,防治间隔期 7～10 天。

高效、低毒、低残留防治用药：可选虱螨脲乳油、甲氨基阿维菌素苯甲酸盐等(参照登记用量)喷雾防治。

常规防治用药：可选 240 克/升氰氟虫腙悬浮剂、5％氟虫脲乳油等(参照登记用量)喷雾防治。

棉铃虫

棉铃虫(*Heliothis armigera*)属鳞翅目夜蛾科,别名蛀虫、玉米穗虫、棉铃实夜蛾,全国各地均有发生；主要危害番茄、瓜类、茄子、豆类、苋菜、大白菜和甘蓝等；是杂食性害虫,已知的寄主植物 200 多种,是蔬菜生产上主要害虫。

【简明诊断特征】

(1) 成虫：体长 15～20 毫米,雌蛾前翅赤褐色或黄褐色,雄蛾多为灰绿色或青灰色,内横线不清晰,中横线很斜,末端达翅后缘的环状纹正下方,外横线向后斜伸达肾状纹的正下方,亚外缘线呈波纹状,与外横线之间组成褐色带状纹,在带状纹内有 8 个白点,外缘有 7 个红褐色小点排列于翅脉间,肾状纹和环状纹暗褐色,雄蛾较雌蛾明显。后翅灰白色,翅脉褐色,中室末端有褐色斜纹,外缘有茶褐色带状纹,带状纹中有 2 个牙形白斑。

(2)卵:椭圆形或馒头形,直径约 0.5 毫米,表面上有纵棱,每两根纵棱间有一根纵棱常分为二岔或三岔,纵棱可达到底部。卵孔不明显,卵初产时黄白色或翠绿色,孵化前变为红褐色或紫褐色。

(3)幼虫:共 6 龄,少数个体为 5 龄或 7 龄。幼虫体长 35～50 毫米,各节上均有毛片 12 个。体色有淡绿色、绿色、黄白色、淡红色、黑紫色等多种,头部黄褐色,背线、亚背线和气门上线较体色深,气门侧片多呈白色。前胸二根侧毛(L1、L2)的连线与前胸气门下端相切。

(4)蛹:体长 17～20 毫米,纺锤形,第五至第七腹节前缘密布比体色略深的刻点,腹部末端有臀刺 2 根,其基部离得较开。

【发生与危害】 棉铃虫年发生代数因地而异,长江流域和华南北部地区年发生 5 代左右,以蛹在土中越冬。常年当气温稳定在 15 ℃以上时,越冬蛹开始羽化,在长江流域一般 4 月中下旬始见成虫,由于越冬场所复杂,可延续 30～40 天,是造成以后世代严重重叠的根源之一。各代的主要发生期,第一代为 5 月上旬至 6 月中旬,第二代 6 月中旬至 7 月中旬,第三代 7 月中旬至 8 月中旬,第四代 8 月中旬至 9 月上旬,第五代 9 月上中旬至 10 月上中旬,以蛹越冬。

上海地区棉铃虫的盛发期在 6～10 月。在番茄上以幼虫蛀果造成落果、腐烂,影响产量和品质,还可危害嫩茎和花蕾。

【害虫习性】 棉铃虫成虫具夜出性,对黑光灯趋性强,对杨树枝的清香气味也有趋化性。白天多栖息在植株丛间叶背、花冠等阴暗处,傍晚开始活动,吸取花蜜、寻偶、交配、产卵。雌成虫寿命 10～15 天,羽化后当晚即可交尾,产卵前期 2～3 天,有较明显的趋嫩性,生长势旺、枝叶幼嫩茂密的植株易着卵。卵散产,在番茄上大多产在植株幼嫩的顶端、嫩叶、果萼和果柄上,雌虫的产卵数随幼虫期营养积累而有较大的差异,可产卵 100～200 粒。幼虫孵出后先食卵壳,后爬至嫩叶背面阴暗处及取食花蕾,造成落花、落蕾、落果。三龄后在番茄青果上蛀成孔洞,蛀入果内危害,虫粪排至孔外,虫体常尾部露在果外。幼虫有转果危害的习性,1头幼虫有时可危害3~5个番茄果实,幼虫老熟后从植株果实上落至地面,钻入表土3~5厘米的土层或土缝中化蛹。

【害虫生态】 适宜棉铃虫生长发育的温度范围15~37 ℃;最适生长发育环境,温度为25~28 ℃,相对湿度75%~90%;20 ℃以下时成虫产卵较少。卵历期,20~23 ℃时为7~9天,24~25 ℃时4~5天,26~28 ℃约3天,30 ℃时约2天。幼虫历期,20 ℃时29~31天,24~26 ℃时21~23天,28~30 ℃时17~19天。预蛹期2~3天,蛹期9~15天。过分干旱的年份或降水过多的年份,则不利于幼虫入土化蛹和蛹的存活。

【防治措施】

(1)诱捕成虫:在成虫发生盛期,应用棉铃虫性诱剂诱杀成虫。还可把杨树枝(白杨、枫杨、柳树、刺槐或榆树)扎成两头紧中间松、长50~70厘米的枝把,在黄昏时根据风向逆风斜插,每667平方米均匀插8~10把,于每天黎明时,捕捉把中成虫。

(2)化学防治:要抓住孵化盛期至二龄盛期,幼虫尚未蛀入果内的适期防治,第一次喷药以后根据虫情需要决定是否继续防治,用药间隔7天左右。

高效、低毒、低残留防治用药:可选氯虫苯甲酰胺、虫螨腈、茚虫威、虱螨脲、多杀霉素、甲氨基阿维菌素苯甲酸盐等(参照登记用量)喷雾防治。

常规防治用药:可选5%氟啶脲乳油等(参照登记用量)喷雾防治。

烟青虫

烟青虫(*Heliothis assulta*)属鳞翅目夜蛾科,别名烟夜蛾、烟草夜蛾,与棉铃虫是近缘种,全国各地均有发生;是杂食性害虫,以黄河流域以南地区发生偏重;在蔬菜上嗜好的寄主作物中,以辣椒受害最重。

【简明诊断特征】

(1) 成虫:体长 15～18 毫米,翅展 27～35 毫米。前翅黄褐色,斑纹清晰,翅脉褐色,内横线是褐色的波浪形双线,中横线褐色,呈圆弧形向外斜伸至中室下角再折向内斜,外横线褐色双线,内侧线向内斜伸,但在到达肾状纹正下方前改为直线向下,亚外缘线褐色呈锯齿形,在第二中脉处向内斜弯,环状纹黄褐色,近圆形,中央有褐色圆形斑纹,肾状纹为褐色圈,圈中有大形褐斑。后翅黄褐色,外缘有宽条的褐色带状纹,在外侧中部有圆弧形内凹斑纹。

(2) 卵:馒头形,直径为 0.4～0.5 毫米。卵壳上有网状花纹,纵棱双序式,长短相间,不达底部。初产时黄色或黄绿色,孵化前变为淡紫灰色。

(3) 幼虫:共 6 龄,少数个体为 5 龄或 7 龄,体型大小、色泽变化与棉铃虫相似,但 2 根前胸侧毛(L1、L2)的连线不与前胸气门下端相切,而是远离前胸气门下端。气门上下两端较圆,气门片一般为褐色,体上小刺呈圆锥状小点,与棉铃虫相比,刺较短小,体壁柔薄且光滑。

(4) 蛹:与棉铃虫相似,第五至第七腹节前缘的刻点较小而密,腹部末端的 2 根臀刺基部相距较近,臀刺尖端略弯。

【发生与危害】 烟青虫在上海、江苏、浙江、安徽、福建、云南、贵州年发生 4～5 代,华北、甘肃年发生 4 代,世代重叠现象严重;以蛹在辣椒等茄科地的田埂旁石缝、表土中越冬。越冬代蛹于翌年 5 月上中旬开始羽化,第一代发生期在 5 下旬至 6 月下旬,第二代发生期在 6 月下旬至 7 月中旬,第三代发生期在 7 月中下旬至 8 月中旬,第 4 代发生期在 8 月中下旬至 9 月中下旬,第 5 代发生期在 9 月下旬至 10 月下旬以蛹越冬。

上海地区烟青虫的盛发期在 7～9 月,以幼虫取食花蕾、钻蛀果实,引起花蕾脱落,果实霉烂,一般受害田果实被害率达 5%～

15％,严重地块可达 30％左右,严重影响产量和质量。

【害虫习性】 成虫昼伏夜出,对黑光灯的趋光性较弱,对糖、蜜的趋性较强,有补充营养的需求,白天多潜伏在叶背和杂草丛中。成虫羽化后当晚即可交配、产卵,以第二天凌晨或夜间产卵最盛,卵多散产在辣椒的中上部叶片上或花的萼片及花瓣上。植株生长势旺、茂密的甜椒田着卵率高,在温湿度适宜时,雌蛾最多可产卵千粒以上。卵都在晚上 8～9 时及凌晨孵化,初孵幼虫先取食卵壳后再在植株上爬行觅食花蕾。低龄幼虫危害不易发现,二龄幼虫可蛀果危害,二龄幼虫能转株、转果危害,高龄幼虫可转株蛀果危害 8～10个椒果。密度高时,幼虫有互相残杀的特点,一个椒果内一般只有 1 头幼虫。幼虫老熟后在 3～10 厘米表土层中作蛹室化蛹。

【害虫生态】 适宜烟青虫生长发育的温度范围 18～35 ℃;最适生长发育环境温度为 25～28 ℃,相对湿度为 75％～90％。在最适温下,卵历期 2～3 天,幼虫历期 14～19 天,蛹历期 10～13 天。

【防治措施】

(1)农业防治:冬季深耕土地,破坏土中蛹室,杀灭越冬蛹。合理密植,加强肥水调控管理,防止生长过旺诱虫重发。在采收时,摘除虫果,杀灭幼虫。

(2)推广杂交品种:灯笼形甜椒较感虫,尖椒与甜椒的杂交品种较抗虫,在重发生区回避种植灯笼形甜椒品种。

(3)生物防治:在盛发期的卵高峰后 3～4 天和 10～12 天,连续用 16 000 国际单位苏云金杆菌 BT 粉剂 500～600 倍液喷雾防治2 次。

(4)化学防治:在卵孵盛期适期用药,重点喷药部位在植株中上部的嫩枝、嫩叶、花蕾、幼果。

高效、低毒、低残留防治用药:可选虫螨腈、茚虫威、虱螨脲、多杀霉素、甲氨基阿维菌素苯甲酸盐等(参照登记用量)喷雾防治。

常规防治用药:可选氰氟虫腙悬浮剂、氟啶脲乳油等(参照登记用量)喷雾。

茄黄斑螟

【图版 30】

茄黄斑螟(*Leucinodes orbonalis*)属鳞翅目螟蛾科,别名茄子钻心虫、茄螟、白翅野螟,全国各地均有发生,以华南、华中、西南地区发生偏重;主要危害茄子,也能危害马铃薯、龙葵、豆类等作物。

【简明诊断特征】

(1)成虫:体长 6.5～10 毫米,翅展 25 毫米左右。体翅均白色,前翅具 4 个明显的大黄色斑纹,翅基部黄褐色,中室与后缘有 1 个红色三角形斑纹,翅顶角下方有 1 个黑色眼形斑纹,后翅中室有 1 个小黑点,后横线暗色,外缘有 2 个浅黄色斑纹。

(2)卵:长椭圆形,长约 0.7 毫米,宽约 0.4 毫米,卵的一侧边上有锯齿状刺 2～5 根,外形类似水饺状,初产时乳白色,孵化前呈灰黑色。

(3)幼虫:共 6 龄,老熟幼虫体长 15～18 毫米,多呈粉红色,头及前胸背板黑褐色,背线褐色,各节均有 6 个黑褐色毛斑,呈两排排列,前排 4 个大,后排 2 个小。

(4)蛹:浅黄褐色,体长 8～9 毫米,蛹茧坚韧,有内外两层,茧形不规则,多呈长椭圆扁形,第三、第四腹节两侧气门上方各有 1 对突起。

【发生与危害】 茄黄斑螟在长江中下游年发生 4～5 代,世代重叠。以老熟幼虫结茧在残株枝杈、枯卷叶中、杂草根际及土表缝隙等处越冬。越冬幼虫 3 月开始化蛹,5 月上旬至 6 月上旬羽化,一般在田间 5 月中下旬始见幼虫危害状,10 月起以幼虫滞育越冬。

上海地区茄黄斑螟的盛发期在 7～9 月(图 21),以幼虫危害茄子,初孵幼虫蛀食花蕾、花蕊、子房、心叶、嫩梢及叶柄,花蕾、子房受害后大多脱落,嫩梢被蛀受害后上部枯死,下蛀至木质部时,则转移危害。茄子果实被蛀害后,蛀孔表面有虫粪,并常引起腐烂。

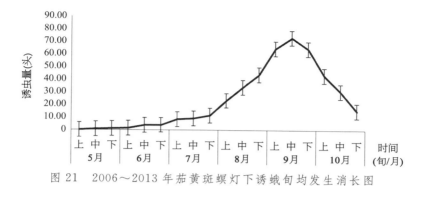

图 21　2006～2013 年茄黄斑螟灯下诱蛾旬均发生消长图

【害虫习性】　成虫夜出活动,趋光性弱,具趋嫩性。成虫在20～28 ℃环境下寿命 7～12 天,平均每头雌蛾产卵量可达 80～100多粒;当温度高于 35 ℃时,成虫寿命仅 1～3 天,产卵量极少。卵散产,少有 7～8 粒块产,卵多数产在植株中上部嫩叶反面,少数产在叶片正面及花、叶柄、嫩枝。初孵幼虫蛀食花蕾、花蕊、子房、心叶、嫩梢及叶柄等处,三龄以上幼虫可蛀果或蛀茎,幼虫老熟后爬出蛀害果外,在枝杈、卷叶、果柄附近或两叶相接的地方吐丝缀合薄茧化蛹。

【害虫生态】　黄斑螟生长发育的温度范围 17～35 ℃;最适生长发育环境,温度为 20～28 ℃,相对湿度 80%～90%。在 20～25 ℃下卵历期 8～13 天;在 28～30 ℃时卵历期为 5～7 天,且孵化率高;在 35 ℃以上时孵化率仅 5%左右。在 7～8 月期间,幼虫历期10～15 天,预蛹期 2～3 天,蛹期 8～12 天。

【灾变要素】　经汇总 2006～2013 年的茄黄斑螟灯下诱蛾虫情发生动态系统调查,与环境要素用三元互作项逐步回归法的数理统计学通过相关性检测,满足利于茄黄斑螟重发生的主要灾变要素是始见至 7 月下旬累计灯下蛾量超过 50 头,6～7 月的旬均温度高于26.5 ℃,7～8 月累计雨量 100～200 毫米,其灾变的复相关系数为$R^2 = 0.878\ 6$。

【防治措施】

(1) 农业防治:在发生盛期及时剪除被害植株嫩梢及茄子虫蛀

果实,茄子采收完毕及时处理残株,清洁田园,3月底前将前杆、枯枝一律烧掉,以减少越冬虫源。

（2）化学防治：在幼虫孵化始盛期用药1～2次,防治间隔5～7天。

高效、低毒、低残留防治用药：可选茚虫威、虫螨腈、多杀霉素、甲氨基阿维菌素苯甲酸盐等（参照登记用量）喷雾防治。

常规防治用药：可选氟虫腈悬浮剂、氟啶脲乳油等（参照登记用量）喷雾防治。

番茄刺皮瘿螨

【图版30】

番茄刺皮瘿螨（*Eriophyes lycopersici*）属真螨目瘿螨科,长江流域以南地区均有发生,华南地区发生偏重,是茄科蔬菜上的新害虫;主要危害番茄、辣椒、茄子、马铃薯等,近年都有小面积的发生,但因刺皮瘿螨虫体微小,肉眼观察一般不易察觉,危害症状与茶黄螨既有相同处,又有较大的区别。

【简明诊断特征】

（1）成螨：体长0.2毫米左右,体宽约为体长的1/3,体型似衣鱼,足2对。

（2）若螨：浅灰绿色,半透明状,与成螨相似,体色较成螨浅。

（3）卵：乳白色呈透明状,散产在叶背叶脉间。

【发生与危害】　番茄刺皮瘿螨主要发生在保护地栽培蔬菜上,年发生约20代,成螨通常在土缝、大棚蔬菜内过冬作物上越冬,世代重叠发生。常年于4月中下旬始见危害状,10月下旬田间终见危害状以成螨进入越冬。

上海地区番茄刺皮瘿螨的盛发期在6～9月,主要危害处于生长中后期（座果期前后）的夏、秋番茄和辣椒等。在番茄上的危害状是,老叶片受害后常不卷曲,但质地变脆,失去正常的光泽;嫩叶被害叶片向叶背方向反卷,皱缩增厚,随着番茄瘿螨虫口的迅速增多,叶背渐现苍白色斑点,表皮隆起,观察叶背有银白色的反射光。番茄果实受害,表皮失去光泽,变成粗糙并伴有细小裂纹,重发生时,茎和果实硬化并变成淡褐色,植株叶片黄化枯死。辣株枝端嫩叶向背面反卷,形成船形叶,同时常和茶黄螨混合危害,嫩枝僵滞,叶片和花大量脱落,减产 1/3～1/2。

【害虫习性】 成螨隐于叶背,在脉间叶肉表皮组织上吸食,潜于叶片刚毛下产卵繁殖。

【害虫生态】 适宜番茄刺皮瘿螨生长发育的温度 15～38 ℃;最适生长发育环境温度为 20～35 ℃,相对湿度 45%～70%。高温少雨的年份虫口密度大,危害重。

【防治措施】

(1) 清洁田园:发生虫害的田块茄科类作物收获后,及时清除残株落叶,集中烧毁,减少越冬虫源。

(2) 换茬灭虫:在春夏季灭茬时,发生虫害的田块要深翻土地,并灌水沤泡 10～20 天灭虫,防止残存虫源转移到秋茬危害。

(3) 药剂防治:在发生危害始见期至始盛期,使用杀螨剂连续用药防治数次,防治间隔期 5～7 天。重点喷植株上部嫩叶背面,及嫩茎、花器和幼果,喷药要均匀周到。

高效、低毒、低残留防治用药:可选甲氨基阿维菌素苯甲酸盐等(参照登记用量)喷雾防治。

常规防治用药:可选噻螨酮乳油、苯丁锡悬浮剂、噻螨酮乳油、噻螨酮·炔螨特乳油、克螨特乳油等(参照登记用量)喷雾防治。

红蜘蛛

危害蔬菜红蜘蛛有三种,最常见的有二斑叶螨(*Tetranychus urticae*),还有朱砂叶螨(*Tetranychus cinnabarinus*)、截形叶螨(*Tetranychus truncatus* Ehara),属蜱螨目叶螨科,别名二点叶螨、

棉叶螨、棉红蜘蛛、茄红蜘蛛、红叶螨等,全国各地均有发生;危害茄科、葫芦科、豆科及百合科中的葱、蒜等 18 种蔬菜,是蔬菜上的重要害螨。

【简明诊断特征】

1. 二斑叶螨

(1)成螨:雌成螨呈椭圆形,长 0.45～0.60 毫米,宽 0.30～0.40 毫米。体色变化较大,主要有灰绿、黄绿和深绿色。体背两侧各有一明显褐斑,褐斑外侧呈三裂。越冬滞育型雌成螨体橙黄色或洋红色,褐斑先变成橙红色后消失。雄成螨体呈菱形,尾端尖,体长 0.30～0.45 毫米,宽 0.20～0.25 毫米,浅绿色或黄绿色,体背上的二斑不太明显。

(2)卵:圆球形,有光泽,直径 0.1 毫米,初产时无色透明,后变成淡黄色、红黄色,临孵化前出现 2 个红色眼点。

(3)幼螨和若螨:幼螨半球形,淡黄或无色透明,体背上无斑或斑不明显,足 3 对,眼红色。若螨体椭圆形,黄绿色、浅绿色、深绿色、足 4 对,二斑在体背两侧,眼红色。

2. 朱砂叶螨

(1)雌成螨:体长 0.48～0.55 毫米,宽 0.32 毫米,椭圆形,体色常随寄主而异,多为锈红色至深红色,体背两侧各有 1 块倒"山"形黑褐色斑,肤纹突三角形至半圆形。

(2)雄成螨:体长 0.35 毫米,宽 0.2 毫米,前端近圆形,腹末稍尖,体色较雌浅,阳具端锤较小,其远近两侧突起皆尖。

(3)卵:圆球形,长 0.13 毫米,初产无色透明,后渐变为浅黄至深黄色,孵化前转微红。

(4)幼若螨:近圆形,长约 0.15 毫米,有足 3 对。若螨 4 对足,与成螨相似。

该螨诊断的特点是当虫口数量过高时,常在叶端结膜成群团集,借风力迁移扩散蔓延危害。

3. 截形叶螨

(1)雌成螨:体长 0.4～0.6 毫米,体宽 0.30～0.35 毫米;椭圆形,深红色,足及颚体白色,体侧有黑斑。须肢端感器柱形,长约为宽的 2 倍,背感器约与端感器等长。气门沟末端呈"U"形弯曲。足爪间突裂开为 3 对针状毛,无背刺毛。

（2）雄成螨:体长 0.35~0.4 毫米,体宽 0.19~0.21 毫米。须肢端感器长柱形,其长约为宽的 2.5 倍,背感器较短。阳具柄部宽阔,弯向背面形成 1 个小型端锤,其背缘呈平截状,末端 1/3 处有 1 个凹陷,近侧突起圆钝,远侧突起。

（3）卵:圆球形,直径 0.09~0.1 毫米,初产时无色透明,以后逐渐变为淡黄至深黄色,孵化前呈微红色。

（4）幼螨:卵圆形,长 0.10~0.12 毫米,有 3 对足。

（5）若螨:梨圆形,有足 4 对。

【发生与危害】 红蜘蛛在上海及长江流域年发生 15~20 代(不同的种类略有些差别)。以两性生殖为主,雌螨也能孤雌生殖,世代重叠现象严重。越冬场所较复杂,可在向阳背风温暖处的枯枝、杂草根际、土块缝隙、树皮缝隙及根际土隙内越冬,也可在前茬为茄果、瓜豆类的菜田内越冬。常年在保护地内 3 月中旬、露地 4 月下旬至 5 月中旬时田间见到点片危害状,5 月上中旬至 6 月中下旬在茄子、豇豆、黄瓜、冬瓜、西瓜等蔬菜作物上不断扩散蔓延,造成田间局部黄叶塘等小区域性灾害现象。出梅进入暑期以后,随着高温干旱天气的适宜条件,繁殖速率提高,到 7 月中旬至 8 月中下旬是盛发期,如早期虫口基数没有及时控制好,常可造成大片作物受灾。10 月中下旬以后,随着气温下降,虫口增长速率减缓,并逐渐转入越冬阶段。

上海地区红蜘蛛的盛发期在 4~9 月,以成、幼螨在叶背的叶脉附近吸取汁液。茄子、辣椒的叶片受害后,初期叶面上出现灰白色小点,逐渐叶面变为灰白色,使叶片发黄、变枯、脱落,可引起作物早衰落叶,光杆枯死,产量损失大。茄果受害后,果皮变粗呈灰色,影响品质。刀豆、豇豆、瓜类叶片受害后,形成枯黄色的细斑,严重时全叶干枯脱落,影响植株的光合作用。红蜘蛛危害虽不引起破叶等症状,但危害性远比一般害虫大,稍有疏忽,常成为小虫闹大灾悲剧。

【害虫习性】 红蜘蛛发育为成虫后,即可交配,在适宜的条件下,交配后一日开始产卵,每头雌虫平均产卵量 50～100 头,卵多数产在叶片背面。红蜘蛛对作物叶片中的含氮量较敏感,最初多数喜欢在植株下部的老叶寄生,卵孵化后幼若虫通常只在附近寄生,中后期开始向上蔓延转移。繁殖数量过多,且虫口密度高时,再行扩散危害,可以爬行扩散,也可以在叶端群集成团,吐丝结成虫球,垂丝下坠,借风力吹至其他植株或地面,再行扩散,所在田间先是点片发生,早春主要发生在前茬被害作物的田边、沟浜边杂草上,逐渐转移到茄、辣椒、瓜、豆等蔬菜大田作物上繁殖危害,一般前茬为茄果、瓜、豆类蔬菜地的路边、沟渠边杂草多的地方发生早。据对红蜘蛛虫情调查,虫口密度在茄子、辣椒上分布特点是中下部高于中上部,在豇豆上则上、中、下部的密度相差不大。

【害虫生态】 适宜红蜘蛛生长发育的温度范围在 10～37 ℃;最适生长发育环境温度为 24～30 ℃,相对湿度为 35％～55％。发育起点温度 8 ℃左右,当温度在 30 ℃以上,相对湿度超过 70％以上,不利于种群繁殖,高温低湿才有利于种群繁殖,虫口密度直线上升。如遇台风暴雨天气,有较好的抑制虫口密度作用。

【防治措施】

(1)农业防治:利用播前空闲时间进行深耕灌水灭虫。

(2)生态防治:结合积肥和环境卫生工作,消除路边、沟边、田边、宅前屋后等地的杂草,减少越冬虫口基数。

(3)田间管理:加强栽培管理,及时松土,合理灌溉和施肥,促进植株健壮,增强抗虫害能力。

(4)勤查虫情与防治技巧:对早发生虫情的田块抓早期挑治,压低早期虫口密度,特别是注意中棚栽培作物的早期挑治。为控制发生基数,在入梅前注意分析梅雨期的天气预报对虫情的控制作用。在虫情早发年,必须抓好入梅前的压基数防治;在出梅早的年份,抓好出梅后的压基数防治,掌握好防治主动攻势。

(5)化学防治:在虫害始发至盛发期内,根据虫情发生情况,需连续用药防治数次,防治间隔期 5～7 天。重点喷植株中下部叶背面,喷药要均匀周到。

高效、低毒、低残留防治用药:可选甲氨基阿维菌素苯甲酸盐等(参照登记用量)喷雾防治。

　　常规防治用药：可选噻螨酮乳油、苯丁锡悬浮剂、噻螨酮乳油、噻螨酮·炔螨特乳油、克螨特乳油等(参照登记用量)喷雾防治。

瓜绢螟

【图版 30】

　　瓜绢螟(*Diaphania indica*)属鳞翅目螟蛾科,别名瓜螟、瓜野螟,全国各地均有发生;主要危害黄瓜、丝瓜、苦瓜、甜瓜、节瓜、茄子、番茄、土豆等多种作物。

【简明诊断特征】

　　(1)成虫:体长约 11 毫米,翅展 25 毫米左右,头、胸部黑色,前后翅白色半透明状,略带紫光,前翅前缘和外缘均为黑色,腹部除第一、第七、第八体节外,均为白色(在有加温条件的连栋温室内,由于食物充足,天敌缺乏,不用药防治时成虫的体长和翅展可加倍)。

　　(2)卵:扁平椭圆形,淡黄色,表面有网状纹。

　　(3)幼虫:共 5 龄,老熟幼虫体长 23~26 毫米,头部前胸背板淡褐色,胸腹部草绿色,亚背线呈两条较宽的乳白色纵带,气门黑色。

　　(4)蛹:体长约 14 毫米,深褐色,头部光整尖瘦,翅端达第六腹节,外被薄茧。

【发生与危害】　瓜绢螟在上海年发生 5 代左右,世代重叠,资料介绍以蛹或老熟幼虫在枯叶蛹室内越冬。常年越冬代成虫始见期 5 月中下旬至 6 月中旬;第一代 7 月上旬至 8 月上旬,全代历期在 25~35 天;第二代 8 月上旬至 9 月上中旬,全代历期在 27~38 天;第三代 8 月末、9 月上旬至 9 月末、10 月上旬,全代历期在 30~40 天;第四代 10 月上旬至 11 月上中旬,全代历期在 35~47 天;第五代 11 月中旬起至越冬。在保护地栽培条件下可周年发生,但在冬季的发生不构成对作物的危害,若在加温温室中冬季有时会造成一定危害。成虫至 11 月下旬终见。

上海地区瓜绢螟的盛发期在 7～10 月（图 22），以幼虫危害叶片，使叶片穿孔或缺刻，严重时仅剩叶脉，直至吃光叶片仅存叶脉，有时潜蛀入幼瓜或藤蔓危害，严重影响瓜果产量和质量。

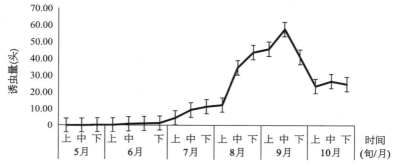

图 22　1998～2015 年的瓜绢螟灯下诱蛾旬均发生消长图

【害虫习性】　成虫夜间活动，趋光性弱，白天潜伏于隐蔽场所或叶丛中，绝大多数成虫在晚间羽化，产卵前期 2～3 天，寿命 6～14 天。卵散产或多粒产，每头雌蛾平均产卵量 300 多粒，卵主要产在叶背，大多在夜间孵化，初孵幼虫有分散或群集习性，寄生在叶背取食叶肉，低龄幼虫在瓜类的叶背取食叶肉，使叶片呈灰白色的斑块，三龄以上的幼虫可吐丝卷叶危害，较活泼，遇惊即吐丝下垂，转移他处危害。幼虫老熟后可在被害的卷叶内作茧化蛹或在根际表土中作茧化蛹。

【害虫生态】　适宜瓜绢螟生长发育的温度范围为 18～36 ℃；最适生长发育环境，温度为 23～28 ℃，相对湿度 85%～100%。在 8～10 月害虫盛发期，各虫态历期为：卵历期 2～4 天，幼虫历期 6～10 天，蛹历期 6～10 天。

【灾变要素】　经汇总 1998～2015 年的瓜绢螟灯下诱蛾虫情发生动态系统调查，与环境要素用多元互作项逐步回归法的数理统计学通过相关性检测，满足利于瓜绢螟重发生的主要灾变要素是 5 月至 6 月下旬累计诱蛾量高于 2 头，5～6 月中旬的旬均温度高于 22.5 ℃，5～6 月中旬累计雨量多于 320 毫米；5～6 月中旬累计日照时数少于 240 小时,其灾变的复相关系数为 $R^2 = 0.9533$。

【防治措施】

（1）农业防治：采收完毕,及时清理残株落叶,消灭枯叶、残株中留存的虫、蛹,减少田间虫口密度或越冬基数。

（2）防治技巧：经防治效果试验比较,对瓜绢螟的最佳防治适期为二三龄幼虫高峰期。一般药剂对四龄幼虫仍有较好的防治效果,因高龄幼虫食量偏大,在发生量大时,作物受害程度加大;但在轻发生年,为减少用药次数,降低防治成本,可选在三四龄幼虫高峰期进行防治。五龄幼虫的抗药性大,防治效果相对较差。

（3）生物农药防治：高含量菌粉 8 000～16 000 国际单位 BT 500～1 000 倍液喷雾、BT 乳剂 300～500 倍液喷雾。20 亿 PIB/毫升甘蓝夜蛾核型多角体病毒悬浮剂 800～1 000 倍液喷雾。0.5% 印楝素乳油（世宽）700～800 倍液;60 克/升乙基多杀菌素悬浮剂（艾绿士）1 500～2 000 倍液;0.5% 苦参碱水剂（神雨）1 000～1 200 倍液均匀喷雾。

（4）化学防治：在低龄幼虫高峰期起开始用药防治。

高效、低毒、低残留防治用药：可选用氯虫苯甲酰胺、虫螨腈、甲氧虫酰肼、茚虫威、甲氨基阿维菌素苯甲酸盐等（参照登记用量）喷雾防治。

常规防治用药：可选用 24% 氰氟虫腙悬浮剂等（参照登记用量）喷雾。

瓜　蚜

【图版 30】

瓜蚜（*Aphis gossypii*）属同翅目蚜科,别名棉蚜、油虫、腻虫、蜜虫,全国各地均有发生。瓜蚜主要危害黄瓜、南瓜、西葫芦、西瓜等葫芦科蔬菜,还危害茄科、豆科、菊科等多种蔬菜,是瓜类主要害虫种类之一。

【简明诊断特征】

(1) 有翅胎生雌蚜：体长 1.2～1.9 毫米,体黄色至深绿色,前胸背板黑色,腹部两侧有 3 或 4 对黑斑,腹部背面时有间断的黑色横带 2～3 条。触角 6 节,第三节有感觉圈 4～10 个,多数为 6～7个,腹管圆筒形,黑色,表面具瓦状纹。尾片圆锥形,近中部收缩,具刚毛 4～7 根。

(2) 无翅胎生雌蚜：体长 1.5～1.9 毫米,体色有黄绿色、墨绿色或蓝黑色,体背有斑纹,全身被有蜡粉,腹管长圆筒形,具瓦状纹,尾片同有翅胎生雌蚜。

(3) 卵：椭圆形,长 0.5～0.7 毫米,初产橙黄色,后变漆黑色,有光泽。

(4) 若蚜：共 4 龄,老熟若蚜体长 1.6 毫米左右,体色有黄色、黄绿色或蓝灰色,复眼红色。有翅若蚜在第三龄后可见翅芽 2 对,形同无翅若蚜。

【发生与危害】 瓜蚜在长江流域年发生 20～30 代,营两性生殖或孤雌胎生繁殖。在长江流域的露地和华北地区,一般以卵在冬寄主木槿、花椒、石榴、木芙蓉等作物的枝条上越冬。但冬季在加热温室、大棚的瓜类上可继续无性繁殖。常年平均气温稳定到 6 ℃以上时越冬卵孵化为干母;气温达 12 ℃左右开始胎生干雌,在越冬寄主上行孤雌胎生;繁殖 2～3 代后,产生有翅胎生雌蚜;约于 4 月中下旬开始迁飞到瓜地或其他寄主上不断繁殖,扩散危害。秋末初冬又产生有翅蚜迁回到越冬寄主上,并产两性蚜交尾、产卵,在冬寄主的枝条缝隙和芽腋处越冬。向冬寄主上迁飞的时期,是在长江流域10 月下旬至 11 月。

上海地区瓜蚜的盛发期在 5～10 月,对瓜类的主要危害是成蚜及若蚜在叶背和嫩茎上吸食作物汁液。瓜苗嫩叶及生长点被害后,叶片卷缩,瓜苗萎蔫,甚至整株枯死,老叶受害,提前脱落,缩短结瓜期,造成减产,此外还能传播病毒病。

【害虫习性】 瓜蚜对黄色有较强的趋性,对银灰色有忌避习性,且具较强的迁飞和扩散能力。当寄主衰老,营养条件恶化时,则产生大量有翅蚜,迁飞转移到新寄主上。每头雌蚜寿命可长达 10

多天,平均胎生若蚜 60～70 头。

【害虫生态】 适宜瓜蚜生长、发育、繁殖温度范围为 10～30 ℃;最适生长发育环境,温度为 16～22 ℃,相对湿度 40%～65%。在 15 ℃下若虫历期 12～14 天,在 20～25 ℃下若虫期仅 5 天左右。高温高湿均抑制其发育和繁殖,当 5 日平均气温达 25 ℃以上,平均相对湿度达 75%以上时,瓜蚜的种群数量明显下降。瓜蚜的主要危害期在春末夏初,秋季一般轻于春季。一般干旱年份发生重。

【防治措施】

(1) 黄板诱杀:利用有翅蚜有趋黄的特性,在有翅蚜迁飞期于田间设置含有植物源诱剂的黄板,每 20～30 平方米 1 张,诱杀有翅蚜。

(2) 银灰色薄膜避蚜:在苗床上方每隔 60～100 厘米拉 3～6 厘米宽银灰色薄膜网格,避蚜防传病毒效果好;或在田间四周围银灰色遮阳网,地面铺设银灰色地膜或拉 17～20 厘米宽银灰薄膜条,每隔 1～2 米拉条,可明显减少瓜田的蚜量和减轻病毒病的发生。

(3) 生物防治:保护地栽培中,在瓜蚜发生初期释放蚜茧蜂。

(4) 化学防治:在田间蚜虫点片发生阶段要重视早期防治,连续用药 2～3 次,用药间隔期 10～15 天。

高效、低毒、低残留防治用药:可选 0.5%苦参碱水剂(神雨)300～500 倍液、20%烯啶虫胺水分散粒剂(刺袭)3 000～4 000 倍液、1.5%除虫菊素水剂(三保奇花)150～250 倍液、10%氯噻啉可湿性粉剂(江山)1 500～3 000 倍液等喷雾防治。

常规防治用药:啶虫脒乳油、吡虫啉水分散剂、扑虱灵可湿性粉剂、吡虫啉可溶性液剂、吡虫啉可溶剂倍液等(参照登记用量)喷雾防治。

温室白粉虱

【图版 27】

温室白粉虱(*Trialeurodes vaporiorum*)属同翅目粉虱科,俗称小白蛾子,全国各地均有发生,以北方的保护地发生偏重,主要危害温室、大棚及露地的黄瓜、菜豆、茄子、番茄、青椒等蔬菜,此外还危害花卉及其他农作物,寄主共计 900 余种。

【简明诊断特征】

(1) 成虫:体长 1.0～1.5 毫米,淡黄色。翅面覆盖白色蜡粉,停息时双翅在体上合拢成屋脊状的微小蛾类,翅端半圆状遮住整个腹部,翅脉简单,沿翅外缘有一排小颗粒。足茎节膨大、粗短,附节 2 节,其端部具 2 爪。

(2) 卵:长椭圆形,长 0.22～0.26 毫米,初产时淡绿色,基部有 0.02 毫米长的卵柄,有薄蜡粉,孵化前变黑色,并微有光泽。

(3) 若虫:共 4 龄,长椭圆形,扁平,老熟幼虫体长 0.5 毫米左右,虫体呈淡黄色或黄绿色,半透明,在体表上长有长短不齐的蜡丝,体侧有刺。

【发生与危害】 白粉虱在北方温室保护地栽培生产条件下,年发生 10 余代,成虫可雌雄两性生殖,也可孤雌生殖,孤雌生殖其后代为雄性,世代重叠。北方冬季露地菜田内不能越冬,冬季常以各种虫态在加温温室越冬或继续危害,无滞育和休眠现象。春季或初夏通过温室秧苗移栽时扩散传至大棚或露地菜田,或以成虫迁飞转移成为大棚和露地蔬菜的虫源。在上海可以少量成虫或伪蛹在背风向阳处的寄主上越冬。

上海地区温室白粉虱是次要害虫,以成虫和若虫群集叶背吸食植物汁液,被害叶片褪绿、变黄、萎蔫,甚至全株枯死,并且由于分泌蜜露,严重污染叶片和果实,往往引起煤污病的发生,使蔬菜失去商品价值,此外还传播病毒病。

【害虫习性】 白粉虱成虫对黄色有较强的趋性,并具趋嫩习性,总是随着植株生长不断追逐顶部嫩叶的叶背产卵,虫态的分布总是形成最上部嫩叶以成虫和初产的淡黄色卵为最多,稍下部的叶片多为变黑色的卵,下部叶片多为初龄若虫,再下为中、老龄若虫,最下部则以蛹为最多的垂直分布。卵散产,每头雌虫可产卵 300 余粒;产下的卵柄从气孔插入叶片组织中,与寄主作物保持水分平衡,不易脱落。若虫孵化后 3 天内在叶背可做短距离移动,也有迁居到其他叶片上寻找合适的寄生点,当口器插入叶组织后便开始定居生活,直至成虫。

【害虫生态】 适宜温室白粉虱生长发育的温度范围为 15～40 ℃;最适生长发育环境,温度为 25～30 ℃,相对湿度为 70% 以上。成虫寿命、发育历期、产卵量等与温度有密切关系。当温度超过 40 ℃时,成虫活动能力显著下降。当温度为 18～21 ℃时,卵期 8～10天,若虫期 18～20 天,成虫期 10～14 天。在温室生产条件下,一般一个月可完成 1 个世代。在北方由于温室、大棚和露地蔬菜茬次相互衔接与交替,使白粉虱可周年发生与危害,加上温室条件适宜,自然天敌和病原微生物等抑制作用弱,使繁殖系数高,存活率高达 80%～90%,危害较重。

【防治措施】

(1)农业防治:在温室、大棚和露地春茬蔬菜育苗时,把苗房和生产温室分开,育苗前清理杂草和残株,彻底熏杀残留虫口,培育“无虫苗”。田间作业时,结合整枝打杈,摘除被害枯黄的下部叶片并加以处理,有预防和治虫作用。

(2)科学合理安排茬口:发生严重的保护地,秋冬第一茬应回避种植黄瓜、番茄、菜豆等易发生白粉虱的作物,选择不适宜白粉虱发生与危害,且耐低温的芹菜、蒜黄等,采取切断寄主作物的食物链供给,减少越冬虫口基数。在重发生时期,也可回避种植黄瓜、番茄、菜豆等易发生白粉虱的作物。

(3)黄板色诱成虫:在白粉虱发生初期,田间挂放含有白粉虱植物源诱剂的黄板,每 20～30 平方米 1 张,诱杀成虫。

(4)生物防治:保护地设施内可在白粉虱初发期,按白粉虱与寄生蜂 1∶2～4 比例,每隔 7～10 天释放丽蚜小蜂 1 次,连续放蜂 3次,可较有效地控制早期白粉虱的危害。

(5)化学防治:在白粉虱种群密度较低时早期施药,在长江流域以南地区主要与防治烟粉虱兼治。

高效、低毒、低残留防治用药:可选 10% 氯噻啉可湿性粉剂(江山)1 500～3 000 倍液等喷雾防治。

常规防治用药:啶虫脒乳油、吡虫啉水分散剂、扑虱灵可湿性粉剂、吡虫啉可溶性液剂等（参照登记用量）喷雾防治。

瓜蓟马

瓜蓟马（*Thrips palmi*）属缨翅目蓟马科，别名棕榈蓟马、棕黄蓟马、节瓜蓟马，长江流域以南地区均有发生；主要危害节瓜、冬瓜、苦瓜、西瓜、番茄、茄子、菠菜和豆类等，是蔬菜上常见的蓟马类害虫。

【简明诊断特征】

（1）成虫：体长 1 毫米左右，黄色，前胸后缘有缘鬃 6 根。翅细长透明，周缘有许多细长毛，前翅上脉基鬃 7 条，中部至端部 3 条，第八腹节后缘栉毛完整。

（2）卵：长椭圆形，长 0.2 毫米，淡黄色。

（3）若虫：共 4 龄，体白色或淡黄色。

【发生与危害】 瓜蓟马在长江流域年发生 10～12 代，世代重叠严重。多数以成虫在茄科、豆科、杂草上，或在土块、砖缝下及枯枝落叶间越冬，少数以若虫越冬。常年 5 月中下旬始见，6～7 月数量上升，8 月下旬至 9 月进入发生和危害高峰，以秋瓜受害最重，秋瓜收获后成虫逐渐向越冬寄主转移，11 月前后以成虫越冬。

上海地区瓜蓟马的盛发期在 5～10 月，以成虫、若虫锉吸心叶、嫩芽、幼瓜的汁液，使被害株心叶不能正常展开，生长点萎缩变黑而出现丛生现象。幼瓜受害毛茸变黑，出现畸形，严重时造成落瓜。成瓜受害后瓜皮粗糙，有黄褐色斑纹或瓜皮长满锈皮，使瓜的外观品质受损、商品性下降。

【害虫习性】 成虫对黄色和植株的嫩绿部位有趋性，爬行敏捷、善跳、怕强光；当阳光强烈时则隐蔽于植株的生长点及幼瓜的茸毛内，迁飞都在晚间和上午。成虫寿命 7～40 天，可营两性生殖或孤雌生殖。卵大多散产于寄主的生长点、嫩叶、幼瓜表皮下及幼苗的叶肉组织内，平均每头雌虫产卵量 50 粒左右。卵孵都在白天，近傍晚时最多，初孵若虫有群集性。一二龄若虫多数在植株上部嫩叶或幼瓜的毛丛中活动和取食,少数在叶背危害,老熟若虫有自然落地入土静伏发育为成虫的习性。

【害虫生态】 适宜瓜蓟马生长发育的温度范围在 12～32 ℃;最适生长发育环境温度为 24～30 ℃;较耐高温。若虫入土到成虫羽化,以土壤含水量 8%～18% 时最适宜。整个幼期(卵期加若虫期加"伪蛹"期)发育历期,在日均温度 20～22 ℃时 18～20 天,24～26 ℃时 14～16 天,28～30 ℃时 10～13 天,适宜在夏、秋两季发生。

【防治措施】

(1)农业防治:清除瓜田杂草,加强水肥管理,使植株生长旺盛,可减轻危害。

(2)色板诱虫:于成虫盛发期内,在田间设置含有植物源诱剂的黄板,每 20～30 平方米 1 张,诱杀成虫。

(3)化学防治:瓜苗二三片真叶期到成株期要经常检查,当植株心叶始见有 2～3 头蓟马时应施药防治;若虫量大时,每 7～15 天防治 1 次,连续防治 3～5 次。

高效、低毒、低残留防治用药:可选 25% 噻虫嗪水分散粒剂(倍乐泰)1 200～2 000 倍液、28% 杀虫·啶虫脒可湿性粉剂(甲王星)500～800 倍液、60 克/升乙基多杀菌素悬浮剂(艾绿士)1 000～1 500 倍液等喷雾防治。

常规防治用药:啶虫脒乳油、吡虫啉、扑虱灵可湿性粉剂等(参照登记用量)喷雾防治。

豆野螟

【图版 31】

豆野螟(*Maruca testulalis*)属鳞翅目螟蛾科,别名豇豆荚螟、豇豆螟、豇豆钻心虫、豆荚夜螟等,黄河流域以南地区均有发生;主要危害豇豆、刀豆、扁豆、豌豆、蚕豆、大豆等,是豆科作物中常见的主要害虫。

【简明诊断特征】

(1) 成虫：暗黄褐色,体长约 13 毫米,翅展 25 毫米左右,前翅中央有两个白色透明斑,后翅白色半透明,内侧有暗棕色波状纹。

(2) 卵：扁平椭圆形,淡绿色,表面有六角形网状纹。

(3) 幼虫：共 5 龄,老熟幼虫体长 18 毫米左右,体色黄绿色,头部及前胸背板褐色,中后胸背板上有黑褐色毛片 6 个,排成 2 列,前排 4 个各生有 2 根细长的刚毛,后列 2 个,无刚毛。腹部各节背面有同样毛片 6 个,但在毛片上各生有 1 个刚毛。

(4) 蛹：体长约 13 毫米,黄褐色,头顶突出,复眼红褐色,羽化前在褐色的翅芽上能见到成虫前翅的透明斑。

【发生与危害】 豆野螟在上海年发生 4～5 代,世代重叠,在上海尚不清楚能否越冬。越冬代成虫始见 6 月上旬前后,第一代 6 月上中旬至 7 月上旬,全代历期在 30～35 天;第二代 7 月上旬至 7 月中旬,全代历期在 25～32 天;第三代 8 月上旬至 8 月中旬,全代历期在 25～30 天;第四代 9 月上旬至 9 月末,全代历期在 30～40 天;第五代 10 月上旬至 11 月上旬,全代历期在 35～50 天,成虫至 10 月下旬前后终见。

上海地区豆野螟的盛发期在 6 月下旬至 9 月(图 23),以幼虫危害花和花蕾造成落花、落蕾,蛀入豆荚取食幼嫩的种粒,荚内及蛀孔外堆积粪粒,使受害豆荚味苦、不堪食用或腐烂,有时卷叶取食叶肉。

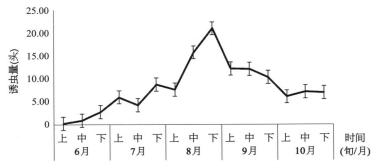

图 23　1998～2015 年的豆野螟灯下诱蛾旬均发生消长图

【害虫习性】 成虫夜间活动,趋光性弱,白天潜伏于隐蔽场所或叶丛中。成虫寿命 7～12 天,产卵有很强的选择性,多产在始花至盛花期的类型田内,卵散产或多粒产,平均每头雌蛾可产卵 80～100 粒,90％以上的卵粒产在含苞欲放的花蕾或花瓣上。初孵幼虫即蛀入花蕾或花器,取食幼嫩子房花药,被害花蕾或幼荚不久同幼虫一起掉落,幼虫再次重返植株转移危害蛀食花或幼荚。三龄以上的幼虫除少部分继续危害花外,大部分蛀荚危害,少数也可吐丝卷叶危害。幼虫老熟后,脱荚在被害植株附近浅土层内作茧化蛹或在落叶中作茧化蛹。蛹羽化为成虫的时间也大多在夜间。

【害虫生态】 适宜豆野螟生长发育的温度范围 15～36 ℃;最适生长发育环境,温度为 25～29 ℃,相对湿度 85％～100％。幼虫发育起点温度 9.3 ℃,有效积温 137 日度;蛹发育起点温度 8.7 ℃,有效积温 172 日度。在盛发期内各虫态历期为卵历期 2～4 天,幼虫历期 6～8 天,蛹历期 7～10 天。

【灾变要素】 经汇总 1998～2015 年的豆野螟灯下诱蛾虫情发生动态系统调查,与环境要素用多元互作项逐步回归法的数理统计学通过相关性检测,满足利于豆野螟重发生的主要灾变要素是 5 月至 6 月中旬累计诱蛾量高于 5 头,5～6 月中旬的旬均温度高于 21.8 ℃,5～6 月中旬累计雨量多于 210 毫米,5～6 月中旬累计日照时数少于 250 小时,其灾变的复相关系数为 $R^2 = 0.908\,9$。

【防治措施】

(1)农业防治:及时清除田间落花、落荚,摘除被蛀豆荚或被害卷叶,减少转移危害。

(2)选用抗虫品种:在常年重发地区,盛发期可选用表面多毛的品种栽培,回避虫害。

(3)防治技巧:针对豆野螟的最佳防治适期是作物的始花至盛花期,最佳用药时间为早上 7～10 点的鲜花盛开期。

(4)生物农药防治:甘蓝夜蛾核型多角体病毒、印楝素、乙基多杀菌素、苦参碱等(参照登记用量)均匀喷雾。

(5)化学防治:根据豆野螟趋花蕾的习性,防治适期在豇豆、刀豆、扁豆各茬口的生育期进入始花期、盛花期两个时段进行防治。

高效、低毒、低残留防治用药：可选用氯虫苯甲酰胺、虫螨腈悬浮剂、甲氧虫酰肼、茚虫威、甲氨基阿维菌素苯甲酸盐等（参照登记用量）喷雾防治。

常规防治用药：可选用氰氟虫腙悬浮剂等（参照登记用量）喷雾。

豆荚螟

【图版 31】

豆荚螟（*Etiella zinckenella*）属鳞翅目螟蛾科，别名大豆荚螟、豆蛀虫、豆荚蛀虫、红虫、红瓣虫，全国除西藏外均有发生；主要危害大豆，还危害豇豆、扁豆、豌豆、绿豆、槐麻及苕子等豆科植物，是大豆的主要害虫之一。

【简明诊断特征】

（1）成虫：体长 10～12 毫米，翅展 20～24 毫米，灰褐色。触角丝形，前翅狭长，从肩角至翅尖近前缘处有一明显白色纵带，近翅基 1/3 处有 1 条金黄色宽横带。

（2）卵：椭圆形，长约 0.5 毫米。卵壳表面密布不规则网状突起，初产时乳白色，后逐渐变红色，孵化前一天呈淡黄色。

（3）幼虫：共 5 龄，老熟幼虫体长 14～18 毫米。体色多变，初孵化时菊黄色，渐转白色至绿色，老熟时背面紫红色，腹面绿色，结茧后又变为黄绿色。第一至第三龄幼虫前胸有"山"字形黑斑纹，第四至第五龄前胸有"火"字形黑斑纹。

（4）蛹：体长约 10 毫米，宽约 3 毫米，黄褐色，腹部末端圆钝，有 6 根钩刺。虫茧长椭圆形，长约 14 毫米，宽约 7 毫米，白色丝质，外附土粒。

【发生与危害】　豆荚螟长江中下游地区年发生 4～5 代，多以老熟幼虫在寄主植物附近或晒场周围的土表下 1～5 厘米深处结茧越冬。3 月下旬越冬幼虫开始化蛹，4 月上中旬陆续羽化，4～5 月即可见幼虫危害豌豆,以后危害夏、秋播大豆,11 月前后以老熟幼虫越冬。

上海地区豆荚螟的盛发期在 7～9 月,以幼虫在豆荚内蛀食豆粒,受害豆粒轻者不能食用,重者豆粒全被食空,严重影响产量和品质。

【害虫习性】 成虫具夜出性,对黑光灯有较弱的趋性。白天隐藏于豆田或田边杂草上,傍晚开始寻偶、交尾、产卵活动,羽化后当日就可交尾,隔日开始产卵,成虫寿命 7～12 天。产卵时分泌黏液,将卵斜插在荚毛之间,卵单产,喜欢选择豆荚多毛的品种,多数散产在豆荚上,以上中部膨粒前期的豆荚上着卵最多,单荚受卵量 1～3 粒,最多时可达 10 多粒。在毛豆未结荚时,卵也可产在幼嫩的叶柄、花柄、嫩芽及嫩叶背面,平均每头雌虫可产卵 80 余粒。卵多在白天孵化,初孵化的幼虫先在荚面爬行,寻找适当的蛀入部位,然后在蛀入点荚面吐丝作约 1 毫米长的白色小囊,藏身囊内,仅伸出头部逐渐咬蛀入荚,虫体蛀入荚后,随即分泌胶液封闭孔口。三龄以上幼虫可转荚危害,幼虫还可蛀入豆株茎内危害,一般 1 头幼虫可转荚危害 1～3 次,可食害豆 3～5 粒。老熟后在荚上咬孔洞爬出,落至地面,潜入植株附近的土下 3 厘米左右深处吐丝作茧化蛹。

【害虫生态】 适宜豆荚螟发生的温度范围 20～35 ℃;最适生长发育环境,温度为 26～30 ℃,相对湿度在 70％～80％,土壤含水量 10％～15％。卵的发育起点温度 13.9 ℃,有效积温为 67.9 日度。幼虫的发育起点温度 15.2 ℃,有效积温为 166.5 日度。蛹的发育起点温度 14.6 ℃,有效积温为 147.2 日度。在 29～30 ℃下,卵历期 3～5 天,幼虫历期 10～12 天,蛹历期 9～11 天。

【防治措施】

(1) 农业防治:在豆荚螟危害严重地区,合理规划茬口布局,应避免豆类作物多茬口混种,与豆科绿肥连作或邻作,最好采用大豆与水稻轮作或与玉米间作。

(2) 选用抗虫品种:种植早熟丰产、结荚期短、荚上无毛或少毛的品种,以减轻危害。

(3) 性诱成虫:在发生始盛期,应用豆荚螟性诱剂诱杀成虫。

（4）化学防治：从大豆进入结荚始盛期到豆荚变黄绿色时止，适时定期用药，一般连续防治2次。

高效、低毒、低残留防治用药：可选用50克/升虱螨脲乳油（美除）1 500～2 000倍液等喷雾防治。

常规防治用药：可选高效氯氟氰菊酯、甲氨基阿维菌素苯甲酸盐、溴氰菊酯等（参照登记用量）喷雾防治。

大豆卷叶螟

大豆卷叶螟（*Lamprosema indicata*）属鳞翅目螟蛾科，俗称大豆卷叶虫，全国各地均有发生，以华北、东北大豆产区发生偏重；主要危害大豆；在豇豆、菜豆、扁豆、赤豆等豆科植物上也有发生，是豆类作物的主要害虫。

【简明诊断特征】

（1）成虫：体长约10毫米，翅展18～24毫米，黄褐色。胸部两侧有黑纹，前翅黄褐色有3条黑褐色波状横纹，近基部1条横纹外方（与中间一条横纹）的三分之一处有一黑点，后翅外缘黑色，有2条黑褐色波形横纹。

（2）卵：椭圆形，淡绿色。

（3）幼虫：共5龄，老熟幼虫体长15～17毫米，淡绿色。

（4）蛹：长约12毫米，褐色。

【发生与危害】 大豆卷叶螟在上海及长江流域地区一年发生2～3代，广东等南方地区一年发生4～5代，北方地区一年发生2代。以老熟幼虫在枯枝卷叶内化蛹越冬。上海地区常年约在5月上中旬羽化为成虫，11月前后以老熟幼虫在枯枝卷叶内化蛹越冬。

上海地区大豆卷叶螟的盛发期在8～10月，以幼虫卷叶、缀叶、食害叶片，影响作物的光合作用；危害严重时全株有50%的叶片受害，影响结荚的饱满度，使品质下降。

【害虫习性】 成虫夜出活动，有趋光性，但对黑光灯的趋光性较弱。成虫寿命7～15天;产卵前期2～3天,喜在生长茂密的豆田产卵,一般散产叶背,每头雌蛾平均产卵量40～70粒。幼虫孵化后即吐丝卷叶或缀叶潜伏在叶卷内取食,老熟幼虫在卷叶内化蛹或钻出被害叶后在落地的枯叶内化蛹。

【害虫生态】 适宜大豆卷叶螟生长发育的温度范围为18～37℃;最适生长发育环境,温度为22～34℃,相对湿度75%～90%。卵历期4～7天,幼虫期8～15天,蛹期5～9天。

【防治措施】

(1)清洁田园:作物采收后,及时清除田间枯株落叶,集中起来焚烧,减少虫源基数和越冬幼虫数。

(2)人工捕杀:在害虫发生初期,查摘豆株上卷叶,带出田外集中处理或随手捏杀卷叶内的幼虫。

(3)化学防治:在各代发生卵孵始盛期(此时有1%～2%的豆株有卷叶危害状时)开始防治2次,每隔7～10天1次。

高效、低毒、低残留防治用药:可选用乙基多杀菌素、甲氧虫酰肼、茚虫威、甲氨基阿维菌素苯甲酸盐等(参照登记用量)喷雾防治。

常规防治用药:可选高效氯氟氰菊酯、溴氰菊酯等(参照登记用量)喷雾防治。

大豆毒蛾

【图版31】

大豆毒蛾(*Dasychira locuples*)属鳞翅目毒蛾科,别名肾毒蛾、飞机刺毛虫,全国各地均有发生;在蔬菜上主要危害菜用毛豆,草莓、大白菜等作物上也偶有发生。

【简明诊断特征】

(1)成虫:体长15～20毫米,翅展35～50毫米,体色黄褐色至暗褐色。雄蛾触角羽状,前翅有2条深褐色横带纹,带纹之间有1个肾形斑。雌蛾体色较雄蛾偏深,前翅的褐色带纹较宽,触角长齿状。

（2）卵：块产，半球形，淡青绿色。

（3）幼虫：共 5 龄，体长 40 毫米左右，黑色，全身披有刺毛，在身体前后两端和腹部前几节长有成束的长毛，在腹部第六七节背面各有 1 个黄褐色圆形的背腺，特别是腹部前两节的毛束向两侧水平延伸，像飞机的两翼，由此俗称飞机刺毛虫。

（4）蛹：体长约 20 毫米，红褐色，背面有长毛，腹部前四节还有灰色瘤状突起。

【发生与危害】 大豆毒蛾上海及长江流域年发生 3 代，以幼虫在枯叶或田间表土层中作茧越冬。越冬代成虫在 4 月中下旬羽化，5、6 月是第一代的发生期，10 月前后以幼虫进入越冬期。

大豆毒蛾的盛发期在 7～9 月（2～3 代的发生期），对蔬菜的危害是幼虫食害叶片，重发生时叶片仅剩网状叶脉。

【害虫习性】 成虫对黑光灯有趋光性，成虫寿命 7～20 天，卵块产在豆叶背面，每个卵块有卵 50～200 粒，平均每头雌蛾可产卵400～500 粒。初孵幼虫群集在豆叶背面，取食叶片，不久分散危害，老熟幼虫在叶背面做暗褐色的茧化蛹。

【害虫生态】 适宜大豆毒蛾生长发育温度的范围为 15～35 ℃；最适生长发育环境，温度为 22～28 ℃，相对湿度 70%～80%。适温下，第一代发生历期约 50 天左右，第二、第三代发生历期 35～40 天。

【防治措施】

（1）农业防治：摘除卵块和群集于豆叶的初孵幼虫。

（2）药剂防治：在幼虫群集时是防治适期，常规的有机磷和菊酯类农药均有较好的防治效果，在一般年份只需在防治其他害虫时兼治。

高效、低毒、低残留防治用药：可选用乙基多杀菌素、甲氧虫酰肼、茚虫威、甲氨基阿维菌素苯甲酸盐等（参照登记用量）喷雾防治。

常规防治用药：可选高效氯氟氰菊酯、溴氰菊酯等（参照登记用量）喷雾防治。

豆 蚜

【图版 31】

豆蚜（*Aphis craccivora*）属同翅目蚜科，别名花生蚜、苜蓿蚜，全国各地均有发生；主要危害豇豆、菜豆、蚕豆、豌豆、花生、香豌豆、黄花苜蓿、紫云英等，是豆科作物的重要害虫。

【简明诊断特征】

(1) 无翅胎生雌蚜：体长 1.8～2.4 毫米，体肥胖黑色、浓紫色、少数墨绿色，具光泽，体披均匀蜡粉。中额瘤和额瘤稍隆。触角 6 节，比体短，第一、第二节和第五节末端及第六节黑色，其余黄白色。腹部第一至第六节背面有一大型灰色隆板，腹管黑色，长圆形，有瓦纹。尾片黑色，圆锥形，具微刺组成的瓦纹，两侧各具长毛 3 根。

(2) 有翅胎生雌蚜：体长 1.5～1.8 毫米，体黑绿色或黑褐色，具光泽。触角 6 节，第一、第二节黑褐色，第三至第六节黄白色，节间褐色，第三节有感觉圈 4～7 个，排列成行。其他特征与无翅孤雌蚜相似。

(3) 若蚜：分 4 龄，呈灰紫色至黑褐色。

【发生与危害】 豆蚜在长江流域年发生 20 代以上，冬季以成、若蚜在蚕豆、冬豌豆或紫云英等豆科植物心叶或叶背越冬。常年，当月平均温度 8～10 ℃时，豆蚜在冬寄主上开始正常繁殖。4 月下旬至 5 月上旬，成、若蚜群集于留种紫云英和蚕豆嫩梢、花序、叶柄、荚果等处繁殖危害；5 月中下旬以后，随着植株的衰老，产生有翅蚜迁向夏、秋刀豆、豇豆、扁豆、花生等豆科植物上寄生繁殖；10 月下旬至 11 月间，随着气温下降和寄主植物的衰老，又产生有翅蚜迁向紫云英、蚕豆等冬寄主上繁殖并在其上越冬。

豆蚜对黄色有较强的趋性，对银灰色有忌避习性，且具较强的迁飞和扩散能力。在适宜的环境条件下，每头雌蚜寿命可长达 10 天以上，平均胎生若蚜 100 多头。全年有两个发生高峰期，即 5～6 月、10～11 月。

适宜豆蚜生长、发育、繁殖温度范围 8～35 ℃;最适环境,温度为 22～26 ℃,相对湿度 60%～70%。在 12～18 ℃下若虫历期10～14天;在 22～26 ℃下,若虫历期仅 4～6 天。

上海地区豆蚜可周年发生,但夏季发生较轻。常以成、若蚜群集于嫩茎、幼芽、顶端嫩叶、心叶、花器及荚果处吸取汁液。受害严重时,植株生长不良,叶片卷缩,影响开花结实。又因该虫大量排泄"蜜露",而引起煤污病,使叶片表面铺满一层黑色霉菌,影响光合作用,结荚减少,千粒重下降。

【防治措施】

(1)黄板诱杀:利用有翅蚜有趋黄的特性,在有翅蚜迁飞期于田间设置含有植物源诱剂的黄板,每 20～30 平方米 1 张,诱杀有翅蚜。

(2)生物防治:保护地栽培中,在豆蚜发生初期释放喜捕食蚜虫的瓢虫、草蛉等天敌。

(3)化学防治:在田间蚜虫点片发生阶段要重视早期防治,连续用药 2～3 次,用药间隔期 10～15 天。

高效、低毒、低残留防治用药:可选 0.5%苦参碱水剂(神雨)300～500 倍液、20%烯啶虫胺水分散粒剂(刺袭)3 000～4 000 倍液、1.5%除虫菊素水剂(三保奇花)150～250 倍液、10%氯噻啉可湿性粉剂(江山)1 500～3 000 倍液等喷雾防治。

常规防治用药:可选啶虫脒、吡虫啉、扑虱灵类农药(参照登记用量)喷雾防治。

豆叶东潜蝇

豆叶东潜蝇(*Japanagromyza tristella*)属双翅目潜蝇科,在我国华北、华南、长江流域的多数地区有发生;主要危害大豆及豆科蔬菜,是豆类蔬菜上的次要害虫。

【简明诊断特征】

(1)成虫:体黑色,体长 1 毫米左右,翅展 2～3 毫米。具小盾前鬃、2 对背中鬃及平衡棍,腋瓣灰色,缘缨黑色,平衡棍绝大部分棕黑色,端部部分白色。雄蝇下生殖板两臂较细,内突约与两臂等长,阳体具长而卷曲的小管和叉状突起;雌蝇产卵器瓣紧密锯齿列,齿列瘦长,端部钝。

（2）卵：透明色,散产在叶肉组织内。

（3）幼虫：共 3 龄,老熟幼虫体长约 4 毫米,黄白色,口钩每颚具 6 齿。前气门具 3～5 个开孔,短小,结节状;后气门具 31～57 个开孔,排列成 3 个羽状分支,平覆在第八腹节后部大部分的背面。

（4）蛹：约 2.8 毫米,长椭圆形,红褐色,节间明显缢缩,体下方略平凹。前气门很小,结节状,后气门排列成 3 个羽状分支,平覆在第八腹节后背面。前、后气门突出体表不明显。

【发生与危害】 豆叶东潜蝇在上海地区年生 3～4 代,以老熟幼虫入土化蛹越冬;每年 5 月中下旬始见,10 月前后化蛹越冬。

上海地区豆叶东潜蝇的发生盛期在 7～9 月,以幼虫在叶片内潜食叶肉,留下表皮,在叶面上呈现不规则形的白色膜状斑块。

【害虫习性】 成虫日间活动,成虫寿命 7～12 天,雌蝇产卵量 15～32 粒,卵有单粒产和多粒产,产卵多选择植株上部的嫩叶组织内。幼虫孵化即在叶内潜食叶肉,老熟后入土化蛹。多雨年份,豆田郁闭,背阴地发生重。

【害虫生态】 适宜豆叶东潜蝇生长发育温度范围在 15～35 ℃;最适环境,温度为 22～30 ℃、相对湿度 70%～85%。卵历期 4～7 天,幼虫历期 12～22 天,蛹历期 8～12 天。

【防治措施】

（1）清洁田园：收获后及时翻耕灭茬,加强田间管理,注意使其通风透光。

（2）化学防治：一般年份不需要防治,重发生时也常与其他害虫兼治。

高效、低毒、低残留防治用药：可选灭蝇胺（参照登记用量）喷雾。

常规防治用药：可选甲维·毒死蜱、高效氯氟氰菊酯、溴氰菊酯等农药（参照登记用量）喷雾。

里波小灰蝶

里波小灰蝶(*Lampides boeticus*)属鳞翅目灰蝶科,别名波纹小灰蝶,黄河流域以南地区均有发生;主要危害扁豆,还危害豌豆、豇豆、蚕豆等豆类蔬菜,是豆类常见次要害虫。

【简明诊断特征】

(1)成虫:咖啡色至紫色的小型蝶类,体长 10～12 毫米,翅展 30～35 毫米。翅正面有似青紫色金属光泽,翅反面咖啡色与灰白色相间,翅基至外缘四分之三的部分呈水波状花纹,沿外缘呈放射状斑纹。后翅斑纹基本同前翅,但在近外缘下方处有 2 个黑色斑纹。

(2)卵:淡黄色馒头状,直径 1～1.5 毫米,顶端稍凹陷,表面有放射状隆起的斑纹。

(3)幼虫:共 5 龄,老熟幼虫体长 14～16 毫米,长椭圆扁平,体色有暗黄绿色、绿褐色、深褐色等多种,背线暗褐色。

(4)蛹:深褐色,蛹长 7～8 毫米。

【发生与危害】 里波小灰蝶在上海地区年发生 4～5 代,世代重叠。南方地区以老熟幼虫在田间或田边落叶、残株上越冬,越冬代 4 月初化蛹或羽化。越冬代成虫羽化后多数在蚕豆上完成第一代生长期,随后在豌豆、豇豆上完成第二代生长期,第三代以大多数选择扁豆作主要寄主,10 月下旬起以老熟幼虫越冬。

上海地区里波小灰蝶的盛发期在 7～10 月,以幼虫蛀花、蛀荚为主,造成落花、虫荚腐烂等,影响产量和品质;还可危害嫩茎和花蕾。

【害虫习性】 成虫白天活动,有以花蜜补充营养的习性。以上午 8 时至下午 5 时最活泼。成虫寿命 8～20 天,产卵有较强的选择性,多产在始花至盛花期的豆类作物上,卵多数散产,极少数多粒产,50％以上的卵粒产在含苞欲放的花蕾或花瓣上,部分产在花梗或豆荚上。初孵幼虫即蛀入花蕾或花器取食幼嫩子房花药,三龄以上的幼虫除少部分继续危害花外，大部分蛀荚危害。里波小灰蝶幼虫老熟脱荚后，在被害植株附近浅土层内作茧化蛹，或在落叶中作茧化蛹。

【害虫生态】 适宜里波小灰蝶生长发育的温度范围 15～32 ℃；最适发育环境，温度为 24～30 ℃，相对湿度 75%～90%。在盛发期内的各虫态历期为卵期 3～6 天，幼虫期 10～18 天，蛹期 8～15 天。

【防治措施】

（1）农业防治：在采收后、冬前及时集中烧毁处理残株落叶，减少越冬幼虫基数。

（2）防治技巧：成虫喜欢在处于始花至盛花期的豆类花蕾上产卵，喷药的时间应选择在上午盛花期，喷药部位重点针对花器、幼荚，以提高防治效果。

（3）化学防治：在 8～10 月中下旬盛花期的扁豆进行化学防治，用药间隔期 7～10 天，连续防治 3～4 次。

高效、低毒、低残留防治用药：可选用乙基多杀菌素、甲氧虫酰肼、茚虫威、甲氨基阿维菌素苯甲酸盐等（参照登记用量）喷雾防治。

常规防治用药：可选高效氯氟氰菊酯、溴氰菊酯等农药（参照登记用量）喷雾防治。

小地老虎

【图版 32】

小地老虎（*Agrotis ipilon*）属鳞翅目夜蛾科，俗称地蚕、切根虫、土蚕等，我国各地菜区都有发生，是杂食性害虫；主要危害春、秋播各种蔬菜幼苗，如豇豆、菜豆、玉米、马铃薯、辣椒、甘蓝、茄子、番茄、黄瓜、青菜、萝卜等，切断幼苗近地面的茎部，造成缺苗断垅。

【简明诊断特征】

（1）成虫：体长 16～23 毫米，翅展 40～45 毫米，体暗褐色，内外横线均为双线黑色,呈波浪形,将翅分成三等分。前翅中室附近有一个环形斑和一个肾形斑,肾形斑外侧有一明显的黑色三角形斑纹,尖端向外,在亚外缘线内有两个尖端向内的黑色三角形斑纹。后翅灰白色,腹部灰色。雄蛾触角为羽毛状,雌蛾触角为丝状。

（2）卵：散产,直径 0.4 毫米左右,馒头形,顶部稍隆起,底部较平,表面网状花纹。初产时乳白色,逐渐变为米黄色、粉红色、紫色,至孵化前转为灰黑色。

（3）幼虫：共 6 龄,老熟幼虫体长为 37～42 毫米,体色为灰褐色至黑褐色,臀板黄褐色,有明显的"八"字黑褐色斑纹。

（4）蛹：体长 18～24 毫米,赤褐色,有光泽。

【发生与危害】 小地老虎是迁飞性害虫,在长江流域和上海年发生 4～5 代。据资料介绍,在北纬 33 度以北地区尚未查到越冬虫态和场所;在北纬 33 度以南到南岭以北地区,有少量幼虫和蛹在当地越冬;在南岭以南则可终年繁殖。上海地区春季虫源主要由南方迁入,以第一代幼虫危害较严重,第二代多数虫源北迁,第三代再由北方回迁,少数年份对秋播作物秧苗有危害。

上海地区小地老虎的发生危害盛期在 4 月下旬至 5 月中旬、8 月下旬至 9 月中旬,主要以幼虫危害春、秋播多种蔬菜幼苗(图 24)。尤以春季直播的豇豆、菜豆、玉米、萝卜等幼苗受害最重,切断幼苗近地面的茎部,造成缺苗断垄,严重时断苗率可高达 50％～70％,

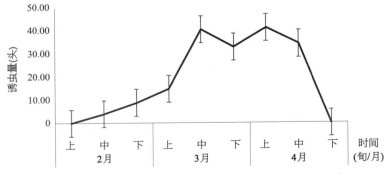

图 24　2001～2015 年一代小地老虎糖醋诱蛾旬均发生消长图

也可对黄瓜、青菜、茄子、番茄、辣椒、甘蓝等育苗调茬移栽蔬菜造成严重断苗危害。在中等发生程度以上的年份,防治上不可忽视对调茬地及调茬白地的防治,否则当秧苗栽种以后,会受到小地老虎幼虫的集中攻击。在马铃薯上的危害主要是断枝,在发生较轻的年份可不喷药防治。

【害虫习性】 成虫有趋光性和趋化性,对黑光灯趋性一般,对糖醋酒混合液趋性较强。越冬代成虫常年在 2 月中下旬始见,早发年份在 2 月上旬始见,晚发年份在 3 月初始见,3 月中下旬进入发蛾盛期。成虫寿命 7～20 天,常在夜间气温 10～16 ℃,空气相对湿度90％以上,20～22 时最为活跃,补充营养、交尾、产卵,平均每头雌蛾产卵量可达 800～1 000 粒。产卵偏爱有机质丰富、地面有残留枯黄草筋、草根的土表,有时也产在植株叶片及杂草上。3 月底、4月初进入产卵高峰,4 月上中旬为卵孵高峰,初龄、一龄和二龄幼虫喜于菜株心叶或嫩叶上取食,吃成针状小孔洞,三龄前昼夜活动,4月中下旬为一二龄幼虫的盛期。幼虫三龄后白天潜伏在作物或杂草根部附近土中,傍晚起活动,爬到蔬菜秧苗上危害,在土表 2～3厘米处咬断秧苗嫩茎;四龄后进入危害盛期,对新鲜杂草及菜叶有嗜好趋性。4 月底、5 月初常是高龄幼虫盛发期,是断苗危害高峰期。幼虫有假死性和自残性,受惊动即卷缩成环状。食料缺乏时,幼虫可迁移危害。幼虫老熟后入土筑室化蛹,前蛹期 2～3 天,个别年份在初秋季也可发生小地老虎危害。

【害虫生态】 适宜小地老虎生长发育的温度范围为 8～32 ℃;最适环境,温度为 15～25 ℃,相对湿度 80％～90％。当月平均温度超过 25 ℃时,不利其生长发育,羽化的成虫会迁飞异地繁殖。小地老虎卵发育起点温度 8.5 ℃,有效积温为 69 日度;幼虫发育起点温度 11.0 ℃,有效积温为 355 日度;蛹发育起点温度 10.2 ℃,有效积温 194 日度。

【灾变要素】 经汇总 2001～2015 年的一代小地老虎糖醋诱蛾虫情发生动态系统调查,与环境要素用多元互作项逐步回归法的数理统计学通过相关性检测,满足利于一代小地老虎重发生的主要灾变要素是始见至 3 月累计糖醋诱蛾量高于 120 头,2～3 月的旬均温度高于 8.5℃，2～3 月累计雨量 160～180 毫米，2～3 月累计日照时数多于 400 小时，其灾变的复相关系数为 $R^2=0.9599$。

【防治措施】

（1）农业防治：清洁田园，早春铲除菜地及其周围的杂草，可以灭卵和幼虫，晚秋翻晒土地及冬灌，能杀死部分越冬蛹和幼虫。

（2）诱杀成虫：应用小地老虎性诱剂和蛾类通用诱捕器诱杀成虫，也可用糖醋酒液、黑光灯诱杀成虫。

（3）毒饵诱杀幼虫：在幼虫一二龄发生盛期，将菜叶切碎或碾碎炒香的棉籽饼，均匀地喷上 90％晶体敌百虫 400～500 倍液；或 20％杀灭菊酯 500 倍液，傍晚时撒放植株行间或根边，杀虫效果也很好。

（4）土壤处理：对 4 月底、5 月初播种的白地或调茬田，在定植后或出苗前要喷药防治，防止幼虫危害，可选 5％辛硫磷颗粒剂每 667 平方米用 3 200～4 000 克沟施。

（5）化学防治：在一二龄幼虫盛发高峰期用药，在发生高峰期，一个代次根据虫口密度防治 1～2 次。防治间隔期 7～10 天。喷药宜在傍晚进行，有利提高防治效果。

高效、低毒、低残留防治用药：可选用氯虫苯甲酰胺、虫螨腈、甲氧虫酰肼、茚虫威、甲氨基阿维菌素苯甲酸盐等（参照登记用量）喷雾防治。

常规防治用药：可选用氰氟虫腙悬浮剂等（参照登记用量）喷雾。

蜗 牛

【图版 32】

蜗牛有灰巴蜗牛（*Bradybaena ravida*）和同型巴蜗牛（*Bradybaena similaris*）两种，属腹足纲柄眼目巴蜗牛科，俗称蜓蚰螺、水牛、刚牛，是菜地常见的贝类软体动物有害生物；主要危害十字花科蔬菜中的甘蓝、花椰菜、白菜、萝卜等,还可危害豆科和茄科蔬菜的幼苗,食性极杂,在南方及沿海潮湿地区发生较多。

【简明诊断特征】

(1)成贝:体灰黄褐色,爬行时体长30~36毫米,背上有一个5~6螺层灰黄褐色的螺壳,头上有长、短两对触角,眼在后触角顶端。

(2)幼贝:基本形态和颜色同成贝,但体型较小,贝壳螺层在4层以下。

(3)卵:圆球形,直径1.5毫米,初产时乳白色,有光泽,卵孵化前为灰黄色。

【发生与危害】 蜗牛年发生1代,11月下旬前后,以成贝和幼贝在菜田、绿肥田的作物根部、草堆、砖石块下、有机质较多的土壤缝隙,或疏松田埂处2~4厘米的土中及屋角前后等潮湿阴暗处越冬,进入越冬状态的贝壳口有白膜封闭;温室及塑料薄膜棚内于2月中下旬,露地3月上中旬,或气温回升到10℃以上时,越冬成、幼贝开始活动,在高温干旱季节,当气温超过35℃时便隐蔽起来休眠越夏,贝壳口有白膜封闭,高温旱季过后又进入活动盛期,当气温下降至10℃以下时进入越冬状态。

【害虫习性】 蜗牛夜出活动,白天常躲避日光照射,潜伏在落叶、土块、砖石下或土缝中,只在雨天昼夜都可活动取食。成贝寿命可活5~10个月,完成一个世代需1~1.5年,以成贝越冬的大多数在春季4~5月间交配产卵,以幼贝越冬的多数在秋季8~9月间交配产卵。卵多产在植株根部附近2~4厘米深的疏松、湿润的土中,以及枯叶、砖石块下,每头成贝平均可产卵50~100多粒,卵在阳光下易被晒裂死亡。初孵幼贝只取食叶肉,留下表皮,爬行时留下移动线路的黏液痕迹。

【害虫生态】 适宜蜗牛生长发育的温度范围10~35℃;最适环境,温度为15~28℃,相对湿度90%以上。在适温下,卵历期14~31天,幼贝历期6~7个月。上海、苏浙地区一般在4~6月和9~10月多雨年份危害严重。

上海地区蜗牛的发生盛期在5~7月、9~11月,成、幼贝以齿舌刮食寄主叶、茎、幼苗，形成孔洞或缺刻，严重时造成缺苗断垄。在草莓上除取食危害叶片外，还危害果实，使受害果实失去商品价值。

【防治措施】

（1）农业防治：清洁田园、清除杂草及砖石块，换茬田块及时中耕深翻，开好沟系降低地下水位，可破坏蜗牛栖息和产卵场所。在产卵高峰期，雨后抓紧锄草松土，使卵暴露土表受晒而死亡。

（2）人工诱捕：在田间用蜗牛成、幼贝喜食的菜叶或诱饵设置诱集堆，利用蜗牛白天躲藏的习性，在清晨捕杀被诱集到的蜗牛。

（3）铺设地膜栽培：用地膜阻隔、限制蜗牛移动，避光减少对苗的危害。

（4）石灰带隔离：在沟边、地头或蔬菜行间撒一条宽 10 厘米左右的生石灰带，每 667 平方米用生石灰 5～7.5 千克，使越过"石灰带"的蜗牛被杀死。

（5）化学防治：在蜗牛活动盛期用药诱杀。

高效、低毒、低残留防治用药：可选 6％四聚乙醛颗粒剂（螺斯）每 667 平方米用量 400～689 克，或 6％四聚乙醛颗粒剂（螺怕）每 667 平方米用量 500～650 克，堆施于田间蜗牛经常出没处诱杀；或选茶子饼粉每 667 平方米用量 2.5～3 千克，施于田间进行诱杀；或硫酸铜 800～1 000 倍液以及选用 1％食盐水（拒食）喷雾。

野蛞蝓

【图版 32】

野蛞蝓（*Agriolimax agrestis*）属软体动物门腹足纲柄眼目蛞蝓科，别名鼻涕虫、游蜓虫、无壳蜓蛐螺，全国各地均有发生，以长江流域以南地区发生偏重，在北方棚室内的发生危害逐年加重；主要危害十字花科、茄科、豆科蔬菜和草莓、落葵、菠菜、生菜，以及棉、烟、杂草等。

【简明诊断特征】

（1）成体：呈长梭形，光滑柔软而无外壳，爬行时体长 30～60 mm，宽 4～6 mm。腹面具爬行足，爬过的地方留有白色具有光亮的黏液。体表暗灰色、黄白色或灰红色，少数有不明显的暗带或斑点。触角 2 对，暗黑色。体背前端具外套膜，为体长的 1/3，其边缘卷起，内有退化的贝壳，上有明显的同心圆生长线，同心圆状生长线中心的外套膜后端偏右。呼吸孔在体右侧前方，其上有细小的色线环绕。

（2）卵：椭圆形，初产卵白色透明，可见卵核，近孵化时颜色变深。

（3）幼虫与成体形状相同，但幼体颜色较浅，呈淡褐色，体长 2～3 毫米。

【发生与危害】 野蛞蝓以成体或幼体在作物根部湿土下越冬。常年 4 月前后出土活动，随入夏气温升高，活动减弱，秋季气温凉爽后又活动危害。11 月中下旬起进入越冬。

上海地区野蛞蝓的发生盛期在 4～7 月、9～10 月。成、幼虫以齿舌刮食幼芽、嫩叶、嫩茎，使幼苗生长受害，造成缺苗断垄，严重时成片被毁；成株期叶片出现缺刻或孔洞，严重时仅残存叶脉，植株受其排泄的粪便污染，易诱发菌类侵染而导致腐烂，降低产量和质量。

【害虫习性】 野蛞蝓喜在黄昏后或阴天外出寻食，晚上 10～11 时达高峰，清晨之前又陆续潜入土中或隐蔽处，耐饥力强、怕光，白天潜藏作物根部湿土下或阴暗处，强日照下 2～3 小时即死亡。野蛞蝓雌雄同体，异体受精，亦可同体受精繁殖。成虫产卵量大，为 300～400 粒，多产于湿度大、有隐蔽的土缝中，每隔 1～2 天产 1 次，1～32 粒，每处产卵 10 粒左右。春、秋季多露或雨后发生危害重，夏季高温干旱或冬季潜入隐蔽处土下休眠。

【害虫生态】 适宜野蛞蝓成、幼虫活动的温度 15～25 ℃，相对湿度 85％以上，完成一个世代约 250 天，5～7 月产卵，卵期 16～17 天，从孵化到成贝性成熟约 55 天，成贝产卵期可长达 160 天。阴暗潮湿的环境易于大发生，当气温 11.5～18.5 ℃，土壤含水量为 70％～80％时，对其生长发育最为有利。年度间多雨的年份发生偏重；田块间土质黏重、地势低洼潮湿、多砖石块的田块发生偏重,栽培上种植密度过高、田间环境隐蔽的发生偏重。

【防治措施】

(1)清洁田园:清除田间杂草及砖石块,换茬田块及时清除残茬,中耕深翻晒垡减少虫源。

(2)加强栽培管理:推广深沟高畦栽培,开好沟系降低地下水位。在产卵高峰期,雨后及时锄草松土,使卵受晒而死亡;重发生田块,在虫源多发的沟撒施石灰带,阻隔虫体向田内迁移危害。

(3)人工诱杀:晚上用菜叶或作物残茬在行间堆成小堆诱集,每小堆的间隔距离不大于5～6米,次日掀开诱集小堆,捕捉在盛有食盐的容器内杀死。

(4)药剂防治:在成幼虫发生期、始盛期用药防治,可选四聚乙醛等(参照登记用量)堆施于田间野蛞蝓经常出没处诱杀,或选茶子饼粉每667平方米用量2.5～3千克施于田间进行诱杀;也可用硫酸铜800～1 000倍液或1‰食盐水(拒食)喷雾。

蛴 螬

【图版 32】

蛴螬主要有铜绿金龟子(*Anomala corpulenta*)、黑绒金龟(*Maladera orientalis*)、大黑金龟(*Holotrichia diomphalia*)等,属鞘翅目金龟甲科,别名白地蚕、土白蚕,全国各地均有发生;在蔬菜上主要危害豆科、茄科、部分十字花科等作物,在上海、江苏、浙江一带危害较重的蛴螬有4～5种,其中铜绿金龟子和黑绒金龟子为优势种,以铜绿金龟子为例介绍如下。

【简明诊断特征】

(1)成虫:体长18～21毫米,宽8～10毫米,(铜绿金龟子)全身具铜绿色金属光泽。

(2)卵:乳白色,初产时长椭圆形,长约1.8毫米,宽约1.4

毫米。

（3）幼虫：体长 30～33 毫米，头部前顶毛每侧 8 根，后顶毛 10～14 根，臀节腹面具刺毛 2 列，每列由 13～14 根刺组成，肛门孔横裂。

（4）蛹：体长约 20 毫米，宽约 10 毫米，淡黄色，体略向腹面弯曲，羽化前头部色泽变深，复眼变黑。

【发生与危害】 蛴螬年发生一代，以三龄幼虫在土中越冬。越冬代产生的成虫发生盛期各地不同，上海、江苏、浙江为 6 月上中旬。常年 6 月上旬初见成虫，6 月中下旬至 7 月上旬为发生高峰期，6 月下旬开始产卵，7 月为幼虫孵化高峰期，幼虫经过 4～5 个月的生长发育，全部进入三龄越冬；至翌年 4 月前后，越冬幼虫又上移到土表继续危害取食，形成春、秋两季危害。

以幼虫取食植物的地下部分，尤其喜食柔嫩多汁的根、茎及刚萌动发芽的种子，影响植株的长势、造成幼苗枯死，严重时造成缺苗断垄。在作物茬口布局、栽培管理上水旱轮作田蛴螬危害轻，连年旱作地危害重，前茬作物为大豆、花生茬，则后茬作物受害重。施用未经腐熟厩肥的田块受害重。

【害虫习性】 成虫夜出活动，对黑光灯有较强的趋光性。适宜成虫活动的气温为 25 ℃以上，相对湿度为 70%～80%。在闷热无雨、无风的夜晚活动最盛，低温或雨天活动较少，成虫喜群集在杨、柳、枫杨等树上取食或交尾，夜间 9～10 时达活动高峰，后半夜逐渐减少，次日清晨又潜回土中。越冬成虫羽化后不久即可交尾产卵，在菜田雌虫产卵多散产在根系附近，每头雌虫平均可产卵 40 粒左右。卵期为 10 天左右，一二龄幼虫期 25 天左右，三龄幼虫期长达 280 天左右，幼虫老熟后，在土表 20～30 厘米深处作土室经预蛹期后化蛹，预蛹期 13 天，蛹期 9 天。

【害虫生态】 适宜蛴螬生长发育的温度范围 10～25 ℃；最适环境土温为 18～22 ℃。幼虫活动与适宜的土壤温度密切相关。地表到 10 厘米深处、土温在 20 ℃左右，是最适蛴螬活动时期；当地表 10 厘米、土温在 10 ℃左右时，蛴螬开始下潜到 10 厘米以下土中栖息，田间危害显著减轻。当地表温度降至 6 ℃以下时，蛴螬可下潜到 30～40 厘米深处土中越冬。

【防治措施】

（1）农业防治：在菜园周围清除杂草丛生的荒地，冬前适时耕翻土地，灭杀越冬幼虫。在栽培条件许可的情况下，进行水旱轮作或适时灌水杀灭幼虫。

（2）诱杀成虫：在成虫发生期用黑光灯诱杀，或夏秋季成虫聚集于房前屋后零散树木或篱笆上取食时，及时人工捕捉，对减轻蛴螬的危害有一定的作用。

（3）化学防治：每年 7～9 月，对易受蛴螬危害的作物，可在根部进行浇根防治，每株 50～150 克药液。

高效、低毒、低残留防治用药：可选甲氨基阿维菌素苯甲酸盐等（参照登记用量）灌根防治。

常规防治用药：可选 2.2％甲氨基阿维菌素苯甲酸盐微乳剂（三令）2 000 倍液，50％辛硫磷乳油 800 倍液，32％甲维·毒死蜱微乳剂（力攻）1 000～1 500 倍液，48％乐斯本乳油 1 000 倍液，90％晶体敌百虫 800 倍液，50％西维因可湿性粉剂 800 倍液等灌根防治；也可用 90％晶体敌百虫每 667 平方米用药量 150～200 克，对水喷雾，细土配制成 15～20 千克毒土，撒在播种沟内后再播种，可防止蛴螬危害幼苗。

蝼　蛄

【图版 32】

蝼蛄有非洲蝼蛄（*Gryllotalpa africana*）、华北蝼蛄（*Gryllotalpa unispina*），属直翅目蝼蛄科，别名小蝼蛄、拉拉蛄、地拉蛄等，全国各地均有发生；主要危害各类蔬菜作物播下的种子和幼苗，常归为地下害虫。

【简明诊断特征】

（1）非洲蝼蛄成虫：体长 30～35 毫米，灰褐色。腹部色较浅，全身密布细毛，头圆锥形，触角丝状。前胸背板卵圆形，中间具一明显的暗红色长心脏形凹陷斑。前翅灰褐色,较短,仅达腹部中部;后翅扇形,较长,超过腹部末端。腹末具 1 对尾须,前足为开掘足,后足胫节背面内侧有 4 个距。

(2)华北蝼蛄成虫:体型比非洲蝼蛄大,体长 36～55 毫米,黄褐色,前胸背板心形凹陷不明显,后足胫节背面内侧仅 1 个距或消失。

(3)卵:椭圆形,长 2.0～2.4 毫米,初产时黄白色,有光泽,后变黄褐色,孵化前呈暗褐色。

(4)若虫:末龄若虫体长 24～25 毫米,初孵化若虫体长约 4 毫米,乳白色,复眼红色,行动迟缓,约半天后身体变浅色,二三龄后体色变深,接近于成虫。

【发生与危害】 非洲蝼蛄在黄河流域以南地区年发生 1 代,北方地区 2 年发生 1 代,华北蝼蛄生活史长,要 3 年左右完成 1 代。两种蝼蛄均以成虫或若虫在地下越冬。上海地区 3 月中下旬起随温度升高开始活动,并到地表顶出虚土堆,非洲蝼蛄仅在洞孔顶起一小堆新鲜虚土,而华北蝼蛄能顶起 8～10 厘米长的新鲜虚土虫道。5 月上旬至 6 月中旬是蝼蛄的最活跃时期,是年内第一个危害高峰期;6 月下旬至 8 月下旬,因天气炎热,潜入地下活动;9 月上旬至 9 月下旬,随气温下降,蝼蛄再回地面活动,危害秋季作物,形成年内第二个危害高峰期;10 月中旬以后,陆续入土越冬。

上海地区蝼蛄的发生盛期在 5～6 月、9～10 月,以成虫、若虫都在土中咬食刚播下的种子和幼芽,或将幼苗咬断,使幼苗枯死。受害的根部呈乱麻状。由于蝼蛄活动,将表土窜成许多隧道,使苗土分离、失水干枯而死,造成缺苗断坑。在温室、温床、苗圃里,由于土质疏松、有机质多、保温时间长,适宜蝼蛄的发生与提早出土活动,加之幼苗集中,受害更重。

【害虫习性】 蝼蛄昼伏夜出,成虫对黑光灯和卤素灯有较强的趋光性,对香甜物质如半煮熟的谷子、炒香的豆饼、麦以及马粪等有机肥也有强烈的趋性。蝼蛄以夜间 9～11 时活动最盛,多在表土层或地面活动,特别在气温高、湿度大、闷热的夜晚,大量出土活动。成虫寿命长达数月至 1 年左右。非洲蝼蛄喜在潮湿的地方产卵,每头雌虫可产卵 30～50 粒,产卵前先在 5～10 厘米深处作一鸭梨形卵室,由于初孵的若虫怕光、怕风、怕水,雌虫在完成产卵后用杂草等将室口封好,以保护小幼虫,再另作隐蔽室;华北蝼蛄喜在盐碱地内靠近田埂、畦堰或松软油渍状土壤里产卵,每头雌虫可产卵 120～160 粒,最多时可达 500 粒,产卵前先作形态复杂"多重 Y"形虫道窝,深度可达 20～30 多厘米,成虫隐蔽室在土室的最下方。

非洲蝼蛄 5 月开始产卵,盛期为 6～7 月,9 月为产卵末期,卵在 6 月下旬开始孵化,7～8 月是卵孵盛期;华北蝼蛄 8～9 月是产卵盛期,经过 2 年的生长发育至第三年 8 月羽化为成虫。

【害虫生态】 适宜蝼蛄生长发育的温度范围 10～28 ℃;最适环境为土温 15～25 ℃,土壤含水量在 20% 左右,土质疏松、潮湿、有机质含量高的砂壤土;土质黏重、板结的发生数量少。

【防治措施】

(1)灯光诱杀:在成虫盛发期,应用杀虫灯诱杀成虫。

(2)毒饵:在成、若虫盛发期,选用 90% 晶体敌百虫 150 克 30 倍液,用炒香的麦或豆饼或棉籽饼 5 千克边喷边拌制成毒饵,散放在发生蝼蛄的温室苗床或隧道处周围进行诱杀,在无风闷热的傍晚施用效果更好。

(3)人工灭虫:早春根据蝼蛄在地表造成虚土堆和虫道的特点,查找并挖除在虫道内的越冬虫源和灭虫卵。

附　录

一、主要蔬菜种子千粒重与播种量

种类	千粒重（克）	每克粒数	播种量（克/667 平方米）	
			育苗	直播
大白菜	2.5～4	300～400	50～60	150
青菜	1.8～3	400～500	100～150	250～500
花椰菜	2.5～4.2	236～400	25～30	
萝卜	7～13.8	92～143		400～500
胡萝卜	8～10	100～125		1 000～1 500
大番茄	3.2～4	250～350	25～30	50～100
小番茄	2.5～303	300～350	6～8	
甜辣椒	4.5～7.5	126～200	35～50	100～150
茄子	3.5～5.2	195～250	50	
黄瓜	20～35	32～46	90～125	200～240
南瓜	140～350	3～7	200～300	200～400
冬瓜	42～59	17～24	100～150	
塌菜	1.5～2.5	400～667	150～250	
扁豆	300～600	1.6～3.3		3 000～5 000
刀豆	300～700	2～3		6 000～8 000
豇豆	81～122	8～12		1 000～1 500

种类	千粒重（克）	每克粒数	播种量（克/667 平方米）	
			育苗	直播
毛豆	100～500	2～10		2 500～3 500
结球甘蓝	3.3～4.5	233～333	30～50	
青花菜	3.5～4.0	250～285	15～20	
丝瓜	100～120	8～10	100～120	
菠菜	8～9.2	100～125		2 500～5 000
草头	1.2～2.8	357～833		
生菜	0.5～1.2	800～2 000	20～25	30～50
芹菜	0.5～0.6	1 667～2 000	100～150	500～800
茼蒿	1.6～2	500～625		1 500～2 000
苋菜	0.7～1	1 000～1 428		4 000～5 000
蕹菜	32～37	27～31	1 000～1 300	
莴苣	0.8～1.2	800～1 250	50～75	

二、蔬菜种子消毒处理技术

在蔬菜病害中，至少有 70％的病害种类是由种子带菌引起初传染的。其中属真菌病原约占 50％，病毒和细菌病原各约占 10％。为减少新菜田和在蔬菜育苗期由种子带菌引起的发病，做好种子消毒是预防病害的重要措施，可有效控制病害的发生和蔓延，具有简单、易行、省工、省本、事半功倍的作用。根据不同的病原类别，需要采用不同的种子消毒方法，现介绍如下。

（一）真菌性病害种子消毒途径与方法

1. 种衣剂包衣处理

用种衣剂对种子进行消毒包衣，除可杀灭潜伏在种皮的病原真菌,还可渗入种子内部,杀灭侵入种子内部的病原真菌,并在播种后种子周围形成一个抑菌保护圈,使秧苗顺利出土不受病原真菌的侵害,促进早出苗、齐苗、壮苗,有效持效期长,可满足防治蔬菜苗期病害和根际病害需要。

目前高效、安全、杀菌谱广、剂型先进、包衣简便的种衣剂是2.5%适乐时悬浮种衣剂。由于种植蔬菜的农户以散户为主,或者是多品种种植,大量种植一个品种的对象较少。因此以10毫升袋装的种子包衣操作示范介绍如下:先准备一个实施种子包衣用的小塑料盆和稀释药剂的少量清水(备用洗出剩余药的水),再将药袋沿封口平剪(包装袋示意的是剪斜口),将药剂全挤在小塑料盆内,然后将袋内的剩药用少量清水洗2～3次(适量加水不超过50毫升),与盆中的药剂混合,再将待包衣处理的干种子直接倒入混匀拌种(每袋药剂可处理3～5千克种子),经拌种包衣全染红种子后稍经晾干即可下种,也可存放待用。

适乐时种衣剂对茄科、瓜类、豆类、十字花科、菜用玉米等的主要苗期病害如猝倒病、立枯病、炭疽病、霜霉病、菌核病、根腐病、枯萎病、茎基腐病、毛豆紫斑病、赤斑病、灰斑病、叶斑病、十字花科根肿病等100多种主要由种子和土壤传染的真菌病害,有90%以上的防病效果。

适乐时的防病原理是药剂能快速穿透种皮杀死病原菌,同时在种子周围形成一个保护圈,能有效防止种子外部病菌的侵入,持效期长达1个月以上。药剂对种子、幼苗的安全性高,还能促进早出苗、刺激秧苗生长,是培育壮苗的良好助剂。防治成本按667平方米栽培用苗数1～4元,可节省种子费至少10%以上。使用适乐时包衣的种子在正常仓储条件下可放置两年以上而不降低芽率,给农户防治蔬菜病害的发生带来很大便利。

2. 药剂浸种处理

药剂浸种是利用杀菌剂通过浸泡种子的过程,将附在种子表面的病菌杀死,或使种子在浸处理过程中,将农药渗入种皮杀灭已潜入种子内部的病菌。应用这种方法处理种子的优点是适合处理大面积栽培的种子,成本较低,只要处理的药剂选用得当,防病效果相当稳定,技术上要严格掌握药液浓度和浸种时间,防止发生药害。

药剂浸种处理的操作程序如下:根据所选用的药剂计算处理本次种子所需的剂量,配好浸种药液,种子先用清水浸 3～5 小时,然后再将浸好的种子浸没在药液中消毒灭菌,到了规定时间后取出,用清水冲洗数次,将残留药液清洗干净,再催芽或晾干后直接播种。在蔬菜种子浸种消毒上常用的几种药剂和适宜的防治病害对象介绍如下:

(1)40％甲醛俗称福尔马林,常用处理浓度 100 倍液,药液浸种处理时间 30 分钟,取出后最好用清水冲洗,也可以不用清水冲洗,但必须要摊开让残留药液充分挥发,处理后的种子可晾干备用或直接催芽或播种;适宜的病害防治对象为番茄早疫病、瓜类炭疽病、枯萎病、茄子褐纹病等。

(2)401 抗菌剂俗称大蒜素,常用处理浓度 500～1 000 倍液,药液浸种处理时间 30 分钟,取出后冲洗数次,催芽或晾干后播种;适宜的病害防治对象为瓜类枯萎病、炭疽病等蔬菜病害。401 抗菌剂且有刺激发芽的作用,也可适用于种皮较厚、出苗困难的蔬菜种子处理,提高出苗率。

(3)40％灭菌丹可湿性粉剂,常用处理浓度 200～300 倍液,药液浸种处理时间 30 分钟,取出后冲洗或不冲洗,催芽或播种均可;适宜的病害防治对象为瓜类枯萎病、炭疽病、番茄早疫病等病害。

(4)50％福美双可湿性粉剂,药液浸种处理浓度 200～300 倍液,药液浸种处理时间 30 分钟,取出后冲洗或不冲洗,催芽或播种均可;适宜的病害防治对象为瓜类炭疽病、番茄早疫病等多种病害。

蔬菜种子浸种消毒方法必须根据不同作物,先做少量试验才能使用,以免发生药害。

3. 药剂拌种处理

是应用高效、广谱、安全性好的内吸性杀菌剂,将附在种子表面和潜入种子内部的病菌杀死。应用这种方法处理种子的优点是防治对象范围广,特别是对潜入种子内部的病害,其他种子处理较难解决而利用本处理方法可解决,成本较低,由于药剂处理的浓度较高,防病的持效期长、效果好且稳定,对种子的安全性好。技术上要严格掌握剂量和拌种质量,药剂最好选用特制拌种剂。缺点是大批量拌种时易造成拌种不均,防病效果将得不到保证,经处理后的种子要有明显的区别标记,只能用于播种。

药剂拌种处理的操作程序如下,一般先将需处理的纯净干种子称重,根据所选用的药剂(所选药剂必须确保无药害)计算处理本次种子所需的剂量,再将种子用清水浸泡 3~5 小时吸水,然后再将吸水后的种子沥干多余的水分移入拌种容器中,放入拌种药剂充分搅拌,使药剂均匀地依附在被处理的种子表面,并闷种数小时,使药剂在种子湿润未干的时间内渗透到种子内部,杀灭潜入种子内部的病菌,到了规定时间后取出,晾干后分装备用,或直接催芽、播种。由于经拌种处理的种子外表附有高浓度的农药,可明显延长对种苗的保护期,提高防病效果。

药剂拌种的选药原则一般对潜入种子内部的病菌应选用内吸性杀菌剂为佳,对霜霉病等藻菌类引起的病害宜选用 58％瑞毒霉可湿性粉剂拌种,对处理依附在种子表面的半知菌类引起的病害可选用 80％百菌清可湿性粉剂、50％福美双可湿性粉剂等。对防治地下害虫为目的的种子处理,常选用杀虫剂作拌种处理。

拌种的药剂一般选用安全性较好的内吸性杀菌剂,如 50％多菌灵可湿性粉剂、50％托布津可湿性粉剂、58％瑞毒霉可湿性粉剂,也有的种子经销商为降低种子处理的成本,选用的是保护性广谱性杀菌剂如 80％百菌清可湿性粉剂、50％福美双可湿性粉剂等,种子包装袋上说起来已经实施了消毒处理,而实际防病效果则会相差较大。

4. 温汤浸种

温汤浸种是利用热力钝化病菌活性的灭菌原理防病,不仅可杀灭附在种子表面的病菌,还可以杀死潜伏在种皮内部的病菌。应用这种方法处理种子是最原始的技术,优点是成本很低,不需要药剂,是没有农药污染的绿色处理方法,处理后的种子如有多余,仍可食用或作饲料等用途。缺点是会或多或少影响种子发芽率、播种入土后没有防病保护作用,还因蔬菜种子颗粒大小、种皮厚薄差异很大。在没有掌握温汤浸种技术时,要先进行不同类型种子的耐热能力和杀菌效果的试验,以积累温汤浸种的防病经验,才能取得较好的防病效果。温汤浸种操作技术规范要求较高,若在处理种子时温度、热处理时间掌握不当,或粗心大意往往会伤害种子,轻者影响种子的发芽力,重者可使种子报废。所以菜农在第一次实施温汤浸种时,最好在技术人员的指导下进行,并在处理后要做好发芽试验,根据发芽率调整种子播种用量。

温汤浸种的操作程序如下,先将种子在室温冷水中浸泡吸水2~3小时,而后将种子装在纱布袋或竹篓等易漏水的盛器中,放入45℃左右的温水中预热5~10分钟,再将种子移入恒温控制的55℃左右的热水中浸5~30分钟(依蔬菜种子类别不同分别掌握合适的处理时间),到规定时间后立即取出,投入室温冷水中,边搅动,边冷却,以免残余高温、闷种时间过长而伤害种子,影响发芽率。处理过的种子,可催芽或晾干后直接播种。

(二)病毒性病害的种子消毒途径与方法

病毒是一种仅由核酸(DNA 或 RNA)和蛋白质外壳构成的专营细胞内生存的病原寄生物。由于目前在生产上缺少高效的针对性农药,属较难防控的一类植物病害。多数病毒性病毒有传毒媒介昆虫传染危害,但也有一些蔬菜上的重要病毒病可由种子带毒为初侵染来源,特别是豆类蔬菜上多种的病毒病可由种子带毒传染。预防病毒病的种子处理主要有两种方法。

(1)干热钝化病毒处理:将干种子放入 70℃的恒温箱中,干热处理 12 小时备用。

(2)磷酸三钠浸种消毒处理:先用清水浸泡种子 3~4 小时,再放入 10%磷酸三钠溶液中浸 20~30 分钟,捞出洗净后催芽。

(三)细菌性病害的种子消毒途径与方法

细菌一般是结构简单的单细胞病原生物,预防这类病害,可选的农药种类虽不多,但针对性防控的效果较好,所以一般农户对细菌性病害的种子处理都容易忽视。其实对于细菌性病害也有两种处理方法可获得较好的效果。

（1）漂白粉消毒：用漂白粉消毒在农村较为方便，取种子重量 1.5% 的漂白粉，加少量水与种子拌匀后放入容器中密闭消毒 16 小时，用流水冲洗 3～5 分钟后播种。

（2）抗菌素消毒：用 100 万单位新植霉素 200×10^{-6}（=200 ppm）浸种 1 小时；或用 100 万单位硫酸链霉素或氯霉素 500 倍液浸 2 小时后用清水冲洗 8～10 分钟后播种。

三、蔬菜栽培茬口安排模式

（一）大棚瓜类、绿叶菜茬口模式

模式 1　黄瓜—青菜—香菜[注]

茬口安排			播种期	定植期	采收期 （始收～终收）	预期产量 （千克/667 米²）
次序	种类	品种				
1	黄瓜	申青一号	11/下	1/中	3/上～6/底	5 000
2	青菜	605	7/上		7/下～7/底	1 000
3	香菜	小叶香菜	9/上		10/下	1 000

［注］事项播种期、定植期、采收期表示方法为"月/旬"，如"11/下"即为 11 月下旬。下同。

模式 2　黄瓜—青菜—美芹

茬口安排			播种期	定植期	采收期 （始收～终收）	预期产量 （千克/667 米²）
次序	种类	品种				
1	黄瓜	宝杂二号	1/上	2/中	4/上～6/中	4 000
2	青菜	新夏青 2 号	5/下	6/下	7/中	600
3	美芹	瑞克他	6/初	9/上	12/中～1/中	3 500

模式 3 黄瓜—杭白菜—茼蒿—青菜

茬口安排			播种期	定植期	采收期 (始收～终收)	预期产量 (千克/667 米²)
次序	种类	品种				
1	黄瓜	申绿 3 号	2/下	3/下	4/中～7/中	5 000
2	杭白菜	早熟 5 号	7/下		8/中～9/中	1 200～1 500
3	茼蒿	大叶茼蒿	9/下		10/中～11/上	800
4	青菜	新场青	10/上	11/上	12/下	2 500

模式 4 黄瓜—青菜—番茄—青菜

茬口安排			播种期	定植期	采收期 (始收～终收)	预期产量 (千克/667 米²)
次序	种类	品种				
1	黄瓜	宝杂 2 号	1/上	2/上	4/中～6/下	4 500
2	青菜	英俊	7/上		8/上～8/中	600
3	番茄	浙粉 202	7/中	8/中	10/上～11/下	4 000
4	青菜	红明青	10/下	11/下	12/下～1/上	1 500

模式 5 黄瓜—青菜—青菜—青菜—青菜—青菜

茬口安排			播种期	定植期	采收期 (始收～终收)	预期产量 (千克/667 米²)
次序	种类	品种				
1	黄瓜	申青一号	12/上	1/中	4/上～6/中	5 000
2	青菜	华王	6/中		7/中	900
3	青菜	华丽	7/中		8/中	900
4	青菜	新夏青 2 号	8/中		9/中	1 000
5	青菜	红明青菜	9/中		10/下	1 200
6	青菜	矮抗青	10/下		12/下	2 000

（二）大棚茄果类、绿叶菜茬口模式

模式 1　番茄—青菜—刀豆—菠菜

茬口安排			播种期	定植期	采收期 （始收～终收）	预期产量 （千克/667 米²）
次序	种类	品种				
1	番茄	金棚 1 号	11/中	2/上中	5/上～6/中	3 500
2	青菜	华王	6/下	直播	7/中下旬～ 8/初	1 000
3	刀豆	超级金龙王	8/上	9/上中	10/上	2 000
4	菠菜	迪娃	11/中	直播	12/中～1/下	1 000

模式 2　番茄—青菜—鸡毛菜—草头

茬口安排			播种期	定植期	采收期 （始收～终收）	预期产量 （千克/667 米²）
次序	种类	品种				
1	番茄	98－8	10/上	12/中	4/中～6/中	5 000
2	青菜	华王	6/下		7/下	1 000
3	鸡毛菜	605	8/上		8/下	600
4	草头	大叶草头	8/下		12/上	600

模式 3　青菜—番茄—黄瓜—鸡毛菜

茬口安排			播种期	定植期	采收期 （始收～终收）	预期产量 （千克/667 米²）
次序	种类	品种				
1	青菜	新场青	11/中下		12 月至 翌年 2 月	2 500
2	番茄	金棚 1 号	3/上	4/中	5/上～6/中	4 000
3	黄瓜	申青 1 号	6/下	直播	8/上～9/中	1 500～2 000
4	青菜	矮脚青	9/下		10/下～ 11/上中	1 200

517

模式 4　茼蒿—鸡毛菜—番茄—芹菜

茬口安排			播种期	定植期	采收期 （始收～终收）	预期产量 （千克/667 米²）
次序	种类	品种				
1	茼蒿	大叶茼蒿	1/上		3/下	800
2	鸡毛菜	605	4/初		4/下	1 000
3	番茄	98－8	4/中	5/中	7/下～8/下	2 500
4	芹菜	美国西芹	7/中	9/初	11/中～12 月	2 500

模式 5　番茄—青菜—青菜—青菜—芹菜

茬口安排			播种期	定植期	采收期 （始收～终收）	预期产量 （千克/667 米²）
次序	种类	品种				
1	番茄	浙粉 202	9/下	10/下	3/上～5/上	4 000
2	青菜	夏王	4/中	5/中	5/底～6/上	1 000
3	青菜	夏秀	5/上	6/中	6/底～7/中	1 000
4	青菜	605	6/中下		8/中	1 200
5	芹菜	黄心芹	8/中	10/上	12/上	2 500

模式 6　茄子—青菜—芹菜

茬口安排			播种期	定植期	采收期 （始收～终收）	预期产量 （千克/667 米²）
次序	种类	品种				
1	茄子	沪茄 2 号	9/下	11/下	2/下～8/中	4 500
2	青菜	华丽	9/初	直播	9/底～10/上	1 500
3	芹菜	申香芹一号	10/中	直播	1/中～2/下	2 500

模式 7　茄子—青菜—菠菜

茬口安排			播种期	定植期	采收期 (始收~终收)	预期产量 (千克/667 米²)
次序	种类	品种				
1	茄子	韩国紫茄	2/中	3 月底	5/上~9/初	3 500
2	青菜	华王	9/初	直播	10/上~11/上	2 000~2 500
3	菠菜	日本大叶菠菜	11/中	直播	12/下~1/下	600

模式 8　彩椒—青菜—迷你南瓜

茬口安排			播种期	定植期	采收期 (始收~终收)	预期产量 (千克/667 米²)
次序	种类	品种				
1	彩椒	Shanghai scaldino	1/中	3/中	7/初~7/底	2 500
2	青菜	夏王	7/下		8/中	1 000
3	迷你南瓜	橘瓜	8/上	8/中	9/底~10/下	1 500

（三）大棚绿叶菜茬口模式

模式 1　青菜—青菜—青菜—青菜—青菜—青菜

茬口安排			播种期	定植期	采收期 (始收~终收)	预期产量 (千克/667 米²)
次序	种类	品种				
1	青菜	红明	2/下	直播	4/中~4/下	2 500
2	青菜	华王、华丽	4/下	直播	6/上	1 200
3	青菜	605、华丽	6/上	直播	7/中	600
4	青菜	605、华丽	7/下	直播	9/上	1 500
5	青菜	华王、华丽	8/中	9/中	10/上	1 200
6	青菜	华王、华丽	9/中	10/下	12/下	2 000

模式 2　结球生菜—青菜—青菜—青菜—结球生菜

茬口安排			播种期	定植期	采收期 （始收～终收）	预期产量 （千克/667 米²）
次序	种类	品种				
1	结球 生菜	金优 1 号、雷达	1/中	2/下	5/上	1 500
2	青菜	华丽	4/上	5/中	6/上中	1 200
3	青菜	华丽	5/中	6/中下	7/下	800
4	青菜	605	7/下		8/下	800
5	结球 生菜	金优 1 号、雷达	8/底	9/底	11/初	1 200

模式 3　生菜—鸡毛菜—青菜—青菜—菠菜

茬口安排			播种期	定植期	采收期 （始收～终收）	预期产量 （千克/667 米²）
次序	种类	品种				
1	生菜	意大利生菜	1/中		3/中～4/上	1 200～1 500
2	鸡毛菜	605	4/上		5/中	1 500
3	青菜	英俊	5/中		6/中～7/下	1 800
4	青菜	605	8/上		9/中	1 500
5	菠菜	圆叶	10/上		11/中～12/上	2 000

模式 4　大白菜—杭白菜—青菜—花椰菜—青菜

茬口安排			播种期	定植期	采收期 （始收～终收）	预期产量 （千克/667 米²）
次序	种类	品种				
1	大白菜	春大王	2/上	2/下	4/下	4 000
2	杭白菜	早熟五号	5/上		6/上～6/下	1 200～1 500
3	青菜	华王	6/初	6/底	7/下	1 000
4	花椰菜	申花 3 号	7/上	8/中	10/中下	1 000
5	青菜	矮抗青	10/中	11/上	12/下	2 500

管棚蔬菜主要茬口

项目	品种（日期）	品种（日期）	品种（日期）	备注
茬口 1	春番茄（1/中～6/底）	豇豆（6/上～8/中）	100 天花菜（8/中～12/下）	
茬口 2	春番茄（1/中～6/底）	芹菜（6/底～10/中）	青菜（10/下～2/上）	
茬口 3	春番茄（1/中～6/底）	夏黄瓜（7/上～9/下）	青菜（9/下～11/上）	
茬口 4	春番茄（1/中～6/底）	夏青菜（7/上～8/中）	秋黄瓜（8/下～11/中）	
茬口 5	春黄瓜（2/上～6/底）	豇豆（6/上～9/中）	草头（9/下～2/中）	
茬口 6	春黄瓜（2/上～6/底）	夏青菜（7/上～8/中）	秋番茄（8/中～12/中）	
茬口 7	春黄瓜（2/上～6/底）	豇豆（6/上～9/中）	萝卜（10/上～3/中）	
茬口 8	春辣椒（2/下～7/中）	秋黄瓜（7/下～10/中）	芹菜（10/下～2/上）	
茬口 9	冬瓜（4/中～9/中）	甘蓝（9/下～11/下）	慢菜（11/下～3/下）	
茬口 10	蕹菜（3/中～7/底）	青菜（8/上～9/底）	萝卜（10/上～3/中）	

四、蔬菜栽培品种特征特性及产量汇总表

序号	种类	品种	品质特性	产量 （千克/667 米²）
1	大白菜	早熟 5 号	叶球重 1～1.5 千克，耐热、耐湿	3 500～4 500
2		春大将	单株重 2.5～3.0 千克，早熟，抗病毒病能力强	5 000
3		CR -秋美	单株重 6～8 千克，风味品质好	8 000 以上
4	青菜	华阳	纤维少，株型美观，品质佳，耐热性好	1 500
5		华王	单株重 100～150 克，品质佳，耐热性好且耐高湿	1 690
6		抗热 605	单株重约 100 克，口感好，耐热、耐寒	300～600
7		新场青 1 号	炒煮易酥，品质佳，较强的耐寒性	3 000～3 500
8	塌菜	小八叶塌菜	单株重 150 克左右，较早熟，抗寒力强，品质好	1 000～1 500
9		黄心乌	单株重 500 克左右，较抗寒，抗病	2 000～3 000
10	扁豆	崇明白扁豆	嫩荚绿色、扁平，每荚含种子 3～4 粒，肉质细嫩易酥	1 000～1 200
11		艳红扁	鲜荚绿色、两边呈红色，口感香甜柔糯	3 500
12		彭镇青扁豆	每荚含种子 4～5 粒，嫩荚品质好	4 000

序号	种类	品种	品质特性	产量 （千克/667 米²）
13	刀豆	超级金龙王	荚扁形，荚长 30 厘米左右，口感脆、鲜嫩	2 500～3 000
14		无筋地豆王	荚近圆棍形，荚长 18～20 厘米，肉厚，口感鲜嫩、无筋、无革质膜	2 000～3 000
15		绿玉 803	荚形圆直，荚长约 15 厘米，嫩荚翠绿色	1 500～2 000
16		红筋刀豆	鲜豆荚嫩绿，荚长 13 厘米，生长速度快	2 000～3 000
17	豇豆	三友绿油 168	荚长 70～80 厘米，鲜豆荚油绿色，荚粗，肉厚，无鼓籽，无鼠尾	1 500～2 000
18		上豇一号	荚长 50～55 厘米，商品荚淡绿色，圆形，荚粗肉厚	1 500～2 000
19	毛豆	青酥二号	荚色鲜绿，荚壳薄，易烧煮，吃口酥糯、微甜、品质佳	600
20		交大 133	籽粒圆形，种皮绿色，种脐淡褐色	900
21		绿宝石	鲜荚翠绿色，产量高、品质好	500
22	花椰菜	珊瑚 65 天松花菜	单球重 2 千克左右，花球松大、蕾枝青绿色，肉质柔软、甜脆、口感品质佳	1 500～2 000
23		浙松 60 天松花菜	单球重 0.8～1.5 千克，蕾枝青梗，口感品质佳	1 500～2 000
24		新雪美 65 天松花菜	单球重 1.4 千克左右，蕾粒粗细均匀，花茎稍微带浅绿色，商品性佳	1 600～2 100

序号	种类	品种	品质特性	产量 （千克/667 米²）
25	结球甘蓝	争牛	叶球呈牛心形,球内颜色为浅黄绿色;口感糯嫩,品质好	2 700
26		超级争春	单球重 1～2 千克,叶球胖尖形,质地脆嫩,纤维少	4 000
27		博春	单球重 1.5 千克左右,叶球桃形,肉质脆嫩,味甘甜	3 500
28	青花菜	炎秀	单球重 400 克左右,绿色,高圆形,蕾粒较细且均匀	1 000
29		沪绿 5 号	单球重 450～500 克。球形高圆,球色深绿,花蕾细密	1 200
30	胡萝卜	三红五寸参	肉质根圆柱形,橙红色,心柱细,水分足,品质佳	3 000～3 500
31		新黑田五寸参	肉质根长圆锥形,单根重 300 克左右,质脆嫩,味甜多汁	3 000～4 000
32		贝卡	肉质根呈深橘黄色,口感爽脆,甜味足,胡萝卜素含量高	1 800～2 000
33	萝卜	特新白玉春	单根重 1.2～1.5 千克,肉质根直筒形,白皮白肉,肉质致密,口感鲜美	5 000
34		白雪	单根重 1.4～1.8 千克,肉质根全白,绿肩和须根均较少,不裂根	4 500
35		寒春大根	根重 1.0 千克左右,肉质根长椭圆形,肉质细嫩,口感品质佳	3 800

序号	种类	品种	品质特性	产量 （千克/667 米²）
36	冬瓜	黑皮	单瓜重 7～8 千克,瓜形长筒形,浓绿色,皮硬而薄,瓜肉组织致密	4 000
37		小青冬瓜	单瓜重约 10 千克,瓜呈椭圆形,瓜皮青绿色,上有浅绿色斑点,肉质细致	4 000
38		黑霸	单瓜重 15～30 千克,果实为炮弹形,瓜皮黑色,品质佳	5 000
39	黄瓜	申青一号	单瓜重 220 克左右,瓜色碧绿,刺瘤黑色且较少,口味清香脆嫩	5 000
40		宝杂 1 号	单瓜重约 220 克,刺瘤较少,瓜色深绿,心室小,肉色青绿,味甜	3 000～5 000
41		申绿 03	单瓜重 120 克左右,果色深绿,无刺瘤,肉质脆嫩,品味清香	6 000～8 000
42	南瓜	黄狼南瓜	单果重 1.5 千克左右,果实长棒槌形,果皮橙红色,被蜡粉,果肉厚,肉质细腻味甜	1 600～2 000
43		东升	单果重 1.2 千克左右。嫩果圆形皮色黄,成熟后橙红色扁圆果,有浅黄色条纹。果肉金黄色,纤维少,肉质细密甜糯	1 500～2 000
44		锦绣	单果重 1.3 千克。果实厚扁球形,果皮金红色,覆乳黄棱沟,肉质粉、香、甜、糯	1 500～2 000

序号	种类	品种	品质特性	产量（千克/667 米²）
45	丝瓜	上海香丝瓜	单果重约 180 克,果实呈棒形,果皮青绿色,无棱,长约 30 厘米	1 500～2 000
46		三比 2 丝瓜	单果重约 200 克,呈短圆桶形,瓜条匀称,肉质较厚	2 000
47	菠菜	金申小菠菜	单株重 60 克左右,叶片亮绿色,呈尖圆形,根红	1 000～1 500
48		迪娃	单株重 35～45 克,叶卵圆形,叶色深绿,叶面稍皱	1 000～1 500
49		鲜绿二号	叶片呈鲜亮绿色、半圆形,叶柄紧实、韧性好	1 000～1 500
50	草头	大叶草头	叶片大,叶色浓绿,复叶有 3 小叶	500～800
51	杭白菜	早熟 5 号	叶呈卵圆形,淡绿色,口感品质佳,耐热、耐寒	1 000～1 500
52		热抗 9 号	叶宽卵圆形,耐热性好,生长迅速,抗病性强	1 000～1 500
53	芹菜	黄心芹	叶心黄,叶柄粗、中空,质地脆嫩,纤维少,香味浓,品质好	1 500～2 000
54		四季西芹	单株重可达 1.5 千克,叶柄实心,纤维少,质地脆嫩,味淡	5 000
55		美国西芹	单体重 1 千克左右,叶柄组织充实,质地脆嫩,纤维少,品质佳	5 000
56		申香芹一号	叶柄空心,质地脆嫩,纤维少,香气浓郁,品质极佳	2 500

序号	种类	品种	品质特性	产量 （千克/667 米²）
57	生菜	意大利生菜	单株重 300 克左右，叶片皱缩，青绿色，倒卵圆形	1 800～2 000
58		西班牙绿生菜	单株重 260 克左右，叶片浅绿色，叶面微皱，叶柄绿白色	1 500～1 800
59		紫莎	单株重 250 克左右，叶片皱，叶缘呈紫红色，长椭圆形	1 500～1 800
60	茼蒿	板叶茼蒿	叶片汤匙形，浅绿色，叶肉肥厚、细嫩，具有特殊香味，品质佳	1 000～1 500
61		光杆茼蒿	叶小而薄，顶上部绿色，下部淡绿色，茎杆细长，品质极佳	1 000～1 500
62	蕹菜	白梗大叶蕹菜	叶片绿色，心脏形，茎白色管状，中空有节，侧枝再生能力强	5 000
63		竹叶蕹菜	梗淡青绿色，口感爽脆，叶片细长，纤维少，适应性广	5 000
64	苋菜	圆叶白苋菜	叶片卵圆形，叶面微皱，叶及叶柄黄绿色。叶肉较厚，质地柔嫩	1 500
65		圆叶红苋菜	叶卵圆形，叶面微皱，四周绿色、中央红色	1 500
66	番茄	浙粉 202	平均单果重 300 克，果实偏高圆形，果肉厚，成熟果粉红色	5 000
67		金棚 1 号	平均单果重 200～250 克，果实粉红，高圆球形，果肉厚 8～10 毫米，品味好	5 000

序号	种类	品种	品质特性	产量 （千克/667 米²）
68		秦皇 718	单果重 300 克,果实高圆形,无绿肩,粉红果	5 000
69		千禧	平均单果重约 15 克,果实桃红色、椭圆形,风味极佳	3 500
70		苏椒 5 号	单果重 40 克左右,果皮皱、浅绿色,皮薄肉嫩,微辣,口感好	2 500
71		薄脆王	单果重 45 克左右,果实绿色,呈牛角形,皮薄,微辣	2 500
72		福斯特 899	果色绿色,大牛角形,微辣,丰产性好,品质佳	3 500
73	辣椒	浙椒 1 号	平均单果重 10 克,果实为短羊角形,绿色,微辣	3 000
74		津福 8 号	平均单果重 200 克,果实深绿色,方灯笼形,味甜,商品性好	3 500
75		申椒 1 号	单果重 200 克左右,果实灯笼形,绿色,肉厚、味甜质脆	3 000
76		凯肯 4 号	平均单果重 120 克左右,果实灯笼形,亮绿色。味甜质脆,口味好	2 500
77		沪茄 2 号	单果重 150 克左右,果形较直,果皮黑紫色。光泽度好,连续座果力强	3 500
78	茄子	春晓	单果重 133 克左右,果实呈圆条形,黑紫色且光泽度较好;果肉浅绿色,口味糯,品质佳	3 500

序号	种类	品种	品质特性	产量（千克/667米²）
79		迎春一号	果实长条形，果皮紫黑色，光滑油亮，单果重110～150克。果皮薄，果肉松软，口味糯	3 500

五、配制不同浓度药液所需农药的换算表

［单位：克（毫升）］

农药稀释倍数	配制药液量的目标值（升、千克）								
	1	2	3	4	5	10	20	30	40
50	20	40.0	60.0	80.0	100	200	400	600	800
100	10.0	20.0	30.0	40.0	50.0	100	200	300	400
200	5.00	10.0	15.0	20.0	25.0	50.0	100	150	200
300	3.10	6.80	10.2	13.6	17.0	34.0	68.0	102	136
400	2.50	5.00	7.50	10.0	12.5	25.0	50.0	75.0	100
500	2.00	4.00	6.00	8.00	10.0	20.0	40.0	60.0	80.0
1 000	1.00	2.00	3.00	4.00	5.00	10.0	20.0	30.0	40.0
2 000	0.50	1.00	1.50	2.00	2.50	5.00	10.0	15.0	20.0
3 000	0.34	0.68	1.02	1.36	1.70	3.40	6.80	10.2	13.6
4 000	0.25	0.050	0.75	1.00	1.25	2.50	5.00	7.50	10.0
5 000	0.20	0.40	0.60	0.80	1.00	2.00	4.00	6.00	8.00

例1.某农药使用浓度为2 000倍，使用的喷雾机容量5千克，配制1桶药液需加入农药为多少？先在农药稀释倍数栏中查到2 000倍对应行，再在配制药液量目标值的表例中查5千克的对应

列,行、列交叉点 2.5 克或毫升,为需加入的农药量。

例 2.某农药使用浓度为 3 000 倍,使用的喷雾机容量 7.5 千克,配制 1 桶药液需加入农药为多少?先在农药稀释倍数栏中查到此 3 000 倍,再在配制药液量目标值的表例中查 5 千克、2 千克、1 千克的对应例,两栏交叉点分别为 1.7+0.68+0.17(1 千克表值为0.34,半千克为 0.17)累计得 2.55 克或毫升,为需加入的农药量。其他的算法也可以此类推。

例 3.由于使用的喷雾机容量较大,或应用不定规则的容器配药,也可用如下公式直接计算,药液所需农药=喷雾机容器容量(千克)/农药稀释倍数(千倍)=所需加入的农药量(毫升、克)。如大药桶的容量 50 千克,某可湿性粉剂的农药使用浓度为 500 倍,配制 1 桶药液需加入农药为多少? 50 千克/0.5(500 倍是千倍的 0.5)=100 克。

六、常用农药品种与对药害敏感的蔬菜作物

常用农药品种	对药害敏感的蔬菜作物种类
杀虫剂	
除虫菊酯类	黄瓜*、甜椒*、夜开花、番茄
敌百虫、敌敌畏	大豆、瓜类*、玉米
马拉硫磷	瓜类*、豇豆
杀螟硫磷	萝卜、青菜等十字花科蔬菜
辛硫磷	瓜类、豆类
杀虫双、杀螟丹	花菜花期*、十字花科蔬菜幼苗
杀虫单	大豆*、刀豆*、马铃薯
杀菌剂	
石硫合剂	黄瓜*、番茄*、豆类*、葱*、马铃薯*、姜*
波尔多液	白菜*
灭菌丹	番茄、大豆
速克灵	蔬菜幼苗
乙磷铝	瓜类幼苗*

常用农药品种	对药害敏感的蔬菜作物种类
代森胺	瓜类
敌力脱	植株心叶易变畸*
粉锈宁	草莓
除草剂	
除草通	瓜类*、菠菜*、葱*、茼蒿
除草醚	大豆幼苗*
敌草胺	芹菜*、茴香*
甲草胺	黄瓜*、菠菜*、韭菜*
乙氧氟草醚	洋葱、菠菜、韭菜
氟乐灵	黄瓜*、茼蒿*、菠菜*、葱*、韭菜*
2,4-D	瓜类*、豆类*、马铃薯*
敌稗	大豆*、蔬菜幼苗*

［注］1. 本表所列举敏感蔬菜品种标有＊号的，说明该蔬菜对该农药品种极度敏感。

2. 本表所提供敏感蔬菜品种只是善意提醒，使用时引起注意。

3. 由于可造成药害的原因较多，在不了解农药特性时要慎用；特别是蔬菜粮油混栽区，前茬作物上使用的农药残留，可能对后茬蔬菜作物产生影响。

七、2017 年国家禁用和限用农药名录

（一）禁止生产销售和使用的农药名单（41 种）

六六六、滴滴涕、毒杀芬、二溴氯丙烷、杀虫脒、二溴乙烷、除草醚、艾氏剂、狄氏剂、汞制剂、砷类、铅类、敌枯双、氟乙酰胺、甘氟、毒鼠强、氟乙酸钠、毒鼠硅，甲胺磷、甲基对硫磷、对硫磷、久效磷、磷胺、苯线磷、地虫硫磷、甲基硫环磷、磷化钙、磷化镁、磷化锌、硫线磷、蝇毒磷、治螟磷、特丁硫磷、氯磺隆，福美胂、福美甲胂、胺苯磺隆单剂、甲磺隆单剂（38 种）

百草枯水剂	自 2016 年 7 月 1 日起停止在国内销售和使用
胺苯磺隆复配制剂，甲磺隆复配制剂	自 2017 年 7 月 1 日起禁止在国内销售和使用

（二）限制使用的 19 种农药

中文通用名	禁止使用范围
甲拌磷、甲基异柳磷、内吸磷、克百威、涕灭威、灭线磷、硫环磷、氯唑磷	蔬菜、果树、茶树、中草药材
水胺硫磷	柑橘树
灭多威	柑橘树、苹果树、茶树、十字花科蔬菜
硫丹	苹果树、茶树
溴甲烷	草莓、黄瓜
氧乐果	甘蓝、柑橘树
三氯杀螨醇	茶树
氰戊菊酯	茶树
丁酰肼（比久）	花生
氟虫腈	除卫生用、玉米等部分旱田种子包衣剂外的其他用途
毒死蜱、三唑磷	自 2016 年 12 月 31 日起，禁止在蔬菜上使用

八、农业部在蔬菜生产上抽检农药品种目录

农药名称	有效成分	化学式	每日允许摄入量（毫克/千克体重）	最大残留限量（蔬菜）（毫克/千克）
甲胺磷	O,S-二甲基硫代磷酸胺	$C_2H_8NO_2PS$	0.004	0.05（除萝卜0.1外）
氧乐果	O,O-二甲基-S-[(甲基氨基甲酰）甲基]硫代磷酸酯	$C_5H_{12}NO_4PS$	0.003	0.02
甲拌磷	O,O-二乙基-S-(乙硫基甲基)二硫化磷酸酯	$C_7H_{17}O_2PS_3$	0.0007	0.01
对硫磷	O,O-二乙基-O-(对硝基苯基)硫代磷酸酯	$C_{10}H_{14}NO_5PS$	0.004	0.01
甲基对硫磷	O,O-二甲基-O-(对硝基苯基)硫代磷酸酯	$C_8H_{10}NO_5PS$	0.003	0.02
甲基异柳磷	N-异丙基-o-甲基-o-[2-异丙氧基氧基苯基]苯基]硫代磷酸酰胺酯	$C_{14}H_{22}NO_5PS$	0.003	0.01*（除甘薯0.05*外）
水胺硫磷	O-甲基-O-(邻异丙氧基苯基苯基)氨基硫代磷酰	$C_{11}H_{16}NO_4PS$	0.003	0.05

农药名称	有效成分	化学式	每日允许摄入量（毫克/千克体重）	最大残留限量（蔬菜）（毫克/千克）
乐果	O,O-二甲基-S-[2-(甲氨基)-2-氧代乙基]二硫代磷酸酯	$C_5H_{12}NO_3PS_2$	0.002	0.5*（除大葱、洋葱、韭菜、葱、百合、结球甘蓝、花椰菜、普通白菜、菠菜、莴苣1*外）；0.2*（结球甘蓝、花椰菜、普通白菜、菠菜、莴苣、萝卜0.5外）
敌敌畏	二甲基二氯乙烯基磷酸酯	$C_4H_7Cl_2O_4P$	0.005	0.2（除结球甘蓝、普通白菜、大白菜萝卜0.5外）
毒死蜱	O,O-二乙基-O-(3,5,6-三氯-2-吡啶基)硫代磷酸酯	$C_9H_{11}Cl_3NO_3PS$	0.01	韭菜、菠菜、普通白菜、莴苣、大白菜、黄瓜0.1；结球甘蓝、花椰菜、菜豆、萝卜、胡萝卜1；芹菜类、芋1；芹菜类、芦笋、朝鲜蓟0.05；番茄0.5
乙酰甲胺磷	O,S-二甲基乙酰基硫代磷酰胺酯	$C_4H_{10}NO_3PS$	0.03	1（除朝鲜蓟0.3外）
三唑磷	O,O-二乙基-O-(1-苯基-1,2,4-三唑基)硫代磷酸酯	$C_{12}H_{16}N_3O_3PS$	0.001	0.1
丙溴磷	O-(4-溴-2-氯苯基)-O-乙基-S-正丙基硫代磷酸酯	$C_{11}H_{15}BrClO_3PS$	0.03	马铃薯、甘薯0.05；结球甘蓝0.5；萝卜1；辣椒3；普通白菜、萝卜叶5；番茄10
杀螟硫磷	二甲基-3-甲基-4-硝基苯基磷酸酯	$C_9H_{12}NO_6P$	0.006	0.5*（除结球甘蓝0.2*外）

（续表）

农药名称	有效成分	化学式	每日允许摄入量（毫克/千克体重）	最大残留限量（蔬菜）（毫克/千克）
二嗪磷	O,O-二乙基-O-(2-异丙基-6-甲基-4-嘧啶基)硫逐磷酸酯	$C_{12}H_{21}N_2O_3PS$	0.005	胡萝卜、结球甘蓝、青花菜、菠菜、叶用莴苣、结球莴苣、番茄 0.5；马铃薯 0.02；洋葱、羽衣甘蓝、大白菜、甜玉米笋 0.01；西葫芦 0.05；黄瓜、萝卜 0.1；球茎甘椒、普通白菜豌豆 0.2；葱 1
马拉硫磷	1,2-双(乙氧基甲酰基)乙基-O,O-二甲基二硫代磷酸酯	$C_{10}H_{19}O_6PS_2$	0.3	大葱、结球甘蓝、花椰菜、番茄、茄子、辣椒、胡萝卜、山药、马铃薯 0.5；玉米笋 0.2；洋葱、芹菜、黄瓜、叶芥菜、豇豆、菜豆、食荚芦笋 1；波菜、蚕豆、豌豆 2；葱、芜菁叶 5；豌豆、扁豆、普通白菜、莴苣、大白菜、甘薯、芋 8
亚胺硫磷	O,O-二甲基-S-(苯二酰亚胺甲基)二硫代磷酸酯	$C_{11}H_{12}NO_4PS_2$	0.01	大白菜 0.5；马铃薯 0.05
伏杀硫磷	3-[O,O-二乙基二硫代磷酰基)甲基]-6-氯苯并噁唑酮	$C_{12}H_{15}ClNO_4PS_2$	0.02	1
辛硫磷	α-{[(二乙氧基硫膦基)氧]氨基}苯乙腈	$C_{12}H_{15}N_2O_3PS$	0.004	0.05（除大葱、结球甘蓝、普通白菜外）

农药名称	有效成分	化学式	每日允许摄入量（毫克/千克体重）	最大残留限量（蔬菜）（毫克/千克）
六六六	六氯环己烷	$C_6H_6Cl_6$	0.005	0.05
氯氰菊酯	3-(2,2-二氯乙烯基)-2,2-二甲基环丙烷羧酸-氰基-(3-苯氧基苯基)甲基酯	$C_{22}H_{19}Cl_2NO_3$	0.02	番茄、茄子、辣椒、秋葵、豇豆、菜豆、扁豆、蚕豆、豌豆 0.5；洋葱、根茎类和薯芋类蔬菜 0.01；韭葱、玉米笋 0.05；瓜类蔬菜（黄瓜除外）0.07；朝鲜蓟 0.1；黄瓜 0.2；芦笋 0.4；韭菜、芸薹类蔬菜（结球甘蓝除外）、芹菜 1；波菜、普通白菜、莴苣、大白菜 2；结球甘蓝 5
氰戊菊酯	(R,S)-A-氰基-3-苯氧基苄基(R,S)-2-(4-氯苯基)-3-甲基丁酸酯	$C_{25}H_{22}ClNO_3$	0.02	番茄、茄子、辣椒、黄瓜、西葫芦、丝瓜、南瓜 0.2；大白菜 3；波菜、普通白菜、莴苣 1；结球甘蓝、花椰菜 0.5；萝卜、胡萝卜、马铃薯、山药 0.05
甲氧菊酯	2,2,3,3-四甲基环丙烷羧酸-氰基-(3-苯氧基苯基)甲基酯	$C_{22}H_{23}NO_3$	0.03	1（除结球甘蓝、普通白菜、萝卜 0.5；茄子、腌制用小黄瓜 0.2 外）
氯氟氰菊酯	(1RS,3RS 1RS,3RS)-3-(2,2-二氯乙烯基)-2,2-二甲基环丙烷羧酸-(RS)-α-氰基-4-氟-3-苯氧基苯甲基酯	$C_{22}H_{18}Cl_2F_2NO$	0.02	鳞茎类蔬菜、番茄、茄子、辣椒、豆类蔬菜 0.2；根茎类和薯芋类蔬菜 0.01；芦笋 0.02；瓜类蔬菜（番茄、茄子、辣椒除外）0.3；芹菜、花椰菜、韭菜 0.5；结球甘蓝、大白菜 1；波菜、普通白菜、莴苣 2

农药名称	有效成分	化学式	每日允许摄入量（毫克/千克体重）	最大残留限量（蔬菜）（毫克/千克）
氟氯氰菊酯	(1RS,3RS 1RS,3RS)-3-(2,2-二氯乙烯基)-2,2-二甲基环丙烷羧酸-(RS)-α-氰基-4-氟-3-苯氧基苯甲酯	$C_{22}H_{18}Cl_2F_2NO_3$	0.04	0.5（除马铃薯 0.01；花椰菜 0.1；番茄、茄子、辣椒 0.2 外）
溴氰菊酯	1R-[1α(S*),3α]-3-(2,2-二溴乙烯基)-2,2-二甲基环丙烷羧酸氰基-(3-苯氧基苯基)甲基苄酯	$C_{22}H_{19}Br_2NO_3$	0.01	0.2（除洋葱 0.05；马铃薯 0.01；结球甘蓝、花椰菜、菠菜、普通白菜、莴苣、大白菜、甘蓝菜0.5 外）
联苯菊酯	(1R,S)-顺式-(Z)-2,2-二甲基-3-(2-氯-3,3,3-三氟-1-丙烯基)环丙烷羧酸-2-甲基-3-苯基苄酯	$C_{23}H_{22}ClF_3O_2$	0.01	根茎类和薯芋类蔬菜 0.05；芸薹属类蔬菜（结球甘蓝 0.2；茄子 0.3；辣椒 0.5；番茄、辣椒除外）0.4；叶菜类蔬菜、萝卜叶 4
氟胺氰菊酯	2-[2-氯-4-(三氟甲基)苯氨基]-3-甲基丁酸(3-苯氧基苯基)甲基苄酯	$C_{26}H_{22}ClF_3N_2O_3$	0.005	0.5
氟氯戊菊酯	(R,S)α-氰基-[间苯氧苄基苯基](S)-2-(对二氟甲基苯基苯基)-3-甲基丁酸酯	$C_{26}H_{23}F_2NO_4$	0.02	结球甘蓝、花椰菜 0.5；番茄、茄子、辣椒 0.2；萝卜、胡萝卜、马铃薯、山药 0.05

（续表）

农药名称	有效成分	化学式	每日允许摄入量（毫克/千克体重）	最大残留限量（蔬菜）（毫克/千克）
三唑酮	1-(4-氯苯氧基)-3,3-二甲基-1-(1H-1,2,4-三唑-1-基)-α-丁酮	$C_{14}H_{16}ClN_3O_2$	0.03	结球甘蓝、豌豆 0.05；黄瓜 0.1；瓜类蔬菜（黄瓜除外）0.2；朝鲜蓟 0.7；茄果类蔬菜 1
百菌清	2,4,5,6-四氯-1,3-苯二甲腈	$C_8Cl_4N_2$	0.02	5
异菌脲	3-(3,5-二氯苯基)-N-(1-甲基乙基)-2,4-二氧咪唑烷羧酰胺	$C_{13}H_{13}Cl_2N_3O_3$	0.06	番茄 5；黄瓜 2
涕灭威	2-甲基-2-甲硫基丙醛-O-(N-甲基氨基甲酰基)肟	$C_7H_{14}N_2O_2S$	0.003	0.03（除马铃薯、甘薯、山药、木薯 0.1外）
灭多威	1-(甲硫基)亚乙基氨基甲基氨基甲酸酯	$C_5H_{10}N_2O_2S$	0.02	0.2
克百威	2,3-二氢-2,2-二甲基-7-苯并呋喃基甲氨基甲酸酯	$C_{12}H_{15}NO_3$	0.001	0.02（除马铃薯 0.1外）
甲萘威	1-萘基-N-甲基氨基甲酸酯	$C_{12}H_{11}NO_2$	0.008	1（除结球甘蓝 2外）

农药名称	有效成分	化学式	每日允许摄入量（毫克/千克体重）	最大残留限量（蔬菜）（毫克/千克）
腐霉利	N-(3,5-二氯苯基)-1,2-二甲基环丙烷-1,2-二甲酰基亚胺	$C_{13}H_{11}Cl_2NO_2$	0.1	韭菜 0.2；番茄、黄瓜 2；茄子、辣椒 5
五氯硝基苯	五氯硝基苯	$C_6Cl_5NO_2$	0.01	0.1(除花椰菜、甜椒 0.05；马铃薯 0.2外)
乙烯菌核利	免克宁 3-(3,5-二氯苯基)-5-乙烯基-5-甲基-2,4-恶唑烷二酮	$C_{12}H_9Cl_2NO_3$	0.01	番茄 3；黄瓜 1
氟虫腈	5-氨基-1-(2,6-二氯-4-三氟甲苯基)-4-三氟甲基亚磺酰基吡唑-3-腈	$C_{12}H_4Cl_2F_6N_4OS$	0.000 2	0.2
啶虫脒	(E)-N-[(6-氯-3-吡啶基)甲基]-N-氰基-N-甲基乙酰胺	$C_{10}H_{11}ClN_4$	0.007	1(除结球甘蓝，萝卜 0.5；节瓜 0.2外)
哒螨灵	2-特丁基-5-(4-特丁基苄基硫基)-4-氯-2H-哒嗪-3-酮	$C_{19}H_{25}ClN_2OS$	0.01	结球甘蓝、辣椒 2；黄瓜 0.1

（续表）

农药名称	有效成分	化学式	每日允许摄入量（毫克/千克体重）	最大残留限量（蔬菜）（毫克/千克）
苯醚甲环唑	1-（（2-［2-氯-4-（4-氯苯氧基）苯基］-4-甲基-1,3-二戊烷-2-基）甲基）-1H-1,2,4-三唑	$C_{19}H_{17}Cl_2N_3O_3$	0.01	大蒜、结球甘蓝、孢子甘蓝、花椰菜、胡萝卜 0.2；马铃薯 0.02；芦笋 0.03；葱 0.3；番茄、根芹菜、青花菜 0.5；食荚豌豆 0.7；黄瓜、大白菜 1；叶用莴苣、结球莴苣 2
嘧霉胺	2-苯胺-4,6-二甲基嘧啶	$C_{12}H_{13}N_3$	0.2	马铃薯 0.05；洋葱 0.2；番茄、胡萝卜 1；黄瓜 2；菜豆、葱、结球莴苣 3
阿维菌素	阿维菌素	$C_{48}H_{72}O_{14}(B1a)$ $C_{47}H_{70}O_{14}(B1b)$	0.002	0.05（除花椰菜 0.5；小油菜豆 0.1；茄子 0.2，西葫芦、萝卜、马铃薯 0.01；番茄、甜椒、黄瓜 0.02 外）
除虫脲	1-（4-氯苯基）-3-（2,6-二氟苯甲酰基）脲敌敌灭灵	$C_{14}H_9ClF_2N_2O_2$	0.02	1（除结球甘蓝 2 外）
灭幼脲	N-（2-氯苯甲酰基）-N′-（4-氯苯甲酰基）肼	$C_{14}H_{10}Cl_2N_2O_2$	1.25	3
多菌灵	N-（2-苯骈咪唑基）-氨基甲酸甲酯	$C_9H_9N_3O_2$	0.03	0.5（除胡萝卜 0.2；食荚豌豆 0.02；辣椒、韭菜 2；番茄 3；结球莴苣 5 外）

— 540 —

农药名称	有效成分	化学式	每日允许摄入量（毫克/千克体重）	最大残留限量（蔬菜）（毫克/千克）
吡虫啉	1-(6-氯吡啶-3-基甲基)-N-硝基亚咪唑烷-2-基胺	$C_9H_{10}ClN_5O_2$	0.06	1（除大白菜 0.2；节瓜、萝卜 0.5；芹菜 5 外）
甲氨基阿维菌素苯甲酸盐	4'-表-甲氨基-4'-脱氧阿维菌素 B1 苯甲酸盐	$C_{49}H_{77}NO_{13}$	0.000 5	普通白菜 0.1；芥蓝、大白菜 0.05；番茄、黄瓜 0.02*；结球甘蓝 0.1*
烯酰吗啉	4-[3-(4-氯苯基)-3-(3,4-二甲氧基苯基)丙烯酰]吗啉	$C_{21}H_{22}ClNO_4$	0.2	马铃薯 0.05；瓜类蔬菜（黄瓜除外）0.5；茄果类蔬菜（辣椒除外）、青花菜 1；结球甘蓝 2；辣椒 3；黄瓜 5；结球莴苣、野苣 10
虫螨腈	4-溴-2-(4-氯苯基)-1-乙氧基甲基-5-三氟甲基吡咯-3-腈	$C_{15}H_{11}BrClF_3N_2O$	0.03	芥蓝 0.1；黄瓜 0.5；结球甘蓝 1；大白菜 2；普通白菜 10
咪鲜胺	N-丙基-N-[2-(2,4,6-三氯苯氧基)乙基]咪唑-1-甲酰胺	$C_{15}H_{16}Cl_3N_3O_2$	0.01	大蒜 0.1；黄瓜 1；茎薹辣椒 2

（续表）

农药名称	有效成分	化学式	每日允许摄入量（毫克/千克体重）	最大残留限量（蔬菜）（毫克/千克）
嘧菌酯	嘧〔（E）-〈2-〔6-（2-氰基苯氧基）嘧啶-4-基氧基〕苯氧基〉甲氧基丙烯酸甲酯	$C_{22}H_{17}N_3O_5$	0.2	马铃薯 0.1；黄瓜 0.5；冬瓜 1；番茄 3
噻虫嗪	3-（2-氯-1,3-噻唑-5-基甲基）-5-甲基-1,3,5-噁二嗪-4-基叉（硝基）胺	$C_8H_{10}ClN_5O_3S$	0.08	结球甘蓝 0.2；黄瓜 0.5
氟啶脲	1-〔3,5-二氯-4-（3-氯-5-三氟甲基-2-吡啶氧基）苯基〕-3-（2,6-二氟苯甲酰基）脲	$C_{20}H_9Cl_3F_5N_3O_3$	0.005	0.1（除结球甘蓝、大白菜 2 外）
三氯杀螨醇	1,1-二（对氯苯基）-2,2,2-三氯乙醇	$C_{14}H_9Cl_5O$	0.002	水果 1；茶叶 0.2
二甲戊灵	N-（1-乙基丙基）-2,6-二硝基-3,4-二甲基苯胺	$C_{13}H_{19}N_3O_4$	0.03	甘蓝、白菜、韭菜、菠菜、芹菜 0.2；大蒜、莴苣 0.1

* 该限量为临时限量。

九、国家标准《农药合理使用准则》蔬菜病虫的项目和技术指标

（GB/T 8321.1—200~GB/T 8321.9—2009）

（一）杀虫剂和杀螨剂

农药通用名	农药商品名	农药剂型及含量	适用作物	防治对象	每667平方米每次施制剂施用量或稀释倍数	施药方法	每季作物最多使用次数	最后一次施药距收获的天数（安全间隔期）	实施要点说明	最高残留限量（MRL）参考值（毫克/千克）
阿维菌素	害极灭 Agrimec 比菌素 爱比 爱福丁	1.8% 乳油	叶菜	小菜蛾	33~50毫升	喷雾	1	7	—	0.05
			黄瓜	美洲斑潜蝇	60~80毫升		3	2	—	0.01
			豇豆					5	—	
多杀菌素	菜喜	2.5% 悬浮剂	甘蓝	小菜蛾	33.3~67毫升	喷雾	3	3	—	1
定虫隆	抑太保	5% 乳油	甘蓝	菜青虫 小菜蛾	40~80毫升	喷雾	3	7	—	0.5

农药			适用作物	防治对象	每667平方米每次施用量或稀释倍数	施药方法	每季作物最多使用次数	最后一次施药距收获的天数（安全间隔期）	实施要点说明	最高残留限量（MRL）参考值（毫克/千克）
通用名	商品名	剂型及含量								
除虫脲	敌灭灵 灭幼脲	25%可湿性粉剂	甘蓝	菜青虫	50.4~62.9克	喷雾	3	7	—	1
氟苯脲	农梦特 伏虫隆	5%乳油	叶菜	菜青虫 小菜蛾	45~60毫升	喷雾	2	10	避免污染水栖生物生栖地	0.5
毒死蜱	乐斯本	40.7%乳油	叶菜	菜青虫 小菜蛾	50~75毫升	喷雾	3	7	—	甘蓝 1
甲基毒死蜱	甲基氯蝉硫磷、氯吡磷	40%乳油	甘蓝	菜青虫	60~80毫升	喷雾	3	7	—	0.1
伏杀硫磷	佐罗纳	35%乳油	叶菜	蚜虫 菜青虫 小菜蛾	130~190毫升	喷雾	2	7	—	甘蓝 1

农药		剂型及含量	适用作物	防治对象	每667平方米每次施用量或稀释倍数	施药方法	每季作物最多使用次数	最后一次施药距收获的天数（安全间隔期）	实施要点说明	最高残留限量(MRL)参考值（毫克/千克）
通用名	商品名									
喹硫磷	爱卡士	25%乳油	叶菜	菜青虫斜纹夜蛾	60~80毫升	喷雾	2	24	适用于甘蓝和大白菜	0.2
丁硫克百威	好年冬	20%乳油	甘蓝	蚜虫	18.73~37.5毫升	喷雾	2	7	—	0.2
			节瓜	蓟马	62.5~125毫升					0.8
抗蚜威	辟蚜雾	50%可湿性粉剂	叶菜	蚜虫	10~30克	喷雾	3	11	适用于甘蓝	1
联苯菊酯	天王星	10%乳油	番茄（大棚）	白粉虱螨类	5~10毫升	喷雾	3	4	—	0.5
氟氯氰菊酯	百树得	5.7%乳油	甘蓝	菜青虫	23.3~29.3毫升	喷雾	2	7	—	0.5

农药 通用名	农药 商品名	剂型及含量	适用作物	防治对象	每667平方米每次施用量或稀释倍数	施药方法	每季作物使用最多次数	最后一次施药距收获的天数（安全间隔期）	实施要点说明	最高残留限量(MRL)参考值（毫克/千克）
高效氟氯氰菊酯	保得	2.5%乳油	甘蓝	菜青虫 蚜虫	26.7～33.3毫升	喷雾	2	7	—	0.5
高效氟氯氰菊酯	安绿宝高保	10%乳油	甘蓝	菜青虫	5～10毫升	喷雾	3	3	—	1
氟氯氰菊酯	功夫	2.5%乳油	叶菜	小菜蛾 菜青虫 蚜虫	25～50毫升	喷雾	3	7	—	0.2
氯氰菊酯	安绿宝 兴棉宝 赛波凯 灭百可	10%乳油	叶菜	菜青虫 小菜蛾	20～30毫升	喷雾	3	青菜2 大白菜5	适用于南方青菜和北方大白菜	1
			番茄	蚜虫 棉铃虫			2	1	—	0.5
氯氰菊酯	赛波凯	25%乳油	叶菜	菜青虫 小菜蛾	12～16毫升		3	3	—	1

农药			适用作物	防治对象	每667平方米每次施用量或稀释倍数	施药方法	每季作物最多使用次数	最后一次施药距收获的天数（安全间隔期）	实施要点说明	最高残留限量（MRL）参考值（毫克/千克）
通用名	商品名	剂型及含量								
顺式氯氰菊酯	百事达 快杀敌	10%乳油	叶菜	菜青虫 小菜蛾 蚜虫	5~10毫升	喷雾	3	3	—	1
溴氰菊酯	敌杀死	2.5%乳油	黄瓜	蚜虫	20~40毫升	喷雾	2	3	—	0.2
			叶菜	菜青虫 小菜蛾			3	2	适用于南方青菜和北方大白菜	0.2
		25%水分散片剂	甘蓝	菜青虫	3~4克	喷雾	2	3	—	0.5
醚菊酯	多来宝	10%悬浮剂	甘蓝	菜青虫	30~40毫升	喷雾	3	7	—	2
甲氰菊酯	灭扫利	20%乳油	叶菜	小菜蛾 菜青虫	25~30毫升	喷雾	3	3	不能与碱性物质混用	0.5

（续表）

| 农药 | | | 适用作物 | 防治对象 | 每667平方米每次施用量或稀释倍数 | 施药方法 | 每季作物最多使用次数 | 最后一次施药距收获的天数（安全间隔期） | 实施要点说明 | 最高残留限量(MRL)参考值（毫克/千克） |
通用名	商品名	剂型及含量								
氰戊菊酯	速灭杀丁	20%乳油	叶菜	菜青虫 小菜蛾	20~40毫升	喷雾	3	夏季5 秋冬季12	—	1
顺式氰戊菊酯	来福灵（双爱士）	5%乳油	叶菜	菜青虫 小菜蛾	10~20毫升	喷雾	3	3	—	2
氟胺氰菊酯	马扑立克	10%乳油	叶菜	菜青虫	25~50毫升	喷雾	3	7	—	1
吡虫啉	康福多	20%浓可溶性液剂	甘蓝	菜蚜	5~10毫升	喷雾	2	7	—	0.1
			番茄	白粉虱	15~30毫升			3		
			番茄（保护地）	白粉虱	15~20毫升			7		
	吡虫啉	5%乳油	节瓜	蓟马	1100~1400倍液	喷雾	3	3	—	1

（续表）

农药			适用作物	防治对象	每667平方米每次使用制剂量或稀释倍数	施药方法	每季作物最多使用次数	最后一次施药距收获的天数（安全间隔期）	实施要点说明	最高残留限量（MRL）参考值（毫克/千克）
通用名	商品名	剂型及含量								
啶虫脒	莫比朗	3%乳油	黄瓜	蚜虫	2 000～2 500倍液	喷雾	3	2	—	0.5
		20%可溶粉剂			12～24克			1	—	5
虫螨腈	除尽	10%悬浮剂	甘蓝	小菜蛾	33.3～50毫升	喷雾	2	14	—	0.5
苯丁锡	托尔克	50%可湿性粉剂	番茄	红蜘蛛	20～40克	喷雾	2	7	—	1
四聚乙醛	密达	6%颗粒剂	叶菜	蜗牛蛞蝓	467～567克	撒施	2	7	—	1
氰戊·鱼藤酮（鱼藤酮＋氰戊菊酯）	鱼藤氰	1.3%乳油	叶菜	蚜虫菜青虫	100～123毫升	喷雾	3	5	—	氯戊菊酯1

[注] 自2016年12月31日起禁止毒死蜱在蔬菜上使用（2013年12月9日农业部公告第2032号）。

（二）杀菌剂和杀线虫剂

农药			适用作物	防治对象	每667平方米每次用药量或制剂稀释倍数	施药方法	每季作物使用最多次数	最后一次施药距收获的天数（安全间隔期）	实施要点说明	最高残留限量（MRL）参考值（毫克/千克）
通用名	商品名	剂型及含量								
春雷霉素	春日霉素加收米	2%水剂	番茄	叶霉病	140～175毫升	喷雾	3	4	—	0.05
氢氧化铜	可杀得	77%可湿性粉剂	番茄	早疫病	134～200克	喷雾	3	3	—	0.1
琥胶肥酸铜	DT	30%悬浮剂	黄瓜	角斑病	200～233毫升	喷雾	4	3	—	5
丙森锌	安泰生	70%可湿性粉剂	黄瓜	霜霉病	150～214克	喷雾	3	5	—	2
			番茄	早疫病晚疫病	125～214克			7		2

通用名	农药 商品名	剂型及含量	适用作物	防治对象	每667平方米每次施用量或稀释倍数	施药方法	每季作物使用最多次数	最后一次施药距收获的天数（安全间隔期）	实施要点说明	最高残留限量(MRL)参考值（毫克/千克）
代森锰锌	大生M-45喷克	80%可湿性粉克	番茄	早疫病	167克			15	—	代森锰锌 1 乙撑硫脲 0.05
		75%干悬浮剂	西瓜	炭疽病	166～250克	喷雾	3	21	—	
			西瓜	炭疽病	200～240克			21	—	
百菌清	达克宁	45%烟剂	黄瓜	霜霉病	110～180克	烟熏	4	3	适用于大棚和温室	5
		75%可湿性粉剂	番茄	早疫病等	145～270克	喷雾	3	7	—	5
		40%悬浮剂	番茄		150～175克	喷雾	3	3	—	1
腐霉利	速克灵	50%可湿性粉剂	黄瓜	灰霉病菌核病	45～50克	喷雾	3	1	—	2

农药			适用作物	防治对象	每667平方米每次施用量或稀释倍数	施药方法	每季作物最多使用次数	最后一次施药距收获的天数（安全间隔期）	实施要点说明	最高残留限量（MRL）参考值（毫克/千克）
通用名	商品名	剂型及含量								
异菌脲	扑海因	50%悬浮剂	番茄	灰霉病早疫病	50～100克	喷雾	3	7	—	5
乙烯菌核利	农利灵	50%可湿性粉剂	黄瓜	灰霉病	75～100克	喷雾	2	4	—	1
氟硅唑	福星	40%乳油	黄瓜	黑星病	7.5～12.5毫升	喷雾	2	3	—	0.2
咪鲜胺锰盐	施保功	50%可湿性粉剂	蘑菇	褐腐病湿泡病	0.8～1.2克/平方米/次	喷雾	2	8	均匀喷雾在培养料上	咪鲜胺2
			黄瓜	炭疽病	37.5～75克	喷雾	3	7	—	
氟菌唑	特富灵	30%可湿性粉剂	黄瓜	白粉病	15～20克	喷雾	2	2	—	2

— 552 —

农药			适用作物	防治对象	每667平方米每次施用量或稀释倍数	施药方法	每季作物使用最多次数	最后一次施药距收获的天数（安全间隔期）	实施要点说明	最高残留限量（MRL）参考值（毫克/千克）
通用名	商品名	剂型及含量								
嘧霉胺	施佳乐	40%悬浮剂	黄瓜	灰霉病	62.5～93.8克	喷雾	2	3	—	2
烯酰吗啉酯	佳斯奇	25%乳油	黄瓜	霜霉病	26.7～53.3毫升	喷雾	3	3	—	1
双胍辛烷苯基硫酸盐	百可得	40%可湿性粉剂	芦笋	茎枯病	800～1 000倍液	喷雾	1	5	—	0.3
噻菌灵	特克多	60%可湿性粉剂	磨菇	真菌病害	200～400毫克/千克（木屑包栽培法）	拌施	1	65	制包前将药均匀拌于木屑中	2
			磨菇		400～667倍液（900～1500毫克/升）椴木剂面栽培法	喷雾	3	55	菌丝生长期喷于椴木剂面上（施药间隔期30天）	2

农药			适用作物	防治对象	每667平方米每次制剂施用量或稀释倍数	施药方法	每季作物最多使用次数	最后一次施药距收获的天数（安全间隔期）	实施要点说明	最高残留限量（MRL）参考值（毫克/千克）
通用名	商品名	剂型及含量								
甲霜·锰锌（甲霜灵＋代森锰锌）	雷多米尔·锰锌	58%可湿性粉剂	黄瓜	霜霉病	78~120克	喷雾	3	1	—	甲霜灵 0.5
噁霜·锰锌（噁霜灵＋代森锰锌）	杀毒矾	64%可湿性粉剂	黄瓜	霜霉病	110～128克	喷雾	3	3	—	噁霜灵 5
噁酮·霜脲氰（噁唑菌酮＋霜脲氰）	抑快净	52.5%水分散粒剂	黄瓜	霜霉病	23.33～35克	喷雾	3	3	—	噁唑菌酮 0.3，霜脲氰 0.3
霜脲·锰锌（霜脲氰＋代森锰锌）	克露	72%可湿性粉剂	黄瓜	霜霉病	133.3～166.7克	喷雾	3	2	—	番茄（霜脲氰）2

农药		剂型及含量	适用作物	防治对象	每 667 平方米每次制剂施用量或稀释倍数	施药方法	每季作物使用最多次数	最后一次施药距收获的天数（安全间隔期）	实施要点说明	最高残留限量（MRL）参考值（毫克/千克）
通用名	商品名									
锌·柠铜氨络（络合铜氨络合锌）柠檬酸铜四氨硫酸铜氨络合铜四氨硫酸络合锌	抗枯灵抗枯宁	25.9%水剂	西瓜	枯萎病	500～600倍液（200毫升/株）	灌根	3	40	—	铜 20锌 50
			黄瓜	炭疽病	100 毫升37.5～75克	喷雾	3	5	—